高等院校理工类规划教材

运筹学

(第2版)

卓新建 主编

北京邮电大学出版社
www.buptpress.com

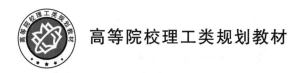

内容简介

运筹学的本质是对形形色色的实际问题提供最优的解决方法，其重点是如何对实际问题建立运筹学模型，如何分析和求解问题，并分析解与实际问题的各种关系。本教材通过介绍运筹学的基本理论和基本方法，让一些理工科专业的本科生或研究生了解运筹学的研究范畴和研究思想；通过大量的例子介绍了如何针对理工科专业的多种实际问题，建立优化模型，分析和解决问题；同时通过大量的例子介绍了利用优化软件建立优化模型，分析和解决实际优化问题的方法。

图书在版编目（CIP）数据

运筹学/卓新建主编．-- 2版．-- 北京：北京邮电大学出版社，2022.11

ISBN 978-7-5635-6787-4

Ⅰ．①运… Ⅱ．①卓… Ⅲ．①运筹学—高等学校—教材 Ⅳ．①O22

中国版本图书馆CIP数据核字(2022)第200713号

策划编辑：彭 楠 **责任编辑**：孙宏颖 米文秋 **责任校对**：张会良 **封面设计**：七星博纳

出版发行：北京邮电大学出版社

社 址：北京市海淀区西土城路10号

邮政编码：100876

发 行 部：电话：010-62282185 传真：010-62283578

E-mail：publish@bupt.edu.cn

经 销：各地新华书店

印 刷：保定市中画美凯印刷有限公司

开 本：787 mm×1 092 mm 1/16

印 张：19.5

字 数：487千字

版 次：2013年4月第1版 2022年11月第2版

印 次：2022年11月第1次印刷

ISBN 978-7-5635-6787-4 定价：48.00元

·如有印装质量问题，请与北京邮电大学出版社发行部联系·

前　　言

运筹学的本质是优化，就是对各种问题，从各个角度考虑得到最好的结果，最优的安排、计划，或花费（成本或时间等）最小，等等。在高等教育的理工科各专业（包括通信类、计算机类、物联网、自动化等专业）的研究领域中，大量的问题都或多或少地涉及运筹学中的各种优化问题。如果能对运筹学中的各种优化问题和优化方法有一些了解，人们将能更好地解决这些理工科专业的问题。

随着计算机的迅速发展，运筹学的发展日新月异，利用计算机解决运筹学的相关问题已经成为必需的手段。特别是最近几年，人工智能、大数据等研究方向的崛起，使得运筹学的研究面临着更多的机遇和更广泛的应用。

目前，运筹学的相关教材大多面向经济管理专业的本科生和研究生，而面向理工科各专业的运筹学教材较少，而且目前运筹学的相关教材多以介绍运筹学的理论和方法为主，介绍如何利用运筹学的各种专业优化软件解决优化问题的教材则少之又少。

另外，面向理工科各专业开设的运筹学课程课时量大都较少，以北京邮电大学为例，本科生每周 2 课时（总课时量为 32 课时），研究生每周 3 课时（总课时量为 48 课时）。

本教材针对上面的几点考虑，希望能在 48 课时内介绍运筹学的基本理论和基本方法，让一些理工科专业的本科生或研究生掌握运筹学最基本的优化理论和优化方法，了解运筹学的研究范畴和研究思想。本教材通过详细具体的例子着重介绍了如何针对理工科专业的多种问题，建立优化模型，分析和解决问题，同时通过例子介绍了利用优化软件建立优化模型，分析和解决实际优化问题的方法。

本教材的第 1 版自 2013 年出版以来，经过教学实践的检验和读者的使用，反映较好，内容精炼，编排与叙述严谨，非常适用于教学，但是第 1 版教材有部分内容需要进行修订、补充。经北京邮电大学出版社建议并提供选题规划意见，本教材在以下方面进行了修订：

① 线性规划及对偶理论在经济、生产、管理、计算机、网络等领域中有大量的应用，本教材对这些应用方面以例题的形式进行补充。

② 对整数规划、动态规划、图与网络优化等内容补充实际应用的例子。

③ 增加博弈论理论和应用的介绍。

④ 增加每章的练习题，以方便学生对所学知识进行复习、练习并掌握所学方法和原理。

本教材的编写得到了北京邮电大学出版社、北京邮电大学理学院和北京邮电大学教务处的支持,在此表示感谢。第10章博弈论的编写得到了李慧嘉教授和宋莘鹏同学的大力帮助,在此一并表示感谢。

本教材涉及的内容除了引用或参考了参考文献所列文献的内容之外,也参考了网络上的大量资料,有些内容无法列出详细的出处,在此一并致谢!

由于作者水平所限,再加上时间仓促,书中难免有错误和遗漏之处,恳请读者批评指正。

卓新建
北京邮电大学
2022年8月

目　　录

第1章 绪　　论

运筹学是以数学为工具研究各种系统最优化问题的学科。其研究方法是应用数学语言来描述实际系统,建立相应的数学模型,并对模型进行研究和分析,据此求得模型的最优解;其目的是制定合理运用人力、物力和财力的最优方案,为决策者提供科学决策的依据;其研究对象是各种社会系统,可以是对新的系统进行优化设计,也可以是研究已有系统的最佳运营问题。因此,运筹学既是应用数学,也是管理科学,同时也是系统工程的基础之一。

§1.1 运筹学的由来和发展

运筹学是20世纪30年代初发展起来的一门学科,它在工业、商业、农业、交通运输、政府部门和其他方面都有重要的应用。现在,运筹学已经成为经济计划、系统工程、现代管理、信息、通信、计算机、交通运输等领域强有力的工具,它把要处理的问题用数学的模型和方法进行量化,以帮助决策者对此问题给出一个尽可能好的解决方案。

自从人类社会诞生以来,人们一直都在经历着运用和筹划的决策过程。运筹学的一些朴素思想可以追溯到很久以前,历史记载着很多巧妙的运用事例。

例如,春秋时期著名的军事家孙武所著的《孙子兵法》是体现我国古代军事运筹思想的最早的典籍。孙武总结了战争的规律,考察了各种依存、制约关系,并依此来研究如何筹划兵力以争取全局的胜利。1981年,美国军事运筹学会出版了 *Systems Analysis Modeling* 一书,书中称孙武是世界上第一位军事运筹学的实践家。

再如,广为人知的我国战国时期齐王和大臣田忌赛马的故事,可以被称作历史上最有名、最经典的运筹学实践之一。

又如,宋代科学家沈括在《梦溪笔谈》中记载了这样一个故事:宋真宗年间,皇城失火,皇宫被毁,朝廷决定重建皇宫,当时亟待解决"取土""外地材料的运输"和"清墟排放"等三项任务,修建皇宫的负责人丁渭在精心策划下,巧妙地解决了上述三项任务。丁渭采用的方案是:沿着皇宫前门大道至最近的汴水河岸的方向挖道取土,将大道挖成小河道直通汴水,挖出的土用来烧砖瓦,解决"取土困难";挖成河道接通汴水后,建筑材料可由汴水通过挖出的小河道直运工地,解决"运输困难";皇宫修复后,将建筑垃圾及废料填充到小河道中,恢复原来的大道,解决"清墟排放困难"。这个方案使丁渭提前完成了"皇宫修复工程",并使他名垂青史。此方案也被当作运筹学的经典案例。

此外,三国时期的运筹大师诸葛亮更是众所周知的风云人物。

在国外,人们常推崇阿基米德为运筹学的先驱人物,因为他筹划有方,在保卫叙拉古城、抵抗罗马帝国的侵略中做出了突出贡献。

历史上,很多著名的数学家都提出或研究过运筹学问题(优化问题),例如:法国数学家皮耶·德·费尔马(Pierre de Fermat,1601—1665年)于1638年写了一本关于求极值的书,其中一个称为“费尔马问题”的题目就是现在非常著名的斯坦纳树问题的雏形;艾萨克·牛顿(Isaac Newton,1643—1727年)提出的“牛顿法”是运筹学中的经典方法;瑞士数学家莱昂哈德·欧拉(Leonhard Euler,1707—1783年)于1736年发表了题为“Solutio Problematis ad Geometriam Situs Pertinentis”(一个位置几何问题的解)的文章,这篇论文被公认为是图论历史上的第一篇论文,其解决了著名的哥尼斯堡七桥问题,欧拉也因此被誉为图论之父;法国著名数学家、物理学家约瑟夫·路易斯·拉格朗日(Joseph-Louis Lagrange,1736—1813年)提出的变分法以及拉格朗日乘子、拉格朗日松弛等方法和思想都是求解优化问题的经典方法和思想源泉;法国数学家、物理学家奥古斯丁·路易斯·柯西(Augustin Louis Cauchy,1789—1857年)于1847年第一次提出了梯度法(最速下降法),梯度法可以说是非线性优化的基础。

第一次世界大战时,英国的弗雷德里克·威廉·兰彻斯特(Frederick William Lanchester)提出了战斗动态方程(1914年),指出了数量优势、火力和胜负的动态关系。1917年,丹麦工程师埃尔朗(A. K. Erlang)在哥本哈根电话公司研究电话通信系统时,提出了排队论的一些著名公式。存储论的最优批量公式则是在20世纪20年代初被提出来的。

但运筹学作为科学名词出现是在第二次世界大战(以下简称“二战”)期间,当时亟待解决作战中所遇到的许多错综复杂的战略战术问题,例如:当时英、美为了对付德国的空袭,将雷达作为防空系统的一部分,这从技术上是可行的,但在实际运用时却并不好用。在英国军方的提议下,英国于1939年成立了一个由英国著名的物理学家P. M. S. Blackett(因为在宇宙射线方面的研究而获得诺贝尔物理学奖)领导的研究小组(成员由物理学家、数学家、心理学家、军官、测量员等组成,代号为Blackett's Circus),他们研究了如何将雷达信息以最佳方式传送给指挥和武器系统,以及雷达与防空武器的最佳配置,大大提高了英国本土的防空能力,这在抵抗德国对英国的大轰炸中起到了重要作用。他们的研究被称作“Operational Research”,这就是现代运筹学的起源。Blackett领导的这个军事运筹学研究小组还帮助英国军队在多个方面取得了优异的战绩。1941年12月,Blackett以其巨大的声望,应盟国政府的请求,写了一份题为“Scientists at the Operational Level”的备忘录,建议在各大指挥部建立运筹学小组。此建议被迅速采纳。

1942年,美国大西洋舰队反潜战官员W. D. Baker请来麻省理工学院的物理学家P. W. Morse进行反潜战的研究工作。Morse最出色的工作之一是协助英国打破了德国对英吉利海峡的海上封锁。1941—1942年,德国潜艇严密封锁了英吉利海峡,应英国邀请,美国派Morse率领一个研究小组前去协助,他们的研究工作被称作“Operations Research”。Morse小组经过研究,提出建议:将反潜攻击由原来的反潜舰艇投掷水雷和反潜飞机投掷深水炸弹改为反潜飞机投掷深水炸弹;深水炸弹的起爆深度设置为水下25英尺①(25英尺是

① 1英尺=0.3048米。

当时深水炸弹所容许的最浅起爆点,起爆深度原被设置为水下100英尺);投掷深水炸弹的时机为潜艇浮出水面或刚下沉时。英国采纳了Morse的建议,统计数据显示,此攻击方案使得摧毁的德国潜艇的数量增加了4倍。由于出色的工作表现,Morse同时获得了英国和美国战时的最高荣誉勋章。

同样在二战期间,英美运筹学小组还研究了当船队遭受德军飞机攻击时,如何使船队损失最少的问题,提出了"船只在受敌机攻击时,大船应急转向,小船应缓慢转向"的逃避方法。研究结果使船只在受到敌机攻击时,中弹率由47%降到29%。

此外,其他研究的典型课题还有:高射炮阵地火力的最佳配置、护航舰队保护商船队的编队问题(由小规模多批次改为大规模小批次)以及开展反潜艇作战的侦察等方面。运筹学在二战时由于受到战时压力的推动,加上不同学科互相渗透而产生的协同作用,因此在上述几个方面的研究都卓有成效,为第二次世界大战盟军的胜利起到了积极作用,也为运筹学各个分支的进一步研究打下了基础。战后,这些科学家们转向研究在民用部门应用类似方法的可能性,因而促进了在民用部门中应用运筹学有关方法的研究和实践。

1944年11月,美国陆军航空队司令亨利·阿诺德(Henry H. Amold)提出了一项关于《战后和下次大战时美国研究与发展计划》的备忘录,要求利用美国军方的这批运筹学研究人员,成立一个"独立的、介于官民之间进行客观分析的研究机构","以避免未来的国家灾祸,并赢得下次大战的胜利"。1945年年底,美国陆军航空队与道格拉斯飞机公司签订了一项1 000万美元的"研究与发展"计划的合同,这就是有名的"兰德计划","兰德"(RAND)即"研究与发展"(research and development)的英文简写。同年,"兰德计划"发表了《环球航天飞机实验计划的初步构想》。1948年5月,在福特基金会捐赠的100万美元的赞助下,"兰德计划"脱离道格拉斯飞机公司,正式成立了独立的兰德公司,成为一个独立的智库组织。兰德公司此后发展为全世界极负盛名的决策咨询机构,也是美国政界、军界的首席智囊机构。

二战后,其他多数原军事运筹学研究人员转向把运筹学研究用于和平时期的工商业,美、德等国家的运筹学得以蓬勃发展,出现了应用研究和理论研究相互促进的局面。

1947年,美国数学家丹兹格(G. B. Dantzig)提出了求解线性规划问题的有效方法——单纯形算法。20世纪50年代初,应用电子计算机求解线性规划问题获得了成功。20世纪50年代末,工业先进国家的一些大型企业也陆续应用了运筹学方法来解决企业在生产经营活动中遇到的许多问题,取得了良好效果。20世纪60年代中期,一些银行、医院、图书馆等都陆续认识到了运筹学对改进服务功能、提高服务效率所起的作用,由此带来了运筹学在服务性行业和公用事业中的广泛应用。电子计算机技术的迅速发展为广泛应用运筹学方法提供了有力工具,运筹学的应用又开创了新的局面。

随着运筹学技术的推广应用,各国先后成立了运筹学研究的专业学术机构。早在1948年,英国成立了运筹学俱乐部,并出版了运筹学的专门学术刊物。1957年,在英国牛津大学召开了第一届国际运筹学会议。1959年,国际运筹学联合会(IFORS)成立。

虽然运筹学这一科学名词出现于二战时期,但在这之前已有许多蕴含运筹学思想和方法的书籍和论文出现。苏联数学家康托洛维奇(L. V. Kantorovich)的《生产组织与管理中的数学方法》(属于规划论的范畴)出版于1939年,但是当时未得到重视,直到1960年康托洛维奇再次出版了《最佳资源利用的经济计算》一书后,才受到国内外的一致重视。康托洛维奇因此于 1975 年获得了诺贝尔经济学奖。约翰·冯·诺伊曼(John von Neumann)等所著的《对策论与经济行为》(运筹学中对策论的创始作)成书前所发表的一系列论文在 1928 年就已开始刊出。

20 世纪 50 年代中期,钱学森、许国志、华罗庚等教授将运筹学由西方引入我国。他们把运筹学结合我国的特点在国内推广应用。“运筹学”这一名称由许国志先生于 1957 年提出,取自《史记·高祖本纪》中的“运筹策帷帐之中,决胜於千里之外”。在经济数学方面,特别是投入产出表的研究和应用开展较早,质量管理的应用也颇具特色。在此期间,以华罗庚教授为首的一大批数学家加入运筹学的研究队伍,使我国运筹学的许多分支很快跟上了当时的国际水平。华罗庚教授于 20 世纪五六十年代在一些企业和事业单位积极推广和普及优选法、统筹法等运筹学方法,取得了显著成效。如今,我国有关高等院校不仅设置了运筹学专业,而且在管理类、财经类等专业普遍开设了运筹学的必修课程。许多专业的硕士研究生教学也设置了运筹学作为学位课程。1980 年,我国成立了全国运筹学会,1982 年,中国运筹学会成为 IFORS 的正式成员。

当前,运筹学在经济管理、生产管理、库存管理、运输问题、市场销售、工程建设、财政和会计、计算机和信息系统、城市管理、人事管理、军事作战、科学试验以及社会系统等各个领域中都得到了极为广泛的应用。一些发达国家的企业以及政府、军事等部门都拥有相当规模的运筹学研究组织,其专门从事运筹学的应用研究,并为上层决策部门提供科学决策所需的信息和依据。

诺贝尔经济学奖是瑞典国家银行为纪念阿尔弗雷德·诺贝尔(Alfred B. Nobel)而设立的奖项,也称瑞典银行经济学奖。虽然诺贝尔经济学奖并不是根据诺贝尔的遗嘱所设立的,但其在评选步骤、授奖仪式方面都与诺贝尔奖相似,该奖项也是由瑞典皇家科学院每年颁发一次,颁奖遵循对人类利益做出最大贡献的原则。1969 年(瑞典国家银行成立 300 周年庆典时),瑞典皇家科学院第一次颁发了诺贝尔经济学奖。从整体来看,诺贝尔经济学奖评审委员会为了使诺贝尔经济学奖能够和诺贝尔自然科学奖项“平起平坐”,已经注意到诺贝尔经济学奖的“转型”问题,近些年来,诺贝尔经济学奖越来越像是“诺贝尔数学奖”。美国数学家纳什获得诺贝尔经济学奖,充分反映了诺贝尔经济学奖的价值取向,那就是弥补诺贝尔自然科学奖项的缺憾,把诺贝尔经济学奖授予数学家们,以表彰他们在数学领域做出的突出贡献。至 2019 年,共有超过 21 位从事过运筹学研究的学者获得了诺贝尔奖,主要就是诺贝尔经济学奖。

§1.2 运筹学的定义

运筹学的定义有多种版本,甚至不同的国家对运筹学的定义都可能是不同的。一种定义是:“运筹学为决策机构在对其控制下的业务活动进行决策时,提供以数量化为基础的科学方法。”这强调的是数量化的科学方法。另一种定义是:“运筹学是一门应用科学,它广泛应用现有的科学技术知识和数学方法,解决实际中提出的专门问题,为决策者选择最优决策提供定量依据。”

§1.3　运筹学的性质与特点

运筹学是多种学科的综合性科学，也是最早形成的一门软科学。当人们把战时的运筹研究取得成功的经验在和平时期加以推广应用时，面临着一个广阔的研究领域。在这一领域中，对于运筹学主要研究和解决什么问题有许多说法，至今争论不休，实际上形成了一个在争论中发展运筹学的局面。在这几十年中，我们能从争论中看出运筹学所具有的一些特点。

① 引进数学研究方法。运筹学是一门以数学为主要工具，寻求各种问题最优方案的学科，所以它是一门优化科学。随着生产与管理的规模日益扩大，其间的数量关系更加复杂，从其间的数量关系来研究这些问题，即引进数学研究方法，是运筹学的一大特点。

② 系统性。运筹学研究问题是从系统的观点出发，研究全局性的问题，研究综合优化的规律，它是系统工程的主要理论基础。

③ 着重实际应用。在运筹学术界，有许多人强调运筹学的实用性和对研究结果的“执行”，把“执行”看作运筹工作中的一个重要组成部分。在一些运筹学教材中，在讲述从理论上求得最优解之后，还要讲述根据实际情况如何对所得解进行进一步的考察，讲述如何对所得最优解进行灵敏度分析等。

④ 跨学科性。由有关的各种专家组成的进行集体研究的运筹小组综合应用多种学科的知识来解决实际问题是早期军事运筹研究的一个重要特点。例如，二战时英国在空军部门成立的防空运筹小组其成员包括数学家、物理学家、天文学家、生理学家和军事专家多人，其任务是探讨如何抵御敌人的空袭和潜艇。这种组织和这种特点一直在一些国家和一些部门以不同的形式保留下来，这往往是研究和解决实际问题的需要。从世界范围来看，运筹学的成败以及应用的广泛程度，无不与这样的研究组织和这种组织的工作水平有关。

⑤ 理论和应用的发展相互促进。运筹学的各个分支学科都是由于实际问题的需要或以一定的实际问题为背景而逐渐发展起来的。初期一些年长的学科方面的专家对运筹学做出了贡献。随后新的人才逐渐涌现，新的理论相继出现，这就开拓了新的领域。例如，继 Dantzig 发明了求解线性规划问题的单纯形算法之后，又相继出现了一批职业的线性规划工作者，他们从事了大量的实践活动，反过来又进一步促进了线性规划方法的发展，从而又出现了椭球法、内点法等新的解线性规划的方法。目前运筹学家们仍在孜孜不倦地研究新技术、新方法，使运筹学这门年轻的学科不断向前发展。

§1.4　运筹学的主要内容

运筹学发展到现在虽然只有几十年的历史，但是其内容丰富、涉及面广、应用范围大，已形成了一个相当庞大的学科。运筹学的主要内容一般应包括线性规划、非线性规划、整数规划、动态规划、多目标规划、图与网络优化(图论)、排队论、博弈论、决策论、存储论、可靠性理论、模型论、投入产出分析等。其中的每一个部分都可以独立成册,都有丰富的内容。

线性规划、非线性规划、整数规划、动态规划、多目标规划这五个部分统称为规划论,规划论的研究对象是计划管理工作中有关安排和估值的问题,解决的主要问题是在给定条件下,按某一衡量指标来寻找最优的安排方案,它可以表示成求函数在满足约束条件下的极大值或极小值问题。规划论主要解决两个方面的问题:一个方面的问题是对于给定的人力、物力和财力,怎样才能发挥它们的最大效益;另一个方面的问题是对于给定的任务,怎样才能用最少的人力、物力和财力去完成它。

图与网络优化(图论)主要研究解决生产组织、计划管理中的最短路径问题、最小连接问题、最小费用流问题以及最优分派问题等,其特点是能够用图与网络简单直观地表示广泛的科学领域和实际生活中的问题,并且借助于图与网络上发展得到的理论来解决问题,特别是在设计和安排大型复杂工程时,图与网络技术是重要的工具。

排队现象在日常生活中屡见不鲜,如数据等待 CPU 处理,通话线路等待接通,机器等待修理,船舶等待装卸,顾客等待服务,等等。它们有一个共同的问题,就是等待时间长了,会影响任务的完成,或者顾客会自动离去而影响经济效益。增加 CPU、修理工、装卸码头和服务台固然能解决等待时间过长的问题,但又会蒙受修理工、装卸码头和服务台空闲的损失。这类问题的妥善解决是排队论的主要研究任务。

博弈论又称对策论,是研究具有利益冲突的各方,如何制定对自己有利从而战胜对手的斗争策略。战国时期田忌赛马的故事便是博弈论的一个绝妙的例子。近年来,博弈论在经济环境中得到了大量的应用,为全世界的经济发展做出了贡献,多位诺贝尔经济学奖获得者主要的研究工作就是博弈论。

决策论所研究的问题是比博弈论更广泛和更普遍的问题,凡属"举棋不定"的事情都必须做出决策。人们之所以举棋不定,是因为人们在着手实现某个预期目标时,面前出现了多种情况,又有多种行动方案可供选择。决策者如何从中选择一个最优方案,才能达到他的预期目标,这是决策论的研究任务。

人们在生产和消费过程中,都必须储备一定数量的原材料、半成品或商品。存储少了会因停工待料或失去销售机会而遭受损失,存储多了又会造成资金积压、原材料及商品的损耗。因此,确定合理的存储量、购货批量和购货周期至关重要,这便是存储论要解决的问题。

一个复杂的系统或设备往往是由成千上万个工作单元或零件组成的,这些单元或零件的质量如何,将直接影响到系统或设备的工作性能是否稳定可靠。研究如何保证系统或设备的工作可靠性,便是可靠性理论的任务。

人们在生产实践和社会实践中遇到的事物往往是很复杂的,要想了解这些事物的变化规律,首先必须对这些事物的变化过程进行适当的描述,即所谓的建立模型,然后就可以通过对模型的研究来了解事物的变化规律。模型论就是从理论和方法上来研究建立模型的基本技能。

投入产出分析是通过研究多个部门的投入产出所必须遵守的综合平衡原则来制订各个部门的发展计划,借以从宏观上控制、调整国民经济,以求得国民经济协调合理地发展。

运筹学涉及的理论和方法非常广泛，很多运筹学的分支都已发展完善为一门独立学科，限于篇幅，本教材只介绍其中的线性规划(及其对偶理论)、运输问题、整数规划、动态规划、非线性规划、图与网络优化(图论)、排队论、博弈论等八部分内容，而且着重介绍基本的理论和方法。

§1.5　运筹学的工作步骤

用运筹学的方法解决实际问题包括以下几个步骤。

① 提出问题：提出需要解决的问题，确定目标，并分析问题所处的环境和约束条件。抓住主要矛盾，舍弃次要因素。

② 建立模型：选用合适的数学模型来描述问题，确定决策变量，建立目标函数、约束条件等，并据此建立相应的运筹学模型。

③ 求解模型：确定与数学模型有关的各种参数，选择求解方法，求出解。解可以是最优解、近似解、满意解，解的精度要求可由决策者提出。

④ 解的检验：首先检查求解步骤和程序有无错误，然后检查解是否反映现实问题。

⑤ 解的控制：通过灵敏度分析等方法，对所求的解进行分析和评价，并据此对问题的提出和建模阶段进行修正。

⑥ 解的实施：提供决策所需的依据、信息和方案，帮助决策者确定处理问题的方针和行动。

以上六部分之间存在图 1.1 所示的关系。

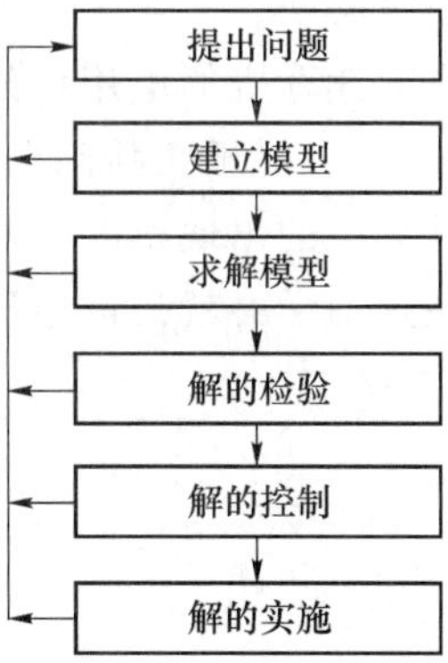

图 1.1

§1.6　运筹学的发展趋势

运筹学作为一门学科，在理论和应用方面，无论就广度还是深度来说都有着无限广阔的前景。它不是一门衰老过时的学科,而是一门处于发展时期的学科,这由运筹学目前的发展趋势便可看出。

① 运筹学的理论研究将会得到更系统的、更深入的发展。数学规划是20世纪40年代末期才开始出现的,经过十多年的时间,到了20世纪60年代,它已成为应用数学中一个重要的分支,各种方法和理论纷纷出现,蔚为壮观。但是,数学规划和别的学科一样,在各种方法和理论出现以后,自然要走上统一的途径,也就是说,用一种或几种方法和理论把现存的东西统一在某些系统之下来进行研究。而目前这种由分散到统一、由具体到抽象的过程正在形成,而且将得到进一步的发展。

② 运筹学向一些新的研究领域发展。运筹学的一个重要特点是应用十分广泛,近年来它正迅速地向一些新的研究领域或原来研究较少的领域发展,如研究世界性的问题、研究国家决策、研究系统工程等。

③ 运筹学分散融合于其他学科,并结合其他学科一起发展。例如:数学规划方法用于工程设计,常常叫作"最优化方法",已成为工程技术中的一个有力研究工具;数学规划用于Leontief的投入产出模型,也成为西方计量经济学派常用的数学工具;等等。

④ 运筹学沿原有的各学科分支向前发展,这仍是目前发展的一个重要方面。例如,规划论从研究单目标规划到研究多目标规划,这当然可以看成是对事物进行深入研究的自然延伸。事实上,在实际问题中想达到的目标往往有多个,而且有些还是互相矛盾的。再如,从研究短期规划到研究长期规划,这种深入研究也是很自然的,因为对于不少实际问题,人们主要关心的是未来的结果。

⑤ 运筹学中建立模型的问题将日益受到重视。从事实际问题研究的运筹学工作者常常感到他们所遇到的困难是如何把一个实际问题变成一个可以用数学方法或别的方法来处理的问题。就目前来说,关于运筹学理论和方法的研究远远超过了对上述困难的研究,要使运筹学保持它的生命力,这种研究非常必要。

⑥ 运筹学的发展将进一步依赖于计算机的应用和发展。电子计算机的问世与广泛的应用是运筹学得以迅速发展的重要原因。对于实际问题中的运筹学问题,计算量一般都是很大的。存储量大、计算速度快的计算机的出现使得运筹学的应用成为可能,并推动了运筹学的进一步发展。例如,算法复杂性这门学科就是运筹学与计算机相结合的产物。

第 2 章　线性规划问题的基本概念及单纯形算法

§2.1 引　言

线性规划是运筹学的一个重要分支，是解决稀缺资源最优分配问题的有效方法，可以帮助人们在有限的人力、物力、财力等资源条件下，得到最大的收益或付出最小的费用。线性规划是运筹学最基本的问题之一，规划论中的非线性规划、整数规划、动态规划、目标规划和多目标规划都是在线性规划的基础上发展起来的，运筹学的其他研究分支也大多与线性规划有着密切的联系。

线性规划的应用极其广泛，其作用已为越来越多的人所重视。从线性规划诞生至今的几十年中，它一直都是为实际的需求而产生、发展和完善的，随着计算机的普及，它越来越急速地渗透于工农业生产、商业活动、军事作战、工程技术和科学研究的各个方面，为社会节省的财富、创造的价值无法估量。例如：1982 年，美国联合航空公司(United Airlines)实施了一个成本控制项目，目的是根据消费者的需求进行工作排程，提高订票处和机场工作人员的效率。该项目通过将美国联合航空公司面临的问题抽象为一个线性规划模型来给出月度的工作排程计划，考虑的对象包括 11 个航班订票处、10 个机场，以及上万名工作人员。优化之后，该公司每年节省的薪酬和津贴高达 600 万美元。再如：1985 年，Citgo 石油公司运用管理科学的技术(主要是线性规划)，建立了供应、配送与营销的模型系统，该公司主要产品的供应、配送与营销凭借庞大的销售与配送网络得到了很好的协调。测算表明，该公司当年库存费用下降 11 650 万美元，利润增加 1 400 万美元。

线性规划被誉为 20 世纪中期最重要的科学发展。有人统计过，1969—1996 年，诺贝尔经济学奖共颁发给 32 位学者，其中 13 位从事过与线性规划相关的研究工作。其中比较著名的学者有康托洛维奇 (L. V. Kantorovich)、库普曼斯(T. C. Koopmans)、西蒙(H. A. Simon)、萨缪尔逊(P. A. Samuelson)、阿罗(K. J. Arrow)、冯・诺伊曼(J. von Neumann)、摩根斯坦(O. Morgenstern)、丹兹格(G. B. Dantzig)、查恩斯(A. Charnes)等。

本章先通过例子归纳线性规划数学模型的一般形式，然后着重介绍有关线性规划的一些基本概念、基本理论及解线性规划问题的单纯形算法。

§2.2 线性规划问题及其数学模型

线性规划(Linear Programming,LP)问题研究的是在一组线性约束条件下一个线性函数的最优问题。

例 2.1 某通信服务公司计划推出 A、B、C 3 种通信套餐服务,每种套餐服务后的利润分别为 60 元/月/用户、30 元/月/用户、20 元/月/用户。每种套餐需要给每位用户分别提供带宽 8 Mbit/s、6 Mbit/s、1 Mbit/s,每种套餐每月需要占用的服务器时间分别为 4 小时、2 小时、1.5 小时,同时每月需要的咨询和服务以及维修等人工服务时间预计分别为 2 小时、1.5 小时、0.5 小时。该公司可提供的带宽为 48 000 Mbit/s,可提供的总服务器时间为每月 20 000 小时,可提供的人工服务时间为每月 8 000 小时。详细条件可参看表 2.1,问该公司应推销 A、B、C 3 种套餐各多少用户,才能使总利润最大?

表 2.1

资源类型	套餐 A 所需资源	套餐 B 所需资源	套餐 C 所需资源	资源总量
带宽/($\text{Mbit} \cdot \text{s}^{-1}$)	8	6	1	48 000
服务器时间/小时	4	2	1.5	20 000
人工服务时间/小时	2	1.5	0.5	8 000

分析:设 x_1, x_2, x_3 分别为 A、B、C 3 种套餐需要推广的用户数量,则通信公司获得的利润为 $z=60x_1+30x_2+20x_3$,通信公司希望取合适的 x_1, x_2, x_3 使得利润 z 为最大值,但显然,x_1, x_2, x_3 不是随便取值就能使 z 为最大值,因为通信公司的带宽、服务器时间、人工服务时间等 3 种资源是有限的,x_1, x_2, x_3 的取值必须使得对 3 种资源的占用总量都不超过通信公司的资源总量,即带宽总量不超过 48 000 Mbit/s,服务器时间总量不超过 20 000 小时,人工服务时间总量不超过 8 000 小时。而根据假设,带宽、服务器时间和人工服务时间的占用总量分别为 $8x_1+6x_2+x_3$、$4x_1+2x_2+1.5x_3$ 和 $2x_1+1.5x_2+0.5x_3$,x_1, x_2, x_3 显然不能取负值。所以我们可以用下面的数学模型来描述这个问题:

$$\max z=60x_1+30x_2+20x_3 \tag{2.1}$$

$$\text{s.t.}\begin{cases} 8x_1+6x_2+x_3 \leqslant 48\,000 \\ 4x_1+2x_2+1.5x_3 \leqslant 20\,000 \\ 2x_1+1.5x_2+0.5x_3 \leqslant 8\,000 \\ x_1, x_2, x_3 \geqslant 0 \end{cases} \tag{2.2}$$

在这个数学模型中,式(2.1)中的 $z=60x_1+30x_2+20x_3$ 被称作目标函数,x_1, x_2, x_3 是变量(也称决策变量),max 表示对目标函数取最大值,式(2.2)中的 s. t. 是 subject to 的缩写,表示变量 x_1, x_2, x_3 必须满足的一些约束条件,式(2.2)就是这些约束条件,其中前 3 个被称作资源约束,最后一个 $x_1, x_2, x_3 \geqslant 0$ 被称作变量约束。

这个模型中的目标函数为关于变量 x_1, x_2, x_3 的线性函数,3 个资源约束都是关于变量

x_1, x_2, x_3 的线性不等式，所以这种模型被称作线性规划问题。只要数学模型的目标函数或约束条件中出现一个非线性的函数或方程，这种模型就被称作非线性规划问题。

例 2.2　某工厂用 3 种原料 P_1, P_2, P_3 生产 3 种产品 Q_1, Q_2, Q_3。已知所需原料、单位产品所需原料数量、原料总量及产品利润如表 2.2 所示，试制订使工厂利润最大的生产计划。

表 2.2

原料	产品			原料可用量/kg
	Q_1	Q_2	Q_3	
P_1	2	3	0	1 500
P_2	0	2	4	800
P_3	3	2	5	2 000
单位产品的利润/千元	3	5	4	

分析：设产品 Q_j 的产量为 x_j 个单位，$j=1,2,3$，它们受到一些条件的限制。首先，它们不能取负值，即必须有 $x_j \geqslant 0(j=1,2,3)$；其次，根据题设，3 种原料的消耗量分别不能超过它们的可用量，即它们必须满足

$$\begin{cases} 2x_1 + 3x_2 \qquad\quad \leqslant 1\,500 \\ \qquad 2x_2 + 4x_3 \leqslant 800 \\ 3x_1 + 2x_2 + 5x_3 \leqslant 2\,000 \end{cases}$$

我们希望在以上约束条件下，求出 x_1, x_2, x_3，使总利润 $z = 3x_1 + 5x_2 + 4x_3$ 达到最大，故求解该问题的数学模型为

$$\max z = 3x_1 + 5x_2 + 4x_3$$

$$\text{s. t.} \begin{cases} 2x_1 + 3x_2 \qquad\quad \leqslant 1\,500 \\ \qquad 2x_2 + 4x_3 \leqslant 800 \\ 3x_1 + 2x_2 + 5x_3 \leqslant 2\,000 \\ \quad x_j \geqslant 0, j=1,2,3 \end{cases}$$

类似的问题非常多，以上例子具有这样的特征：

① 问题中要求有一组变量（**决策变量**），这组变量的一组定值就代表问题的一个具体方案；

② 存在一些限制条件（**约束条件**），这些限制条件可以用一组**线性等式**或**线性不等式**来表示；

③ 有一个目标要求（**目标函数**），可以表示为决策变量的**线性函数**，并且要求这个目标函数达到**最优**（最大或最小）。

将以上 3 个条件归结在一起，就得到线性规划问题。一般地，一个线性规划问题可以用如下数学模型来描述：

$$\max(\text{或}\ \min)\ z=c_1x_1+c_2x_2+\cdots+c_nx_n$$

$$\text{s. t.}\begin{cases}a_{1,1}x_1+a_{1,2}x_2+\cdots+a_{1,n}x_n\leqslant(\text{或}=,\geqslant)b_1\\a_{2,1}x_1+a_{2,2}x_2+\cdots+a_{2,n}x_n\leqslant(\text{或}=,\geqslant)b_2\\\vdots\\a_{m,1}x_1+a_{m,2}x_2+\cdots+a_{m,n}x_n\leqslant(\text{或}=,\geqslant)b_m\\x_1\geqslant0,x_2\geqslant0,\cdots,x_n\geqslant0\end{cases}\tag{2.3}$$

上述模型的简写形式为

$$\max(\text{或}\ \min)\ z=\sum_{j=1}^{n}c_jx_j$$

$$\text{s. t.}\begin{cases}\sum_{j=1}^{n}a_{i,j}x_j\leqslant(\text{或}=,\geqslant)b_i,i=1,2,\cdots,m\\x_j\geqslant0,j=1,2,\cdots,n\end{cases}\tag{2.4}$$

如果令

$$\boldsymbol{A}=\begin{pmatrix}a_{1,1}&a_{1,2}&\cdots&a_{1,n}\\a_{2,1}&a_{2,2}&\cdots&a_{2,n}\\\vdots&\vdots&&\vdots\\a_{m,1}&a_{m,2}&\cdots&a_{m,n}\end{pmatrix}=(a_{i,j})_{m\times n},\quad\boldsymbol{a}_j=\begin{pmatrix}a_{1,j}\\a_{2,j}\\\vdots\\a_{m,j}\end{pmatrix},j=1,2,\cdots,n\tag{2.5}$$

$$\boldsymbol{c}=\begin{pmatrix}c_1\\c_2\\\vdots\\c_n\end{pmatrix},\quad\boldsymbol{b}=\begin{pmatrix}b_1\\b_2\\\vdots\\b_m\end{pmatrix},\quad\boldsymbol{x}=\begin{pmatrix}x_1\\x_2\\\vdots\\x_n\end{pmatrix}\tag{2.6}$$

则上述线性规划问题可用向量形式表示为

$$\max(\text{或}\ \min)\ z=\boldsymbol{c}^{\mathrm{T}}\boldsymbol{x}\left(\text{或}\sum_{j=1}^{n}c_jx_j\right)$$

$$\text{s. t.}\begin{cases}\sum_{j=1}^{n}\boldsymbol{a}_jx_j\leqslant(\text{或}=,\geqslant)\boldsymbol{b}\\x_j\geqslant0,j=1,2,\cdots,n\end{cases}\tag{2.7}$$

用矩阵形式表示为

$$\max(\text{或}\ \min)\ z=\boldsymbol{c}^{\mathrm{T}}\boldsymbol{x}$$

$$\text{s. t.}\begin{cases}\boldsymbol{Ax}\leqslant(\text{或}=,\geqslant)\boldsymbol{b}\\\boldsymbol{x}\geqslant\boldsymbol{0}\end{cases}\tag{2.8}$$

其中,$\boldsymbol{0}$ 是 n 维元素全为 0 的列向量。

一般 $\boldsymbol{A}$ 称为约束方程组(约束条件)的技术系数(矩阵),$\boldsymbol{c}$ 称为价值系数(向量),$\boldsymbol{b}$ 称为资源系数(向量)。变量 x_j 的取值一般为非负值,即 $x_j\geqslant0$,从数学意义上也可以有 $x_j\leqslant0$,但下文会说明,可以转化为 $-x_j\geqslant0$,即用 $-x_j$ 代替 x_j。又如果变量 x_j 的取值范围为 $(-\infty,+\infty)$,则称 x_j 取值不受约束,或 x_j 无约束。下文也会说明无约束的变量可以转化为两个非负变量的差。

§2.3　线性规划数学模型的标准形式及解的概念

由于目标函数和约束条件在内容和形式上的差别，线性规划问题可以有多种表达式。为了便于讨论和制定统一的算法，规定线性规划问题的标准形式如下：

$$\max z=c_1x_1+c_2x_2+\cdots+c_nx_n$$

$$\text{s.t.}\begin{cases}a_{1,1}x_1+a_{1,2}x_2+\cdots+a_{1,n}x_n=b_1\\ \qquad\vdots\\ a_{m,1}x_1+a_{m,2}x_2+\cdots+a_{m,n}x_n=b_m\\ x_1\geqslant 0,x_2\geqslant 0,\cdots,x_n\geqslant 0\end{cases}\tag{2.9}$$

或用矩阵形式表示：

$$\max z=\boldsymbol{c}^{\mathrm{T}}\boldsymbol{x}$$

$$\text{s.t.}\begin{cases}\boldsymbol{A}\boldsymbol{x}=\boldsymbol{b}\\ \boldsymbol{x}\geqslant\boldsymbol{0}\end{cases}\tag{2.10}$$

或用向量形式表示：

$$\max z=\boldsymbol{c}^{\mathrm{T}}\boldsymbol{x}\left(\text{或}\sum_{j=1}^{n}c_jx_j\right)$$

$$\text{s.t.}\begin{cases}\displaystyle\sum_{j=1}^{n}\boldsymbol{a}_jx_j=\boldsymbol{b}\\ x_j\geqslant 0,j=1,2,\cdots,n\end{cases}\tag{2.11}$$

其中，$\boldsymbol{A},\boldsymbol{b},\boldsymbol{c},\boldsymbol{x},\boldsymbol{a}_j$ 均如式(2.5)或式(2.6)所示，但 $\boldsymbol{b}$ 要求是非负向量，即 $b_i\geqslant 0(i=1,2,\cdots,m)$。

注：上述定义的标准形式的线性规划问题是对目标函数求最大值，也可以把对目标函数求最小值(其他要求都不变)的线性规划问题当作标准形式。本教材如无特别说明，都是把形如式(2.9)或式(2.10)的线性规划问题当作标准形式。

在标准形式的线性规划模型中，目标函数为求最大值，约束条件全部为等式，约束条件右端常数项 b_i 全为非负值，变量 x_j 的取值全为非负值。对不符合标准形式(或称非标准形式)的线性规划问题，可分别通过下列方法转化为标准形式(只要得到标准形式的解，就可以将其还原为原线性规划问题的解)。

① 目标函数为求最小值：

$$\min z=\sum_{j=1}^{n}c_jx_j$$

因为求 $\min z$ 等价于求 $\max -z$，令 $z'=-z$，即转化为

$$\max z'=-\sum_{j=1}^{n}c_jx_j=\sum_{j=1}^{n}(-c_j)x_j$$

② 在右端项 $b_i\leqslant 0$ 时，只需将等式或不等式两端同乘 -1，则等式右端项必大于或等于零。

③ 约束条件为不等式。当约束条件为“≤”时,如对 $6x_1+2x_2\leqslant 24$,可令 $x_3=24-6x_1-2x_2$,则 $6x_1+2x_2\leqslant 24$ 可以写为 $6x_1+2x_2+x_3=24$,其中 $x_3\geqslant 0$,是新加入的变量,称为**松弛变量**;当约束条件为“≥”时,如对 $10x_1+12x_2\geqslant 18$,可令 $x_4=10x_1+12x_2-18$,则 $10x_1+12x_2\geqslant 18$ 可以写为 $10x_1+12x_2-x_4=18$,其中 $x_4\geqslant 0$,是新加入的变量,称为**剩余变量**。松弛变量或剩余变量在实际问题中分别表示未被充分利用的资源数量和剩余(或超出)的资源(要求或能力)数量,均未转化为价值和利润,所以引进模型后它们在目标函数中的系数均为零。

④ 取值无约束的变量。变量 x_j 的取值可能为正也可能为负,这时可令 $x_j=x_j'-x_j''$,其中 $x_j'\geqslant 0,x_j''\geqslant 0$,将其代入线性规划模型即可。

⑤ 对 $x_j\leqslant 0$ 的情况,令 $x_j'=-x_j$,显然 $x_j'\geqslant 0$。

例 2.3 将下述线性规划问题化为标准形式:

$$\min z=x_1+2x_2+3x_3$$
$$\text{s.t.}\begin{cases}-2x_1+x_2+x_3\leqslant 9\\-3x_1+x_2+2x_3\geqslant 4\\4x_1-2x_2-3x_3=-6\\x_1\leqslant 0,x_2\geqslant 0,x_3\ \text{取值无约束}\end{cases}$$

解:令 $z'=-z,x_1'=-x_1,x_3=x_3'-x_3''$,其中 $x_3',x_3''\geqslant 0$,并按上述规则,该问题的标准形式为

$$\max z'=x_1'-2x_2-3x_3'+3x_3''+0x_4+0x_5$$
$$\text{s.t.}\begin{cases}2x_1'+x_2+x_3'-x_3''+x_4=9\\3x_1'+x_2+2x_3'-2x_3''-x_5=4\\4x_1'+2x_2+3x_3'-3x_3''=6\\x_1',x_2,x_3',x_3'',x_4,x_5\geqslant 0\end{cases}$$

解毕

本章主要讨论标准形式的线性规划问题〔即式(2.9)〕的性质和求解方法。只要求出标准形式线性规划问题的解,就可以将其还原为原线性规划问题的解。

一个线性规划问题有解,是指能找出一组 $x_j(j=1,2,\cdots,n)$ 满足所有约束条件,称这组 x_j 为线性规划问题的**可行解**(feasible solution)或**可行点**。

通常线性规划问题总是含有多个可行解,称全部可行解的集合为**可行域**(feasible region)。任何一个线性规划问题的可行域只可能是如下 3 种情况中的一种:①可行域是空集,这时我们称此线性规划问题无解或不可行(无可行解);②可行域不是空集,且可行域是有界集,此时目标函数在可行域内一定会有最大值(对于目标函数求最小值的线性规划问题,则改为“此时目标函数在可行域内一定会有最小值”),这时我们称此线性规划问题有最优解和最优值,但是最优解有可能是唯一的,也有可能有无穷多个最优解;③可行域不是空集,且可行域是无界集,此时目标函数值在可行域内有有界最优解或无上界(对于目标函数求最小值的线性规划问题,则改为“无下界”),这时我们称此线性规划问题无界,可以理解为此线性规划问题的最优值为无穷大。**最优解**(optimization solution)是指可行域中使目标函数值达到最优的可行解。当线性规划问题有最优解时,就需要在可行域中找出至少一个最优解和目标函数的最优值。

下面考虑标准形式的线性规划问题，即式(2.9)。

定义 2.3.1 对于约束矩阵 $\boldsymbol{A}\in\mathbf{R}^{m\times n}(m\leqslant n)$，如果 $\boldsymbol{A}$ 的秩为 m，设 $\boldsymbol{B}$ 是 $\boldsymbol{A}$ 中的一个 m 阶满秩子方阵，则称 $\boldsymbol{B}$ 为一个**基**(或**基阵**、**基矩阵**)。$\boldsymbol{B}$ 中 m 个线性无关的列向量称为**基向量**〔为叙述方便，假定 $\boldsymbol{B}=(\boldsymbol{a}_1,\boldsymbol{a}_2,\cdots,\boldsymbol{a}_m)$〕，把 $\boldsymbol{A}$ 中其余各列组成的子阵记为 $\boldsymbol{N}$，称 $\boldsymbol{N}$ 为**非基矩阵**，这样 $\boldsymbol{A}$ 可以写作 $\boldsymbol{A}=(\boldsymbol{B},\boldsymbol{N})$。再把 $\boldsymbol{x}=(x_1,x_2,\cdots,x_n)^{\mathrm{T}}$ 的分量也相应地分为两部分，$\boldsymbol{x}$ 中与 $\boldsymbol{B}$ 对应的 m 个分量称为**基变量**，其余的分量称为**非基变量**，分别记为 $\boldsymbol{x}_B$ 和 $\boldsymbol{x}_N$，则 $\boldsymbol{Ax}=\boldsymbol{b}$ 可记作

$$\boldsymbol{Bx}_B+\boldsymbol{Nx}_N=\boldsymbol{b}$$

即

$$\boldsymbol{x}_B=\boldsymbol{B}^{-1}\boldsymbol{b}-\boldsymbol{B}^{-1}\boldsymbol{Nx}_N$$

令所有的非基变量取值为零，得到的解 $\boldsymbol{x}=\begin{pmatrix}\boldsymbol{x}_B\\ \boldsymbol{x}_N\end{pmatrix}=\begin{pmatrix}\boldsymbol{B}^{-1}\boldsymbol{b}\\ \boldsymbol{0}\end{pmatrix}$，$\boldsymbol{x}$ 称作相应于 $\boldsymbol{B}$ 的**基本解**(简称**基解**)。当 $\boldsymbol{B}^{-1}\boldsymbol{b}\geqslant\boldsymbol{0}$ 时，称基本解 $\boldsymbol{x}$ 为**基本可行解**(简称**基可行解**)，这时相应的基 $\boldsymbol{B}$ 称为**可行基**。

对于一个基可行解 $\boldsymbol{x}$，如果它的所有基变量都取正值，则称它是**非退化的**；如果有的基变量取零值，则称它是**退化的**。对于一个线性规划问题，如果它的所有基可行解都是非退化的，则称该线性规划问题是非退化的，否则称该线性规划问题是退化的。

§2.4 两个变量线性规划问题的图解法

如果一个线性规划问题只有两个变量，我们可以直观地了解线性规划的可行解、基可行解、可行域、最优解等概念，并了解可行域的结构，同时还可根据目标函数与可行域的关系利用图解法求解该问题，并进一步理解一般线性规划问题的求解方法和原理。

例 2.4 求解线性规划

$$\min z=x_1-x_2$$
$$\text{s.t.}\begin{cases}2x_1-x_2\geqslant-2\\ x_1-2x_2\leqslant2\\ x_1+x_2\leqslant5\\ x_1\geqslant0,x_2\geqslant0\end{cases}$$

解：可行域 D 如图 2.1 所示。在区域 $OA_1A_2A_3A_4O$ 的内部及边界上的每一个点都是可行点，这是一个可行域有界(目标函数值当然也是有界的)的线性规划问题，所以一定会有最优解。目标函数 $z=x_1-x_2$ 的等值线(z 取定某一个常数值)的梯度方向$(1,-1)^{\mathrm{T}}$ 是函数值增加最快的方向(负梯度方向是函数值减小最快的方向)。沿着函数的负梯度方向移动，函数值会减小，当移动到点 $A_2=(1,4)^{\mathrm{T}}$(直线 $x_1+x_2=5$ 与 $2x_1-x_2=-2$ 的交点)时，再继续移动就离开区域 D 了。于是 A_2 点就是最优解，而最优值为 $z=1-4=-3$。

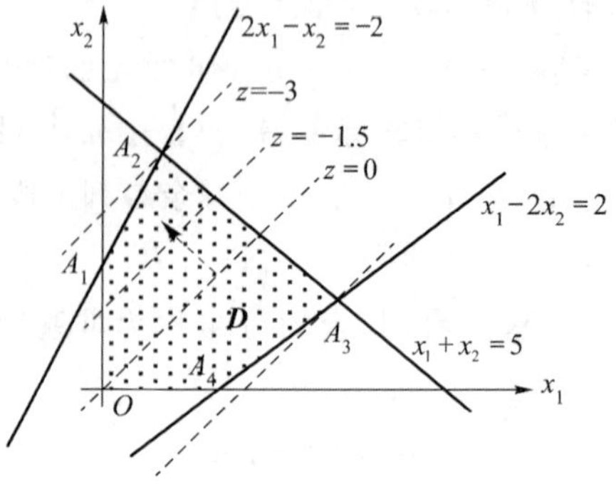

图 2.1

可以看出，点 O、A_1、A_2、A_3、A_4 都是该线性规划问题可行域的顶点。

解毕

类似地，如果将例 2.4 中的目标函数改为 $\max z=4x_1-2x_2$，其他约束条件不变，则最优解为$(4,1)^T$(A_3 点，直线 $x_1+x_2=5$ 与 $x_1-2x_2=2$ 的交点)。

再者，如果将目标函数改为 $\min z=4x_1-2x_2$，可行域不变，用图解法求解的过程如图 2.2所示。

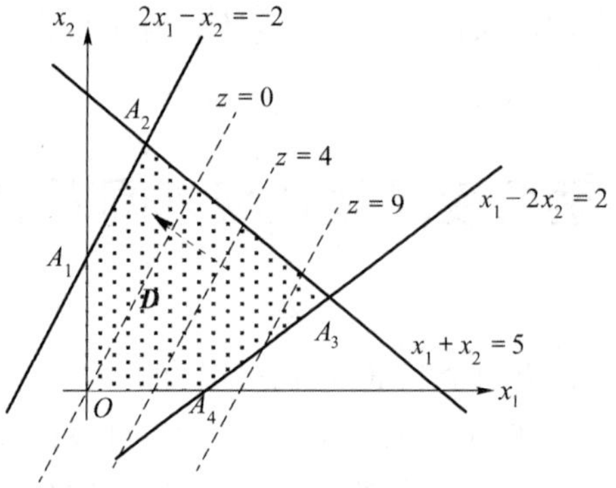

图 2.2

由于目标函数 $z=4x_1-2x_2$ 的等值线与直线 A_1A_2 平行，因此当目标函数的等值线与直线 A_1A_2 重合时，目标函数 $z=4x_1-2x_2$ 达到最小值-4，于是，线段 A_1A_2 上的每一个点均为该问题的最优解。特别地，线段 A_1A_2 的两个端点，即可行域 D 的两个顶点 $A_1=(0,2)^T$，$A_2=(1,4)^T$ 均是该线性规划问题的最优解。此时，最优解不唯一(有无穷多个最优解)，但最优值是唯一的。

例 2.5 用图解法解线性规划

$$\min z=-2x_1+x_2$$

$$\text{s. t.}\begin{cases}x_1+x_2\geqslant 1\\x_1-3x_2\geqslant -3\\x_1\geqslant 0,x_2\geqslant 0\end{cases}$$

解:该问题的可行域如图 2.3 所示。

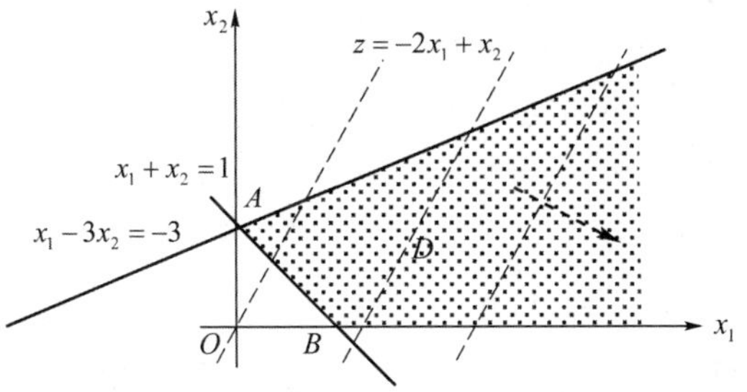

图 2.3

与例 2.4 的求解方法类似，目标函数 $z=-2x_1+x_2$ 沿着它的负梯度方向 $(2,-1)^{\mathrm{T}}$ 移动，由于可行域 D 无界，因此移动可以无限制下去，而目标函数值一直减小，所以该线性规划问题无界。

解毕

但如果例 2.5 中的目标函数为求最大值，其他条件都不变，则：虽然可行域是无界的，但是仍存在有界的最优解〔唯一的最优解 $(0,1)^{\mathrm{T}}$〕。

当然，如果约束条件是互相矛盾的，则线性规划问题的可行域就会是空集，很容易就能找到这样的例子，所以此处不再赘述。

由图解法的几何直观容易得到下面几个重要结论。

① 线性规划问题的可行域 D 是若干个半平面的交集，D 形成了一个多边凸集。D 可能是空集、有界或无界三种情况(后两种情况不是空集)。如果 D 是空集，则此线性规划问题**无解**；如果 D 是有界的，则下面的结论②成立；如果 D 是无界的，则下面的结论③成立。

② 线性规划问题的可行域 D 如果是有界的，则：此线性规划问题的最优解总可以在 D 的某个顶点上达到，这种情况包含两种可能，即有唯一最优解和有无穷多最优解。

③ 线性规划问题的可行域 D 如果是无界的，则：此线性规划问题的最优解可能是无穷大，这时称此**线性规划问题是无界的**，也可以理解为最优解在 D 的无穷远的某个顶点上达到；此线性规划问题的最优解也可能仍是有界的，并且能够在 D 的某个顶点上达到，这种情况仍包含两种可能，即有唯一最优解和有无穷多最优解。

具有 n 个变量的一般线性规划问题也有类似的结论。

§2.5　线性规划的基本理论

本节讨论标准形式的线性规划问题，即式(2.9)，它的可行域用 $D=\{\boldsymbol{x}\in\mathbf{R}^n \mid \boldsymbol{A}\boldsymbol{x}=\boldsymbol{b},\boldsymbol{x}\geqslant\mathbf{0}\}$表示。

定义 2.5.1　设 $S\subset\mathbf{R}^n$ 是 n 维欧氏空间中的一个点集，$\boldsymbol{x}^{(1)},\boldsymbol{x}^{(2)},\cdots,\boldsymbol{x}^{(k)}\in S$，$\lambda_1,\lambda_2,\cdots,\lambda_k\in[0,1]$，且 $\lambda_1+\lambda_2+\cdots+\lambda_k=1$，称 $\boldsymbol{x}=\sum_{i=1}^{k}\lambda_i\boldsymbol{x}^{(i)}$ 为 $\boldsymbol{x}^{(1)},\boldsymbol{x}^{(2)},\cdots,\boldsymbol{x}^{(k)}$ 的**凸组合**。

定义 2.5.2 设$S\subset\mathbf{R}^n$是n维欧氏空间中的一个点集,若对任何$\boldsymbol{x}^{(1)}\in S$,$\boldsymbol{x}^{(2)}\in S$与任何$\lambda\in[0,1]$,都有

$$\lambda\boldsymbol{x}^{(1)}+(1-\lambda)\boldsymbol{x}^{(2)}\in S$$

则称S是一个**凸集**。

凸集与非凸集如图2.4所示。

(a) 凸集　　(b) 非凸集

图 2.4

定理 2.5.1 若线性规划问题(2.9)存在可行解,则线性规划问题(2.9)的可行域$D=\{\boldsymbol{x}\in\mathbf{R}^n\mid\boldsymbol{A}\boldsymbol{x}=\boldsymbol{b},\boldsymbol{x}\geqslant\boldsymbol{0}\}$是凸集。

证明:根据定义2.5.2,对任何

$$\boldsymbol{x}^{(1)}=(x_1^{(1)},x_2^{(1)},\cdots,x_n^{(1)})\in D,\quad \boldsymbol{x}^{(2)}=(x_1^{(2)},x_2^{(2)},\cdots,x_n^{(2)})\in D,\quad 0<\lambda<1$$

只需证明$\boldsymbol{x}=\lambda\boldsymbol{x}^{(1)}+(1-\lambda)\boldsymbol{x}^{(2)}\in D$。将$\boldsymbol{x}^{(1)}$,$\boldsymbol{x}^{(2)}$代入约束条件有

$$\boldsymbol{A}\boldsymbol{x}^{(1)}=\boldsymbol{b},\quad \boldsymbol{A}\boldsymbol{x}^{(2)}=\boldsymbol{b},\quad \boldsymbol{x}^{(1)}\geqslant\boldsymbol{0},\quad \boldsymbol{x}^{(2)}\geqslant\boldsymbol{0}$$

所以

$$\boldsymbol{x}=\lambda\boldsymbol{x}^{(1)}+(1-\lambda)\boldsymbol{x}^{(2)}\geqslant\boldsymbol{0}$$

$$\boldsymbol{A}\boldsymbol{x}=\boldsymbol{A}[\lambda\boldsymbol{x}^{(1)}+(1-\lambda)\boldsymbol{x}^{(2)}]=\lambda\boldsymbol{A}\boldsymbol{x}^{(1)}+(1-\lambda)\boldsymbol{A}\boldsymbol{x}^{(2)}=\lambda\boldsymbol{b}+(1-\lambda)\boldsymbol{b}=\boldsymbol{b}$$

所以$\boldsymbol{x}\in D$。

证毕

定义 2.5.3 给定$b\in\mathbf{R}^1$及非零向量$\boldsymbol{a}\in\mathbf{R}^n$,称集合

$$H=\{\boldsymbol{x}\in\mathbf{R}^n\mid\boldsymbol{a}^{\mathrm{T}}\boldsymbol{x}=\boldsymbol{b}\}$$

是$\mathbf{R}^n$中的一个**超平面**。

引理 2.5.1 由超平面H产生了两个闭半空间

$$H^+=\{\boldsymbol{x}\in\mathbf{R}^n\mid\boldsymbol{a}^{\mathrm{T}}\boldsymbol{x}\geqslant\boldsymbol{b}\},\quad H^-=\{\boldsymbol{x}\in\mathbf{R}^n\mid\boldsymbol{a}^{\mathrm{T}}\boldsymbol{x}\leqslant\boldsymbol{b}\}$$

都是凸集。

证明:利用定义2.5.2显然可得。

证毕

定义 2.5.4 称集合

$$S=\{\boldsymbol{x}\in\mathbf{R}^n\mid\boldsymbol{a}_i^{\mathrm{T}}\boldsymbol{x}=b_i,i=1,\cdots,p;\boldsymbol{a}_j^{\mathrm{T}}\boldsymbol{x}\geqslant b_j,j=p+1,\cdots,p+q\}$$

为多面凸集。非空有界的多面凸集称为凸多面体。

因此,线性规划问题(2.10)〔或(2.9)〕的可行域$D=\{\boldsymbol{x}\in\mathbf{R}^n\mid\boldsymbol{A}\boldsymbol{x}=\boldsymbol{b},\boldsymbol{x}\geqslant\boldsymbol{0}\}$是凸多面体。

定义 2.5.5 设S为凸集,$\boldsymbol{x}\in S$。若对任何$\boldsymbol{y}\in S$,$\boldsymbol{z}\in S$,$\boldsymbol{y}\neq\boldsymbol{z}$,以及任何$0<\lambda<1$,都有

$$\boldsymbol{x}\neq\lambda\boldsymbol{y}+(1-\lambda)\boldsymbol{z}$$

则称$\boldsymbol{x}$为凸集S的一个**顶点**(**极点**)。

按定义 2.5.5,平面上长方形的四个角点就是长方形区域的全部顶点。平面图形的每个顶点至少是两条直线的交点。

引理 2.5.2　线性规划问题(2.10)的可行解 $\boldsymbol{x}$ 为基可行解的充分必要条件是 $\boldsymbol{x}$ 的正分量所对应的系数列向量是线性独立的。

证明:必要性:由基可行解的定义显然可得。

充分性:若 $\boldsymbol{x}$ 的正分量所对应的系数列向量 $\boldsymbol{p}_1,\boldsymbol{p}_2,\cdots,\boldsymbol{p}_k$ 线性独立(不妨设 $\boldsymbol{x}$ 的前 k 个分量为正分量,则后 $n-k$ 个分量全部为 0),则必有 $k\leqslant m$。当 $k=m$ 时,它们恰好构成一个基,从而 $\boldsymbol{x}=(x_1,x_2,\cdots,x_n)=(x_1,x_2,\cdots,x_k,0,0,\cdots,0)$ 为相应的基可行解。当 $k<m$ 时,则一定可以从其余列向量中找出 $m-k$ 个与 $\boldsymbol{p}_1,\boldsymbol{p}_2,\cdots,\boldsymbol{p}_k$ 构成一个基,其对应的解恰为 $\boldsymbol{x}$,所以根据定义它是基可行解。

证毕

定理 2.5.2　线性规划问题(2.10)的一个可行解 $\boldsymbol{x}=(x_1,x_2,\cdots,x_n)\in D$〔其中 $D=\{\boldsymbol{x}\in\mathbf{R}^n\,|\,\boldsymbol{Ax}=\boldsymbol{b},\boldsymbol{x}\geqslant\boldsymbol{0}\}$ 为线性规划问题(2.10)的可行域,是凸集〕为基可行解的充分必要条件是 $\boldsymbol{x}$ 为可行域 D 的顶点。

证明:只需要证明逆否命题:$\boldsymbol{x}$ 不是可行域的顶点$\Leftrightarrow\boldsymbol{x}$ 不是基可行解($\boldsymbol{x}$ 是可行解,但不是基解)。

先证 $\boldsymbol{x}$ 不是可行域的顶点$\Leftarrow\boldsymbol{x}$ 不是基可行解:

不失一般性,假设 $\boldsymbol{x}$ 的前 k 个分量为正,后 $n-k$ 个分量都为 0,由于 $\boldsymbol{Ax}=\boldsymbol{b},\boldsymbol{x}\geqslant\boldsymbol{0}$,所以可得

$$\sum_{j=1}^{k}\boldsymbol{a}_j x_j=\boldsymbol{b}\tag{2.12}$$

由引理 2.5.2 知 $\boldsymbol{a}_1,\boldsymbol{a}_2,\cdots,\boldsymbol{a}_k$ 线性相关,即存在一组不全为零的数 $\delta_i(i=1,2,\cdots,k)$,使得

$$\delta_1\boldsymbol{a}_1+\delta_2\boldsymbol{a}_2+\cdots+\delta_k\boldsymbol{a}_k=\boldsymbol{0}\tag{2.13}$$

式(2.13)乘以一个不为零的数 ε 得

$$\varepsilon\delta_1\boldsymbol{a}_1+\varepsilon\delta_2\boldsymbol{a}_2+\cdots+\varepsilon\delta_k\boldsymbol{a}_k=\boldsymbol{0}\tag{2.14}$$

式(2.12)+式(2.14)得

$$(x_1+\varepsilon\delta_1)\boldsymbol{a}_1+(x_2+\varepsilon\delta_2)\boldsymbol{a}_2+\cdots+(x_k+\varepsilon\delta_k)\boldsymbol{a}_k=\boldsymbol{b}$$

式(2.12)−式(2.14)得

$$(x_1-\varepsilon\delta_1)\boldsymbol{a}_1+(x_2-\varepsilon\delta_2)\boldsymbol{a}_2+\cdots+(x_k-\varepsilon\delta_k)\boldsymbol{a}_k=\boldsymbol{b}$$

令

$$\boldsymbol{x}^{(1)}=((x_1-\varepsilon\delta_1),(x_2-\varepsilon\delta_2),\cdots,(x_k-\varepsilon\delta_k),0,\cdots,0)$$
$$\boldsymbol{x}^{(2)}=((x_1+\varepsilon\delta_1),(x_2+\varepsilon\delta_2),\cdots,(x_k+\varepsilon\delta_k),0,\cdots,0)$$

又可以选取 ε 使得它满足对所有 $i=1,2,\cdots,k$ 有

$$x_i\pm\varepsilon\delta_i\geqslant 0$$

由此可知

$$\boldsymbol{x}^{(1)}\in D,\quad \boldsymbol{x}^{(2)}\in D$$

而且

$$\boldsymbol{x}=(x_1,x_2,\cdots,x_n)=\frac{1}{2}\boldsymbol{x}^{(1)}+\frac{1}{2}\boldsymbol{x}^{(2)}$$

即 $\boldsymbol{x}$ 不是可行域 $D=\{\boldsymbol{x}\in\mathbf{R}^n \mid \boldsymbol{A}\boldsymbol{x}=\boldsymbol{b},\boldsymbol{x}\geqslant\boldsymbol{0}\}$ 的顶点。

再证 $\boldsymbol{x}$ 不是可行域的顶点 $\Rightarrow \boldsymbol{x}$ 不是基可行解：

设 $\boldsymbol{x}=(x_1,x_2,\cdots,x_n)\in D$，因为 $\boldsymbol{x}$ 不是可行域的顶点，所以可以找到可行域内的另外两个不同点 $\boldsymbol{y},\boldsymbol{z}\in D$，以及 $0<\delta<1$，使得 $\boldsymbol{x}=\delta\boldsymbol{y}+(1-\delta)\boldsymbol{z}$，或可写为

$$x_i=\delta y_i+(1-\delta)z_i,i=1,2,\cdots,n$$

因为 $0<\delta<1$ 及 $\boldsymbol{x},\boldsymbol{y},\boldsymbol{z}\in D$，所以当 $x_i=0$ 时，必有 $y_i=z_i=0$，不妨设 $\boldsymbol{x}$ 的前 r 个分量为正，即 $\boldsymbol{x}=(x_1,x_2,\cdots,x_r,0,0,\cdots,0)$，则

$$\sum_{j=1}^{n}\boldsymbol{a}_j x_j=\sum_{j=1}^{r}\boldsymbol{a}_j x_j=\boldsymbol{b}$$

可得

$$\sum_{j=1}^{n}\boldsymbol{a}_j y_j=\sum_{j=1}^{r}\boldsymbol{a}_j y_j=\boldsymbol{b} \tag{2.15}$$

$$\sum_{j=1}^{n}\boldsymbol{a}_j z_j=\sum_{j=1}^{r}\boldsymbol{a}_j z_j=\boldsymbol{b} \tag{2.16}$$

式(2.15)－式(2.16)得

$$\sum_{j=1}^{n}\boldsymbol{a}_j(y_j-z_j)=\sum_{j=1}^{r}\boldsymbol{a}_j(y_j-z_j)=\boldsymbol{0}$$

因 y_j-z_j 不全为零，故 $\boldsymbol{a}_1,\boldsymbol{a}_2,\cdots,\boldsymbol{a}_r$ 线性相关，即 $\boldsymbol{x}$ 不是基可行解。

证毕

定理2.5.2是一个非常重要的定理，它将线性规划问题可行域的顶点与线性规划问题的基可行解一一对应起来，因此，我们前面讨论的线性规划问题的最优解(如果有的话)一定可以在其可行域的顶点(对应的就是基可行解)上达到。所以，我们以后讨论线性规划问题的最优解时只需要对基可行解进行讨论即可。

引理2.5.3 若 K 是有界凸集，则任何一点 $\boldsymbol{x}\in K$ 都可以表示为 K 的顶点的凸组合。

证明：略。仅通过如下例子简单说明。

例2.6 如图2.5所示，设 K 为3点 $\boldsymbol{A}$、$\boldsymbol{B}$、$\boldsymbol{C}$ 所围成的三角形(有界凸集)，$\boldsymbol{D}$ 为 K 内任意一点，要说明 $\boldsymbol{D}$ 可以表示为 $\boldsymbol{A}$、$\boldsymbol{B}$、$\boldsymbol{C}$ 的一个凸组合。

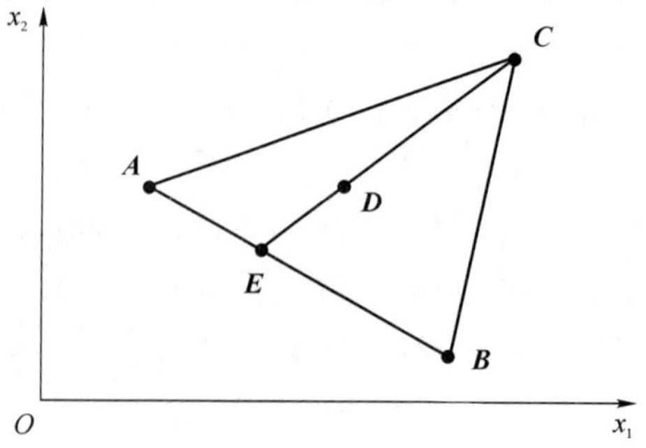

图2.5

解：为简单起见，令 $\boldsymbol{A}$、$\boldsymbol{B}$、$\boldsymbol{C}$、$\boldsymbol{D}$、$\boldsymbol{E}$ 既表示几何图形中的点，也表示这些点的坐标(因此用黑体表示)。连接 $\boldsymbol{C}$、$\boldsymbol{D}$ 两点并延长到线段 $\boldsymbol{AB}$ 上，得到交点 $\boldsymbol{E}$。因为 $\boldsymbol{E}$ 是 $\boldsymbol{A}$、$\boldsymbol{B}$ 连线上的一点，所以 $\boldsymbol{E}$ 可以用 $\boldsymbol{A}$、$\boldsymbol{B}$ 表示为 $\boldsymbol{E}=\alpha\boldsymbol{A}+(1-\alpha)\boldsymbol{B}$，其中 $0<\alpha<1$。同样，$\boldsymbol{D}$ 是 $\boldsymbol{C}$、$\boldsymbol{E}$ 连线上的

一点，所以 $\boldsymbol{D}$ 可以用 $\boldsymbol{C}$、$\boldsymbol{E}$ 表示为 $\boldsymbol{D}=\beta\boldsymbol{C}+(1-\beta)\boldsymbol{E}$，其中 $0<\beta<1$，即

$$\begin{aligned}\boldsymbol{D}&=\beta\boldsymbol{C}+(1-\beta)\boldsymbol{E}\\&=\beta\boldsymbol{C}+(1-\beta)[\alpha\boldsymbol{A}+(1-\alpha)\boldsymbol{B}]\\&=\alpha(1-\beta)\boldsymbol{A}+(1-\alpha)(1-\beta)\boldsymbol{B}+\beta\boldsymbol{C}\end{aligned}$$

其中 $\alpha(1-\beta)$、$(1-\alpha)(1-\beta)$、β 均大于 0 且小于 1，且 $\alpha(1-\beta)+(1-\alpha)(1-\beta)+\beta=1$，所以 $\boldsymbol{D}$ 可以表示为 $\boldsymbol{A}$、$\boldsymbol{B}$、$\boldsymbol{C}$ 的一个凸组合。

解毕

定理 2.5.3 若线性规划问题(2.10)的可行域 $D=\{\boldsymbol{x}\in\mathbf{R}^n\,|\,\boldsymbol{A}\boldsymbol{x}=\boldsymbol{b},\boldsymbol{x}\geqslant\boldsymbol{0}\}$ 有界而且非空，则存在一个基可行解是该问题的最优解。

证明：因为线性规划问题(2.10)的可行域 $D=\{\boldsymbol{x}\in\mathbf{R}^n\mid\boldsymbol{A}\boldsymbol{x}=\boldsymbol{b},\boldsymbol{x}\geqslant\boldsymbol{0}\}$ 有界而且非空，所以该问题有最优解，设 $\boldsymbol{x}^{(0)}=(x_1^{(0)},x_2^{(0)},\cdots,x_n^{(0)})\in D$ 是线性规划问题的一个最优解，即 $\boldsymbol{c}^{\mathrm{T}}\boldsymbol{x}^{(0)}$ 是目标函数 $\boldsymbol{c}^{\mathrm{T}}\boldsymbol{x}$ 的最大值。若 $\boldsymbol{x}^{(0)}$ 不是基可行解，则由定理 2.5.2 知 $\boldsymbol{x}^{(0)}$ 不是可行域的顶点，设 $\boldsymbol{x}^{(1)},\boldsymbol{x}^{(2)},\cdots,\boldsymbol{x}^{(k)}$ 是可行域的顶点，根据引理 2.5.3，$\boldsymbol{x}^{(0)}$ 可以用 $\boldsymbol{x}^{(1)},\boldsymbol{x}^{(2)},\cdots,\boldsymbol{x}^{(k)}$ 线性表示为 $\boldsymbol{x}^{(0)}=\sum\limits_{i=1}^{k}\alpha_i\boldsymbol{x}^{(i)}$，其中 $0\leqslant\alpha_i\leqslant1(i=1,2,\cdots,k)$ 且 $\sum\limits_{i=1}^{k}\alpha_i=1$。因此

$$\boldsymbol{c}^{\mathrm{T}}\boldsymbol{x}^{(0)}=\boldsymbol{c}^{\mathrm{T}}\sum_{i=1}^{k}\alpha_i\boldsymbol{x}^{(i)}=\sum_{i=1}^{k}\alpha_i\boldsymbol{c}^{\mathrm{T}}\boldsymbol{x}^{(i)}\tag{2.17}$$

在 $\boldsymbol{x}^{(1)},\boldsymbol{x}^{(2)},\cdots,\boldsymbol{x}^{(k)}$ 中找出使 $\boldsymbol{c}^{\mathrm{T}}\boldsymbol{x}^{(i)}$ 最大的 $\boldsymbol{x}^{(m)}$，用 $\boldsymbol{x}^{(m)}$ 代替式(2.17)中其他的 $\boldsymbol{x}^{(i)}$，就得到

$$\boldsymbol{c}^{\mathrm{T}}\boldsymbol{x}^{(0)}=\sum_{i=1}^{k}\alpha_i\boldsymbol{c}^{\mathrm{T}}\boldsymbol{x}^{(i)}\leqslant\sum_{i=1}^{k}\alpha_i\boldsymbol{c}^{\mathrm{T}}\boldsymbol{x}^{(m)}=\boldsymbol{c}^{\mathrm{T}}\boldsymbol{x}^{(m)}$$

而 $\boldsymbol{x}^{(0)}$ 已是最优解，所以 $\boldsymbol{c}^{\mathrm{T}}\boldsymbol{x}^{(0)}=\boldsymbol{c}^{\mathrm{T}}\boldsymbol{x}^{(m)}$，即顶点 $\boldsymbol{x}^{(m)}$（基可行解）也是最优解。

证毕

当目标函数只在可行域 D 的一个顶点(基可行解)上达到最优时，此线性规划问题有唯一最优解；当目标函数在多于一个顶点(基可行解)上同时达到最优时，此线性规划问题有无穷多最优解，而且这些顶点(基可行解)的凸组合都是最优解，但是最优值全相等(可作为练习，自行证明)。

综上所述，对于具有 n 个变量的一般线性规划问题，也有下面 3 个结论成立。

① 线性规划问题的可行域 D 是若干个闭半空间的交集，D 形成了一个多面凸集。D 可能是空集、有界或无界三种情况(后两种情况不是空集)。如果 D 是空集，则此线性规划问题**无解**；如果 D 是有界的，则下面的结论②成立；如果 D 是无界的，则下面的结论③成立。

② 线性规划问题的可行域 D 如果是有界的，则：此线性规划问题的最优解总可以在 D 的某个顶点(基可行解)上达到，这种情况包含两种可能，即有唯一最优解和有无穷多最优解。

③ 线性规划问题的可行域 D 如果是无界的，则：此线性规划问题的最优解可能是无穷大，这时称此**线性规划问题是无界的**，也可以理解为最优解在 D 的无穷远的某个顶点上达到；此线性规划问题的最优解也可能仍是有界的，并且能够在 D 的某个顶点上达到，这种情况仍包含两种可能，即有唯一最优解和有无穷多最优解。

例 2.7 对线性规划

$$\max z = x_1 + 3x_2$$
$$\text{s.t.} \begin{cases} x_1 + x_2 + x_3 = 6 \\ -x_1 + 2x_2 + x_4 = 8 \\ x_1, x_2, x_3, x_4 \geqslant 0 \end{cases} \tag{2.18}$$

分析其可行解、可行域、基可行解、最优解等线性规划的基本概念。

解:此线性规划问题实际上是一个具有两个变量的线性规划问题,只是为了变为标准形式,所以加了 x_3, x_4 两个松弛变量。原两个变量的线性规划问题为

$$\max z = x_1 + 3x_2$$
$$\text{s.t.} \begin{cases} x_1 + x_2 \leqslant 6 \\ -x_1 + 2x_2 \leqslant 8 \\ x_1, x_2 \geqslant 0 \end{cases} \tag{2.19}$$

所以可以用图解法得到线性规划(2.19)的可行域及最优解,如图 2.6 所示,四边形 $OABC$ 所围区域就是线性规划(2.19)的可行域,也是线性规划(2.18)的可行域在 x_1Ox_2 平面上的投影。其中:$O(0,0)$,$A(6,0)$,$B\left(\frac{4}{3},\frac{14}{3}\right)$,$C(0,4)$。$B$ 点为最优解,最优值为$\frac{46}{3}$。

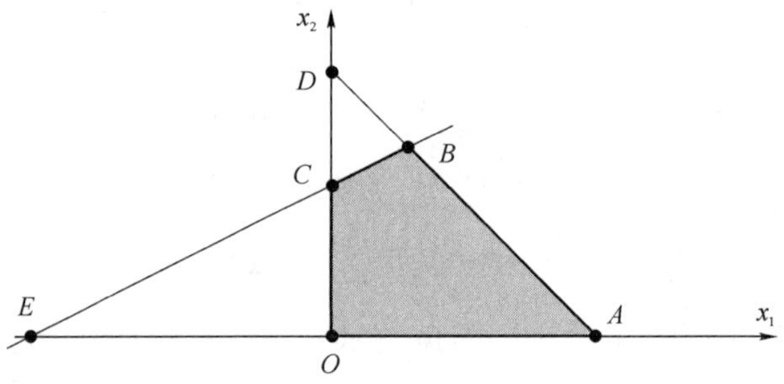

图 2.6

对于线性规划(2.18),我们可以很容易地验证,如表 2.3 所示,所有的基解共 6 个,分别对应(投影在 x_1Ox_2 平面上)的就是图 2.6 中的 6 个点 O,A,B,C,D,E。所以线性规划(2.18)的可行域是由基可行解 $(0,0,6,8)$,$(6,0,0,14)$,$\left(\frac{4}{3},\frac{14}{3},0,0\right)$,$(0,4,2,0)$(分别对应图 2.6 中的 O,A,B,C 点)得到的凸组合(一个三棱锥体),而$\left(\frac{4}{3},\frac{14}{3},0,0\right)$(对应图 2.6 中的 B 点)就是线性规划(2.18)的最优解,最优值为$\frac{46}{3}$。

表 2.3

	O	A	B	C	D	E
基变量	x_3, x_4	x_1, x_4	x_1, x_2	x_2, x_3	x_2, x_4	x_1, x_3
非基变量	x_1, x_2	x_2, x_3	x_3, x_4	x_1, x_4	x_1, x_3	x_2, x_4
$x_i<0$	—	—	—	—	x_4	x_1
基可行解	是	是	是	是	否	否

解毕

由基可行解与可行基的这种对应关系，我们知道给定一个标准形式的线性规划问题，它最多有 C_n^m 个可行基，因而基可行解的个数不会超过 C_n^m，从而多面凸集 D 的顶点个数不会超过 C_n^m 个。所以可以将线性规划问题看作一个组合问题：在有限个基可行解中找出最优解。但是，当 m,n 都较大时，C_n^m 也是一个很大的数，所以通过穷举出 C_n^m 个顶点，再求出目标函数的最大(或最小)值的方法是很难求解线性规划问题的。下面我们将介绍用于求解线性规划问题的一种迭代方法——单纯形算法。

§2.6　求解线性规划问题的单纯形算法

本节及以后讨论的线性规划问题形如：

$$\max \boldsymbol{c}^{\mathrm{T}}\boldsymbol{x}$$
$$\text{s. t.} \begin{cases} \boldsymbol{Ax}=\boldsymbol{b}, \boldsymbol{b}\geqslant \boldsymbol{0}, \boldsymbol{b}\neq \boldsymbol{0} \\ \boldsymbol{x}\geqslant \boldsymbol{0} \end{cases}$$

其可行域仍用 $D=\{\boldsymbol{x}\in \mathbf{R}^n \mid \boldsymbol{Ax}=\boldsymbol{b}, \boldsymbol{x}\geqslant \boldsymbol{0}\}$ 表示。

注意此处要求 $\boldsymbol{b}\geqslant \boldsymbol{0}$ 且 $\boldsymbol{b}\neq \boldsymbol{0}$，是因为如果在一个标准的线性规划问题中 $\boldsymbol{b}=\boldsymbol{0}$，则此线性规划问题要么没有可行解，要么最优解就是 $\boldsymbol{x}=\boldsymbol{0}$(在任何一个基可行解中非基变量和基变量都只能取值为 0)，最优值也为 0，此为平凡的线性规划问题，我们不必加以考虑。

求解线性规划问题的单纯形算法(simplex algorithm)是 G. B. Dantzig 在 1947 年提出的。本节我们介绍单纯形算法的理论、基本计算步骤及具体实施运算的单纯形表。

我们已经知道，对于一个标准线性规划问题，如果它有最优解，则必可在某一基可行解处达到，因而只需在基可行解集合中寻求即可。单纯形算法的主要思想就是先找出一个基可行解，判别它是否为最优解，若不是，就找一个更好的基可行解，再进行判别，如此迭代进行，直至找到最优解，或者判定该问题无有限最优解。这个过程大致可以用图 2.7 所示的流程图来表示。

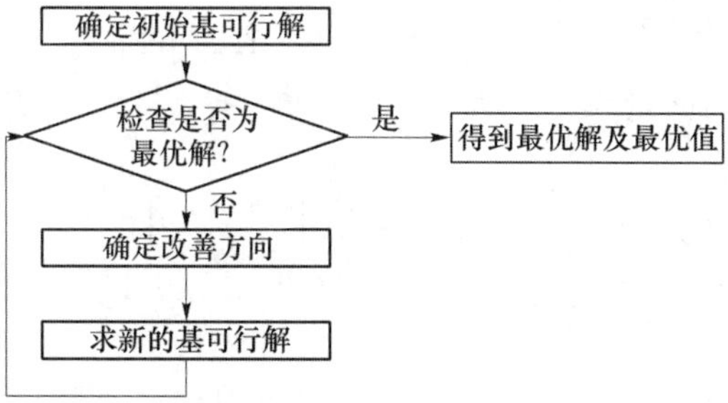

图 2.7

§2.6.1　假设

我们先在下面 4 个假设的前提下来讨论线性规划问题及单纯形算法。

假设 2.6.1 $D=\{\boldsymbol{x}\in\mathbf{R}^n \mid \boldsymbol{A}\boldsymbol{x}=\boldsymbol{b},\boldsymbol{x}\geqslant\mathbf{0}\}\neq\varnothing$。

假设 2.6.2 秩$(\boldsymbol{A}_{m\times n})=m(m<n)$。

假设 2.6.3 $\boldsymbol{A}$ 中存在满秩矩阵 $\boldsymbol{B}$ 满足 $\boldsymbol{B}^{-1}\boldsymbol{b}\geqslant\mathbf{0}$。

假设 2.6.4 所考虑的线性规划问题是非退化的。

上面 4 个基本假设是为了方便讨论单纯形算法而做的,实际上,我们在学完单纯形算法后会发现,这 4 个假设都不是必需的,都可以去掉,也就是说,单纯形算法可以求解任意的标准形式的线性规划问题,从而也能求解任意的线性规划问题。

§2.6.2 例子

我们先通过一个例子来了解单纯形算法的求解过程。

例 2.8 以例 2.1 中的线性规划问题来讨论单纯形算法的求解过程。

$$\max z=60x_1+30x_2+20x_3$$
$$\text{s.t.}\begin{cases}8x_1+6x_2+x_3\leqslant 48\,000\\4x_1+2x_2+1.5x_3\leqslant 20\,000\\2x_1+1.5x_2+0.5x_3\leqslant 8\,000\\x_1,x_2,x_3\geqslant 0\end{cases}$$

解:对上述线性规划模型进行标准化,得

$$\max z=60x_1+30x_2+20x_3+0x_4+0x_5+0x_6$$
$$\text{s.t.}\begin{cases}8x_1+6x_2+x_3+x_4=48\,000\\4x_1+2x_2+1.5x_3+x_5=20\,000\\2x_1+1.5x_2+0.5x_3+x_6=8\,000\\x_1,x_2,x_3,x_4,x_5,x_6\geqslant 0\end{cases}\tag{2.20}$$

约束方程的系数矩阵为

$$\boldsymbol{A}=(\boldsymbol{p}_1,\boldsymbol{p}_2,\boldsymbol{p}_3,\boldsymbol{p}_4,\boldsymbol{p}_5,\boldsymbol{p}_6)=\begin{pmatrix}8&6&1&1&0&0\\4&2&1.5&0&1&0\\2&1.5&0.5&0&0&1\end{pmatrix}$$

x_4,x_5,x_6的系数构成的列向量为

$$\boldsymbol{p}_4=\begin{pmatrix}1\\0\\0\end{pmatrix},\quad \boldsymbol{p}_5=\begin{pmatrix}0\\1\\0\end{pmatrix},\quad \boldsymbol{p}_6=\begin{pmatrix}0\\0\\1\end{pmatrix}$$

可构成一组基,记作 $\boldsymbol{B}=(\boldsymbol{p}_4,\boldsymbol{p}_5,\boldsymbol{p}_6)=\begin{pmatrix}1&0&0\\0&1&0\\0&0&1\end{pmatrix}$,$\boldsymbol{B}$ 对应的变量 x_4,x_5,x_6 称为基变量,x_1,x_2,x_3 为非基变量。由约束方程(2.20)得

$$\begin{cases}x_4=48\,000-8x_1-6x_2-x_3\\x_5=20\,000-4x_1-2x_2-1.5x_3\\x_6=8\,000-2x_1-1.5x_2-0.5x_3\end{cases}\tag{2.21}$$

将式(2.21)代入目标函数 $z=60x_1+30x_2+20x_3+0x_4+0x_5+0x_6$，得

$$z=60x_1+30x_2+20x_3 \tag{2.22}$$

若全部非基变量 $x_1=x_2=x_3=0$，可得基变量分别为 $x_4=48\,000$，$x_5=20\,000$，$x_6=8\,000$，此为一个基可行解 $\boldsymbol{x}^{(0)}=(0,0,0,48\,000,20\,000,8\,000)^{\mathrm{T}}$，将 $\boldsymbol{x}^{(0)}$ 代入目标函数式(2.22)可得 $z=0$，其实际意义为：通信公司没有推销任何客户，资源没有被利用，也没有获得利润。

由于式(2.22)中非基变量 x_1,x_2,x_3 的系数都是正数，如果将非基变量之一换作基变量(为了简单，每次只将一个非基变量换作基变量)，即让 x_1、x_2 或 x_3 中任何一个的取值由 0 变为正数，则目标函数值肯定增大〔当将非基变量换作基变量时，当然也得从原来的基变量中挑出一个变为非基变量，但由于式(2.22)中基变量的系数都为 0，所以将基变量变为非基变量对目标函数值没有影响，所以总体目标函数值会因为这种改变而上升〕。另外，由约束条件式(2.21)可知，将 x_1、x_2 或 x_3 中任何一个的取值由 0 变为不太大的正数，仍然能够使 x_4、x_5 和 x_6 既满足式(2.21)，还满足非负的条件。即：一定能够找到一个可行解，使得目标函数值比 $\boldsymbol{x}^{(0)}=(0,0,0,48\,000,20\,000,8\,000)^{\mathrm{T}}$ 所对应的目标函数值要大。

从经济意义上讲，通信公司推销 A、B、C 中的任何一种套餐，都可使公司的利润增加，所以只要目标函数式(2.22)的表达式中还有正系数的非基变量，就表示目标函数值还有增大的可能，也就是没有达到最优，就还需要将非基变量之一变为基变量(当然同时也得将原来的基变量之一变为非基变量)。

在一般情况下，在换基时应选择正系数最大的那个非基变量(本例中的 x_1)为**进基变量**，而从基变量 x_4,x_5,x_6 中换出一个变量作为非基变量(此变量被称作**离基变量**)，而且此变量离基之后能保证其余变量都非负(即 $x_4,x_5,x_6\geqslant 0$)。

由于 x_2,x_3 仍为非基变量，所以 x_2,x_3 的取值仍为 0，从式(2.21)中可以看到：随着 x_1 的取值变大，x_4,x_5,x_6 的取值会变小，而当 $x_1=\min\{\frac{48\,000}{8},\frac{20\,000}{4},\frac{8\,000}{2}\}=4\,000$ 时，x_6 会最先达到 0，而 x_4,x_5 分别变为 16 000、4 000。这里的描述说明了通信公司每推销出一个套餐 A，会占用带宽 8 Mbit/s、服务器时间 4 小时、人工服务时间 2 小时，在只考虑套餐 A 的情况下，为了尽可能多地增加利润，所有资源能够供 4 000 位用户使用，这时人工服务时间完全被占用(x_6 变为 0，而带宽和服务器时间还有剩余，分别为 16 000 和 4 000，就是 x_4,x_5 的取值，其意义在对偶问题中会介绍)。

这时实际上得到新的可行解

$$\boldsymbol{x}^{(1)}=(4\,000,0,0,16\,000,4\,000,0)^{\mathrm{T}}$$

根据引理 2.5.2 可知这是一个基可行解。基变量是 x_1,x_4,x_5，非基变量是 x_2,x_3,x_6，也就是 $\boldsymbol{x}^{(0)}$ 中的基变量 x_6 变成了 $\boldsymbol{x}^{(1)}$ 中的非基变量(此时，x_6 称作**离基变量**或**出基变量**或**换出变量**)，而 $\boldsymbol{x}^{(0)}$ 中的非基变量 x_1 变成了 $\boldsymbol{x}^{(1)}$ 中的基变量(此时，x_1 称作**进基变量**或**入基变量**或**换入变量**)。这时目标函数值为 $z=60x_1+30x_2+20x_3=240\,000$，也就是在只考虑套餐 A 的情况下，可以推广 4 000 位用户，带来的利润为 240 000 元。此时，新的基矩阵为

$$(\boldsymbol{p}_1,\boldsymbol{p}_4,\boldsymbol{p}_5)=\begin{pmatrix}8 & 0 & 0\\4 & 1 & 0\\2 & 0 & 1\end{pmatrix}$$

为了判断 $\boldsymbol{x}^{(1)}=(4\,000,0,0,16\,000,4\,000,0)^{\mathrm{T}}$ 这个基可行解是否为最优解，我们将约束方程组(2.20)〔注意：式(2.21)和式(2.20)中的约束方程组是同解的方程组，只是形式上有所变化〕等价地变为如下形式(用高斯消去法)：

$$\begin{cases} x_4=16\,000+x_3+4x_6 \\ x_5=4\,000+x_2-0.5x_3+2x_6 \\ x_1=4\,000-0.75x_2-0.25x_3-0.5x_6 \end{cases} \tag{2.23}$$

即：将基变量用非基变量表示出来。可以看出，在式(2.23)中，令非基变量 x_2,x_3,x_6 都取值为0，就可以得到基可行解 $\boldsymbol{x}^{(1)}$。再将式(2.23)代入目标函数式(2.22)，得到

$$z=60x_1+30x_2+20x_3=240\,000-15x_2+5x_3-30x_6 \tag{2.24}$$

可以看出：

- 由于 x_2,x_3,x_6 为非基变量，取值都为0，所以目标函数在 $\boldsymbol{x}^{(1)}$ 时的取值显然就是240 000；
- 式(2.24)中非基变量 x_3 的系数是正的，表明仍可以通过换基增大目标函数值，即 $\boldsymbol{x}^{(1)}$ 不是最优解。

继续换基，选择 x_3 为进基变量，x_2,x_6 仍为非基变量，所以 x_2,x_6 的取值仍为0，从式(2.23)中可以看到：随着 x_3 的取值变大，x_1,x_5 的值会变小，而 x_4 的值会变大，这不会影响可行性，所以不必理会。当 $x_3=\min\{-,\frac{4\,000}{0.5},\frac{4\,000}{0.25}\}=8\,000$ 时，x_5 会最先达到0，而 x_1,x_4 分别变为2 000、24 000。这说明通信公司为了增加利润，必须增加套餐C的用户数，同时减少套餐A的用户数(因为总资源有限，人工服务时间已被套餐A完全占用，所以进行这种调整)，而每增加1个套餐C用户，必须同时减少0.25个套餐A用户，由此带来的利润为增加5元〔式(2.24)中非基变量 x_3 的系数是5〕，而由此带来的资源变化情况为：剩余的带宽反而增加1 Mbit/s、剩余的服务器时间减少0.5小时、人工服务时间不变(仍为0)。由于剩余的服务器总时间为4 000小时，套餐A的用户数为4 000，所以当套餐C的用户数增大到8 000时，套餐A的用户数为2 000，套餐B的用户数仍为0，而这时服务器时间剩余为0，人工服务时间剩余为0，带宽剩余24 000 Mbit/s。

这实际上就得到了新的基可行解

$$\boldsymbol{x}^{(2)}=(2\,000,0,8\,000,24\,000,0,0)^{\mathrm{T}}$$

基变量是 x_1,x_3,x_4，非基变量是 x_2,x_5,x_6，也就是 $\boldsymbol{x}^{(1)}$ 中的基变量 x_5 变成了 $\boldsymbol{x}^{(2)}$ 中的非基变量，而 $\boldsymbol{x}^{(1)}$ 中的非基变量 x_3 变成了 $\boldsymbol{x}^{(2)}$ 中的基变量。这时目标函数值为280 000(可以在 $z=60x_1+30x_2+20x_3=240\,000-15x_2+5x_3-30x_6$ 中对后一个式子将 $\boldsymbol{x}^{(2)}$ 代入，也可以在后面的讨论中验证)。也就是在套餐A推广2 000位用户、套餐C推广8 000位用户的情况下，带来的利润为280 000元。此时，新的基矩阵为

$$(\boldsymbol{p}_1,\boldsymbol{p}_3,\boldsymbol{p}_4)=\begin{pmatrix} 8 & 1 & 1 \\ 4 & 1.5 & 0 \\ 2 & 0.5 & 0 \end{pmatrix}$$

继续判断 $\boldsymbol{x}^{(2)}=(2\,000,0,8\,000,24\,000,0,0)^{\mathrm{T}}$ 这个基可行解是否为最优解，和前面类似，将约束方程组(2.23)〔注意：式(2.23)和式(2.20)中的约束方程组也是同解的方程组〕等价地变为如下形式(用高斯消去法)：

$$\begin{cases} x_4 = 24\,000 + 2x_2 - 2x_5 + 8x_6 \\ x_3 = 8\,000 + 2x_2 - 2x_5 + 4x_6 \\ x_1 = 2\,000 - 1.25x_2 + 0.5x_5 - 1.5x_6 \end{cases} \tag{2.25}$$

即将基变量用非基变量表示出来。可以看出，在式(2.25)中，令非基变量 x_2，x_5，x_6 都取值为 0，就可以得到基可行解 $\boldsymbol{x}^{(2)}$。再将式(2.25)代入目标函数式(2.24)，得到

$$z = 60x_1 + 30x_2 + 20x_3 = 240\,000 - 15x_2 + 5x_3 - 30x_6 = 280\,000 - 5x_2 - 10x_5 - 10x_6$$

此时目标函数恒等地变化为 $z = 280\,000 - 5x_2 - 10x_5 - 10x_6$，其中非基变量的系数均非正，非基变量变化后不可能再增大 z 的值，因此 $\boldsymbol{x}^{(2)} = (2\,000, 0, 8\,000, 24\,000, 0, 0)^{\mathrm{T}}$ 就是最优解，最优值为 280 000。其经济意义是在套餐 A 推广 2 000 位用户、套餐 C 推广 8 000 位用户的情况下，可以带来的利润为 280 000 元。

解毕

这种方法的几何意义为：从线性规划问题可行域(凸多边形或凸多面体)的一个顶点(基可行解)经过换基迭代转变到相邻而且目标函数值更大的另一顶点(基可行解)，最终达到最优顶点。这就是线性规划问题解的换元迭代法，它奠定了单纯形算法的基础。

上面的过程可以用表格来实现，就是单纯形表，用单纯形表求解线性规划问题就比上面换元迭代的过程要简洁多了，但原理是一致的。

下面讨论一般线性规划问题的求解过程。

§2.6.3　构造一个初始基可行解

对已经标准化的线性规划模型，尝试在约束矩阵 $\boldsymbol{A}_{m\times n}$(可能是加入松弛变量或剩余变量之后的约束条件的系数矩阵)中找出一个 m 阶**单位矩阵**作为初始可行基，相应可以得到一个初始基可行解。

若初始线性规划问题的所有约束条件是“≤”形式的不等式，可以利用化为标准型的方法，在每个约束条件的最左端(或最右端)加上一个不同于其他变量的松弛变量，则这些松弛变量的系数矩阵即为单位矩阵，这可以从例 2.8 中看到。而对所有约束条件是“≥”形式的不等式及等式约束情况，若不存在单位矩阵，就要采取人造基的方法：对不等式约束减去一个非负的剩余变量后，再加上一个非负的人工变量，或对等式约束加上一个非负的人工变量，总能得到一个单位矩阵。对于在标准化的线性规划模型中找不到 m 阶单位矩阵的情况，我们将在后面继续深入讨论。

§2.6.4　判断当前基可行解是否为最优解

对线性规划问题的矩阵形式(2.10)，设 $\boldsymbol{B} = \boldsymbol{I}$($m$ 阶单位矩阵)为当前线性规划问题的一个可行基矩阵，$\boldsymbol{N}$ 是非基矩阵，不妨设为 $\boldsymbol{A} = (\boldsymbol{B}, \boldsymbol{N})$，写成向量形式为 $\boldsymbol{B} = (\boldsymbol{a}_1, \boldsymbol{a}_2, \cdots, \boldsymbol{a}_m)$，$\boldsymbol{N} = (\boldsymbol{a}_{m+1}, \boldsymbol{a}_{m+2}, \cdots, \boldsymbol{a}_n)$。

设任意的可行解形式为 $\boldsymbol{x} = (x_1, x_2, \cdots, x_m, x_{m+1}, \cdots, x_n)^{\mathrm{T}}$，注意此处 $\boldsymbol{x}$ 是可行解，即满足 $\boldsymbol{A}\boldsymbol{x} = \boldsymbol{b}$，$x_i \geqslant 0$($i = 1, 2, \cdots, m$)。记 $\boldsymbol{x}$ 的基变量为 $\boldsymbol{x}_{\boldsymbol{B}}$，则 $\boldsymbol{x}_{\boldsymbol{B}} = (x_1, x_2, \cdots, x_m)^{\mathrm{T}}$，非基变量

为 $\boldsymbol{x}_N$,则 $\boldsymbol{x}_N=(x_{m+1},x_{m+2},\cdots,x_n)^{\mathrm{T}}$,于是 $\boldsymbol{x}=\begin{pmatrix}\boldsymbol{x}_B\\ \boldsymbol{x}_N\end{pmatrix}$,因而式(2.10)中的约束条件 $\boldsymbol{Ax}=\boldsymbol{b}$ 可写为 $(\boldsymbol{B},\boldsymbol{N})\begin{pmatrix}\boldsymbol{x}_B\\ \boldsymbol{x}_N\end{pmatrix}=\boldsymbol{b}$,即

$$\boldsymbol{Bx}_B+\boldsymbol{Nx}_N=\boldsymbol{x}_B+\boldsymbol{Nx}_N=\boldsymbol{b}(\text{注意 }\boldsymbol{B}\text{ 目前为单位矩阵})$$

即

$$\boldsymbol{x}_B=\boldsymbol{b}-\boldsymbol{Nx}_N \tag{2.26}$$

式(2.26)就是将基变量 $x_1,x_2,\cdots,x_m$ 用非基变量 $x_{m+1},x_{m+2},\cdots,x_n$ 表示的形式,相应地,把目标函数 $\boldsymbol{c}^{\mathrm{T}}\boldsymbol{x}$ 中的 $\boldsymbol{c}$ 写为 $\boldsymbol{c}=\begin{pmatrix}\boldsymbol{c}_B\\ \boldsymbol{c}_N\end{pmatrix}$,其中 $\boldsymbol{c}_B=(c_1,c_2,\cdots,c_m)^{\mathrm{T}}$,$\boldsymbol{c}_N=(c_{m+1},c_{m+2},\cdots,c_n)^{\mathrm{T}}$,于是目标函数 $z=\boldsymbol{c}^{\mathrm{T}}\boldsymbol{x}$ 可写为

$$z=(\boldsymbol{c}_B{}^{\mathrm{T}},\boldsymbol{c}_N{}^{\mathrm{T}})\begin{pmatrix}\boldsymbol{x}_B\\ \boldsymbol{x}_N\end{pmatrix}=\boldsymbol{c}_B{}^{\mathrm{T}}\boldsymbol{x}_B+\boldsymbol{c}_N{}^{\mathrm{T}}\boldsymbol{x}_N \tag{2.27}$$

并将式(2.26)中的 $\boldsymbol{x}_B$ 代入式(2.27),得

$$\begin{aligned}z&=\boldsymbol{c}_B{}^{\mathrm{T}}(\boldsymbol{b}-\boldsymbol{Nx}_N)+\boldsymbol{c}_N{}^{\mathrm{T}}\boldsymbol{x}_N\\&=\boldsymbol{c}_B{}^{\mathrm{T}}\boldsymbol{b}-\boldsymbol{c}_B{}^{\mathrm{T}}\boldsymbol{Nx}_N+\boldsymbol{c}_N{}^{\mathrm{T}}\boldsymbol{x}_N\\&=\boldsymbol{c}_B{}^{\mathrm{T}}\boldsymbol{b}+(\boldsymbol{c}_N{}^{\mathrm{T}}-\boldsymbol{c}_B{}^{\mathrm{T}}\boldsymbol{N})\boldsymbol{x}_N\end{aligned} \tag{2.28}$$

即目标函数对任意的可行解 $\boldsymbol{x}=(x_1,x_2,\cdots,x_m,x_{m+1},\cdots,x_n)^{\mathrm{T}}$,总可以写为

$$z=\boldsymbol{c}^{\mathrm{T}}\boldsymbol{x}=\boldsymbol{c}_B{}^{\mathrm{T}}\boldsymbol{b}+(\boldsymbol{c}_N{}^{\mathrm{T}}-\boldsymbol{c}_B{}^{\mathrm{T}}\boldsymbol{N})\boldsymbol{x}_N \tag{2.29}$$

而当前的基可行解 $\boldsymbol{x}^{(k)}=(b_1,b_2,\cdots,b_m,0,0,\cdots,0)$所对应的目标函数值为 $z^{(k)}=\boldsymbol{c}_B{}^{\mathrm{T}}\boldsymbol{b}$。

如果此可行基 $\boldsymbol{B}$ 进一步满足 $\boldsymbol{c}_N{}^{\mathrm{T}}-\boldsymbol{c}_B{}^{\mathrm{T}}\boldsymbol{N}\leqslant\boldsymbol{0}$,则对任意的可行解 $\boldsymbol{x}$,其目标函数值为

$$z=\boldsymbol{c}^{\mathrm{T}}\boldsymbol{x}=\boldsymbol{c}_B{}^{\mathrm{T}}\boldsymbol{b}+(\boldsymbol{c}_N{}^{\mathrm{T}}-\boldsymbol{c}_B{}^{\mathrm{T}}\boldsymbol{N})\boldsymbol{x}_N\leqslant\boldsymbol{c}_B{}^{\mathrm{T}}\boldsymbol{b}=z^{(k)}$$

这表明,当前对应于基 $\boldsymbol{B}$ 的基可行解 $\boldsymbol{x}^{(k)}=(b_1,b_2,\cdots,b_m,0,0,\cdots,0)$能使目标函数达到最大值,即 $\boldsymbol{x}^{(k)}$ 为最优解,$\boldsymbol{B}$ 为最优基。

式(2.29)写成分量形式〔$\boldsymbol{a}_j=(a_{1,j},a_{2,j},\cdots,a_{m,j})^{\mathrm{T}},j=1,\cdots,n;\boldsymbol{b}=(b_1,\cdots,b_m)^{\mathrm{T}}$〕即为

$$z=\sum_{i=1}^{m}c_ib_i+\sum_{j=m+1}^{n}(c_j-\sum_{i=1}^{m}c_ia_{i,j})x_j \tag{2.30}$$

令 $z^{(k)}=\sum_{i=1}^{m}c_ib_i,z_j=\sum_{i=1}^{m}c_ia_{i,j}(j=m+1,\cdots,n)$,于是式(2.30)也可写为

$$z=z^{(k)}+\sum_{j=m+1}^{n}(c_j-z_j)x_j \tag{2.31}$$

再令 $\sigma_j=c_j-z_j(j=m+1,\cdots,n)$,则式(2.31)可以写为

$$z=z^{(k)}+\sum_{j=m+1}^{n}\sigma_jx_j \tag{2.32}$$

由此可得如下定理。

定理 2.6.1(最优解的判定) 设 $\boldsymbol{x}^{(k)}=(x_1^{(k)},x_2^{(k)},\cdots,x_n^{(k)})^{\mathrm{T}}$ 为最大化线性规划问题的一个基可行解,对应的可行基为 $\boldsymbol{B}$,如果关于非基变量的所有检验数 $\sigma_j\leqslant0(j\in J_N)$成立,则 $\boldsymbol{x}^{(k)}$ 为此线性规划问题的最优解。如果对于一切 $j\in J_N$,都有 $\sigma_j<0$,则此线性规划问题有唯一最优解。

证明:如果对于一切 $j\in J_N$,都有 $\sigma_j<0$,则 $\boldsymbol{x}^{(k)}$ 中的非基变量 $x_j(j\in J_N)$只能取值为零,不能变为非零,否则就会造成目标函数值减小,从而 $x_j(j\in J_N)$只能一直保持是非基变量,$x_j(j\in J_B)$只能是基变量,取值唯一,所以线性规划问题的最优解是唯一的。

证毕

注:定理 2.6.1 是针对形如式(2.10)的目标函数求最大值的线性规划问题,如果是对目标函数求最小值的线性规划问题,只需要将定理 2.6.1 中的"$\sigma_j\leqslant 0$"(或"$\sigma_j<0$")改为"$\sigma_j\geqslant 0$"(或"$\sigma_j>0$")即可。

所以 σ_j 被称作**检验数**,z_j 被称作**机会成本**(机会成本表示当变量有微小变动时,目标函数的变化率。可以理解为多生产一件第 j 种产品而带来的成本,这种成本不是指原材料的成本,而是指多生产一件第 j 种产品需要减少其他产品的生产所造成的损失)。令 $\boldsymbol{\sigma}^{\mathrm{T}}=(\sigma_1,\sigma_2,\cdots,\sigma_m,\sigma_{m+1},\cdots,\sigma_n)$,其中 $\sigma_i=0(i\in J_B)$(即基变量的检验数为零),则 $\boldsymbol{\sigma}$ 常被称作**检验向量**。

注:对于检验数和机会成本,我们只需要考虑当前基可行解中非基变量所对应的机会成本和检验数。

§2.6.5　改进基可行解

设 $\boldsymbol{x}^{(k)}=(b_1,b_2,\cdots,b_m,0,\cdots,0)^{\mathrm{T}}$ 为与基 $\boldsymbol{B}$ 对应的一个基可行解,其中基变量为 $x_1,x_2,\cdots,x_m$,非基变量为 $x_{m+1},\cdots,x_n$,非基变量的检验数 $\sigma_{m+1},\cdots,\sigma_n$ 中某些 $\sigma_j>0$,根据定理 2.6.1,可知 $\boldsymbol{x}^{(k)}=(b_1,b_2,\cdots,b_m,0,\cdots,0)^{\mathrm{T}}$ 不是最优解。单纯形算法接下来就是要对 $\boldsymbol{x}^{(k)}=(b_1,b_2,\cdots,b_m,0,\cdots,0)^{\mathrm{T}}$ 进行改进,希望得到一个新的基可行解,而且让目标函数值增加(此处是针对目标函数求最大值的线性规划问题,如果是目标函数求最小值的线性规划问题,则希望得到一个新的基可行解,而且让目标函数值减小)。

改进基可行解的思想是:根据非基变量的检验数 $\sigma_{m+1},\cdots,\sigma_n$ 中某些 $\sigma_j>0$,选出一个 σ_j 对应的非基变量,将此非基变量的值从 0 变成正数,而其他的非基变量仍然为 0,这样会使目标函数值增加〔由式(2.32)显然可知〕。从原来的非基变量中选一个让它变为正数(如果不能变为正数,我们后面会继续讨论),实际上是要将这个非基变量变为下一个基可行解中的基变量(这个原来的非基变量被称作进基变量或入基变量或换入变量),为保证新得到的解仍是基可行解,还必须从原来的基变量中选一个让它变为非基变量(这个原来的基变量被称作离基变量或出基变量或换出变量)。也就是说,新基与原有的基有 $m-1$ 个相同的列向量,仅有一列向量不同。这两个基矩阵称作相邻;这两个基可行解也称作相邻。

1. 进基变量的确定

应该选择哪一个非基变量作为进基变量呢?由式(2.32)可以看到,当某些 $\sigma_j>0$ 时,$x_j^{(k)}$ 增加(本来为 0)则目标函数值还可以增加,这时就要将这个非基变量 x_j 换到基变量中。若有两个及两个以上的 $\sigma_j>0$,为了使目标函数值增加最快,从直观上一般选 $\sigma_j>0$ 中的最大者(若 $\sigma_j>0$ 中的最大者有多个则选其中下标最小者),即,如果 $\max(\sigma_j>0)=\sigma_l$,则对应的 x_l 为进基变量(其实在选进基变量时,也可以从 $\sigma_j>0$ 中任意选或按最大者最大下标选)。

2. 离基变量的确定

离基变量的确定是与进基变量的取值联系在一起的,若原非基变量 x_l 被选为进基变量,当 x_l 的取值由零向正值增加时,当前解的原有基变量的取值有的要随 x_l 的取值增加而减小(除 x_l 之外的其他非基变量都仍然为非基变量,仍取值为0),当第一个减小为零值的原基变量(记为 x_r)出现时,其余的原基变量值仍保持大于等于零,则原基变量 x_r 就是离基变量。

下面我们用数学公式来推导这个原理和方法。

对线性规划问题的矩阵形式(2.10),假设在系数矩阵中已找到一个 m 阶(单位)矩阵作为初始可行基(可能是加入松弛变量、剩余变量或人工变量之后),而且不妨设就是前面的 m 个列向量组成的矩阵为单位矩阵,设为 $\boldsymbol{B}$($\boldsymbol{B}=\boldsymbol{I}$,$\boldsymbol{I}$ 为单位矩阵),剩下的 $n-m$ 个列向量组成的矩阵为 $\boldsymbol{N}$,当前的基可行解为

$$\boldsymbol{x}^{(k)}=(x_1^{(k)},x_2^{(k)},\cdots,x_m^{(k)},x_{m+1}^{(k)},\cdots,x_n^{(k)})^{\mathrm{T}}=(b_1,b_2,\cdots,b_m,0,\cdots,0)^{\mathrm{T}}=\begin{pmatrix}\boldsymbol{x}_{\boldsymbol{B}}\\ \boldsymbol{x}_{\boldsymbol{N}}\end{pmatrix}=\begin{pmatrix}\boldsymbol{b}\\ \boldsymbol{0}\end{pmatrix}$$

其中:

$$\boldsymbol{x}_{\boldsymbol{B}}=(x_1^{(k)},x_2^{(k)},\cdots,x_m^{(k)})^{\mathrm{T}}=(b_1,b_2,\cdots,b_m)^{\mathrm{T}}\text{ 为基变量组成的向量}$$

$$\boldsymbol{x}_{\boldsymbol{N}}=(x_{m+1}^{(k)},\cdots,x_n^{(k)})^{\mathrm{T}}=(0,0,\cdots,0)^{\mathrm{T}}\text{ 为非基变量组成的向量}$$

所以当前基可行解 $\boldsymbol{x}^{(k)}$ 所对应的约束条件 $\boldsymbol{A}\boldsymbol{x}^{(k)}=\boldsymbol{b}$ 即为

$$(\boldsymbol{B},\boldsymbol{N})\begin{pmatrix}\boldsymbol{x}_{\boldsymbol{B}}\\ \boldsymbol{x}_{\boldsymbol{N}}\end{pmatrix}=\boldsymbol{x}_{\boldsymbol{B}}=\boldsymbol{b} \tag{2.33}$$

其系数矩阵的增广矩阵为

$$\begin{array}{cccccccccc} \boldsymbol{a}_1 & \boldsymbol{a}_2 & \cdots & \boldsymbol{a}_m & \boldsymbol{a}_{m+1} & \cdots & \boldsymbol{a}_l & \cdots & \boldsymbol{a}_n & \boldsymbol{b} \end{array}$$

$$\begin{pmatrix} 1 & 0 & \cdots & 0 & a_{1,m+1} & \cdots & a_{1,l} & \cdots & a_{1,n} & b_1 \\ 0 & 1 & \cdots & 0 & a_{2,m+1} & \cdots & a_{2,l} & \cdots & a_{2,n} & b_2 \\ \vdots & \vdots & \cdots & \vdots & \vdots & \cdots & \vdots & \cdots & \vdots & \vdots \\ 0 & 0 & \cdots & 1 & a_{m,m+1} & \cdots & a_{m,l} & \cdots & a_{m,n} & b_m \end{pmatrix} \tag{2.34}$$

当前的目标函数为式(2.32)。

若此时 $\boldsymbol{x}^{(k)}$ 还不是最优解,要寻找一个使目标函数值增大的基可行解,非基变量 $x_l(m+1\leqslant l\leqslant n)$ 被选为进基变量,其检验数为 $\sigma_l>0$,则 $\boldsymbol{a}_l$ 可以用 $\boldsymbol{a}_1,\boldsymbol{a}_2,\cdots,\boldsymbol{a}_m$ 线性表示,实际上:

$$\boldsymbol{a}_l=\sum_{i=1}^{m}a_{i,l}\boldsymbol{a}_i$$

或

$$\boldsymbol{a}_l-\sum_{i=1}^{m}a_{i,l}\boldsymbol{a}_i=\boldsymbol{0} \tag{2.35}$$

又式(2.33)可以写为

$$\sum_{i=1}^{m}x_i^{(k)}\boldsymbol{a}_i=\boldsymbol{b} \tag{2.36}$$

式(2.35)两边同乘一个正数 θ,然后加到式(2.36)上,得到

$$\sum_{i=1}^{m}x_i^{(k)}\boldsymbol{a}_i+\theta\Big(\boldsymbol{a}_l-\sum_{i=1}^{m}a_{i,l}\boldsymbol{a}_i\Big)=\boldsymbol{b}$$

或

$$\sum_{i=1}^{m}(x_i^{(k)}-\theta a_{i,l})\boldsymbol{a}_i+\theta\boldsymbol{a}_l=\boldsymbol{b} \tag{2.37}$$

只要 θ 取值适当，就可以由式(2.37)找到满足约束方程组 $\boldsymbol{A}\boldsymbol{x}^{(k+1)}=\boldsymbol{b}$ 的一个新的基可行解 $\boldsymbol{x}^{(k+1)}$。为使 $\boldsymbol{x}^{(k+1)}\geqslant\boldsymbol{0}$，只要令 $x_i^{(k)}-\theta a_{i,l}(i=1,2,\cdots,m)$ 中的某一个为 0，其余的非负即可，所以令

$$\theta=\min\left\{\frac{b_i}{a_{i,l}}\mid a_{i,l}>0,i=1,\cdots,m\right\}=\frac{b_r}{a_{r,l}} \tag{2.38}$$

从而保证了 $x_i^{(k)}-\theta a_{i,l}\geqslant 0(i=1,2,\cdots,m)$。

注 1：式(2.38)被称为**最小比值准则**或**最小 $\boldsymbol{\theta}$ 准则**，式中的最小比值如果有多个同时达到，则选取下标最小的。

注 2：此处的 $\theta=\min\left\{\frac{b_i}{a_{i,l}}\mid a_{i,l}>0,i=1,\cdots,m\right\}=\frac{b_r}{a_{r,l}}>0$，根据假设 2.6.4，$b_i>0(i=1,\cdots,m)$。但是如果假设 2.6.4 不成立，也就是线性规划是退化的，则 θ 也可能为 0。

令 $\boldsymbol{x}^{(k+1)}$ 的各分量如下：

$$\begin{cases}x_i^{(k+1)}=x_i^{(k)}-\dfrac{b_r}{a_{r,l}}a_{i,l},i=1,\cdots,m,i\neq r\\ x_r^{(k+1)}=0\\ x_l^{(k+1)}=\dfrac{b_r}{a_{r,l}}=\theta\\ x_j^{(k+1)}=0,j=m+1,\cdots,n,j\neq l\end{cases} \tag{2.39}$$

则 $\boldsymbol{x}^{(k+1)}$ 是可行解($\boldsymbol{x}^{(k+1)}\geqslant\boldsymbol{0},\boldsymbol{A}\boldsymbol{x}^{(k+1)}=\boldsymbol{b}$)，由于向量组 $\boldsymbol{a}_1,\cdots,\boldsymbol{a}_{r-1},\boldsymbol{a}_l,\boldsymbol{a}_{r+1},\cdots,\boldsymbol{a}_m$ 线性无关，因此根据引理 2.5.2，$\boldsymbol{x}^{(k+1)}$ 是基可行解。

将 $\boldsymbol{x}^{(k+1)}$ 代入目标函数式(2.32)，显然有

$$z(\boldsymbol{x}^{(k+1)})=z^{(k)}+\theta\sigma_l>z^{(k)}=z(\boldsymbol{x}^{(k)})$$

所以目标函数值确实增大了。

注：如果是退化的线性规划问题，θ 可能为 0，$z(\boldsymbol{x}^{(k+1)})=z^{(k)}+\theta\sigma_l\geqslant z^{(k)}=z(\boldsymbol{x}^{(k)})$ 仍成立。

根据式(2.38)算出的 $b_r/a_{r,l}$ 所对应的 x_r“离基”，x_l“进基”，这就是从一个基可行解 $\boldsymbol{x}^{(k)}$ 移动到另一个“更好”的基可行解 $\boldsymbol{x}^{(k+1)}$ 的过程。新旧基可行解 $\boldsymbol{x}^{(k+1)}$ 与 $\boldsymbol{x}^{(k)}$ 的差别在于以原来的非基变量 x_l 代替原来的基变量 x_r，而成为 $\boldsymbol{x}^{(k+1)}$ 的基变量，而 x_r 变为 $\boldsymbol{x}^{(k+1)}$ 的非基变量。整个过程称为换基，或称进行了一次迭代，$\boldsymbol{a}_r$ 退出基列，$\boldsymbol{a}_l$ 进入基列，x_r 为离基变量，x_l 为进基变量。

这时，向量组 $\boldsymbol{a}_1,\cdots,\boldsymbol{a}_{r-1},\boldsymbol{a}_l,\boldsymbol{a}_{r+1},\cdots,\boldsymbol{a}_m$ 就是一组新的基，式(2.34)可以再详细改写为

$$\begin{array}{cccccccccccccc}\boldsymbol{a}_1&\boldsymbol{a}_2&\cdots&\boldsymbol{a}_{r-1}&\boldsymbol{a}_r&\boldsymbol{a}_{r+1}&\cdots&\boldsymbol{a}_m&\boldsymbol{a}_{m+1}&\cdots&\boldsymbol{a}_l&\cdots&\boldsymbol{a}_n&\boldsymbol{b}\end{array}$$

$$\begin{pmatrix}1&0&\cdots&0&0&0&\cdots&0&a_{1,m+1}&\cdots&a_{1,l}&\cdots&a_{1,n}&b_1\\0&1&\cdots&0&0&0&\cdots&0&a_{2,m+1}&\cdots&a_{2,l}&\cdots&a_{2,n}&b_2\\\vdots&\vdots&\cdots&\vdots&\vdots&\vdots&\cdots&\vdots&\vdots&\cdots&\vdots&\cdots&\vdots&\vdots\\0&0&\cdots&1&0&0&\cdots&0&a_{r-1,m+1}&\cdots&a_{r-1,l}&\cdots&a_{r-1,n}&b_{r-1}\\0&0&\cdots&0&1&0&\cdots&0&a_{r,m+1}&\cdots&a_{r,l}&\cdots&a_{r,n}&b_r\\0&0&\cdots&0&0&1&\cdots&0&a_{r+1,m+1}&\cdots&a_{r+1,l}&\cdots&a_{r+1,n}&b_{r+1}\\\vdots&\vdots&\cdots&\vdots&\vdots&\vdots&\cdots&\vdots&\vdots&\cdots&\vdots&\cdots&\vdots&\vdots\\0&0&\cdots&0&0&0&\cdots&1&a_{m,m+1}&\cdots&a_{m,l}&\cdots&a_{m,n}&b_m\end{pmatrix} \tag{2.40}$$

在上述增广矩阵中进行初等变换,将第 r 行乘上 $\frac{1}{a_{r,l}}(a_{r,l}>0)$,再分别乘以 $-a_{i,l}(i=1,2,\cdots,r-1,r+1,\cdots,m)$ 然后加到第 i 行上去,则增广矩阵变为

$$
\begin{array}{cccccccccccccc}
\boldsymbol{a}_1 & \boldsymbol{a}_2 & \cdots & \boldsymbol{a}_{r-1} & \boldsymbol{a}_r & \boldsymbol{a}_{r+1} & \cdots & \boldsymbol{a}_m & \boldsymbol{a}_{m+1} & \cdots & \boldsymbol{a}_l & \cdots & \boldsymbol{a}_n & \boldsymbol{b}
\end{array}
$$

$$
\left(\begin{array}{cccccccccccccc}
1 & 0 & \cdots & 0 & -\frac{a_{1,l}}{a_{r,l}} & 0 & \cdots & 0 & \overline{a_{1,m+1}} & \cdots & 0 & \cdots & \overline{a_{1,n}} & \overline{b_1} \\
0 & 1 & \cdots & 0 & -\frac{a_{2,l}}{a_{r,l}} & 0 & \cdots & 0 & \overline{a_{2,m+1}} & \cdots & 0 & \cdots & \overline{a_{2,n}} & \overline{b_2} \\
\vdots & \vdots & \cdots & \vdots & \vdots & \vdots & \cdots & \vdots & \vdots & \cdots & \vdots & \cdots & \vdots & \vdots \\
0 & 0 & \cdots & 1 & -\frac{a_{r-1,l}}{a_{r,l}} & 0 & \cdots & 0 & \overline{a_{r-1,m+1}} & \cdots & 0 & \cdots & \overline{a_{r-1,n}} & \overline{b_{r-1}} \\
0 & 0 & \cdots & 0 & \frac{1}{a_{r,l}} & 0 & \cdots & 0 & \overline{a_{r,m+1}} & \cdots & 1 & \cdots & \overline{a_{r,n}} & \overline{b_r} \\
0 & 0 & \cdots & 0 & -\frac{a_{r+1,l}}{a_{r,l}} & 1 & \cdots & 0 & \overline{a_{r+1,m+1}} & \cdots & 0 & \cdots & \overline{a_{r+1,n}} & \overline{b_{r+1}} \\
\vdots & \vdots & \cdots & \vdots & \vdots & \vdots & \cdots & \vdots & \vdots & \cdots & \vdots & \cdots & \vdots & \vdots \\
0 & 0 & \cdots & 0 & -\frac{a_{m,l}}{a_{r,l}} & 0 & \cdots & 1 & \overline{a_{m,m+1}} & \cdots & 0 & \cdots & \overline{a_{m,n}} & \overline{b_m}
\end{array}\right) \tag{2.41}
$$

其中,

$$
\overline{b_i}=\begin{cases} b_i-\frac{a_{i,l}}{a_{r,l}}b_r, & i=1,\cdots,m,i\neq r \\ \frac{b_r}{a_{r,l}}, & i=r \end{cases}
$$

显然,有 $\boldsymbol{x}_{\boldsymbol{B}}^{(k+1)}=\bar{\boldsymbol{b}}$(即新的基变量的取值,其中 $\overline{b_r}$ 对应的是新的基变量 x_l 的取值),向量组 $\boldsymbol{a}_1,\cdots,\boldsymbol{a}_{r-1},\boldsymbol{a}_l,\boldsymbol{a}_{r+1},\cdots,\boldsymbol{a}_m$ 就是新的单位矩阵,调整后的约束方程组变为 $\bar{\boldsymbol{A}}\boldsymbol{x}=\bar{\boldsymbol{b}}$(与 $\boldsymbol{A}\boldsymbol{x}=\boldsymbol{b}$ 是等解线性方程组),其增广矩阵就是式(2.41),从中将新的基变量用非基变量表示出来,然后代入目标函数式(2.32)得到

$$
z=z^{(k)}+\theta\sigma_l+\sum_{j=m+1,j\neq l}^{n}\left(\sigma_j-\sigma_l\frac{a_{r,j}}{a_{r,l}}\right)x_i-\frac{\sigma_l}{a_{r,l}}x_r
$$

令

$$
\overline{\sigma_j}=\begin{cases} \sigma_j-\sigma_l\frac{a_{r,j}}{a_{r,l}}, & j=m+1,\cdots,n,j\neq l \\ 0, & j=l \\ -\frac{\sigma_l}{a_{r,l}}, & j=r \\ 0, & j=1,2,\cdots,m,j\neq r \end{cases}
$$

这就是新的目标函数和新的基可行解 $\boldsymbol{x}^{(k+1)}$ 的检验数。

定理 2.6.2(无界解的判定) 若 $\boldsymbol{x}^{(k)}=(x_1^{(k)},x_2^{(k)},\cdots,x_n^{(k)})^{\mathrm{T}}$ 为一个目标函数求最大值的线性规划问题的一个基可行解,对应的可行基为 $\boldsymbol{B}$,如果有一个 $\sigma_l>0(l\in J_N)$,并且有 $a_{i,l}\leqslant 0(i=1,\cdots,m)$,那么该线性规划问题具有无界解(或称该线性规划问题的最优值为无穷大)。

证明:构造一个新的解 $\boldsymbol{x}^{(k+1)}$,其分量为

$$\begin{cases} x_i^{(k+1)}=x_i^{(k)}-\lambda a_{i,l}, i\in J_{\boldsymbol{B}}, \lambda>0 \\ x_l^{(k+1)}=\lambda \\ x_j^{(k+1)}=0, j\in J_{\boldsymbol{N}}, j\neq l \end{cases}$$

因为 $a_{i,l}\leqslant 0$,所以对任意的 $\lambda>0$,$\boldsymbol{x}^{(k+1)}$ 都是可行解(但不一定是基可行解),把 $\boldsymbol{x}^{(k+1)}$ 代入目标函数,得

$$z=z_0+\lambda\sigma_l$$

因为 $\sigma_l>0$,所以当 $\lambda\to+\infty$ 时,$z\to+\infty$,故此线性规划问题的目标函数无界。

证毕

注:定理 2.6.2 是针对形如式(2.10)的目标函数求最大值的线性规划问题,如果是对目标函数求最小值的线性规划问题,只需要将定理 2.6.2 中的"$\sigma_l>0$"改为"$\sigma_l<0$"即可。

§2.6.6　单纯形算法的计算步骤及单纯形表

定理 2.6.1 和定理 2.6.2 给出了单纯形算法的停止条件,给定一个基可行解 $\boldsymbol{x}^{(k)}$,计算与其对应的检验数向量 $\boldsymbol{\sigma}$。若 $\boldsymbol{\sigma}\leqslant\boldsymbol{0}$,则 $\boldsymbol{x}^{(k)}$ 就是最优解;若 $\boldsymbol{\sigma}$ 的某个分量 $\sigma_k>0$,而 $\boldsymbol{a}_k\leqslant\boldsymbol{0}$,则原问题无界;若 $\sigma_k>0$ 且 $\boldsymbol{a}_k$ 含有正分量,那么按照式(2.38)求出另一个基可行解 $\boldsymbol{x}^{(k+1)}$〔式(2.39)〕,使目标函数值增加 $\theta\sigma_k$ 个单位。得到新的基可行解后,再重复以上过程,这样便可得到一个基可行解的序列。在 2.6.1 节假设的前提下,每迭代一次目标函数值严格增加,因而序列中的基可行解不可能重复出现。而且由于基可行解的个数是有限的,因此最终一定能找到最优解或者判定问题无界,所以得到如下定理。

定理 2.6.3　对于任何非退化的线性规划问题,从任何基可行解开始,经过有限多次迭代,或得到一个最优解(而且是基可行解),或得到该线性规划问题无界的判断。

在单纯形算法的一个迭代过程中,迭代前后的两个基有 $m-1$ 个相同的列向量,这样的基称为相邻基。在几何上,可以严格证明相邻基所对应的是可行域多面凸集 D 的相邻顶点。因此直观地说,单纯形算法就是从可行域多面凸集的一个顶点迭代到与其相邻的另一个顶点(而且目标函数值增加),直至找到最优解或判定问题无界。下面给出具体的计算步骤。

对一个形如式(2.10)的目标函数求最大值的线性规划问题,单纯形算法的步骤如下。

第 1 步:找一个初始的可行基 $\boldsymbol{B}(\boldsymbol{B}=\boldsymbol{I})$。

第 2 步:求出对应的检验数向量 $\boldsymbol{\sigma}$。

第 3 步:求 $\sigma_l=\max\{\sigma_j\mid j\in J_{\boldsymbol{N}}\}$。

第 4 步:若 $\sigma_l\leqslant 0$,则停止。已找到最优解 $\boldsymbol{x}=\begin{pmatrix}\boldsymbol{x_B}\\ \boldsymbol{x_N}\end{pmatrix}=\begin{pmatrix}\boldsymbol{b}\\ \boldsymbol{0}\end{pmatrix}$及最优值 $z=\boldsymbol{c}_{\boldsymbol{B}}^{\mathrm{T}}\boldsymbol{b}$。

第 5 步:若 $\sigma_l>0$,且 $\boldsymbol{a}_l\leqslant\boldsymbol{0}$,则停止。原问题无界。

第 6 步:若 $\sigma_l>0$,且存在 $a_{i,l}>0$,其中 $i\in J_{\boldsymbol{B}}$(可以找到更好的基可行解,也称作可以确定改善方向),则求

$$\min\left\{\frac{b_i}{a_{i,l}}\mid a_{i,l}>0, i\in J_{\boldsymbol{B}}\right\}=\frac{b_r}{a_{r,l}}$$

第 7 步:以 $\boldsymbol{a}_l$ 代替 $\boldsymbol{a}_r$ 得到新的基,并经过初等变换将新的基变为单位矩阵,转第 2 步。

上面的步骤也可以用图 2.8 所示的流程图来表示。

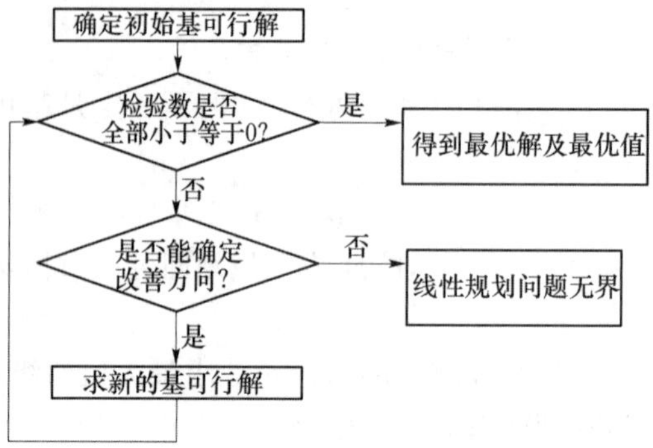

图 2.8

直接用公式进行单纯形算法的迭代计算,对于用笔计算是很不方便的,其中最复杂的是进行基变换,但实施基变换所用的实际上是消元法。因此,可以将单纯形算法的全部计算过程在一个类似于增广矩阵的表格上进行,这种表格被称为单纯形表。迭代计算中每找出一个新的基可行解时,就重画一张单纯形表。含初始基可行解的单纯形表被称为初始单纯形表,含最优解的单纯形表被称为最终单纯形表。单纯形表很容易用来进行编程计算。

对于一个已经标准化的线性规划问题(2.10),不妨设 $\boldsymbol{A}=(\boldsymbol{B},\boldsymbol{N})$,其中 $\boldsymbol{B}$ 为当前线性规划问题的一个可行基矩阵,$\boldsymbol{N}$ 是非基矩阵,写成向量形式为 $\boldsymbol{B}=(\boldsymbol{a}_1,\boldsymbol{a}_2,\cdots,\boldsymbol{a}_m)=\boldsymbol{I}$,$\boldsymbol{N}=(\boldsymbol{a}_{m+1},\boldsymbol{a}_{m+2},\cdots,\boldsymbol{a}_n)$,相应地,当前的基可行解 $\boldsymbol{x}^{(k)}=(x_1^{(k)},x_2^{(k)},\cdots,x_m^{(k)},x_{m+1}^{(k)},\cdots,x_n^{(k)})^{\mathrm{T}}$ 中基变量为 $\boldsymbol{x_B}$,记作 $\boldsymbol{x_B}=(x_1,x_2,\cdots,x_m)^{\mathrm{T}}$,非基变量为 $\boldsymbol{x_N}$,记作 $\boldsymbol{x_N}=(x_{m+1},x_{m+2},\cdots,x_n)^{\mathrm{T}}$,则其初始单纯形表如表 2.4 所示。

表 2.4

c_j			c_1	…	c_m	c_{m+1}	…	c_n	
$\boldsymbol{c_B}$	$\boldsymbol{x_B}$	$\boldsymbol{b}$	x_1	…	x_m	x_{m+1}	…	x_n	θ
c_1	x_1	b_1	1	…	0	$a_{1,m+1}$	…	$a_{1,n}$	
⋮	⋮	⋮	⋮	…	⋮	⋮	…	⋮	
c_m	x_m	b_m	0	…	1	$a_{m,m+1}$	…	$a_{m,n}$	
z_j		$\sum_{i=1}^{m} c_i b_i$	c_1	…	c_m	$\sum_{i=1}^{m} c_i a_{i,m+1}$	…	$\sum_{i=1}^{m} c_i a_{i,n}$	
σ_j		$-\sum_{i=1}^{m} c_i b_i$	0	…	0	$c_{m+1}-\sum_{i=1}^{m} c_i a_{i,m+1}$	…	$c_n-\sum_{i=1}^{m} c_i a_{i,n}$	

单纯形表的结构为:表 2.4 的第 2～3 列列出基可行解中的基变量及其取值。接下来列出问题中的所有变量,基变量下面的是单位矩阵,非基变量 x_j 下面的是该变量的系数向量 $\boldsymbol{a}_j$;表 2.4 最上端的一行数是各变量在目标函数中的系数值,最左端的一列数是与各基变量对应的目标函数中的系数值 c_i,最右端的一列为 θ 列(寻找离基变量时计算所用)。

对 x_j 只要将它下面这一列数字与同行中基变量对应的系数值分别相乘并相加起来,就

是 $z_j = \sum_{i=1}^{m} c_i a_{i,j}$（当前基可行解的非基变量的**机会成本**，对应表 2.4 中的倒数第二行非基变量所对应的数字；但该行的 $\sum_{i=1}^{m} c_i b_i$ 实际上表示的是当前解所对应的目标函数值，基变量所对应的位置就是它们的价格）。再用 x_j 上端的 c_j 值减去 z_j 即得到变量 x_j 的检验数 $\sigma_j = c_j - z_j$（表 2.4 中的倒数第一行。注意：基变量的检验数为 0）。

若表中所有的检验数 $\sigma_j = c_j - z_j \leqslant 0$，则表中的基可行解即为最优解，计算结束（对基变量中含人工变量时的解的最优性检验将在 2.7 节中讨论）。当表中存在 $\sigma_j = c_j - z_j > 0$ 时，当前基可行解不是最优解，如 $\boldsymbol{a}_j \leqslant \boldsymbol{0}$，则问题有无界解，计算结束；否则对当前基可行解进行改进：

① 确定进基变量。只要有检验数 $\sigma_j > 0$，对应的变量 x_j 就可作为进基变量，当有一个以上检验数大于零时，一般从中找出最大的 σ_j，若 $\max(\sigma_j > 0) = \sigma_l$，其对应的变量 x_l 作为进基变量。

② 确定离基变量。根据式(2.38)中确定 θ 的规则，计算 $\dfrac{b_i}{a_{i,l}}(a_{i,l} > 0, i = 1, \cdots, m)$，并填入表 2.4 的最后一列中，进而得到 $\theta = \min\left\{\dfrac{b_i}{a_{i,l}} \middle| a_{i,l} > 0, i = 1, \cdots, m\right\} = \dfrac{b_r}{a_{r,l}}$，从而确定离基变量 x_r。元素 $a_{r,l}$ 决定了从一个基可行解到相邻基可行解的转移去向，称为**主元素**，或称**旋转元**。

③ 用进基变量 x_l 替换基变量中的离基变量 x_r，得到一个新的基 $(\boldsymbol{a}_1, \cdots, \boldsymbol{a}_{r-1}, \boldsymbol{a}_l, \boldsymbol{a}_{r+1}, \cdots, \boldsymbol{a}_m)$，对应这个基可以得到一个新的基可行解并可以相应地列出一个新的单纯形表（表 2.5）。

在这个新的表中，基仍应是单位矩阵，即 $\boldsymbol{a}_l$ 应变换成单位向量。为此在表 2.4 中进行行初等变换，并将运算结果填入表 2.5 相应的格中〔具体计算参考式(2.39)〕。

表 2.5

c_j			c_1	⋯	c_r	⋯	c_m	c_{m+1}	⋯	c_l	⋯	
$\boldsymbol{c}_{B'}$	$\boldsymbol{x}_{B'}$	$\boldsymbol{b}'$	x_1	⋯	x_r	⋯	x_m	x_{m+1}	⋯	x_l	⋯	θ
c_1	x_1	$b_1 - \dfrac{a_{1,l}}{a_{r,l}} b_r$	1	⋯	$-\dfrac{a_{1,l}}{a_{r,l}}$	⋯	0	$a_{1,m+1} - \dfrac{a_{1,l}}{a_{r,l}} a_{r,m+1}$	⋯	0	⋯	
⋮	⋮	⋮	⋮	⋯		⋯	⋮	⋮	⋯	⋮	⋯	
c_l	x_l	$\dfrac{b_r}{a_{r,l}}$	0	⋯	$\dfrac{1}{a_{r,l}}$	⋯	0	$\dfrac{a_{r,m+1}}{a_{r,l}}$	⋯	1	⋯	$\dfrac{b_r}{a_{r,l}}$
⋮	⋮	⋮	⋮	⋯	⋮	⋯	⋮	⋮	⋯	⋮	⋯	
c_m	x_m	$b_m - \dfrac{a_{m,l}}{a_{r,l}} b_r$	0	⋯	$-\dfrac{a_{m,l}}{a_{r,l}}$	⋯	1	$a_{m,m+1} - \dfrac{a_{m,l}}{a_{r,l}} a_{r,m+1}$	⋯	0	⋯	
z'_j		$\sum_{i=1}^{m} c_i b'_i$	c_1	⋯	z'_r	⋯	c_m	z'_{m+1}	⋯	c_l	⋯	
σ'_j		$-\sum_{i=1}^{m} c_i b'_i$	0	⋯	$c_r - z'_r$	⋯	0	$c_{m+1} - z'_{m+1}$	⋯	0	⋯	

表 2.5 的最后两行(z_j 行及 σ_j 检验数行)仍然按照上面的方法计算即可得到,即在表 2.5 中对 $\boldsymbol{x}_{B'}$ 列对应的 z_j',只要将 $\boldsymbol{x}_{B'}$ 这一列数字与同行中基变量对应的目标函数中的系数分别相乘并相加起来,就得到 z_j',再用 x_j 上端的 c_j 值减去 z_j' 即得到变量 x_j 的检验数 $\sigma_j'=c_j-z_j'$(基变量的检验数仍为 0)。

这样在新的单纯形表中,就可以直接得到新的基可行解及其对应的检验数,继续验证是否最优,若不是最优解,继续验证是否可以改进,直到找到最优解或判断原线性规划问题有无界解,则计算结束。

例 2.9 将例 2.8 中的线性规划问题的求解过程用单纯形表表示。

$$\max z=60x_1+30x_2+20x_3$$

$$\text{s. t.}\begin{cases}8x_1+6x_2+x_3\leqslant 48\,000\\4x_1+2x_2+1.5x_3\leqslant 20\,000\\2x_1+1.5x_2+0.5x_3\leqslant 8\,000\\x_1,x_2,x_3\geqslant 0\end{cases}$$

解:对上述线性规划模型进行标准化,得

$$\max z=60x_1+30x_2+20x_3+0x_4+0x_5+0x_6$$

$$\text{s. t.}\begin{cases}8x_1+6x_2+x_3+x_4=48\,000\\4x_1+2x_2+1.5x_3+x_5=20\,000\\2x_1+1.5x_2+0.5x_3+x_6=8\,000\\x_1,x_2,x_3,x_4,x_5,x_6\geqslant 0\end{cases}$$

列出初始的单纯形表并求解,如表 2.6 所示。

表 2.6

$c_j\rightarrow$			60	30	20	0	0	0	
$\boldsymbol{c}_B$	$\boldsymbol{x}_B$	$\boldsymbol{b}$	x_1	x_2	x_3	x_4	x_5	x_6	θ
0	x_4	48 000	8	6	1	1	0	0	48 000/8
0	x_5	20 000	4	2	1.5	0	1	0	20 000/4
0	x_6	8 000	[2]	1.5	0.5	0	0	1	8 000/2
z_j		0	0	0	0	0	0	0	
$\sigma_j=c_j-z_j$		0	60	30	20	0	0	0	
0	x_4	16 000	0	0	−1	1	0	−4	—
0	x_5	4 000	0	−1	[0.5]	0	1	−2	4 000/0.5
60	x_1	4 000	1	0.75	0.25	0	0	0.5	4 000/0.25
z_j		240 000	60	45	15	0	0	30	
$\sigma_j=c_j-z_j$		−240 000	0	−15	5	0	0	−30	
0	x_4	24 000	0	−2	0	1	2	−8	
20	x_3	8 000	0	−2	1	0	2	−4	
60	x_1	2 000	1	1.25	0	0	−0.5	1.5	
z_j		280 000	60	35	20	0	10	10	
$\sigma_j=c_j-z_j$		−280 000	0	−5	0	0	−10	−10	

从表 2.6 中可以很方便地看到初始的基可行解为 $\boldsymbol{x}^{(0)}=(0,0,0,48\,000,20\,000,8\,000)^{\mathrm{T}}$，目标函数值为 0，基变量是 x_4,x_5,x_6，检验数向量为(60,30,20,0,0,0)，所以 $\boldsymbol{x}^{(0)}=(0,0,0,48\,000,20\,000,8\,000)^{\mathrm{T}}$ 不是最优解，需要改善。由于 $\max(\sigma_j>0)=\sigma_1=60$，所以选 x_1 为进基变量，又由于 $\theta=\min\left\{\frac{48\,000}{8},\frac{20\,000}{4},\frac{8\,000}{2}\right\}=4\,000$，所以选取 x_6 为离基变量，利用高斯消去法进行初等变换后，得到下一个单纯形表。从表 2.6 中可以看到改善后的基可行解为 $\boldsymbol{x}^{(1)}=(4\,000,0,0,16\,000,4\,000,0)^{\mathrm{T}}$，目标函数值为 240 000，基变量是 x_4,x_5,x_1，检验数向量为(0,－15,5,0,0,－30)，所以 $\boldsymbol{x}^{(1)}=(4\,000,0,0,16\,000,4\,000,0)^{\mathrm{T}}$ 仍不是最优解，继续进行改善。由于 $\max(\sigma_j>0)=\sigma_3=5$，所以选 x_3 为进基变量，又由于 $\theta=\min\left\{-,\frac{4\,000}{0.5},\frac{4\,000}{0.25}\right\}=8\,000$，所以选取 x_5 为离基变量，利用高斯消去法进行初等变换后，得到下一个单纯形表。从表 2.6 中可以看到改善后的基可行解为 $\boldsymbol{x}^{(2)}=(2\,000,0,8\,000,24\,000,0,0)^{\mathrm{T}}$，目标函数值为 280 000，基变量是 x_4,x_3,x_1，检验数向量为(0,－5,0,0,－10,－10)，所以 $\boldsymbol{x}^{(2)}=(2\,000,0,8\,000,24\,000,0,0)^{\mathrm{T}}$ 是最优解〔丢掉松弛变量 x_4,x_5,x_6，最优解为 $(2\,000,0,8\,000)^{\mathrm{T}}$〕，最优值就是 280 000。

解毕

注：借助于单纯形表，我们可以很直观地解释机会成本 z_j 这个概念，以例 2.9 和表 2.6 来说，对第一个基可行解 $\boldsymbol{x}^{(0)}=(0,0,0,48\,000,20\,000,8\,000)^{\mathrm{T}}$，基变量为 x_4,x_5,x_6，但这三个变量是松弛变量，实际上是指目前闲置的带宽、服务器时间和人工服务时间的数量，分别为 48 000 Mbit/s、20 000 小时、8 000 小时，闲置的资源是没有成本的。非基变量 x_1,x_2,x_3 表示的是 A、B、C 三种套餐需要推广的用户数量，目前取值都是零，如果多推销一户 A 套餐，则需要占用 8 Mbit/s 的带宽、4 小时的服务器时间和 2 小时的人工服务时间，但是目前带宽、服务器时间和人工服务时间的成本都是 0，所以此时多推销一户 A 套餐带来的成本是 $8\times0+4\times0+2\times0=0$。类似地，目前多推销一户 B 套餐和 C 套餐带来的成本都是 0，所以 $z_1=z_2=z_3=0$。继续，对第二个基可行解 $\boldsymbol{x}^{(1)}=(4\,000,0,0,16\,000,4\,000,0)^{\mathrm{T}}$，非基变量为 x_2,x_3,x_6，查表 2.6 可知它们的机会成本分别是 45、15、30。那么 45 这个数字是怎么得到的呢？考虑如果多推销一户 B 套餐，需要多少成本（机会成本）。注意到目前闲置的带宽是 16 000 Mbit/s，闲置的服务器时间是 4 000 小时，但是人工服务时间已经全部被占用了，全部被用于 A 套餐了，所以如果多推销一户 B 套餐，必须少推销一些 A 套餐，少推销多少户 A 套餐呢？就是表 2.6 中的 0.75 这个数字（根据一户 B 套餐和一户 A 套餐所占用的人工服务时间算出），而且由于少推销 0.75 户（因为这是理论上的推算，所以可以取小数，后面类似）A 套餐，释放出来的带宽是 6 Mbit/s，服务器时间是 3 小时，人工服务时间是 1.5 小时，但一户 B 套餐所需要的带宽是 6 Mbit/s，服务器时间是 2 小时，人工服务时间是 1.5 小时，多释放出 1 小时的服务器时间（计算机会成本时要扣除，但目前服务器时间闲置4 000 小时，成本是 0），所以多推销一户 B 套餐的机会成本就是 $0.75\times60-1\times0=45$（其中 60 是指一户 A 套餐的价格，0 是指服务器时间的成本）。类似地，任何一个基可行解的非基变量的机会成本都可以这样分析。另外，非常有意思的是，对于资源（在例 2.9 中指的是带宽、服务器时间和人工服务时间）的机会成本，还可以从另一个角度来考虑。例如，在例 2.9 中，对第二个基可行解 $\boldsymbol{x}^{(1)}=(4\,000,0,0,16\,000,4\,000,0)^{\mathrm{T}}$，考虑非基变量 x_6，用刚才的方法，x_6 的机会

成本是指如果要多出 1 小时的人工服务时间,需要减少推销 0.5 户 A 套餐(减少推销 0.5 户 A 套餐会释放出 4 Mbit/s 带宽、2 小时服务器时间和 1 小时人工服务时间,但目前带宽和服务器时间的成本都是 0),所以 x_6 的机会成本是 30。现在换一个角度考虑在当前情况下〔还是第二个基可行解 $\boldsymbol{x}^{(1)}=(4\,000,0,0,16\,000,4\,000,0)^{\mathrm{T}}$〕,$x_6$ 所对应的数字也可以理解为:如果这个通信公司再多得到(而不是通过减少推销套餐释放出的)1 小时的人工服务时间能为这个通信公司赚取的钱数(多得到 1 小时的人工服务时间可以通过聘用、租赁或在某种情况下购买等措施实现)。因为如果这个通信公司再多得到 1 小时的人工服务时间,就可以配合闲置的 4 Mbit/s 带宽、2 小时服务器时间而得到 0.5 户 A 套餐,推销出去就能赚取 30 元。从这种角度考虑的 30 就被称作当前情况下人工服务时间的**影子价格**(区别于人工服务时间的真实市场价格)。

例 2.10 用单纯形算法解下列问题:

$$\min z=x_1-2x_2+x_3$$

$$\text{s.t.}\begin{cases} x_1+x_2-2x_3+x_4=10 \\ 2x_1-x_2+4x_3 \leqslant 8 \\ -x_1+2x_2-4x_3 \leqslant 4 \\ x_j \geqslant 0, j=1,\cdots,4 \end{cases}$$

解:将原问题化成标准形式:

$$\max -z=-x_1+2x_2-x_3$$

$$\text{s.t.}\begin{cases} x_1+x_2-2x_3+x_4=10 \\ 2x_1-x_2+4x_3+x_5=8 \\ -x_1+2x_2-4x_3+x_6=4 \\ x_j \geqslant 0, j=1,\cdots,6 \end{cases}$$

其中 x_4 与添加的松弛变量 x_5,x_6 在约束方程组中的系数列正好构成一个 3 阶单位阵,它们可以作为初始基变量,初始基可行解为 $\boldsymbol{X}=(0,0,0,10,8,4)^{\mathrm{T}}$。

列出初始单纯形表并进行求解,如表 2.7 所示。

表 2.7

$c_j\rightarrow$			-1	2	-1	0	0	0	
$\boldsymbol{c_B}$	$\boldsymbol{x_B}$	$\boldsymbol{b}$	x_1	x_2	x_3	x_4	x_5	x_6	θ
0	x_4	10	1	1	-2	1	0	0	10/1
0	x_5	8	2	-1	4	0	1	0	—
0	x_6	4	-1	[2]	-4	0	0	1	4/2
z_j		0	0	0	0	0	0	0	
c_j-z_j		0	-1	2	-1	0	0	0	
0	x_4	8	3/2	0	0	1	0	$-1/2$	—
0	x_5	10	3/2	0	[2]	0	1	1/2	10/2
2	x_2	2	$-1/2$	1	-2	0	0	1/2	—
z_j		4	-1	2	-4	0	0	1	
c_j-z_j		-4	0	0	3	0	0	-1	

续表

$c_j \to$			-1	2	-1	0	0	0	
$\boldsymbol{c_B}$	$\boldsymbol{x_B}$	$\boldsymbol{b}$	x_1	x_2	x_3	x_4	x_5	x_6	θ
0	x_4	8	3/2	0	0	1	0	$-1/2$	
-1	x_3	5	3/4	0	1	0	1/2	1/4	
2	x_2	12	1	1	0	0	1	1	
z_j		19	5/4	2	-1	0	3/2	7/4	
$c_j - z_j$		-19	$-9/4$	0	0	0	$-3/2$	$-7/4$	

所以最优解为 $\boldsymbol{X}^* = (0,12,5,8,0,0)^{\mathrm{T}}$。去除添加的松弛变量，原问题的最优解为 $\boldsymbol{X}^* = (0,12,5,8)^{\mathrm{T}}$，最小值为$-19$。

解毕

§2.7　单纯形算法的进一步讨论

在用单纯形算法求解一般的线性规划问题时，可能会遇到不容易找到初始基可行解的情况，遇到这种情况时会有两种可能的结果：一是这个线性规划问题无可行解，二是这个线性规划问题有可行解，但仅从其标准形式中不容易找到。这两种可能的结果都可以通过其他方法来对单纯形算法进行补充，从而判别得到不同的结果，本节介绍两阶段法(two-phase simplex method)和大 M 法，并以一些例子来说明用单纯形算法解线性规划问题时可能遇到的不同情况。

§2.7.1　两阶段法

设一般的线性规划问题为

$$\max \boldsymbol{c}^{\mathrm{T}}\boldsymbol{x}$$
$$\text{s.t.} \begin{cases} \boldsymbol{Ax}=\boldsymbol{b}, \boldsymbol{b}\geqslant\boldsymbol{0}, \boldsymbol{b}\neq\boldsymbol{0} \\ \boldsymbol{x}\geqslant\boldsymbol{0} \end{cases} \tag{2.42}$$

注意到此处要求 $\boldsymbol{b}\geqslant\boldsymbol{0}$，且 $\boldsymbol{b}\neq\boldsymbol{0}$，这是因为如果在一个标准的线性规划问题中 $\boldsymbol{b}=\boldsymbol{0}$，则此线性规划问题要么没有可行解，要么最优解就是 $\boldsymbol{x}=\boldsymbol{0}$(在任何一个基可行解中非基变量和基变量都只能取值为 0)，最优值也为 0，此为平凡的线性规划问题，我们不必加以考虑。

所谓两阶段法，就是将线性规划问题的求解过程分成两个阶段，第一阶段是判断线性规划是否有可行解，如果没有可行解，停止计算；如果有可行解，按第一阶段的方法可以求得一个原线性规划问题的初始基可行解，使运算进入第二阶段。第二阶段是从这个初始的基可行解开始，使用单纯形算法或者判定线性规划问题无界，或者求得一个原线性规划问题的最优解。

第一阶段：给问题(2.42)增加 m 个**人工变量** $\boldsymbol{x}_{\mathrm{a}} = (x_{n+1}, \cdots, x_{n+m})^{\mathrm{T}}$(有时可以不用恰好

增加 m 个人工变量,可以根据原约束方程的情况适当增加若干个人工变量,只要系数矩阵中出现 m 阶单位矩阵就可以了,具体可参考例子),用单纯形算法解如下的辅助问题:

$$\max g = -\sum_{i=n+1}^{n+m} x_i \qquad \text{或} \qquad \min -g = \sum_{i=n+1}^{n+m} x_i$$
$$\text{s. t.}\begin{cases}\boldsymbol{Ax}+\boldsymbol{x}_{\mathrm{a}}=\boldsymbol{b}\\ \boldsymbol{x}\geqslant \boldsymbol{0},\boldsymbol{x}_{\mathrm{a}}\geqslant \boldsymbol{0}\end{cases} \qquad \text{s. t.}\begin{cases}\boldsymbol{Ax}+\boldsymbol{x}_{\mathrm{a}}=\boldsymbol{b}\\ \boldsymbol{x}\geqslant \boldsymbol{0},\boldsymbol{x}_{\mathrm{a}}\geqslant \boldsymbol{0}\end{cases} \tag{2.43}$$

显然问题(2.43)是一个有 $m+n$ 个变量的标准形式的线性规划问题,且人工变量对应的 m 列构成了一个 m 阶单位矩阵,基可行解 $\boldsymbol{x}=\boldsymbol{0},\boldsymbol{x}_{\mathrm{a}}=\boldsymbol{b}\geqslant\boldsymbol{0}$,所对应的目标函数值为 $g_0=-\sum_{i=1}^{m} b_i$,可以用单纯形算法求解。

问题(2.42)与其辅助问题(2.43)有如下关系:若原问题(2.42)的可行域为 D,辅助问题(2.43)的可行域为 D',则 $\boldsymbol{x}\in D$ 和 $\begin{pmatrix}\boldsymbol{x}\\ \boldsymbol{x}_{\mathrm{a}}\end{pmatrix}=\begin{pmatrix}\boldsymbol{x}\\ \boldsymbol{0}\end{pmatrix}\in D'$ 是等价的。而式(2.43)的 $\boldsymbol{x}_{\mathrm{a}}=\boldsymbol{0}$ 的解 $\begin{pmatrix}\boldsymbol{x}\\ \boldsymbol{0}\end{pmatrix}\in D'$,当且仅当有 $\max g=0$。

由于 $\boldsymbol{x}_{\mathrm{a}}\geqslant\boldsymbol{0}$,因此辅助问题(2.43)的目标函数 $g\leqslant 0$ 有上界,从而问题(2.43)必有最优解。计算结果有如下三种可能的情形。

情形 1:问题(2.43)的最优值 $g=0$,且人工变量 $x_j\ (j=n+1,\cdots,n+m)$ 皆为非基变量,此时我们已得到原问题(2.42)的一个基可行解。

情形 2:问题(2.43)的最优值 $g>0$,说明原问题没有可行解。这时或者原问题的约束方程组不相容,即有秩($\boldsymbol{A}$)<秩($\boldsymbol{A},\boldsymbol{b}$);或者约束方程组虽相容,但没有非负解。总之,$D=\varnothing$,运算结束。

情形 3:问题(2.43)的最优值 $g=0$,而某些人工变量虽然取值为零,但仍是基变量。

当情形 1 出现时,把人工变量对应的列从单纯形表中去掉,得到原问题的一个初始基可行解,直接转入第二阶段,即对原目标函数 $z=\boldsymbol{c}^{\mathrm{T}}\boldsymbol{x}$ 应用通常的单纯形算法进行求解。

当情形 3 出现时,设基变量为 $x_{B_1},\cdots,x_{B_r},\cdots,x_{B_m}$。$x_{B_r}$ 为一人工变量,显然有 $\bar{b}_r=0$。我们观察表中第 r 行非基变量的系数,即 $\bar{a}_{r,j}\ (j=1,\cdots,n)$,如果它们不全为零,设 $\bar{a}_{r,s}\neq 0$,则令 x_{B_r} 为离基变量,x_s 为进基变量,进行一次基可行解的变换(注意,此时不要求 $\bar{a}_{r,s}>0$),由于 $\bar{b}_r=0$,所以 $\theta=0$,故问题(2.43)的目标函数值 g 不变,最优解也不变,只是将零值的非基变量 x_s 变成了基变量,而原取零值的基变量(人工变量)x_{B_r} 变成了非基变量,这样就使基变量中减少了一个人工变量(这种情况是退化情况)。如果非基变量的系数 $\bar{a}_{r,j}$ 都为零,则这时有秩($\boldsymbol{A}$)=秩($\bar{\boldsymbol{A}}$)<m,这表明第 r 个约束方程是多余的,将它删去就可以了。如果基变量中还有其他人工变量,重复刚才的过程,直至基变量中没有人工变量。

事实上,通过两阶段法我们已经解决了开始介绍单纯形算法的 4 个假设中的 3 个。即使用单纯形算法解线性规划问题时如果遇到:①线性规划问题的可行域是空集(没有可行解),②秩($\boldsymbol{A}$)<m,③$\boldsymbol{A}$ 中不存在满秩矩阵 $\boldsymbol{B}$ 满足 $\boldsymbol{B}^{-1}\boldsymbol{b}\geqslant\boldsymbol{0}$,我们仍然可以用单纯形算法继续求解此线性规划问题。

例 2.11 用两阶段单纯形算法求解线性规划问题:

$$\max z = -3x_1 + x_3$$

$$\text{s.t.}\begin{cases} x_1 + x_2 + x_3 \leqslant 4 \\ -2x_1 + x_2 - x_3 \geqslant 1 \\ 3x_2 + x_3 = 9 \\ x_1, x_2, x_3 \geqslant 0 \end{cases}$$

解:先将其化成标准形式:

$$\max z = -3x_1 + x_3$$

$$\text{s.t.}\begin{cases} x_1 + x_2 + x_3 + x_4 = 4 \\ -2x_1 + x_2 - x_3 - x_5 = 1 \\ 3x_2 + x_3 = 9 \\ x_1, x_2, x_3, x_4, x_5 \geqslant 0 \end{cases}$$

系数矩阵中没有单位矩阵,可以添加两个人工变量到第二个和第三个方程中,所以第一阶段的线性规划问题可写为

$$\min \omega = x_6 + x_7$$

$$\text{s.t.}\begin{cases} x_1 + x_2 + x_3 + x_4 = 4 \\ -2x_1 + x_2 - x_3 - x_5 + x_6 = 1 \\ 3x_2 + x_3 + x_7 = 9 \\ x_1, x_2, x_3, x_4, x_5, x_6, x_7 \geqslant 0 \end{cases}$$

再写为标准形式:

$$\max -\omega = -x_6 - x_7$$

$$\text{s.t.}\begin{cases} x_1 + x_2 + x_3 + x_4 = 4 \\ -2x_1 + x_2 - x_3 - x_5 + x_6 = 1 \\ 3x_2 + x_3 + x_7 = 9 \\ x_1, x_2, x_3, x_4, x_5, x_6, x_7 \geqslant 0 \end{cases}$$

用单纯形算法求解的过程如表 2.8 所示。

表 2.8

c_j			0	0	0	0	0	−1	−1	
c_B	x_B	b	x_1	x_2	x_3	x_4	x_5	x_6	x_7	θ
0	x_4	4	1	1	1	1	0	0	0	4/1
−1	x_6	1	−2	[1]	−1	0	−1	1	0	1/1
−1	x_7	9	0	3	1	0	0	0	1	9/3
z_j		−10	2	−4	0	0	1	−1	−1	
$c_j - z_j$		10	−2	4	0	0	−1	0	0	
0	x_4	3	3	0	2	1	1	−1	0	3/3
0	x_2	1	−2	1	−1	0	−1	1	0	
−1	x_7	6	[6]	0	4	0	3	−3	1	6/6
z_j		−6	−6	0	−4	0	−3	3	−1	
$c_j - z_j$		6	6	0	4	0	3	−4	0	

续 表

c_j			0	0	0	0	0	−1	−1	
c_B	x_B	b	x_1	x_2	x_3	x_4	x_5	x_6	x_7	θ
0	x_4	0	0	0	0	1	−1/2	1/2	−1/2	
0	x_2	3	0	1	1/3	0	0	0	1/3	
0	x_1	1	1	0	2/3	0	1/2	−1/2	1/6	
z_j		0	0	0	0	0	0	0	0	
c_j-z_j		0	0	0	0	0	0	−1	−1	

找到了原线性规划问题的初始基可行解(1,3,0,0,0),第二阶段是将表 2.8 中的人工变量 x_6,x_7 除去,目标函数改回原目标函数 $\max z=-3x_1+x_3$,再从表 2.8 中的最后一个表出发,继续用单纯形算法计算,求解过程如表 2.9 所示。

表 2.9

c_j			−3	0	1	0	0	
c_B	x_B	b	x_1	x_2	x_3	x_4	x_5	θ
0	x_4	0	0	0	0	1	−1/2	
0	x_2	3	0	1	1/3	0	0	9
−3	x_1	1	1	0	[2/3]	0	1/2	3/2
z_j		−3	−3	0	−2	0	−3/2	
c_j-z_j		3	0	0	3	0	3/2	
0	x_4	0	0	0	0	1	−1/2	
0	x_2	5/2	−1/2	1	0	0	−1/4	
1	x_3	3/2	3/2	0	1	0	3/4	
z_j		3/2	3/2	0	1	0	3/4	
c_j-z_j		−3/2	−9/2	0	0	0	−3/4	

得到原线性规划问题的最优解$\left(0,\frac{5}{2},\frac{3}{2}\right)$,最优值为$\frac{3}{2}$。

解毕

§2.7.2 大 M 法

对一个形如式(2.42)的线性规划问题,也可以用大 M 法求解:在线性规划问题的约束条件中加入人工变量后,要求人工变量对目标函数值不产生影响,可假定人工变量在目标函数中的系数为“$-M$”(M 为很大的正数,理解为正无穷大),这样在目标函数要实现最大化时,必须将人工变量从基变量中换出,否则目标函数不会实现最大化。这种思想就是用很大的正数 M“惩罚”人工变量,使之尽量取值为 0。

在求解过程中,如果最优值为有限值,则表示原线性规划问题有最优解,而且可以从最后的单纯形表中得到原问题的最优解和最优值;如果带有人工变量的目标函数的最优值带有 M,则表示原线性规划问题没有可行解。

另外，在用单纯形算法(单纯形表)求解带有人工变量的目标函数的最优解时，一旦某个人工变量从基变量变为非基变量，则以后就再也不要将其变为基变量，甚至可以将其所在列从单纯形表中删掉(但通常保留，因为以后在进行对偶理论分析时还有用处)。

对例 2.11 进行求解，加入人工变量后，规划问题变成

$$\max z = -3x_1 + x_3 + 0x_4 + 0x_5 - Mx_6 - Mx_7$$

$$\text{s.t.}\begin{cases} x_1 + x_2 + x_3 + x_4 = 4 \\ -2x_1 + x_2 - x_3 - x_5 + x_6 = 1 \\ 3x_2 + x_3 + x_7 = 9 \\ x_1, x_2, x_3, x_4, x_5, x_6, x_7 \geqslant 0 \end{cases}$$

然后，利用单纯形算法(单纯形表如表 2.10 所示)求解，在迭代运算中，M 可当作一个数学符号一起参加运算。检验数中含 M 符号的，当 M 的系数为正时，该项检验数为正，当 M 的系数为负时，该项检验数为负。

表 2.10

c_j			-3	0	1	0	0	$-M$	$-M$
$\boldsymbol{c_B}$	$\boldsymbol{x_B}$	$\boldsymbol{b}$	x_1	x_2	x_3	x_4	x_5	x_6	x_7
0	x_4	4	1	1	1	1	0	0	0
$-M$	x_6	1	-2	[1]	-1	0	-1	1	0
$-M$	x_7	9	0	3	1	0	0	0	1
z_j		$-10M$	$-2M$	$-4M$	0	0	M	$-M$	$-M$
c_j-z_j		$10M$	$-2M-3$	$4M$	1	0	$-M$	0	0
0	x_4	3	3	0	2	1	1	-1	0
0	x_2	1	-2	1	-1	0	-1	1	0
$-M$	x_7	6	[6]	0	4	0	3	-3	1
z_j		$-6M$	$-6M$	0	$-4M$	0	$-3M$	$3M$	0
c_j-z_j		$6M$	$6M-3$	0	$4M+1$	0	$3M$	$-4M$	0
0	x_4	0	0	0	0	1	$-1/2$	$-1/2$	1/2
0	x_2	3	0	1	1/3	0	0	0	1/3
-3	x_1	1	1	0	[2/3]	0	1/2	$-1/2$	1/6
z_j		-3	-3	0	-2	0	$-3/2$	3/2	$-1/2$
c_j-z_j		3	0	0	3	0	3/2	$-M-3/2$	$-M+1/2$
0	x_4	0	0	0	0	1	$-1/2$	1/2	$-1/2$
0	x_2	5/2	$-1/2$	1	0	0	$-1/4$	1/4	1/4
1	x_3	3/2	3/2	0	1	0	3/4	$-3/4$	1/4
z_j		3/2	3/2	0	1	0	3/4	$-3/4$	1/4
c_j-z_j		$-3/2$	$-9/2$	0	0	0	$-3/4$	$-M+3/4$	$-M-1/4$

得到原线性规划问题的最优解 $\left(0,\frac{5}{2},\frac{3}{2}\right)$，最优值为 $\frac{3}{2}$。

§2.7.3 单纯形算法计算中的几个问题及例子

① 目标函数极小化时解的最优性判别。有些书中规定求目标函数的极小化为线性规划的标准形式，这时只需以所有检验数$\sigma_j \geqslant 0$作为判别表中基可行解是否最优的标志。

② 无可行解的判别。在线性规划问题中添加人工变量后，用两阶段法，在第一阶段求解结果出现所有$\sigma_j \leqslant 0$，但基变量中仍含有非零的人工变量，表明原线性规划问题无可行解；或者用大M法，如果带有人工变量的目标函数的最优值带有M，则表示原线性规划问题没有可行解。

③ 退化问题。退化有多种原因，例如，当按最小比值准则来确定离基变量时，有时存在两个以上相同的最小比值，从而使下一个表的基可行解中出现一个或多个基变量等于零的退化解。退化解出现的原因是模型中存在多余的约束，使多个基可行解对应同一顶点。当存在退化解时，就有可能出现迭代计算的循环，尽管可能性极其微小。为避免出现计算的循环，1974年，勃兰特(Bland)提出了一个简便有效的规则：a. 当存在多个$\sigma_j > 0$时，始终选取下标值最小的变量作为进基变量；b. 当计算θ值出现两个以上相同的最小比值时，始终选取下标值最小的变量作为离基变量。这样，我们就可以很简单地解决退化问题。

④ 无穷多最优解的问题。线性规划问题的最优解有可能不是唯一的，如果能找到至少两个不同的最优解(基可行解)，就可以断定该线性规划问题有无穷多最优解。

定理2.7.1(无穷多最优解的判定) 若$\boldsymbol{x}^{(k)} = (x_1^{(k)}, x_2^{(k)}, \cdots, x_n^{(k)})^{\mathrm{T}}$为一个目标函数求最大值的线性规划问题的一个基可行解，对应的可行基为$\boldsymbol{B}$，对于一切$j \in J_{\boldsymbol{N}}$，都有$\sigma_j \leqslant 0$，如果对于一切$j \in J_{\boldsymbol{N}}$，都有$\sigma_j < 0$，则此线性规划问题有唯一最优解，如果存在某个非基变量的检验数$\sigma_l = 0 (l \in J_{\boldsymbol{N}})$，而且能够找到另一个最优解，则此线性规划问题有无穷多最优解。

证明：如果对于一切$j \in J_{\boldsymbol{N}}$，都有$\sigma_j < 0$，则$\boldsymbol{x}^{(k)}$中的非基变量$x_j (j \in J_{\boldsymbol{N}})$只能取值为零，不能变为非零，否则就会造成目标函数值减少，从而$x_j (j \in J_{\boldsymbol{N}})$只能一直保持是非基变量，$x_j (j \in J_{\boldsymbol{B}})$只能是基变量，取值唯一，所以线性规划问题的最优解是唯一的。

如果某个非基变量的检验数$\sigma_l = 0 (l \in J_{\boldsymbol{N}})$，则选此非基变量$x_l$作为进基变量，如果此时$x_l$对应的列向量$\boldsymbol{p}_l$中至少有一个分量大于0，则按照最小比值准则选择离基变量，设为x_r。如果$x_r^{(k)} \neq 0$，则可从当前的基可行解迭代到一个新的基可行解$\boldsymbol{x}^{(k+1)} \neq \boldsymbol{x}^{(k)}$，但是由于$\sigma_l = 0$，由式(2.32)可知，目标函数值没有变化，所以$\boldsymbol{x}^{(k+1)}$也是最优解，所以$\boldsymbol{x}^{(k)}, \boldsymbol{x}^{(k+1)}$连线上所有的点$[\lambda \boldsymbol{x}^{(k)} + (1-\lambda)\boldsymbol{x}^{(k+1)}, 0 \leqslant \lambda \leqslant 1]$都是最优解，所以此线性规划问题有无穷多最优解；如果$x_r^{(k)} = 0$，则原线性规划是退化的，此时新的基可行解$\boldsymbol{x}^{(k+1)} = \boldsymbol{x}^{(k)}, x_r^{(k)} = x_r^{(k+1)} = x_l^{(k)} = x_l^{(k+1)} = 0$，出现此情况时，在整个线性规划中去掉第$l$个变量不影响此线性规划问题的最优解，去掉变量$x_l$，重新选择进基变量和离基变量。如果按照以上方法选不出离基变量(将可以去掉的变量去掉)，则符合如下情况。

如果x_l对应的列向量$\boldsymbol{p}_l$中所有分量都小于或等于0，则不能用最小比值准则。但此时令$x_l^{(k+1)} = \lambda (\lambda > 0), x_i^{(k+1)} = x_i^{(k)} - \lambda a_{i,l} (i \in J_{\boldsymbol{B}})$，其余的$x_j^{(k+1)} = 0 (j \in J_{\boldsymbol{N}}, j \neq l)$，则$\boldsymbol{x}^{(k+1)}$是一个可行解(但不是基可行解)，而且$\lambda$可取任意正数，所有$\boldsymbol{x}^{(k+1)}$所对应的目标函数值均由式(2.32)可知：

$$z^{(k+1)} = z^{(k)} + \sum_{j \in J_{\boldsymbol{N}}} \sigma_j x_j^{(k)} = z^{(k)} + \sigma_l x_l^{(k+1)} = z^{(k)}$$

因此所有的 $\boldsymbol{x}^{(k+1)}$ 都是最优解。在这种情况下，原线性规划问题有无穷多最优解。

证毕

注 1：定理 2.6.1、定理 2.6.2 和定理 2.7.1 都是针对形如式(2.10)的目标函数求最大值的线性规划问题，如果是对目标函数求最小值的线性规划问题，只需要将定理 2.6.1 和定理 2.7.1 中的“$\sigma_j \leqslant 0$”(或“$\sigma_j < 0$”)改为“$\sigma_j \geqslant 0$”(或“$\sigma_j > 0$”)，将定理 2.6.2 中的“$\sigma_l > 0$”改为“$\sigma_l < 0$”即可。

注 2：如果是退化的线性规划问题，θ 可能为 0，$z(\boldsymbol{x}^{(k+1)}) = z_0 + \theta\sigma_l \geqslant z_0 = z(\boldsymbol{x}^{(k)})$ 仍成立。

至此，所有的线性规划问题都可以用单纯形算法(两阶段法或大 M 法)求解。

例 2.12　用单纯形算法求解线性规划问题：

$$\max z = 2x_1 + x_2$$

$$\text{s.t.}\begin{cases} x_1 + x_2 \leqslant 2 \\ 2x_1 + 2x_2 \geqslant 6 \\ x_1, x_2 \geqslant 0 \end{cases}$$

解：利用图解法可以看出本例无可行解。现用单纯形算法求解，在添加松弛变量和人工变量后，第一阶段的线性规划问题写为

$$\max z = -x_5$$

$$\text{s.t.}\begin{cases} x_1 + x_2 + x_3 = 2 \\ 2x_1 + 2x_2 - x_4 + x_5 = 6 \\ x_1, x_2, x_3, x_4, x_5 \geqslant 0 \end{cases}$$

列出初始单纯形表(表 2.11)并进行迭代计算。

表 2.11

c_j			0	0	0	0	−1	
$\boldsymbol{c_B}$	$\boldsymbol{x_B}$	$\boldsymbol{b}$	x_1	x_2	x_3	x_4	x_5	θ
0	x_3	2	[1]	1	1	0	0	2/1
−1	x_5	6	2	2	0	−1	1	6/2
z_j		−6	−2	−2	0	1	−1	
$c_j - z_j$			2	2	0	−1	1	
0	x_1	2	1	1	1	0	0	
−1	x_5	2	0	0	−2	−1	1	
z_j		−2	0	0	2	2	−1	
$c_j - z_j$		2	0	0	−2	−2	0	

在表 2.11 中，当所有 $\sigma_j \leqslant 0$ 时，基变量中仍含有非零的人工变量 $x_5 = 2$，故此例中的线性规划问题无可行解。

解毕

例 2.13　用单纯形算法求解线性规划问题：

$$\max z = 36x_1 + 30x_2 - 3x_3 - 4x_4$$

$$\text{s.t.}\begin{cases} x_1 + x_2 - x_3 \leqslant 5 \\ 6x_1 + 5x_2 - x_4 \leqslant 10 \\ x_1, x_2, x_3, x_4 \geqslant 0 \end{cases}$$

解:添加松弛变量,将原线性规划问题写为标准形式:

$$\max z = 36x_1 + 30x_2 - 3x_3 - 4x_4$$

$$\text{s.t.}\begin{cases} x_1 + x_2 - x_3 + x_5 = 5 \\ 6x_1 + 5x_2 - x_4 + x_6 = 10 \\ x_1, x_2, x_3, x_4, x_5, x_6 \geqslant 0 \end{cases}$$

列出初始单纯形表(表 2.12)并进行迭代计算。

表 2.12

c_j			36	30	−3	−4	0	0	
c_B	x_B	b	x_1	x_2	x_3	x_4	x_5	x_6	θ
0	x_5	5	1	1	−1	0	1	0	5/1
0	x_6	10	[6]	5	0	−1	0	1	10/6
z_j		0	0	0	0	0	0	0	
$c_j - z_j$			36	30	−3	−4	0	0	
0	x_5	10/3	0	1/6	−1	[1/6]	1	−1/6	20
36	x_1	5/3	1	5/6	0	−1/6	0	1/6	—
z_j		60	36	30	0	−6	0	6	
$c_j - z_j$		−60	0	0	−3	2	0	−6	
−4	x_4	20	0	1	−6	1	6	−1	
36	x_1	5	1	1	−1	0	1	0	
z_j		100	36	32	−12	−4	12	4	
$c_j - z_j$		−100	0	−2	9	0	−12	−4	

$\sigma_3 = 9 > 0$,但是 $\boldsymbol{p}_3' = (-6, -1)^{\mathrm{T}} < \boldsymbol{0}$,表明原线性规划问题有无界解。

解毕

单纯形算法完整的流程图(以大 M 法为例)如图 2.9 所示。

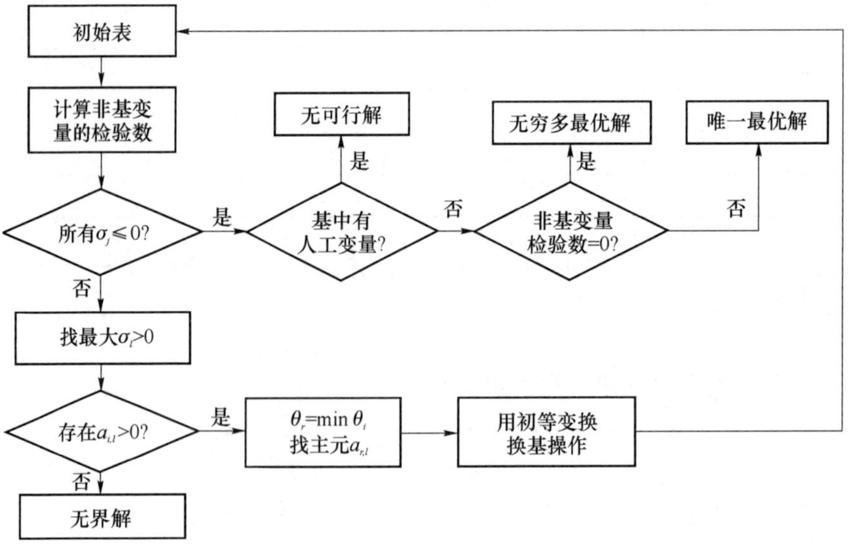

图 2.9

单纯形算法也称单纯形方法，是解决线性规划问题的第一个可行的方法，而且能够求解规模很大的线性规划，也是求解线性规划最经典、(从原理上来说)最简单直观的方法，从综合性能上甚至可以说是最"好"的求解线性规划的一种方法(至今，单纯形算法仍然在求解线性规划方面占有绝对优势，在实际应用中非常有效)，单纯形算法极大地推动了线性规划和运筹学的研究和应用。当然，单纯形算法也有一些缺点，所以由单纯形算法又研究出了"改进的单纯形算法""对偶单纯形算法"等。另外，从**算法复杂性**方面来说，单纯形算法不是**多项式时间算法**，但幸运的是，经过对线性规划问题持续地进行研究之后，1979 年，苏联数学家哈奇扬(L. G. Khachian)第一个给出了求解线性规划的多项式时间算法，这就是所谓的**椭球算法**。椭球算法在理论上是重要的，但是计算结果很不理想，远不及单纯形算法有效。1984 年，Narendra Karmarkar 将内点算法(内点算法是由冯・诺伊曼发明的，他利用戈尔丹的线性齐次系统提出了这种新的求解线性规划或非线性凸优化问题的算法)推广应用到求解线性规划上，得到了 **Karmarkar 算法**。Karmarkar 算法(在求解线性规划问题时，也被简称为内点算法)是比椭球算法更好(算法计算量更小)的一种方法，理论上比椭球算法更有效，在实际应用中，Karmarkar 算法也可以与单纯形算法相抗衡，其已经在很多商业化软件上广泛使用，特别是对于求解大规模的线性规划问题有很大的优势。

§2.8　用优化软件求解线性规划问题的方法和例子

线性规划问题的求解方法非常复杂，对于变量个数和约束方程个数稍多一些的线性规划问题，用手工计算(即便是单纯形表)几乎是不可能的，而现代的线性规划问题可能变量个数或约束方程个数可以达到几万甚至几十万，所以必须借助于计算机来求解。目前有很多软件都可以方便地求解线性规划问题，本节简单介绍利用两种常见的软件求解线性规划问题的方法。

§2.8.1　用 LINGO 求解线性规划问题的方法和例子

LINGO 是一种专门用于求解数学规划问题的软件包，是由美国芝加哥大学的 Linus Schrage 教授于 1980 年前后开发的。LINGO 主要用于求解线性规划、非线性规划、二次规划、动态规划和整数规划等问题，也可以用于求解一些线性和非线性方程组及代数方程等。LINGO 中包含了一种建模语言和大量的常用函数，可供使用者在建立数学规划问题的模型时调用。

LINGO 内置了一种建立最优化模型的语言，可以简便地表达大规模问题，利用 LINGO 高效的求解器可快速求解并分析结果。

当用户在 Windows 下开始运行 LINGO 系统时，会得到类似于图 2.10 的一个窗口。外层是主框架窗口，包含了所有菜单命令和工具栏，其他所有的窗口将被包含在主窗口之下。在主窗口内，标题为 LINGO Model-LINGO1 的窗口是 LINGO 的默认模型窗口，建立的模型都要在该窗口内编码实现。单击工具栏上的磁盘按钮或菜单中的保存命令就可以方便地对输入进行保存,类似地也可以方便地打开已保存的文件,这些功能和常用的其他软件的功能没有什么区别,使用非常方便。下面举例来说明。

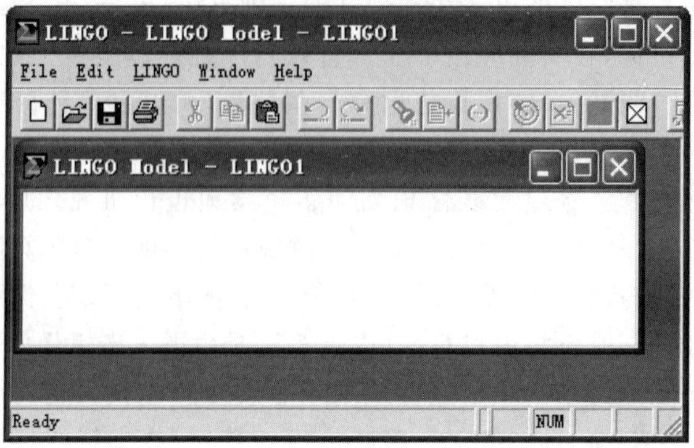

图 2.10

例 2.14 在 LINGO 中求解如下 LP 问题:

$$\min 2x_1+3x_2$$

$$\text{s.t.}\begin{cases} x_1+x_2\geqslant 350 \\ x_1 \geqslant 100 \\ 2x_1+x_2\leqslant 600 \\ x_1,x_2\geqslant 0 \end{cases}$$

解:在模型窗口中输入如下代码:

```
min = 2 * x1 + 3 * x2;
x1 + x2> = 350;
x1> = 100;
2 * x1 + x2 < = 600;
```

然后单击工具栏上的按钮即可求解。

解毕

系统会自动识别"min="或"max="以及后面的目标函数,目标函数或约束条件的每个表达式都可以跨多行,但结束要用";"来表示(要用英文输入模式下的半角";",而非中文输入模式下的全角";",其他一些键盘上的符号也类似)。键盘上常用的"+""-""*""/"就是线性规划中的运算符,运算符的运算次序为从左到右按优先级高低来执行。运算的次序可以用圆括号"()"来改变。线性规划中的"="仍用键盘上的"="表示,而常用的"≤"和"≥"则分别用"<="和">="来表示。变量可以用字母和数字的混合字符串来表示,可以非常直观地命名变量。

变量界定函数实现对变量取值范围的附加限制,共以下 4 种。

- @bin(x):限制 x 为 0 或 1。
- @bnd(L,x,U):限制 $L\leqslant x\leqslant U$。
- @free(x):取消对变量 x 的默认下界为 0 的限制,即 x 可以取任意实数。
- @gin(x):限制 x 为整数。

在默认情况下，LINGO 规定变量是非负的，也就是说下界为 0，上界为 $+\infty$。@free 取消了默认下界为 0 的限制，使变量也可以取负值。@bnd 用于设定一个变量的上下界，它也可以取消默认下界为 0 的限制。

输入代码时要注意以下几点：

① 每条语句后必须使用分号结束。

② 问题模型一般由 MODEL 命令开始，由 END 命令结束，格式为“MODEL：statement（语句）；END”。

③ 目标函数必须由“min =”或“max =”开头。

④ 开头用感叹号、末尾用分号表示注释，可跨多行。

下面我们看一个简单的具体例子。

例 2.15　某家具公司制造书桌、餐桌和椅子，所用的资源有 3 种：木料、木工和漆工。生产数据如表 2.13 所示。

表 2.13

资源	每张书桌	每张餐桌	每把椅子	现有资源总数
木料	8 单位	6 单位	1 单位	48 单位
漆工	4 单位	2 单位	1.5 单位	20 单位
木工	2 单位	1.5 单位	0.5 单位	8 单位
成品单价	60 单位	30 单位	20 单位	

若要求餐桌的生产量不超过 5 张，如何安排 3 种产品的生产可使利润最大？

解：用 DESKS、TABLES 和 CHAIRS 分别表示 3 种产品的生产量，建立线性规划模型：

```
Model:
! This is a sample ;
max = 60 * DESKS + 30 * TABLES + 20 * CHAIRS;
8 * DESKS + 6 * TABLES + CHAIRS < = 48;
4 * DESKS + 2 * TABLES + 1.5 * CHAIRS < = 20;
2 * DESKS + 1.5 * TABLES + .5 * CHAIRS < = 8;
TABLES < = 5;
END
```

也可以简单输入：

```
max = 60 * DESKS + 30 * TABLES + 20 * CHAIRS;
8 * DESKS + 6 * TABLES + CHAIRS < = 48;
4 * DESKS + 2 * TABLES + 1.5 * CHAIRS < = 20;
2 * DESKS + 1.5 * TABLES + .5 * CHAIRS < = 8;
TABLES < = 5;
```

从“LINGO”菜单中选择“Solve”命令，或者在窗口顶部的工具栏中单击 Solve 按钮，LINGO 就会先对模型进行编译。首先，LINGO 会检查模型是否具有数学意义以及是否符合语法要求。如果模型不能通过这一步检查，会弹出一个“LINGO Error Message”窗口报告错误信息“Error code”以及“Error text”，根据提示修改错误，再重新 Solve，检查通过后，LINGO 开始正式求解，之后系统会弹出报告窗口（Solution Report），可以看到图 2.11 所示的结果(同时还会弹出一个 Solver Status 小窗口,报告一些问题及求解过程的状况等)。

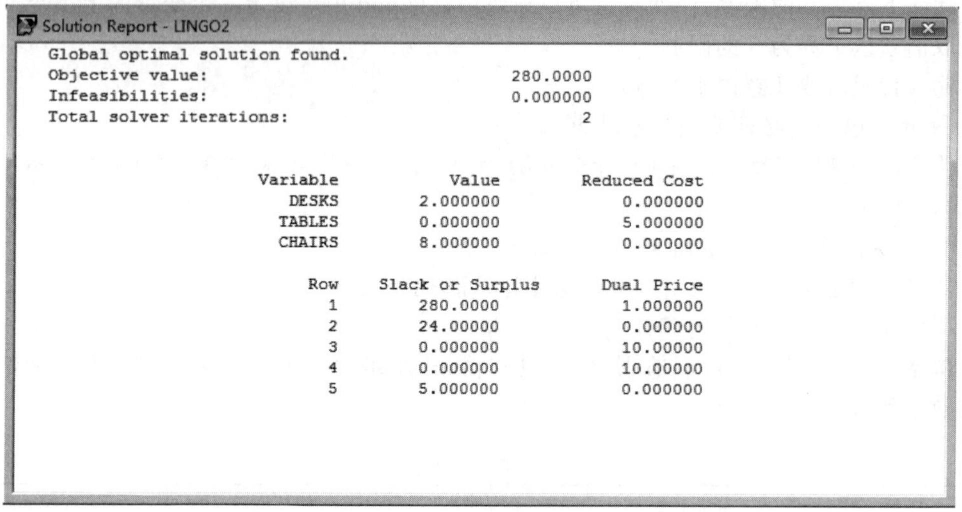

(a)

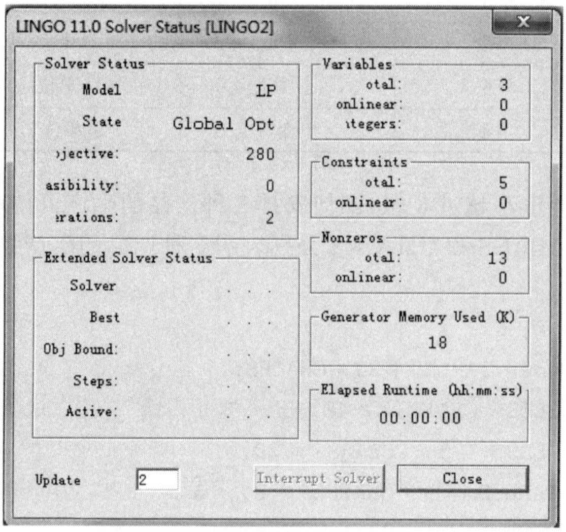

(b)

图 2.11

"Objective value:280.0000"表示最优目标值为 280,"Infeasibilities:0.000000"表示不可行性为 0,"Total solver iterations:2"表示 2 次迭代后得到全局最优解。"Variable"和"Value"给出了此线性规划问题的变量和最优解中各变量的值:生产 2 张书桌(DESKS)、0 张餐桌(TABLES)、8 把椅子(CHAIRS)。所以 DESKS、CHAIRS 是基变量(非 0),TABLES 是非基变量(0)。

"Reduced Cost"也就是机会成本,是最优单纯形表中各变量的检验数的绝对值,表示当变量有微小变动时,目标函数的变化率。其中基变量的 Reduced Cost 值应为 0,对于非基变量 x_j,相应的 Reduced Cost 值表示当某个变量 x_j 增加一个单位时目标函数减少的量(max 型问题)。在本例中:变量 TABLES 对应的 Reduced Cost 值为 5,表示当非基变量 TABLES 的值从 0 变为 1 时(此时假定其他非基变量保持不变,但为了满足约束条件,基变量显然会发生变化)，最优的目标函数值为 280－5＝275。

"Slack or Surplus"给出了松弛变量或剩余变量的值：

- 第 1 行松弛变量＝280(模型第一行表示目标函数，所以第二行对应第一个约束)。
- 第 2 行松弛变量＝24。
- 第 3 行松弛变量＝0。
- 第 4 行松弛变量＝0。
- 第 5 行松弛变量＝5。

"Dual Price"(对偶价格，也称影子价格，第 3 章将会介绍)表示当对应约束(或资源)有微小变动时，目标函数的变化率。在输出结果中，对应于每一个约束有一个对偶价格，若其数值为 p，表示对应约束中不等式右端项增加 1 个单位时，目标函数将增加 p 个单位(max 型问题)。显然，如果在最优解处约束正好取等号(也就是"紧约束"，也称为有效约束或起作用约束)，对偶价格值才可能不是 0。在本例中：第 3、4 行是紧约束，对应的对偶价格值为 10，表示当紧约束 4 * DESKS＋2 * TABLES＋1.5 * CHAIRS ＜＝ 20 变为 4 * DESKS＋2 * TABLES＋1.5 * CHAIRS＜＝ 21 时，目标函数值为 280＋10＝290。对第 4 行也类似。对于非紧约束(如本例中第 2、5 行是非紧约束)，Dual Price 的值为 0，表示对应约束中不等式右端项的微小扰动不影响目标函数。有时，通过分析 Dual Price，也可对产生不可行问题的原因有所了解。

解毕

另外，在利用 LINGO 求解线性规划问题时，可以通过 LINGO 菜单或 Options 按钮打开图 2.12 所示的窗口来设置一些参数。

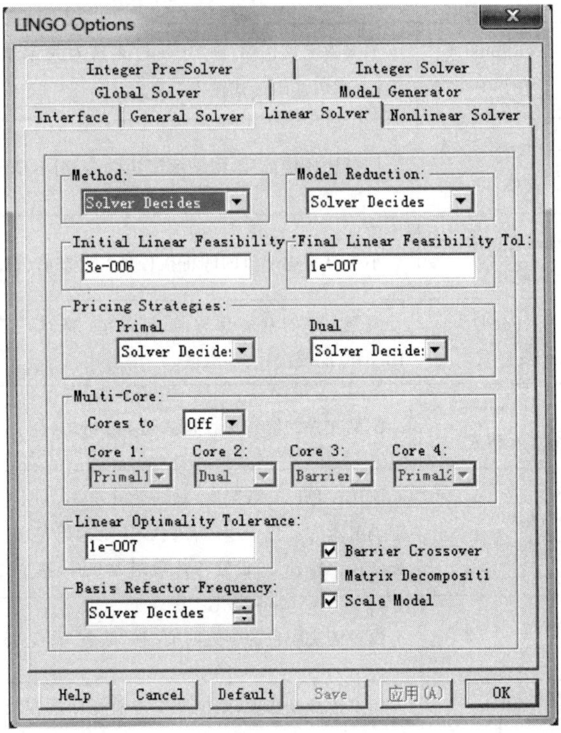

图 2.12

修改完以后,如果单击“Apply”(应用)按钮,则新的设置马上生效;如果单击“OK”(确定)按钮,则新的设置马上生效,并且同时关闭该窗口;如果单击“Save”(保存)按钮,则将当前设置变为默认设置,下次启动 LINGO 时这些设置仍然有效;如果单击“Default”(缺省值)按钮,则恢复 LINGO 系统定义的原始默认设置(缺省设置)。

下面我们只介绍图 2.12 中的 Interface(界面)选项卡和 Linear Solver(线性求解器)选项卡的部分选项。

① Interface(界面)选项卡如表 2.14 所示。

表 2.14

选项组	选项	含义
General(一般选项)	Errors In Dialogs(错误对话框)	如果选择该选项,求解程序遇到错误时将打开一个对话框显示错误,用户关闭该对话框后程序才会继续执行;否则,错误信息将在报告窗口显示,程序仍会继续执行
	Splash Screen(弹出屏幕)	如果选择该选项,则 LINGO 每次启动时会在屏幕上弹出一个对话框,显示 LINGO 的版本和版权信息;否则不弹出
	Status Bar(状态栏)	如果选择该选项,则 LINGO 系统将在主窗口的最下面一行显示状态栏;否则不显示
	Status Window(状态窗口)	如果选择该选项,则 LINGO 系统每次运行 LINGO|Solve 命令时会在屏幕上弹出状态窗口;否则不弹出
	Terse Output(简洁输出)	如果选择该选项,则 LINGO 系统对求解结果报告等将以简洁形式输出;否则以详细形式输出
	Toolbar(工具栏)	如果选择该选项,则显示工具栏;否则不显示
	Solution Cutoff(解的截断)	小于等于这个值的解将报告为“0”(缺省值是 10^{-9})
File Format(文件格式)	lg4(extended)(lg4,扩展格式)	模型文件的缺省保存格式是 lg4 格式(这是一种二进制文件,只有 LINGO 能读出)
	lng (text only)(lng,纯文本格式)	模型文件的缺省保存格式是 lng 格式(纯文本)
Syntax Coloring(语法配色)	Line Limit(行数限制)	语法配色的行数限制(缺省为 1 000)。LINGO 模型窗口将 LINGO 关键词显示为蓝色,注释为绿色,其他为黑色,超过该行数限制后则不再区分颜色。特别地,设置行数限制为 0 时,整个文件不再区分颜色
	Delay(延迟)	设置语法配色的延迟时间(秒,缺省为 0,从最后一次击键算起)
	Paren Match(括号匹配)	如果选择该选项,则模型中当前光标所在处的括号及其相匹配的括号将以红色显示;否则不使用该功能

续 表

选项组	选项	含义
Command Window（命令窗口）	Send Reports to Command Window（报告发送到命令窗口）	如果选择该选项，则输出信息会发送到命令窗口；否则不使用该功能
	Echo Input（输入信息反馈）	如果选择该选项，则用 File|Take Command 命令执行命令脚本文件时，处理信息会发送到命令窗口；否则不使用该功能
	Line Count Limits（行数限制）	命令窗口能显示的行数的最大值为 Maximum（缺省为 800）；如果要显示的内容超过这个值，每次从命令窗口滚动删除的最小行数为 Minimum（缺省为 400）
	Page Size Limit（页面大小限制）	命令窗口每次显示的行数的最大值为 Length（缺省为没有限制），显示这么多行后会暂停，等待用户响应；每行最大字符数为 Width（缺省为 74，可以设定为 64～200），多余的字符将被截断

② Linear Solver（线性求解器）选项卡如表 2.15 所示。

表 2.15

选项组	选项	含义
Method（求解方法）		求解时的算法，有 4 种可能的设置： • Solver Decides：LINGO 自动选择算法（缺省设置） • Primal Simplex：原始单纯形算法 • Dual Simplex：对偶单纯形算法 • Barrier：障碍法（即内点法）
Initial Linear Feasibility Tol（初始线性可行性误差限）		控制线性模型中约束满足的初始误差限（缺省值为 3×10^{-6}）
Final Linear Feasibility Tol（最后线性可行性误差限）		控制线性模型中约束满足的最后误差限（缺省值为 10^{-7}）
Model Reduction（模型降维）		控制是否检查模型中的无关变量，从而降低模型的规模： • Off：不检查 • On：检查 • Solver Decides：LINGO 自动决定（缺省设置）
Pricing Strategies（价格策略，决定离基变量的策略）	Primal Solver（原始单纯形算法）	有 3 种可能的设置： • Solver Decides：LINGO 自动决定（缺省设置） • Partial：LINGO 对一部分可能的离基变量进行尝试 • Devex：用 Steepest-Edge（最陡边）近似算法对所有可能的变量进行尝试，找到使目标值下降最多的离基变量
	Dual Solver（对偶单纯形算法）	有 3 种可能的设置： • Solver Decides：LINGO 自动决定（缺省设置） • Dantzig：按最大下降比例法确定离基变量 • Steepest-Edge：最陡边策略，对所有可能的变量进行尝试，找到使目标值下降最多的离基变量

续表

选项组	选项	含义
Matrix Decomposition(矩阵分解)		如果选择该选项,LINGO 将尝试将一个大模型分解为几个小模型进行求解;否则不尝试
Scale Model(模型尺度的改变)		如果选择该选项,LINGO 将检查模型中的数据是否平衡(数量级是否相差太大)并尝试改变尺度使模型平衡;否则不尝试

§2.8.2 用 MATLAB 求解线性规划问题的方法和例子

MATLAB 是 Matrix Laboratory(矩阵实验室)的缩写,它早期是线性代数课程的教学软件,后来逐步应用于实际工程问题的计算,目前已成为工程界和应用数学人员常用的数学软件之一。MATLAB 是一种交互式的高级计算机软件,有如下特点:

- MATLAB 以矩阵运算为基本运算,用命令式语句运行,附有数值计算、最优化、信号处理、系统识别、控制系统等几十个工具箱(Toolbox);
- MATLAB 使用十分方便,几乎是直接把算式键入计算机,立刻得出计算结果,因此有"电子草稿纸"的美誉;
- MATLAB 具有很强的图形表现能力。

MATLAB 优化工具箱中有现成的函数 linprog 对如下式描述的 LP 问题进行求解:

$$\min z=\boldsymbol{f}^{\mathrm{T}}\boldsymbol{x}$$

$$\text{s. t.}\begin{cases}\boldsymbol{Ax}\leqslant\boldsymbol{b}\\ \boldsymbol{A}_{\mathrm{eq}}\boldsymbol{x}=\boldsymbol{b}_{\mathrm{eq}}\\ \mathbf{lb}\leqslant\boldsymbol{x}\leqslant\mathbf{ub}\end{cases}$$

其中,$\boldsymbol{f}$,$\boldsymbol{x}$,$\boldsymbol{b}$,$\boldsymbol{b}_{\mathrm{eq}}$,$\mathbf{lb}$,$\mathbf{ub}$ 为向量,$\boldsymbol{A}$,$\boldsymbol{A}_{\mathrm{eq}}$ 为矩阵,$\boldsymbol{Ax}\leqslant\boldsymbol{b}$ 表示"≤"的约束,$\boldsymbol{A}_{\mathrm{eq}}\boldsymbol{x}=\boldsymbol{b}_{\mathrm{eq}}$ 表示等式约束,$\mathbf{lb}\leqslant\boldsymbol{x}\leqslant\mathbf{ub}$ 表示变量的上下界约束。

linprog 函数的调用格式如下:

```
x = linprog(f,A,b)
x = linprog(f,A,b,Aeq,beq)
x = linprog(f,A,b,Aeq,beq,lb,ub)
x = linprog(f,A,b,Aeq,beq,lb,ub,x0)
x = linprog(f,A,b,Aeq,beq,lb,ub,x0,options)
[x, fval] = linprog(…)
[x, fval, exitflag] = linprog(…)
[x, fval, exitflag, output] = linprog(…)
[x, fval, exitflag, output, lambda] = linprog(…)
```

其中:

① x=linprog(f,A,b)的返回值 x 为最优解向量。

② x=linprog(f,A,b,Aeq,beq)解有等式约束的问题。若没有不等式约束,则令 A=[ ]、b=[ ]。

③ x=linprog(f,A,b,Aeq,beq,lb,ub,x0,options)中 lb 和 ub 为变量 x 的下界和上界,x0 为初值点,options 为指定优化参数进行最小化(关于 options 的参数描述,查看 MATLAB 帮助)。

④ [x,fval]=linprog(…) 左端的 fval 返回解 x 处的目标函数值。

⑤ [x,fval,exitflag,output,lambda]=linprog(f,A,b,Aeq,beq,lb,ub,x0)的输出部分:

a. exitflag 描述函数计算的退出条件:若为正值,表示目标函数收敛于解 x 处;若为负值,表示目标函数不收敛;若为零值,表示已经达到函数评价或迭代的最大次数。

b. output 返回优化信息:output. iterations 表示迭代次数;output. algorithm 表示所采用的算法;output. funcCount 表示函数评价次数。

c. lambda 返回 x 处的拉格朗日乘子,它有以下属性:

- lambda. lower 表示 lambda 的下界;
- lambda. upper 表示 lambda 的上界;
- lambda. ineqlin 表示 lambda 的线性不等式;
- lambda. eqlin 表示 lambda 的线性等式。

例 2.16 用 MATLAB 求解线性规划:

$$\min f(x) = -5x_1 - 4x_2 - 6x_3$$

$$\text{s. t.}\begin{cases} x_1 - x_2 + x_3 \leqslant 20 \\ 3x_1 + 2x_2 + 4x_3 \leqslant 42 \\ 3x_1 + 2x_2 \leqslant 30 \\ x_1, x_2, x_3 \geqslant 0 \end{cases}$$

解:在 MATLAB 的命令窗口中首先输入(或建立一个. m 文件):

```
f = [-5; -4; -6];
A =  [1 -1  1
      3  2  4
      3  2  0];
b = [20; 42; 30];
lb = zeros(3,1);
```

然后调用 linprog 函数:

```
[x,fval] = linprog(f,A,b,[],[],lb)
```

回车,输出结果为

```
x =
     0.0000
    15.0000
     3.0000
fval =
   -78.0000
```

分别为最优解(0,15,3)和目标函数值-78。

如果调用 linprog 函数时调用单纯形算法,则输入:

```
options = optimset('LargeScale', 'off', 'Simplex', 'on');
[x,fval,exitflag,output,lambda] = linprog(f,A,b,[],[],lb,[],[],options)
```

回车,输出结果为

```
x =
     0
    15
     3
fval =
   - 78
exitflag =
     1


output =
        iterations: 2
        algorithm: 'medium scale: simplex'
        cgiterations: []
        message: 'Optimization terminated.'
        constrviolation: 0
lambda =
        ineqlin: [3x1 double]
        eqlin: [0x1 double]
        upper: [3x1 double]
        lower: [3x1 double]
```

解毕

例 2.17 某农场Ⅰ、Ⅱ、Ⅲ等耕地的面积分别为 100 hm^2、300 hm^2 和 200 hm^2,计划种植水稻、大豆和玉米,要求 3 种作物的最低收获量分别为 190 000 kg、130 000 kg 和 350 000 kg。Ⅰ、Ⅱ、Ⅲ等耕地种植 3 种作物的单产(单位:kg/hm^2)如表 2.16 所示。若 3 种作物的售价分别为水稻 1.20 元/kg,大豆 1.50 元/kg,玉米 0.80 元/kg,那么:①如何制订种植计划,才能使总产量最大?②如何制订种植计划,才能使总产值最大?

表 2.16

	Ⅰ等耕地	Ⅱ等耕地	Ⅲ等耕地
水稻	11 000	9 500	9 000
大豆	8 000	6 800	6 000
玉米	14 000	12 000	10 000

解:首先根据题意和表 2.16 建立线性规划模型(决策变量设置如表 2.17 所示,其中 x_{ij} 表示第 i 种作物在第 j 等级的耕地上的种植面积)。

表 2.17

	Ⅰ等耕地	Ⅱ等耕地	Ⅲ等耕地
水稻	x_{11}	x_{12}	x_{13}
大豆	x_{21}	x_{22}	x_{23}
玉米	x_{31}	x_{32}	x_{33}

约束方程如下：

$$\text{耕地面积约束：}\begin{cases} x_{11}+x_{21}+x_{31}\leqslant 100 \\ x_{12}+x_{22}+x_{32}\leqslant 300 \\ x_{13}+x_{23}+x_{33}\leqslant 200 \end{cases}$$

$$\text{最低收获量约束：}\begin{cases} -11\,000x_{11}-9\,500x_{12}-9\,000x_{13}\leqslant -190\,000 \\ -8\,000x_{21}-6\,800x_{22}-6\,000x_{23}\leqslant -130\,000 \\ -14\,000x_{31}-12\,000x_{32}-10\,000x_{33}\leqslant -350\,000 \end{cases}$$

$$\text{非负约束：}x_{ij}\geqslant 0,i=1,2,3;j=1,2,3$$

① 追求总产量最大，目标函数为

$$\begin{aligned}\min z=&-11\,000x_{11}-9\,500x_{12}-9\,000x_{13}-8\,000x_{21}-\\&6\,800x_{22}-6\,000x_{23}-14\,000x_{31}-12\,000x_{32}-10\,000x_{33}\end{aligned}$$

② 追求总产值最大，目标函数为

$$\begin{aligned}\min z=&-1.20\times(11\,000x_{11}+9\,500x_{12}+9\,000x_{13})-\\&1.50\times(8\,000x_{21}+6\,800x_{22}+6\,000x_{23})-\\&0.80\times(14\,000x_{31}+12\,000x_{32}+10\,000x_{33})\\=&-13\,200x_{11}-11\,400x_{12}-10\,800x_{13}-\\&12\,000x_{21}-10\,200x_{22}-9\,000x_{23}-\\&11\,200x_{31}-9\,600x_{32}-8\,000x_{33}\end{aligned}$$

根据求解函数 linprog 中的参数含义，列出系数矩阵、目标函数系数矩阵，以及约束条件等。这些参数中没有的设为空。

① 当追求总产量最大时，只要将参数

```
f = [-11000 -9500  -9000  -8000  -6800  -6000  -14000  -12000
-10000];
A = [1.0000 0.0000 0.0000 1.0000 0.0000 0.0000 1.0000 0.0000 0.0000;
     0.0000 1.0000 0.0000 0.0000 1.0000 0.0000 0.0000 1.0000 0.0000;
     0.0000 0.0000 1.0000 0.0000 0.0000 1.0000 0.0000 0.0000 1.0000;
     -11000.0000 0.0000 0.0000 -9500.0000 0.0000 0.0000 -9000.0000 0.0000
0.0000;
     0.0000 -8000.0000 0.0000 0.0000 -6800.0000 0.0000 0.0000 -6000.0000
0.0000;
     0.0000 0.0000 -14000.0000 0.0000 0.0000 -12000.0000 0.0000 0.0000
-10000.0000];
b = [100 300 200 -190000 -130000 -350000];
```

lb = [0.0000 0.0000 0.0000 0.0000 0.0000 0.0000 0.0000 0.0000 0.0000];

代入求解函数[xopt,fxopt]=linprog(f,A,b,[],[],lb,[]),即可求得结果。

② 当追求总产值最大时,将参数

f = [- 13200 - 11400 - 10800 - 12000 - 10200 - 9000 - 11200 - 9600 - 8000];

A = [1.0000 0.0000 0.0000 1.0000 0.0000 0.0000 1.0000 0.0000 0.0000;
0.0000 1.0000 0.0000 0.0000 1.0000 0.0000 0.0000 1.0000 0.0000;
0.0000 0.0000 1.0000 0.0000 0.0000 1.0000 0.0000 0.0000 1.0000;
- 11000.0000 0.0000 0.0000 - 9500.0000 0.0000 0.0000 - 9000.0000 0.0000 0.0000;
0.0000 - 8000.0000 0.0000 0.0000 - 6800.0000 0.0000 0.0000 - 6000.0000 0.0000;
0.0000 0.0000 - 14000.0000 0.0000 0.0000 - 12000.0000 0.0000 0.0000 - 10000.0000];

b = [100 300 200 - 190000 - 130000 - 350000];

lb = [0.0000 0.0000 0.0000 0.0000 0.0000 0.0000 0.0000 0.0000 0.0000];

代入求解函数[xopt,fxopt]=linprog(f,A,b,[],[],lb,[]),即可得到求解结果。

解毕

§2.9 几类实际生活中的线性规划问题举例

例 2.18(混合配料问题) 某糖果厂用原料 A、B、C 加工成 3 种不同牌号的糖果甲、乙、丙。已知各种糖果中 A、B、C 的含量,原料成本,各种原料的每月限制用量,3 种糖果的单位加工费及售价如表 2.18 所示。问该厂每月生产这 3 种糖果各多少千克,可使该厂获利最大?试建立这个问题的线性规划数学模型。

表 2.18

	甲	乙	丙	原料成本/(元·kg^{-1})	每月限制用量/kg
A	≥60%	≥30%		2.00	2 000
B				1.50	2 500
C	≤20%	≤50%	≤60%	1.00	1 200
加工费/(元·kg^{-1})	0.50	0.40	0.30		
售价/(元·kg^{-1})	3.40	2.85	2.25		

解:用 $i=1,2,3$ 分别代表原料 A、B、C,用 $j=1,2,3$ 分别代表甲、乙、丙 3 种糖果,x_{ij} 为生产第 j 种糖果耗用的第 i 种原料的千克数。该厂的获利为 3 种糖果的售价减去相应的加

工费和原料成本，3 种糖果的生产量分别为 $x_{11}+x_{21}+x_{31}$，$x_{12}+x_{22}+x_{32}$，$x_{13}+x_{23}+x_{33}$，3 种糖果的生产数量受到原料月供应量和原料含量的限制，由此本例的数学模型可归结为

$$\begin{aligned}\max z &= (3.40-0.50)(x_{11}+x_{21}+x_{31})+(2.85-0.40)(x_{12}+x_{22}+x_{32})+\\&\quad(2.25-0.30)(x_{13}+x_{23}+x_{33})-2.0(x_{11}+x_{12}+x_{13})-\\&\quad1.50(x_{21}+x_{22}+x_{23})-1.0(x_{31}+x_{32}+x_{33})\\&=0.9x_{11}+1.4x_{21}+1.9x_{31}+0.45x_{21}+0.95x_{22}+1.45x_{32}-\\&\quad0.05x_{13}+0.45x_{23}+0.95x_{33}\end{aligned}$$

$$\text{s.t.}\begin{cases}\left.\begin{aligned}&x_{11}+x_{12}+x_{13}\leqslant 2\,000\\&x_{21}+x_{22}+x_{23}\leqslant 2\,500\\&x_{31}+x_{32}+x_{33}\leqslant 1\,200\end{aligned}\right\}\text{原料月供应量的限制}\\\left.\begin{aligned}&x_{11}\geqslant 0.6(x_{11}+x_{21}+x_{31})\\&x_{31}\leqslant 0.2(x_{11}+x_{21}+x_{31})\\&x_{12}\geqslant 0.3(x_{12}+x_{22}+x_{32})\\&x_{32}\leqslant 0.5(x_{12}+x_{22}+x_{32})\\&x_{33}\leqslant 0.6(x_{13}+x_{23}+x_{33})\\&x_{ij}\geqslant 0,i=1,2,3;j=1,2,3\end{aligned}\right\}\text{原料含量的限制}\end{cases}$$

解毕

例 2.19(产品计划问题)　某厂生产Ⅰ、Ⅱ、Ⅲ 3 种产品，都分别经 A、B 两道工序加工。设 A 工序可分别在设备 A_1 或 A_2 上完成，有 B_1、B_2、B_3 3 种设备可用于完成 B 工序。已知产品Ⅰ可在 A、B 任何一种设备上加工；产品Ⅱ可在任何规格的 A 设备上加工，但完成 B 工序时，只能在 B_1 设备上加工；产品Ⅲ只能在 A_2 与 B_2 设备上加工。加工单位产品所需工序时间及其他各项数据如表 2.19 所示，试安排最优生产计划，使该厂获利最大。

表 2.19

设备	产品			设备有效台时	设备加工费
	Ⅰ	Ⅱ	Ⅲ		
A_1	5	10		6 000	0.05
A_2	7	9	12	10 000	0.03
B_1	6	8		4 000	0.06
B_2	4		11	7 000	0.11
B_3	7			4 000	0.05
原料费/(元・件$^{-1}$)	0.25	0.35	0.50		
售价/(元・件$^{-1}$)	1.25	2.00	2.80		

解：设产品Ⅰ、Ⅱ、Ⅲ的产量分别为 x_1，x_2，x_3 件。产品Ⅰ有 6 种加工方案，分别为(A_1，B_1)、(A_1，B_2)、(A_1，B_3)、(A_2，B_1)、(A_2，B_2)、(A_2，B_3)，各方案加工的产品Ⅰ数量分别用 x_{11}，x_{12}，x_{13}，x_{14}，x_{15}，x_{16} 表示；产品Ⅱ有 2 种加工方案，即(A_1，B_1)、(A_2，B_1)，加工数量分别用 x_{21}，x_{22} 表示；产品Ⅲ只有 1 种加工方案(A_2，B_2)，加工数量等于 x_3。

$$x_1=x_{11}+x_{12}+x_{13}+x_{14}+x_{15}+x_{16}$$

$$x_2=x_{21}+x_{22}$$

工厂的盈利为产品售价减去相应的原料费和设备加工费，产品加工量只受设备有效台时的限制，故对本例可建立如下线性规划模型：

$$\begin{aligned}\max z=&(1.25-0.25)(x_{11}+x_{12}+x_{13}+x_{14}+x_{15}+x_{16})+(2.0-0.35)(x_{21}+x_{22})+\\&(2.80-0.05)x_3-0.05(5x_{11}+5x_{12}+5x_{13}+10x_{21})-\\&0.03(7x_{14}+7x_{15}+7x_{16}+9x_{22}+12x_3)-0.06(6x_{11}+6x_{14}+8x_{21}+8x_{22})-\\&0.11(4x_{12}+4x_{15}+11x_3)-0.05(7x_{13}+7x_{16})\end{aligned}$$

$$\text{s.t.}\begin{cases}5x_{11}+5x_{12}+5x_{13}+10x_{21}\leqslant 6\,000\\7x_{14}+7x_{15}+7x_{16}+9x_{22}+12x_3\leqslant 10\,000\\6x_{11}+6x_{14}+8x_{21}+8x_{22}\leqslant 4\,000\\4x_{12}+4x_{15}+11x_3\leqslant 7\,000\\7x_{13}+7x_{16}\leqslant 4\,000\\x_{ij}\geqslant 0\end{cases}$$

解毕

例 2.20(生产存贮问题) 某厂签订了5种产品($i=1,\cdots,5$)上半年的交货合同。已知各产品在第 j 月($j=1,\cdots,6$)的合同交货量 D_{ij}，该月售价 s_{ij}、成本价 c_{ij} 及生产1件所需工时 a_{ij}。该厂第 j 月的正常生产工时为 t_j，但必要时可加班生产，第 j 月允许的最多加班工时为 t'_j，并且在加班时间内生产出来的产品每件成本增加额外费用 c'_{ij}；若生产出来的产品当月不交货，每件库存1个月交存贮费 p_i 元。试为该厂设计一个保证完成合同交货量，又使上半年预期盈利总额最大的生产计划。

解:设 x_{ij} 为第 i 种产品 j 月份在正常时间内生产的数量，x'_{ij} 为第 i 种产品 j 月份在加班时间内生产的数量。该厂盈利总额为生产的5种产品的销售额减去成本和库存费用。问题的限制条件有两项:一是各月的正常和加班的允许工时，二是满足交货要求。本例的线性规划模型可表示为

$$\max z=\sum_{i=1}^{5}\sum_{j=1}^{6}\left[(s_{ij}-c_{ij})x_{ij}+(s_{ij}-c_{ij}-c'_{ij})x'_{ij}\right]-\sum_{i=1}^{5}p_i\left[\sum_{j=1}^{6}\sum_{k=1}^{j}(x_{ik}+x'_{ik}-D_{ik})\right]$$

$$\text{s.t.}\begin{cases}\sum\limits_{i=1}^{5}a_{ij}x_{ij}\leqslant t_j\\\sum\limits_{i=1}^{5}a_{ij}x'_{ij}\leqslant t'_j\\\sum\limits_{k=1}^{j}(x_{ik}+x'_{ik})\geqslant\sum\limits_{k=1}^{j}D_{ik}\\x_{ij}\geqslant 0;\ x'_{ij}\geqslant 0\end{cases}$$

解毕

例 2.21(营养问题) 某饲养场所用混合饲料由 n 种配料 B_j ($j=1,2,\cdots,n$)组成，要求这种混合饲料含有 m 种不同的营养成分 A_i ($i=1,2,\cdots,m$)，并且每一份混合饲料中第 i 种营养成分的含量不低于 b_i。已知每单位的第 j 种配料中所含第 i 种营养成分的量为 a_{ij}，每单位的第 j 种配料的价格为 c_j。在保证营养的条件下，应如何配方，才能使混合饲料的费用

最省？

解：设每一份混合饲料中第 j 种配料所用量为 x_j，建立的数学模型是

$$\min z = \sum_{j=1}^{n} c_j x_j$$

$$\text{s. t.} \begin{cases} \sum_{j=1}^{n} a_{ij} x_j \geqslant b_i, i = 1,2,\cdots,m \\ x_j \geqslant 0, j = 1,2,\cdots,n \end{cases}$$

解毕

例 2.22(作物布局问题)　设要在 n 块土地 $B_j(j = 1,2,\cdots,n)$ 上种植 m 种不同的作物 $A_i(i = 1,2,\cdots,m)$，第 j 块土地 B_j 的面积为 b_j，第 i 种作物 A_i 的计划种植面积为 a_i（假设 $\sum_{i=1}^{m} a_i = \sum_{j=1}^{n} b_j$），第 i 种作物 A_i 在第 j 块土地 B_j 上的单位产量为 c_{ij}，问应如何合理安排种植计划，才能使总产量最高？

解：设 x_{ij} 为在第 j 块土地 B_j 上种植第 i 种作物 A_i 的面积，建立的数学模型是

$$\max z = \sum_{i=1}^{m} \sum_{j=1}^{n} c_{ij} x_{ij}$$

$$\text{s. t.} \begin{cases} \sum_{j=1}^{n} x_{ij} = a_i, i = 1,2,\cdots,m \\ \sum_{i=1}^{m} x_{ij} = b_j, j = 1,2,\cdots,n \\ x_{ij} \geqslant 0, i = 1,2,\cdots,m; j = 1,2,\cdots,n \end{cases}$$

解毕

例 2.23(合理下料问题)　某厂生产过程中需要使用长度为 3.1 米、2.5 米和 1.7 米的同种棒料毛坯，所需数量分别为 200、100 和 300 根，而现在只有一种长度为 9 米的原料，问：①应如何下料才能使废料最少？②应如何下料才能使购买的原料根数最少？

解：解决下料问题的关键在于找出所有可能的下料方法（如果不能穷尽所有的方法，也应尽量多收集各种可能的下料方法），然后对这些方案进行最佳结合。

对给定的 9 米长的棒料进行切割，可以有 9 种切割方案，如表 2.20 所示。

表 2.20

毛坯	方案								
	1	2	3	4	5	6	7	8	9
3.1 米毛坯	2	2	1	1	1	0	0	0	0
2.5 米毛坯	1	0	2	1	0	3	2	1	0
1.7 米毛坯	0	1	0	2	3	0	2	3	5
废料	0.3	1.1	0.9	0	0.8	1.5	0.6	1.4	0.5

设用第 i 种方法下料的总根数为 x_i，则用掉的总根数为 $x_1 + x_2 + \cdots + x_9$，废料总长度为 $0.3x_1 + 1.1x_2 + 0.9x_3 + 0.8x_5 + 1.5x_6 + 0.6x_7 + 1.4x_8 + 0.5x_9$，约束条件为所需的零件

毛坯数量:

$$2x_1+2x_2+x_3+x_4+x_5\geqslant 200$$
$$x_1+2x_3+x_4+3x_6+2x_7+x_8\geqslant 100$$
$$x_2+2x_4+3x_5+2x_7+3x_8+5x_9\geqslant 300$$

由此可得问题①的线性规划模型如下:

$$\min z=0.3x_1+1.1x_2+0.9x_3+0.8x_5+1.5x_6+0.6x_7+1.4x_8+0.5x_9$$
$$\text{s.t.}\begin{cases}2x_1+2x_2+x_3+x_4+x_5=200\\ x_1+2x_3+x_4+3x_6+2x_7+x_8=100\\ x_2+2x_4+3x_5+2x_7+3x_8+5x_9=300\\ x_1,x_2,\cdots,x_9\geqslant 0\end{cases}$$

问题①的最优解为(0,40,0,100,20,0,0,0),最优值为 60,由于用掉的总料长度为 200×3.1+100×2.5+300×1.7=1 380,因此有方程:废料长度=9×原料根数−1 380。所以需要的原料根数为 160 根。

而问题②的线性规划模型如下:

$$\min z=x_1+x_2+\cdots+x_9$$
$$\text{s.t.}\begin{cases}2x_1+2x_2+x_3+x_4+x_5=200\\ x_1+2x_3+x_4+3x_6+2x_7+x_8=100\\ x_2+2x_4+3x_5+2x_7+3x_8+5x_9=300\\ x_1,x_2,\cdots,x_9\geqslant 0\end{cases}$$

问题②的最优解为(0,40,0,100,20,0,0,0),最优值为 160,由于用掉的总料长度为 200×3.1+100×2.5+300×1.7=1 380,因此废料长度=9×原料根数−1 380=60。与问题①的结果是吻合的。

解毕

注 1:下料问题是加工业中常见的一种问题,其一般的提法是把一种尺寸规格已知的原料切割成给定尺寸的几种零件毛坯,问题是在零件毛坯数量要求给定的条件下,如何切割才能使废料最少。下料问题由所考虑的尺寸维数可以分成三维(积材)下料、二维(面料)下料和一维(棒料)下料问题,其中最简单的是棒料下料问题。

注 2:根据实际情况的需要,有时问题①的约束条件中的"="可以换为"≥",这样求出来的结果可能会不同,即有时剩余一些毛坯棒料以后可以再用,但这时产生的废料可能最少。很显然,如果问题①的线性规划模型改为

$$\min z=0.3x_1+1.1x_2+0.9x_3+0.8x_5+1.5x_6+0.6x_7+1.4x_8+0.5x_9$$
$$\text{s.t.}\begin{cases}2x_1+2x_2+x_3+x_4+x_5\geqslant 200\\ x_1+2x_3+x_4+3x_6+2x_7+x_8\geqslant 100\\ x_2+2x_4+3x_5+2x_7+3x_8+5x_9\geqslant 300\\ x_1,x_2,\cdots,x_9\geqslant 0\end{cases}$$

则最优解为(0,0,0,200,0,0,0,0,0),最优值为 0,按第 4 种方案对 200 根 9 米长的原料进行切割,产生的废料为 0,只是多出一些毛坯棒料。这个结果就与问题①和问题②不同了。

例 2.24(连续投资问题) 某公司目前有 8 000 万元的闲置资金,3 年后才需要使用。

根据财务部门所提供的资料，现在有 4 个投资方案列入考虑范围。各投资方案均已评估过风险，并给予 0 至 3 分的风险指标，数值越大代表风险越高。表 2.21 所示为各投资方案每年利息的百分比及风险指标。例如，方案 2 完全没有风险（风险指标为 0），每年年底可获得投资金额 3%的利息；方案 4 的风险最高（风险指标为 2），投资后仅在第三年年底可获得投资金额 18%的利息。在以上的 4 个方案中，本金均于第三年年底全数归还；当年底有回收的利息时，仅能于次年年初投资方案 2（亦即，其余方案必须于第一年年初投资）。该公司希望所投资金额的平均风险指标（仅本金部分）不要高于 1。该公司于每年年初应分别投资多少金额在各投资方案上，才能于第三年年底获得最多的利息收入？建立此问题的线性规划模型。

表 2.21

投资方案	年底利息/%			风险指标
	第一年	第二年	第三年	
1	0	6	6	1
2	3	3	3	0
3	0	7	4	1
4	0	0	18	2

解：定义变量 x_{ij} 为第 i 年投资方案 j 的金额，此问题的 LP 模型如下：

$$\max z=0.06\times 2x_{11}+0.03\times 3x_{12}+0.03x_{22}+0.03x_{32}+(0.07+0.04)x_{13}+0.18x_{14}$$

$$\text{s.t.}\begin{cases}x_{11}+x_{12}+x_{13}+x_{14}=8\,000\\0.03x_{12}-x_{22}=0\\0.06x_{11}+0.03x_{12}+0.03x_{22}+0.07x_{13}-x_{32}=0\\x_{11}+x_{13}+2x_{14}\leqslant 8\,000\\x_{ij}\geqslant 0,i=1,2,3;j=1,2,3,4\end{cases}$$

在此模型中，前 3 个约束条件是“资金平衡公式”，第 4 个约束条件是限制投资金额的平均风险指标（仅本金部分）不要高于 1，该式是由下式简化而得：

$$\frac{x_{11}+x_{13}+2x_{14}}{8\,000}\leqslant 1$$

解毕

例 2.25　某服务业公司每天需要的员工人数有很大的波动，于一周期间每天所需要的人数如表 2.22 所示。

表 2.22

星期	一	二	三	四	五	六	日
人力需求	50	40	40	45	60	80	85

除了专职人员外，公司亦可聘雇兼职人员。每两位兼职人员的人力相当于一位专职人员，但每位兼职人员的薪资仅为专职人员的 30%。然而，因为考虑专职人员对于工作的熟悉度，所以公司希望每天上班的兼职人员人数最多不得超过专职人员人数的 1/4。专职人

员每周连续上班 5 天、休假 2 天;兼职人员则没有任何规定。在此情况下,欲使总人事成本最低,该公司至少应聘请多少位专职人员?每天上班的兼职人员人数又应是多少?

解:定义变量如下:

x_i=星期 i 开始第一天上班的专职人员人数($i=1$ 代表星期一,以此类推)

y_i=星期 i 上班的兼职人员人数

此问题的线性规划模型为

$$\min z=x_1+x_2+x_3+x_4+x_5+x_6+x_7+0.3y_1+0.3y_2+0.3y_3+0.3y_4+0.3y_5+0.3y_6+0.3y_7$$

$$\text{s.t.}\begin{cases}x_1+x_4+x_5+x_6+x_7+0.5y_1\geqslant 50\\x_1+x_2+x_5+x_6+x_7+0.5y_2\geqslant 40\\x_1+x_2+x_3+x_6+x_7+0.5y_3\geqslant 40\\x_1+x_2+x_3+x_4+x_7+0.5y_4\geqslant 45\\x_1+x_2+x_3+x_4+x_5+0.5y_5\geqslant 60\\x_2+x_3+x_4+x_5+x_6+0.5y_6\geqslant 80\\x_3+x_4+x_5+x_6+x_7+0.5y_7\geqslant 85\\y_1-0.25x_1-0.25x_4-0.25x_5-0.25x_6-0.25x_7\leqslant 0\\y_2-0.25x_1-0.25x_2-0.25x_5-0.25x_6-0.25x_7\leqslant 0\\y_3-0.25x_1-0.25x_2-0.25x_3-0.25x_6-0.25x_7\leqslant 0\\y_4-0.25x_1-0.25x_2-0.25x_3-0.25x_4-0.25x_7\leqslant 0\\y_5-0.25x_1-0.25x_2-0.25x_3-0.25x_4-0.25x_5\leqslant 0\\y_6-0.25x_2-0.25x_3-0.25x_4-0.25x_5-0.25x_6\leqslant 0\\y_7-0.25x_3-0.25x_4-0.25x_5-0.25x_6-0.25x_7\leqslant 0\\x_i,y_i\geqslant 0,i=1,2,\cdots,7\end{cases}$$

解毕

这样的例子不胜枚举,以后还会遇到的运输问题、指派问题、最短路问题、最大流问题等也都是线性规划问题,这些例子的具体内容各不相同,但归结出的数学模型都属于同一类问题——线性规划问题。这些问题都可以用 2.8 节介绍的软件进行求解,所以本节只列出了它们的线性规划模型。

知识拓展

1. 线性规划发展简史

1832 年,法国数学家傅里叶(B. J. B. J. Fourier,1768—1830 年)提出了线性规划的想法,当时未引起注意。

1911 年,德拉瓦莱普森(C. J. de la Vallée-Poussin)独立地提出了线性规划的想法,当时未引起注意。

1939 年，苏联数学家康托洛维奇(L. V. Kantorovich，1912—1986 年)出版了《生产组织和计划中的数学方法》一书，提出了线性规划的想法，仍未引起当时人们的重视。

1947 年，美国数学家乔治·伯纳德·丹兹格(George Bernard Dantzig，1914—2005 年)提出了线性规划问题的一般数学模型和单纯形求解方法，终于使人们认识到了线性规划的价值，为线性规划奠定了基础。

1947 年，线性规划的对偶理论出现，美国数学家冯·诺伊曼对对偶理论的提出做出了贡献，开创了线性规划的许多新的研究领域，扩大了它的应用范围和解题能力。

1951 年，美国经济学家加林·库普曼斯(Tjalling C. Koopmans，1910—1985 年)出版了《生产与配置的活动分析》一书，把线性规划应用到经济领域。

1954 年，美国数学家 C. 莱姆基提出了对偶单纯形算法；1954 年，S. 加斯和 T. 萨迪等人解决了线性规划的灵敏度分析和参数规划问题；1956 年，A. 塔克提出了互补松弛定理；1960 年，G. B. 丹兹格和 P. 沃尔夫提出了分解算法等。线性规划的研究进入了研究热潮。

1972 年，美国学者 V. L. Klee 和 G. J. Minty 在"How good is the simplex algorithm?"一文中给出了一个线性规划，指出了单纯形算法的算法复杂性是指数阶的。

1975 年，康托洛维奇与库普曼斯因"最优资源配置理论的贡献"荣获诺贝尔经济学奖。

1979 年，苏联数学家哈奇扬(L. G. Khachian)提出了求解线性规划的多项式时间算法——椭球算法，具有重要理论意义。

1984 年，在美国贝尔实验室工作的印度裔数学家卡玛卡(N. Karmarkar)提出了可以有效求解实际线性规划问题的多项式时间算法——Karmarkar 算法。

1994 年，约翰·纳什(JohnF Nash)与其他两位博弈论学家约翰·C·海萨尼和莱因哈德·泽尔腾共同获得了诺贝尔经济学奖。

1998 年，史提芬·斯梅尔(Stephen Smale，1966 年菲尔兹奖获得者)提出了 21 世纪数学的 18 个数学难题，其中线性规划被列为第 9 个难题。

线性规划的研究成果还直接推动了其他数学规划问题(包括整数规划、随机规划和非线性规划)的算法研究。由于电子计算机的发展，出现了许多求解线性规划问题的软件，如 MPSX、OPHEIE、UMPIRE、LINGO、MATLAB 等，可以很方便地求解具有几千个变量的线性规划问题。目前，常见的线性规划软件可以很方便地求解具有几万个变量、几十万个约束条件的线性规划问题。

2. 线性规划发展史上的两位科学家

利奥尼德·康托洛维奇(L. V. Kantorovich，1912—1986 年)，苏联数学家，出生于俄国圣彼得堡的一个医生家庭。1930 年毕业于列宁格勒大学，1934 年成为该校最年轻的数学教授，1935 年获该校数学博士学位。1948—1960 年任列宁格勒科学院数学所研究室主任，1958 年当选为苏联科学院通讯院士，并于 1964 年成为苏联科学院院士。1960—1971 年任苏联科学院西伯利亚分院数学所副所长，1971—1976 年任苏联国家科学技术委员会管理研究所室主任。1976 年任苏联科学院系统分析所所长。他曾于 1949 年获斯大林数学奖，于 1965 年获列宁经济学奖。康托洛维奇对经济学的贡献主要在于，他建立和发展了线性规划方法,并将其运用于经济分析,对现代经济应用数学的重要分支——线性规划方法的建立和发展做出了开创性贡献。他把资源最优利用这一传统的经济学问题,由定性研究和一般的定量分析推进到现实计量阶段,对于在企业范围内如何科学地组织生产和在国民经济范围内怎样最优地利用资源等问题做出了独创性的研究。康托洛维奇的主要著作包括:《生产组织和计划中的数学方法》(1939年)、《经济资源的最优利用》(1959年)、《经济最优决策》(1972年,合著)、《最优规划文集》(1976年)等。因在创建和发展线性规划方法以及革新、推广和发展资源最优利用理论方面所做出的杰出贡献,他与美籍荷兰经济学家加林·库普曼斯一起分享1975年度诺贝尔经济学奖。

乔治·伯纳德·丹兹格(George Bernard Dantzig,1914—2005年),美国数学家,因创造了单纯形算法,被称为"线性规划之父"。他在去世之前拥有3个院士头衔(国家科学院、国家工程院和美国科学院)。他1936年获得马里兰大学科利奇帕克分校数学和物理学士学位,1937年获得密歇根大学数学硕士学位,1946年获得加利福尼亚大学伯克利分校博士学位,1976年获得马里兰大学荣誉博士学位。

丹兹格出生在美国,他的父亲托比阿斯·丹兹格(Tobias Dantzig)是俄罗斯数学家,曾在巴黎师从著名数学家亨利·庞加莱(J. Henri Poincaré)学习。托比阿斯与索邦大学学生安雅·乌里松结婚,后移民美国。

1939年,丹兹格在伯克利做研究生。有一堂课丹兹格迟到了,上课不久,耶日·内曼(Jerzy Neyman)教授在黑板上写了两个著名的未解统计学问题的例子,丹兹格稍后到达时把它们当作习题抄下。按丹兹格的话,那些问题"看来比平常难了点",不过几天后他递交了两题的完整解答,仍以为它们是已逾期的功课。六周后心情激动的教授内曼探访丹兹格,他准备把丹兹格对其中一题的解答递交给一份数学期刊发表。多年后另一个研究者亚伯拉罕·瓦尔德(Abraham Wald)得到了第二题的结论,要发表一篇论文,他知道了丹兹格之前的解答,就把丹兹格列为合著者。

第二次世界大战中断了丹兹格的伯克利研究生学习。他成了美国空军管理部统计控制战斗分析处主任,负责处理供应链的补给和管理成百上千的人员和物资。

1946年,丹兹格获得加利福尼亚大学伯克利分校的博士学位,回到美国空军管理部。丹兹格的上司伍德(M. Wood)和希奇赫克(D. Hitchock)要他解决如何使计划过程机械化的问题。具体任务是:寻找一种方法能更快地计算出分时间段的调度、训练和后勤供给的方案。当时计算这些问题,都是依靠经验总结出的优先准则,而不是当成一个大系统来考虑,也没有一个明确的目标函数。丹兹格深入研究了这个问题以后,提出了目标函数的概念,并提出了单纯形求解方法(1947年)。这个方法在线性规划领域沿用多年,至今还在发挥作用。

1952年,丹兹格在兰德公司任研究数学家,在公司计算机上实行线性规划。1960年,他被母校聘任教授计算机科学,当上了运筹学中心主任。1966年,他在斯坦福大学担任类似职位,直到20世纪90年代退休。

除了线性规划和单纯形算法方面的杰出工作,丹兹格还推进了很多领域的发展,有分解论、灵敏度分析、互补主元法、大系统最优化、非线性规划和不确定规划。

为表彰丹兹格，国际数学规划协会设立了丹兹格奖，自 1982 年起每三年颁给一至两位在数学规划方面有突出贡献的人。

2005 年 5 月 13 日，丹兹格因糖尿病和心血管疾病的并发症，在加利福尼亚州帕洛阿尔托他的家中逝世，享年 91 岁。

康托洛维奇

丹兹格

第3章 线性规划问题的对偶理论及灵敏度分析

线性规划的对偶问题有很重要的理论和现实意义，对于求解及分析线性规划问题有很重要的作用，并且由对偶理论出发，又可以得到线性规划的灵敏度分析的理论和方法，而灵敏度分析在实际应用中有着非常重要的作用。本章主要介绍下面四部分内容：一是线性规划的对偶问题；二是对偶问题的基本理论；三是给出解线性规划问题的对偶单纯形算法；四是作为对偶问题的应用来分析灵敏度问题。

§3.1 线性规划问题的对偶问题

首先通过一个例子来看对偶问题的经济意义。

在例2.1中，某通信服务公司计划推出A、B、C 3种通信套餐服务，每种套餐服务的利润分别为每月60元/用户、30元/用户、20元/用户。每种套餐需要给每位用户分别提供带宽8 Mbit/s、6 Mbit/s、1 Mbit/s，同时每种套餐每月需要占用的服务器时间分别为4小时、2小时、1.5小时，并且每月需要的咨询和服务以及维修等人工服务时间预计分别为2小时、1.5小时、0.5小时。该公司可提供的带宽为48 000 Mbit/s，可提供的总服务器时间为每月20 000小时，可提供的人工服务时间为每月8 000小时。详细条件可参看表3.1，问该公司应推销A、B、C 3种套餐各多少用户，才能使总利润最大？

表3.1

	套餐A	套餐B	套餐C	通信公司总资源
带宽/(Mbit·s^{-1})	8	6	1	48 000
服务器时间/小时	4	2	1.5	20 000
人工服务时间/小时	2	1.5	0.5	8 000
套餐价格/元	60	30	20	

在例2.1中，设x_1，x_2，x_3分别为A、B、C 3种套餐需要推广的用户数量，容易列出下面的线性规划问题，其中z为公司的总利润：

$$
\text{LP1:}\quad \max z=60x_1+30x_2+20x_3
$$
$$
\text{s. t.}\begin{cases}8x_1+6x_2+x_3\leqslant 48\,000\\4x_1+2x_2+1.5x_3\leqslant 20\,000\\2x_1+1.5x_2+0.5x_3\leqslant 8\,000\\x_1,x_2,x_3\geqslant 0\end{cases}\tag{3.1}
$$

现从另一角度提出问题。假定有另一投资公司想租赁此通信服务公司的资源，它至少应该付出多大代价，才能使此通信服务公司愿意放弃套餐经营，租赁自己的资源？显然通信服务公司愿意租赁自己资源的条件是，租赁代价应不低于用同等数量的资源由自己经营套餐服务时获取的盈利。设 y_1,y_2,y_3 分别表示各自单位的带宽、服务器时间和人工服务时间的租赁代价，由于通信服务公司用 8 Mbit/s 的带宽、4 小时的服务器时间和 2 小时的人工服务时间，就可以取得利润 60 元；用 6 Mbit/s 的带宽、2 小时的服务器时间和 1.5 小时的人工服务时间，就可以取得利润 30 元；用 1 Mbit/s 的带宽、1.5 小时的服务器时间和 0.5 小时的人工服务时间，就可以取得利润 20 元，因此 y_1,y_2,y_3 的取值应满足

$$
\begin{cases}8y_1+4y_2+2y_3\geqslant 60\\6y_1+2y_2+1.5y_3\geqslant 30\\y_1+1.5y_2+0.5y_3\geqslant 20\\y_1,y_2,y_3\geqslant 0\end{cases}\tag{3.2}
$$

在满足式(3.2)的所有约束的基础上，通信服务公司就会愿意将自己的资源租赁给投资公司，因为他们觉得租赁所得比套餐所得还要“好”。但是，投资公司也不想做“冤大头”，他们也想付出尽可能少的钱来做这项租赁业务，所以他们希望在满足通信服务公司要求的基础上，付出的钱越少越好，也就是

$$
\min w=48\,000y_1+20\,000y_2+8\,000y_3\tag{3.3}
$$

综合式(3.2)和式(3.3)，买方和卖方都觉得合适，这笔租赁的生意就可以做成了。用数学模型把这个投资问题表示出来就是如下的线性规划问题：

$$
\text{LP2:}\quad \min w=48\,000y_1+20\,000y_2+8\,000y_3
$$
$$
\text{s. t.}\begin{cases}8y_1+4y_2+2y_3\geqslant 60\\6y_1+2y_2+1.5y_3\geqslant 30\\y_1+1.5y_2+0.5y_3\geqslant 20\\y_1,y_2,y_3\geqslant 0\end{cases}\tag{3.4}
$$

上述 LP1 和 LP2 是两个线性规划问题，通常称前者为原问题，称后者是前者的对偶问题。

以上从经济角度提出对偶问题，是通过一个生产 3 种产品、消耗 3 种资源的特定示例进行的，我们可以很自然地将其推广到生产 n 种产品、消耗 m 种资源的一般形式：

原问题

$$
\max z=c_1x_1+c_2x_2+\cdots+c_nx_n
$$
$$
\text{s. t.}\begin{cases}a_{1,1}x_1+a_{1,2}x_2+\cdots+a_{1,n}x_n\leqslant b_1\\a_{2,1}x_1+a_{2,2}x_2+\cdots+a_{2,n}x_n\leqslant b_2\\\quad\vdots\\a_{m,1}x_1+a_{m,2}x_2+\cdots+a_{m,n}x_n\leqslant b_m\\x_j\geqslant 0,j=1,2,\cdots,n\end{cases}
$$

对偶问题

$$
\min w=b_1y_1+b_2y_2+\cdots+b_my_m
$$
$$
\text{s. t.}\begin{cases}a_{1,1}y_1+a_{2,1}y_2+\cdots+a_{m,1}y_m\geqslant c_1\\a_{1,2}y_1+a_{2,2}y_2+\cdots+a_{m,2}y_m\geqslant c_2\\\quad\vdots\\a_{1,n}y_1+a_{2,n}y_2+\cdots+a_{m,n}y_m\geqslant c_n\\y_i\geqslant 0,i=1,2,\cdots,m\end{cases}
$$

或用矩阵与向量的形式来描述,一般地,对于如下形式的线性规划问题:

$$\text{LP:}\quad \begin{aligned}&\max \boldsymbol{c}^{\mathrm{T}}\boldsymbol{x}\\ &\text{s. t.}\begin{cases}\boldsymbol{Ax}\leqslant \boldsymbol{b}\\ \boldsymbol{x}\geqslant \boldsymbol{0}\end{cases}\end{aligned} \tag{3.5}$$

都可以类似写出如下的对偶线性规划问题:

$$\text{DP:}\quad \begin{aligned}&\min \boldsymbol{b}^{\mathrm{T}}\boldsymbol{y}\\ &\text{s. t.}\begin{cases}\boldsymbol{A}^{\mathrm{T}}\boldsymbol{y}\geqslant \boldsymbol{c}\\ \boldsymbol{y}\geqslant \boldsymbol{0}\end{cases}\end{aligned} \tag{3.6}$$

由对偶问题的提出可知,对偶决策变量 y_i 代表对第 i 种资源的估价,这种估价不是资源的市场价格,而是根据资源在生产中的贡献而给出的一种价值判断。为了将资源的这种价格与其市场价格相区别,称这种价格为资源的**影子价格**(shadow price)。影子价格在生产经营方面非常重要,可以表示多种经济意义,甚至在数学、物理、经济领域中都有着多重的解释和价值。那么影子价格如何求呢?除了求解对偶线性规划问题之外,本章将会介绍几种更加简洁和巧妙的方法。

如果我们将目标函数求最大值、约束条件取小于等于号、决策变量非负的线性规划问题称为**对称形式**的原问题,上述对偶问题的提出已经揭示了对称形式的原问题与其对偶问题的对应关系,这些对应关系可概括为以下几点。

① 原问题的目标函数求最大值,对偶问题的目标函数求最小值。

② 原问题约束条件的数目等于对偶问题决策变量的数目。

③ 原问题决策变量的数目等于对偶问题约束条件的数目。

④ 原问题的价值系数成为对偶问题的资源系数。

⑤ 原问题的资源系数成为对偶问题的价值系数。

⑥ 原问题的技术系数矩阵与对偶问题的技术系数矩阵互为转置。

⑦ 原问题的约束条件为小于等于号,对偶问题的决策变量大于等于零。

⑧ 原问题的决策变量大于等于零,对偶问题的约束条件为大于等于号。

对于一般的“非对称形式”的线性规划问题,同样也有其对偶的线性规划问题,下面通过一个例子来看如何写出一般线性规划问题的对偶问题。

例 3.1 给出以下线性规划问题的对偶问题:

$$\begin{aligned}&\max z=x_1+2x_2+3x_3\\ &\text{s. t.}\begin{cases}x_1+x_2+x_3\leqslant 4\\ x_1-2x_2+3x_3\geqslant 5\\ x_1+2x_2-x_3=6\\ x_1,x_2\geqslant 0,x_3\text{ 无约束}\end{cases}\end{aligned} \tag{3.7}$$

解:首先将其转化成标准形式。

① 将第二个不等式两边同乘“-1”,可得

$$-x_1+2x_2-3x_3\leqslant -5$$

② 将第三个等式表示成等价的两个不等式,可得

$$x_1+2x_2-x_3\leqslant 6$$
$$x_1+2x_2-x_3\geqslant 6$$

③ 将 $x_1+2x_2-x_3\geqslant 6$ 两边同乘“-1”，可得

$$-x_1-2x_2+x_3\leqslant -6$$

④ 将本线性规划问题中所有的 x_3 用 $x_3'-x_3''$ 来代替，其中 $x_3'\geqslant 0, x_3''\geqslant 0$。于是此问题的对称形式为

$$\max z=x_1+2x_2+3x_3'-3x_3''$$

$$\text{s.t.}\begin{cases} x_1+x_2+x_3'-x_3''\leqslant 4 \\ -x_1+2x_2-3x_3'+3x_3''\leqslant -5 \\ x_1+2x_2-x_3'+x_3''\leqslant 6 \\ -x_1-2x_2+x_3'-x_3''\leqslant -6 \\ x_1, x_2, x_3', x_3''\geqslant 0 \end{cases}$$

利用上述对称形式的原问题与其对偶问题的对应关系，可写出其对偶问题为

$$\min w=4z_1-5z_2+6z_3-6z_4$$

$$\text{s.t.}\begin{cases} z_1-z_2+z_3-z_4\geqslant 1 \\ z_1+2z_2+2z_3-2z_4\geqslant 2 \\ z_1-3z_2-z_3+z_4\geqslant 3 \\ -z_1+3z_2+z_3-z_4\geqslant -3 \\ z_1, z_2, z_3, z_4\geqslant 0 \end{cases}$$

令 $y_1=z_1, y_2=-z_2, y_3=z_3-z_4$ 有

$$\min w=4y_1+5y_2+6y_3$$

$$\text{s.t.}\begin{cases} y_1+y_2+y_3\geqslant 1 \\ y_1-2y_2+2y_3\geqslant 2 \\ y_1+3y_2-y_3=3 \\ y_1\geqslant 0, y_2\leqslant 0, y_3\ \text{无约束} \end{cases} \tag{3.8}$$

这就是原问题的对偶问题。

解毕

从例 3.1 的结果，即式(3.8)来看，其恰好和原问题式(3.7)有如下对应关系。

① 原问题的目标函数求最大值，对偶问题的目标函数求最小值。

② 原问题约束条件的数目等于对偶问题决策变量的数目。

③ 原问题决策变量的数目等于对偶问题约束条件的数目。

④ 原问题的价值系数成为对偶问题的资源系数。

⑤ 原问题的资源系数成为对偶问题的价值系数。

⑥ 原问题的技术系数矩阵与对偶问题的技术系数矩阵互为转置。

⑦ 原问题约束条件不等号的方向决定对偶问题决策变量取值的正负。原问题的约束条件为小于等于号，则对偶问题的决策变量大于等于零；原问题的约束条件为大于等于号，则对偶问题的决策变量小于等于零；原问题的约束条件为等于号，则对偶问题的决策变量取值无约束。

⑧ 原问题决策变量取值的正负决定对偶问题约束条件不等号的方向。原问题的决策变量取值大于等于 0，则对偶问题的约束条件取大于等于号；原问题的决策变量取值小于等于 0，则对偶问题的约束条件取小于等于号；原问题的决策变量取值无约束，则对偶问题的约束条件取等于号。

这些对应关系虽然是仅由例 3.1 这一特例得出的，但对其他任意的例子都可以验证这种关系是普遍存在的。进一步地，还可以用例 3.1 的方法得到如下定理(或定律)。

定理 3.1.1〔对称性定理(定律)〕 一个一般的线性规划问题的对偶的对偶就是原线性规划问题。

表 3.2 给出了原问题与其对偶问题的一般对应关系。

表 3.2

<table>
<tr><th colspan="2">原问题</th><th colspan="2">对偶问题</th></tr>
<tr><td colspan="2">目标函数 max</td><td colspan="2">目标函数 min</td></tr>
<tr><td rowspan="4">约束条件</td><td>m 个</td><td>m 个</td><td rowspan="4">决策变量</td></tr>
<tr><td>$\leqslant$</td><td>$\geqslant 0$</td></tr>
<tr><td>$\geqslant$</td><td>$\leqslant 0$</td></tr>
<tr><td>$=$</td><td>无约束</td></tr>
<tr><td rowspan="4">决策变量</td><td>n 个</td><td>n 个</td><td rowspan="4">约束条件</td></tr>
<tr><td>$\geqslant 0$</td><td>$\geqslant$</td></tr>
<tr><td>$\leqslant 0$</td><td>$\leqslant$</td></tr>
<tr><td>无约束</td><td>$=$</td></tr>
<tr><td colspan="2">约束条件右端项 $\boldsymbol{b}$</td><td colspan="2">目标函数价值系数 $\boldsymbol{b}$</td></tr>
<tr><td colspan="2">目标函数价值系数 $\boldsymbol{c}$</td><td colspan="2">约束条件右端项 $\boldsymbol{c}$</td></tr>
<tr><td colspan="2">约束条件系数矩阵 $\boldsymbol{A}$</td><td colspan="2">约束条件系数矩阵 $\boldsymbol{A}^{\mathrm{T}}$</td></tr>
</table>

根据上面的 8 条对应关系，可以直接写出任何一个线性规划问题的对偶问题，根据定理 3.1.1，既可以写出一个目标函数求最大值的线性规划问题的对偶问题(根据表 3.2 从左到右的对应关系)，也可以写出一个目标函数求最小值的线性规划问题的对偶问题(根据表 3.2 从右到左的对应关系)。也就是说，目标函数求最小值的线性规划问题也可以作为原问题。

例 3.2 写出下列线性规划问题的对偶问题：

$$\min z = 25x_1 + 2x_2 + 3x_3$$

$$\text{s.t.}\begin{cases} x_1 + x_2 - x_3 \leqslant 1 \\ x_1 + 2x_2 - x_3 \geqslant 1 \\ 2x_1 - x_2 + x_3 = 1 \\ x_1 \geqslant 0, x_2 \leqslant 0, x_3 \text{ 无约束} \end{cases}$$

解：原问题是 min 类型的线性规划问题，按照表 3.2 中从右到左的对应关系，可以写出原问题的对偶问题如下：

$$\max w = y_1 + y_2 + y_3$$

$$\text{s.t.}\begin{cases} y_1 + y_2 + 2y_3 \leqslant 25 \\ y_1 + 2y_2 - y_3 \geqslant 2 \\ -y_1 - y_2 + y_3 = 3 \\ y_1 \leqslant 0, y_2 \geqslant 0, y_3 \text{ 无约束} \end{cases}$$

解毕

事实上，每一个线性规划问题都有和它相伴随的另一个问题——对偶问题，一个问题称为**原问题**，则另一个问题称为其**对偶问题**。原问题与对偶问题有着非常密切的关系，以至于可以根据一个问题的信息（条件和解），得出另一个问题的全部信息（条件和解）。甚至，对偶性质远不仅是一种奇妙的对应现象，它在理论和实践上都有着广泛的应用和更深刻的对应关系。

为了叙述起来更简便，在本章以下内容中，如果不加特别说明，我们所叙述的原问题都是指形如式(3.5)的对称的线性规划问题，而其对偶问题则是指形如式(3.6)的线性规划问题。

§3.2　对偶问题的基本性质（对偶定理）

对于形如式(3.5)的线性规划问题（称作原问题或 LP）和形如式(3.6)的对偶线性规划问题（称作对偶问题或 DP），有以下基本定理和基本性质。

定理 3.2.1（弱对偶定理）　如果 $\boldsymbol{x}^{(0)}$ 是原问题的可行解，$\boldsymbol{y}^{(0)}$ 是对偶问题的可行解，则恒有

$$\boldsymbol{c}^{\mathrm{T}}\boldsymbol{x}^{(0)}\leqslant\boldsymbol{b}^{\mathrm{T}}\boldsymbol{y}^{(0)}$$

证明：$\boldsymbol{x}^{(0)}$ 是原问题的可行解，所以

$$\boldsymbol{A}\boldsymbol{x}^{(0)}\leqslant\boldsymbol{b}\tag{3.9}$$

$\boldsymbol{y}^{(0)}$ 是对偶问题的可行解，所以

$$\boldsymbol{A}^{\mathrm{T}}\boldsymbol{y}^{(0)}\geqslant\boldsymbol{c}\tag{3.10}$$

$\boldsymbol{x}^{(0)}\geqslant\boldsymbol{0}$，$\boldsymbol{y}^{(0)}\geqslant\boldsymbol{0}$，$\boldsymbol{y}^{(0)}$ 转置后左乘式(3.9)，$\boldsymbol{x}^{(0)}$ 转置后左乘式(3.10)，得

$$\boldsymbol{y}^{(0)\mathrm{T}}\boldsymbol{A}\boldsymbol{x}^{(0)}\leqslant\boldsymbol{y}^{(0)\mathrm{T}}\boldsymbol{b}=\boldsymbol{b}^{\mathrm{T}}\boldsymbol{y}^{(0)},\quad \boldsymbol{x}^{(0)\mathrm{T}}\boldsymbol{A}^{\mathrm{T}}\boldsymbol{y}^{(0)}\geqslant\boldsymbol{x}^{(0)\mathrm{T}}\boldsymbol{c}=\boldsymbol{c}^{\mathrm{T}}\boldsymbol{x}^{(0)}$$

所以有

$$\boldsymbol{c}^{\mathrm{T}}\boldsymbol{x}^{(0)}\leqslant\boldsymbol{x}^{(0)\mathrm{T}}\boldsymbol{A}^{\mathrm{T}}\boldsymbol{y}^{(0)}=\boldsymbol{y}^{(0)\mathrm{T}}\boldsymbol{A}\boldsymbol{x}^{(0)}\leqslant\boldsymbol{b}^{\mathrm{T}}\boldsymbol{y}^{(0)}$$

证毕

推论 3.2.1　原问题任一可行解的目标函数值是其对偶问题目标函数值的下界；反之，对偶问题任一可行解的目标函数值是其原问题目标函数值的上界。

定理 3.2.2（最优准则定理）　如果 $\boldsymbol{x}^{(0)}$ 是原问题的可行解，$\boldsymbol{y}^{(0)}$ 是对偶问题的可行解，则当 $\boldsymbol{c}^{\mathrm{T}}\boldsymbol{x}^{(0)}=\boldsymbol{b}^{\mathrm{T}}\boldsymbol{y}^{(0)}$ 时，$\boldsymbol{x}^{(0)}$，$\boldsymbol{y}^{(0)}$ 分别为各自问题的最优解。

证明：设 $\boldsymbol{x}$ 是原问题的任一个可行解，则有

$$\boldsymbol{c}^{\mathrm{T}}\boldsymbol{x}\leqslant\boldsymbol{b}^{\mathrm{T}}\boldsymbol{y}^{(0)}=\boldsymbol{c}^{\mathrm{T}}\boldsymbol{x}^{(0)}$$

所以 $\boldsymbol{x}^{(0)}$ 是原问题的最优解。

类似地，设 $\boldsymbol{y}$ 是对偶问题的任一个可行解，则有

$$\boldsymbol{b}^{\mathrm{T}}\boldsymbol{y}\geqslant\boldsymbol{c}^{\mathrm{T}}\boldsymbol{x}^{(0)}=\boldsymbol{b}^{\mathrm{T}}\boldsymbol{y}^{(0)}$$

所以 $\boldsymbol{y}^{(0)}$ 是对偶问题的最优解。

证毕

定理 3.2.3(最优解存在定理) 若原问题和对偶问题同时存在可行解,则它们都存在最优解。

证明:最大化问题 LP 的目标函数值有上界,所以一定有最优解,类似地,最小化问题 DP 的目标函数值有下界,所以也一定有最优解。

证毕

定理 3.2.4(无界解定理) 若原问题(或对偶问题)有可行解且目标函数值无界,则其对偶问题(或原问题)无可行解。

证明:(反证法)设原问题的目标函数求最大值,无上界,对偶问题有可行解 $\boldsymbol{y}^{(0)}$,设 $\boldsymbol{x}$ 是 LP 的任一个可行解,则有 $\boldsymbol{c}^{\mathrm{T}}\boldsymbol{x}\leqslant\boldsymbol{b}^{\mathrm{T}}\boldsymbol{y}^{(0)}$。根据定理 3.2.3,原问题存在最优解,与假设矛盾。

证毕

注:定理 3.2.4 的逆命题不成立,即当原问题(或对偶问题)无可行解时,其对偶问题(或原问题)可能无可行解,但也可能有无界解。例如下列一对问题皆无可行解:

$$\text{LP:}\quad \begin{aligned}&\max z=x_1+x_2\\ &\text{s. t.}\begin{cases}x_1-x_2\leqslant-1\\ -x_1+x_2\leqslant-1\\ x_1,x_2\geqslant0\end{cases}\end{aligned}\qquad\qquad \text{DP:}\quad \begin{aligned}&\min w=-y_1-y_2\\ &\text{s. t.}\begin{cases}y_1-y_2\geqslant1\\ -y_1+y_2\geqslant1\\ y_1,y_2\geqslant0\end{cases}\end{aligned}$$

定理 3.2.5(强对偶定理) 如果原问题和对偶问题中有一个有最优解,则另一个问题也必存在最优解,且两个问题的最优解的目标函数值相等。

证明:设 LP 存在最优解,将其化为标准型,则有

$$\begin{aligned}&\max z=\boldsymbol{c}^{\mathrm{T}}\boldsymbol{x}+\boldsymbol{c}_\alpha^{\mathrm{T}}\boldsymbol{x}_\alpha\\ &\text{s. t.}\begin{cases}\boldsymbol{A}\boldsymbol{x}+\boldsymbol{I}\boldsymbol{x}_\alpha=\boldsymbol{b}\\ \boldsymbol{x}\geqslant\boldsymbol{0},\boldsymbol{x}_\alpha\geqslant\boldsymbol{0}\end{cases}\end{aligned}$$

其中 $\boldsymbol{x}_\alpha$ 为松弛变量,$\boldsymbol{c}_\alpha$ 为其价值系数($\boldsymbol{c}_\alpha=\boldsymbol{0}$),设原问题的最优解为 $\boldsymbol{x}^{(0)}$,其对应的基矩阵为 $\boldsymbol{B}$,令 $\boldsymbol{x}^*=\begin{pmatrix}\boldsymbol{x}^{(0)}\\ \boldsymbol{x}_\alpha\end{pmatrix}$,这时单纯形表中的检验数为 $\sigma_j=c_j-\boldsymbol{c}_{\boldsymbol{B}}^{\mathrm{T}}\boldsymbol{B}^{-1}\boldsymbol{p}_j\leqslant0(j=1,\cdots,n+m)$,写成向量形式为

$$(\boldsymbol{c}^{\mathrm{T}},\boldsymbol{c}_\alpha^{\mathrm{T}})-\boldsymbol{c}_{\boldsymbol{B}}^{\mathrm{T}}\boldsymbol{B}^{-1}(\boldsymbol{A},\boldsymbol{I})\leqslant\boldsymbol{0}$$

即

$$\begin{cases}\boldsymbol{c}^{\mathrm{T}}-\boldsymbol{c}_{\boldsymbol{B}}^{\mathrm{T}}\boldsymbol{B}^{-1}\boldsymbol{A}\leqslant\boldsymbol{0}\\ \boldsymbol{c}_\alpha^{\mathrm{T}}-\boldsymbol{c}_{\boldsymbol{B}}^{\mathrm{T}}\boldsymbol{B}^{-1}\boldsymbol{I}\leqslant\boldsymbol{0}\end{cases}$$

亦即

$$\begin{cases}\boldsymbol{c}_{\boldsymbol{B}}^{\mathrm{T}}\boldsymbol{B}^{-1}\boldsymbol{A}\geqslant\boldsymbol{c}^{\mathrm{T}}\\ \boldsymbol{c}_{\boldsymbol{B}}^{\mathrm{T}}\boldsymbol{B}^{-1}\geqslant\boldsymbol{0}\end{cases}$$

令 $\boldsymbol{y}^{(0)}=(\boldsymbol{B}^{-1})^{\mathrm{T}}\boldsymbol{c}_{\boldsymbol{B}}$,则有 $\begin{cases}\boldsymbol{A}^{\mathrm{T}}\boldsymbol{y}^{(0)}\geqslant\boldsymbol{c}\\ \boldsymbol{y}^{(0)}\geqslant\boldsymbol{0}\end{cases}$,即 $\boldsymbol{y}^{(0)}$ 是对偶问题的一个可行解。又

$$\boldsymbol{b}^{\mathrm{T}}\boldsymbol{y}^{(0)}=\boldsymbol{b}^{\mathrm{T}}(\boldsymbol{B}^{-1})^{\mathrm{T}}\boldsymbol{c}_{\boldsymbol{B}}=(\boldsymbol{B}^{-1}\boldsymbol{b})^{\mathrm{T}}\boldsymbol{c}_{\boldsymbol{B}}=\boldsymbol{c}_{\boldsymbol{B}}^{\mathrm{T}}\boldsymbol{B}^{-1}\boldsymbol{b}=\boldsymbol{c}_{\boldsymbol{B}}^{\mathrm{T}}\boldsymbol{x}_{\boldsymbol{B}}=\boldsymbol{c}^{\mathrm{T}}\boldsymbol{x}^{(0)}$$

根据定理 3.2.2,$\boldsymbol{y}^{(0)}$ 是对偶问题的最优解,而且两个问题的最优解的目标函数值相等。

由对称性定理,若对偶问题有最优解,同样可得到原问题也会有最优解。

证毕

注:定理证明中给出了对偶问题的最优解 $\boldsymbol{y}^{(0)}$ 的一个计算方法和两种经济意义的解释:

① $\boldsymbol{y}^{(0)}=(\boldsymbol{B}^{-1})^{\mathrm{T}}\boldsymbol{c}_{\boldsymbol{B}}$,其中 $\boldsymbol{B}$ 为原问题的最优解 $\boldsymbol{x}^{(0)}$ 所对应的基矩阵,$\boldsymbol{c}_{\boldsymbol{B}}$ 为原问题的最优解 $\boldsymbol{x}^{(0)}$ 的基变量所对应的价值系数,这个计算方法可以解释为每种单位资源所能贡献的价值,即影子价格的定义。这可以理解为:$\boldsymbol{B}^{-1}$ 表示的是每种单位资源能做出多少件产品,$\boldsymbol{c}_{\boldsymbol{B}}$ 表示的是产品的价格,二者相乘得到的就是每种单位资源所能贡献的价值。

② 原问题的最优解 $\boldsymbol{x}^{(0)}$ 在单纯形表中的检验数 $\begin{cases}\boldsymbol{c}^{\mathrm{T}}-\boldsymbol{c}_{\boldsymbol{B}}^{\mathrm{T}}\boldsymbol{B}^{-1}\boldsymbol{A}\leqslant\boldsymbol{0}\\ \boldsymbol{c}_{\alpha}^{\mathrm{T}}-\boldsymbol{c}_{\boldsymbol{B}}^{\mathrm{T}}\boldsymbol{B}^{-1}\boldsymbol{I}\leqslant\boldsymbol{0}\end{cases}$ 的第二部分即 $\boldsymbol{0}-\boldsymbol{c}_{\boldsymbol{B}}^{\mathrm{T}}\boldsymbol{B}^{-1}\leqslant\boldsymbol{0}$,亦即 $\boldsymbol{y}^{(0)\mathrm{T}}\geqslant\boldsymbol{0}$。所以从此处来看,$\boldsymbol{y}^{(0)\mathrm{T}}$ 是原线性规划中松弛变量所对应的机会成本(参考 2.6.6 节中对机会成本的解释)。

推论 3.2.2　设 $\boldsymbol{x}^{(0)}$,$\boldsymbol{y}^{(0)}$ 分别是对称形式的原问题(3.5)和其对偶问题(3.6)的可行解,则 $\boldsymbol{x}^{(0)}$,$\boldsymbol{y}^{(0)}$ 分别是原问题和对偶问题的最优解的充分必要条件为 $\boldsymbol{c}^{\mathrm{T}}\boldsymbol{x}^{(0)}=\boldsymbol{b}^{\mathrm{T}}\boldsymbol{y}^{(0)}$。

证明:由定理 3.2.2 和定理 3.2.5 可得。

证毕

推论 3.2.3　若原问题(3.5)有最优解,则在其最优单纯形表中,松弛变量的检验数的负值即为对偶问题的一个最优解。

证:由定理 3.2.5 的证明过程即可得到此结论。

证毕

总结上面的几个定理,我们可以看出:原问题与对偶问题的解之间只有以下 3 种可能的关系:

① 两个问题都有可行解,从而都有最优解;

② 一个为无界,另一个必无可行解;

③ 两个都无可行解。

定理 3.2.6(互补松弛定理)　(向量形式)设 $\boldsymbol{x}$,$\boldsymbol{y}$ 分别是对称形式的原问题(3.5)和其对偶问题(3.6)的可行解,则 $\boldsymbol{x}$,$\boldsymbol{y}$ 分别是原问题和对偶问题的最优解的充分必要条件为

$$\begin{cases}(\boldsymbol{A}\boldsymbol{x}-\boldsymbol{b})^{\mathrm{T}}\boldsymbol{y}=\boldsymbol{0}\\ \boldsymbol{x}^{\mathrm{T}}(\boldsymbol{A}^{\mathrm{T}}\boldsymbol{y}-\boldsymbol{c})=\boldsymbol{0}\end{cases}$$

(分量形式)设 $\boldsymbol{x}=(x_1,x_2,\cdots,x_n)^{\mathrm{T}}$,$\boldsymbol{y}=(y_1,y_2,\cdots,y_m)^{\mathrm{T}}$ 分别是原问题(3.5)和其对偶问题(3.6)的可行解,则 $\boldsymbol{x}$,$\boldsymbol{y}$ 分别是原问题和对偶问题的最优解的充分必要条件为

$$\begin{cases}\left(\sum\limits_{j=1}^{n}a_{i,j}x_j-b_i\right)y_i=0,i=1,2,\cdots,m\\ x_j\left(\sum\limits_{i=1}^{m}a_{i,j}y_i-c_j\right)=0,j=1,2,\cdots,n\end{cases}$$

证明:只需证明向量形式成立即可。

设 $\boldsymbol{x}$,$\boldsymbol{y}$ 分别是原问题和对偶问题的可行解,设 $\boldsymbol{x}_{\mathrm{s}}$ 为原问题中与 $\boldsymbol{x}$ 对应的松弛变量的值,$\boldsymbol{y}_{\mathrm{s}}$ 为对偶问题中与 $\boldsymbol{y}$ 对应的剩余变量的值,则

$$\boldsymbol{A}\boldsymbol{x}+\boldsymbol{x}_{\mathrm{s}}=\boldsymbol{b};\boldsymbol{x}\geqslant\boldsymbol{0},\boldsymbol{x}_{\mathrm{s}}\geqslant\boldsymbol{0}\qquad(*)$$

$$\boldsymbol{A}^{\mathrm{T}}\boldsymbol{y}-\boldsymbol{y}_{\mathrm{s}}=\boldsymbol{c};\boldsymbol{y}\geqslant\boldsymbol{0},\boldsymbol{y}_{\mathrm{s}}\geqslant\boldsymbol{0}\qquad(**)$$

对式($*$)同时在等号两侧左乘 $\boldsymbol{y}^{\mathrm{T}}$,对式($**$)同时在等号两侧左乘 $\boldsymbol{x}^{\mathrm{T}}$,得

$$\boldsymbol{y}^{\mathrm{T}}\boldsymbol{A}\boldsymbol{x}+\boldsymbol{y}^{\mathrm{T}}\boldsymbol{x}_{s}=\boldsymbol{y}^{\mathrm{T}}\boldsymbol{b},\quad \boldsymbol{x}^{\mathrm{T}}\boldsymbol{A}^{\mathrm{T}}\boldsymbol{y}-\boldsymbol{x}^{\mathrm{T}}\boldsymbol{y}_{s}=\boldsymbol{x}^{\mathrm{T}}\boldsymbol{c}$$

两式相减(注意 $\boldsymbol{y}^{\mathrm{T}}\boldsymbol{A}\boldsymbol{x}=\boldsymbol{x}^{\mathrm{T}}\boldsymbol{A}^{\mathrm{T}}\boldsymbol{y}$),得

$$\boldsymbol{y}^{\mathrm{T}}\boldsymbol{x}_{s}+\boldsymbol{x}^{\mathrm{T}}\boldsymbol{y}_{s}=\boldsymbol{y}^{\mathrm{T}}\boldsymbol{b}-\boldsymbol{x}^{\mathrm{T}}\boldsymbol{c}$$

即

$$\boldsymbol{x}_{s}^{\mathrm{T}}\boldsymbol{y}+\boldsymbol{x}^{\mathrm{T}}\boldsymbol{y}_{s}=\boldsymbol{b}^{\mathrm{T}}\boldsymbol{y}-\boldsymbol{c}^{\mathrm{T}}\boldsymbol{x}$$

必要性:如果 $\boldsymbol{x},\boldsymbol{y}$ 分别是原问题和对偶问题的最优解,则由推论 3.2.2 可知 $\boldsymbol{c}^{\mathrm{T}}\boldsymbol{x}=\boldsymbol{b}^{\mathrm{T}}\boldsymbol{y}$,所以 $\boldsymbol{x}_{s}^{\mathrm{T}}\boldsymbol{y}+\boldsymbol{x}^{\mathrm{T}}\boldsymbol{y}_{s}=\boldsymbol{0}$,又由式(*)和式(* *)可知,$\boldsymbol{x}\geqslant\boldsymbol{0},\boldsymbol{x}_{s}\geqslant\boldsymbol{0},\boldsymbol{y}\geqslant\boldsymbol{0},\boldsymbol{y}_{s}\geqslant\boldsymbol{0}$,所以

$$\begin{cases}\boldsymbol{x}_{s}^{\mathrm{T}}\boldsymbol{y}=\boldsymbol{0}\\ \boldsymbol{x}^{\mathrm{T}}\boldsymbol{y}_{s}=\boldsymbol{0}\end{cases}$$

即〔由式(*)和式(* *)可知 $\boldsymbol{x}_{s}=\boldsymbol{A}\boldsymbol{x}-\boldsymbol{b},\boldsymbol{y}_{s}=\boldsymbol{A}^{\mathrm{T}}\boldsymbol{y}-\boldsymbol{c}$〕

$$\begin{cases}(\boldsymbol{A}\boldsymbol{x}-\boldsymbol{b})^{\mathrm{T}}\boldsymbol{y}=\boldsymbol{0}\\ \boldsymbol{x}^{\mathrm{T}}(\boldsymbol{A}^{\mathrm{T}}\boldsymbol{y}-\boldsymbol{c})=\boldsymbol{0}\end{cases}$$

反之即得充分性。

证毕

注:定理 3.2.6 说明在线性规划问题的最优解中,如果对应某一约束条件的对偶变量值非零(变量为松的),则该约束取严格等式(称作紧的约束),如果约束条件取严格不等式(称作松的约束),则其对应的对偶变量一定为零(变量为紧的)。

利用互补松弛定理可以在已知一个问题的最优解时,求其对偶问题的最优解。

例 3.3 已知下列问题的最优解为 $\boldsymbol{x}^{*}=(1/7,11/7)$,用互补松弛定理求其对偶问题的最优解。

$$\text{LP:}\quad \begin{aligned}&\max z=x_1+2x_2\\ &\text{s. t.}\begin{cases}3x_1+x_2\leqslant 2\\ -x_1+2x_2\leqslant 3\\ x_1-3x_2\leqslant 1\\ x_1,x_2\geqslant 0\end{cases}\end{aligned}$$

解:第一步,写出对偶问题:

$$\text{DP:}\quad \begin{aligned}&\min w=2y_1+3y_2+y_3\\ &\text{s. t.}\begin{cases}3y_1-y_2+y_3\geqslant 1\\ y_1+2y_2-3y_3\geqslant 2\\ y_1,y_2,y_3\geqslant 0\end{cases}\end{aligned}$$

第二步,将 LP 与 DP 都化为标准型:

$$\text{LP:}\quad \begin{aligned}&\max z=x_1+2x_2\\ &\text{s. t.}\begin{cases}3x_1+x_2+x_{1s}=2\\ -x_1+2x_2+x_{2s}=3\\ x_1-3x_2+x_{3s}=1\\ x_1,x_2\geqslant 0,x_{1s},x_{2s},x_{3s}\geqslant 0\end{cases}\end{aligned}$$

$$\text{DP:}\quad \begin{array}{l} \min w=2y_1+3y_2+y_3 \\ \text{s. t.}\begin{cases} 3y_1-y_2+y_3-y_{1s}=1 \\ y_1+2y_2-3y_3-y_{2s}=2 \\ y_1,y_2,y_3\geqslant 0,y_{1s},y_{2s}\geqslant 0 \end{cases} \end{array}$$

第三步，将最优解代入标准型中，确定松弛变量取值：

$$\begin{cases} 3\times\dfrac{1}{7}+\dfrac{11}{7}+x_{1s}=2 \\ -\dfrac{1}{7}+2\times\dfrac{11}{7}+x_{2s}=3 \\ \dfrac{1}{7}-3\times\dfrac{11}{7}+x_{3s}=1 \end{cases} \Rightarrow \begin{cases} x_{1s}=0 \\ x_{2s}=0 \\ x_{3s}=\dfrac{39}{7} \end{cases}$$

第四步，利用互补松弛定理：

$$\boldsymbol{y}^{*\mathrm{T}}\boldsymbol{x}_s=(y_1^*,y_2^*,y_3^*)\begin{pmatrix} x_{1s} \\ x_{2s} \\ x_{3s} \end{pmatrix}=y_1^*x_{1s}+y_2^*x_{2s}+y_3^*x_{3s}=0$$

$$y_3^*=0$$

$$\boldsymbol{y}_s^{\mathrm{T}}\boldsymbol{x}^*=(y_{1s},y_{2s})\begin{pmatrix} x_1^* \\ x_2^* \end{pmatrix}=y_{1s}x_1^*+y_{2s}x_2^*=0$$

$$y_{1s}=0,\quad y_{2s}=0$$

第五步，将 $y_3^*=0,y_{1s}=0,y_{2s}=0$ 代入 DP 的约束条件，则有

$$\begin{cases} 3y_1^*-y_2^*=1 \\ y_1^*+2y_2^*=2 \end{cases} \Rightarrow\quad y_1^*=\frac{4}{7},\quad y_2^*=\frac{5}{7}$$

所以对偶问题的最优解为 $\boldsymbol{y}^*=(4/7,5/7,0)$。

解毕

注：此处给出了求对偶问题的最优解（影子价格或机会成本都只是对偶问题最优解的一部分）的一种方法。

§3.3　单纯形算法的矩阵描述

对于对称形式的线性规划问题：

$$\begin{array}{l} \max z=\boldsymbol{c}^{\mathrm{T}}\boldsymbol{x} \\ \text{s. t.}\begin{cases} \boldsymbol{Ax}\leqslant\boldsymbol{b} \\ \boldsymbol{x}\geqslant\boldsymbol{0} \end{cases} \end{array}$$

其标准形式为

$$\begin{array}{l} \max z=\boldsymbol{c}^{\mathrm{T}}\boldsymbol{x} \\ \text{s. t.}\begin{cases} \boldsymbol{Ax}+\boldsymbol{I}\boldsymbol{x}_s=\boldsymbol{b} \\ \boldsymbol{x}\geqslant\boldsymbol{0},\boldsymbol{x}_s\geqslant\boldsymbol{0} \end{cases} \end{array}$$

其中 $\boldsymbol{x}_s$ 为松弛变量,$\boldsymbol{x}_s=(x_{n+1},x_{n+2},\cdots,x_{n+m})^{\mathrm{T}}$,$\boldsymbol{I}$ 为 $m\times m$ 矩阵,开始取 $\boldsymbol{x}_s$ 为基变量,设若干步迭代后,基变量为 $\boldsymbol{x}_B$,$\boldsymbol{x}_B$ 在初始单纯形表中的系数矩阵为 $\boldsymbol{B}$,而 $\boldsymbol{A}$ 去掉 $\boldsymbol{B}$ 的若干列组成的矩阵为 $\boldsymbol{N}$,即 $\boldsymbol{A}=(\boldsymbol{B},\boldsymbol{N})$,$\boldsymbol{x}=\begin{pmatrix}\boldsymbol{x}_B\\ \boldsymbol{x}_N\end{pmatrix}$,$\boldsymbol{c}=\begin{pmatrix}\boldsymbol{c}_B\\ \boldsymbol{c}_N\end{pmatrix}$,则 $\boldsymbol{Ax}+\boldsymbol{Ix}_s=\boldsymbol{b}$ 可以表示为 $\boldsymbol{Bx}_B+\boldsymbol{Nx}_N+\boldsymbol{Ix}_s=\boldsymbol{b}$ 或 $(\boldsymbol{B},\boldsymbol{N},\boldsymbol{I})\begin{pmatrix}\boldsymbol{x}_B\\ \boldsymbol{x}_N\\ \boldsymbol{x}_s\end{pmatrix}=\boldsymbol{b}$。

初始单纯形表如表3.3所示,迭代后的单纯形表如表3.4所示。

表3.3

			$\boldsymbol{c}_B$	$\boldsymbol{c}_N$	$\boldsymbol{0}$
	基		$\boldsymbol{x}_B$	$\boldsymbol{x}_N$	$\boldsymbol{x}_s$
$\boldsymbol{0}$	$\boldsymbol{x}_s$	$\boldsymbol{b}$	$\boldsymbol{B}$	$\boldsymbol{N}$	$\boldsymbol{I}$
	$\boldsymbol{\sigma}$	$\boldsymbol{0}$	$\boldsymbol{c}_B^{\mathrm{T}}$	$\boldsymbol{c}_N^{\mathrm{T}}$	$\boldsymbol{0}$

表3.4

			$\boldsymbol{c}_B$	$\boldsymbol{c}_N$	$\boldsymbol{0}$
	基		$\boldsymbol{x}_B$	$\boldsymbol{x}_N$	$\boldsymbol{x}_s$
$\boldsymbol{c}_B$	$\boldsymbol{x}_B$	$\boldsymbol{B}^{-1}\boldsymbol{b}$	$\boldsymbol{I}$	$\boldsymbol{B}^{-1}\boldsymbol{N}$	$\boldsymbol{B}^{-1}$
	$\boldsymbol{\sigma}$	$-\boldsymbol{c}_B^{\mathrm{T}}\boldsymbol{B}^{-1}\boldsymbol{b}$	$\boldsymbol{0}$	$\boldsymbol{c}_N^{\mathrm{T}}-\boldsymbol{c}_B^{\mathrm{T}}\boldsymbol{B}^{-1}\boldsymbol{N}$	$-\boldsymbol{c}_B^{\mathrm{T}}\boldsymbol{B}^{-1}$

从表3.3和表3.4中可以看出:

① 对应初始单纯形表中的单位矩阵 $\boldsymbol{I}$,迭代后的单纯形表中为 $\boldsymbol{B}^{-1}$。

② 初始单纯形表中的基变量为 $\boldsymbol{x}_s=\boldsymbol{b}$,迭代后为 $\boldsymbol{x}_B=\boldsymbol{B}^{-1}\boldsymbol{b}$。

③ 初始单纯形表中的约束系数矩阵 $(\boldsymbol{A},\boldsymbol{I})=(\boldsymbol{B},\boldsymbol{N},\boldsymbol{I})$,迭代后为

$$(\boldsymbol{B}^{-1}\boldsymbol{A},\boldsymbol{B}^{-1}\boldsymbol{I})=(\boldsymbol{B}^{-1}\boldsymbol{B},\boldsymbol{B}^{-1}\boldsymbol{N},\boldsymbol{B}^{-1})=(\boldsymbol{I},\boldsymbol{B}^{-1}\boldsymbol{N},\boldsymbol{B}^{-1})$$

④ 若初始矩阵中变量 x_j 的系数列向量为 $\boldsymbol{p}_j$,迭代后为 $\boldsymbol{p}_j'$,则 $\boldsymbol{p}_j'=\boldsymbol{B}^{-1}\boldsymbol{p}_j$。

⑤ 当 $\boldsymbol{B}$ 为最优基时,应有 $\begin{cases}\boldsymbol{c}_N^{\mathrm{T}}-\boldsymbol{c}_B^{\mathrm{T}}\boldsymbol{B}^{-1}\boldsymbol{N}\leqslant\boldsymbol{0}\\ -\boldsymbol{c}_B^{\mathrm{T}}\boldsymbol{B}^{-1}\leqslant\boldsymbol{0}\end{cases}$,又因为 $\boldsymbol{x}_B$ 的检验数也可以写成 $\boldsymbol{c}_B^{\mathrm{T}}-\boldsymbol{c}_B^{\mathrm{T}}\boldsymbol{I}=\boldsymbol{0}$ 或 $\boldsymbol{c}_B^{\mathrm{T}}-\boldsymbol{c}_B^{\mathrm{T}}\boldsymbol{B}^{-1}\boldsymbol{B}=\boldsymbol{0}$,所以将 $\boldsymbol{c}_N^{\mathrm{T}}-\boldsymbol{c}_B^{\mathrm{T}}\boldsymbol{B}^{-1}\boldsymbol{N}\leqslant\boldsymbol{0}$ 与 $\boldsymbol{c}_B^{\mathrm{T}}-\boldsymbol{c}_B^{\mathrm{T}}\boldsymbol{B}^{-1}\boldsymbol{B}=\boldsymbol{0}$ 合并,可得 $\boldsymbol{c}^{\mathrm{T}}-\boldsymbol{c}_B^{\mathrm{T}}\boldsymbol{B}^{-1}\boldsymbol{A}\leqslant\boldsymbol{0}$,所以可得

$$\begin{cases}\boldsymbol{c}^{\mathrm{T}}-\boldsymbol{c}_B^{\mathrm{T}}\boldsymbol{B}^{-1}\boldsymbol{A}\leqslant\boldsymbol{0}\\ -\boldsymbol{c}_B^{\mathrm{T}}\boldsymbol{B}^{-1}\leqslant\boldsymbol{0}\end{cases}$$

$\boldsymbol{c}_B^{\mathrm{T}}\boldsymbol{B}^{-1}$ 称为单纯形因子,令 $\boldsymbol{c}_B^{\mathrm{T}}\boldsymbol{B}^{-1}=\boldsymbol{y}^{\mathrm{T}}$,则上式可写为 $\begin{cases}\boldsymbol{A}^{\mathrm{T}}\boldsymbol{y}\geqslant\boldsymbol{c}\\ \boldsymbol{y}\geqslant\boldsymbol{0}\end{cases}$。所以原问题松弛变量的检验数行的相反数,恰好是对偶问题的可行解。将 $\boldsymbol{y}^{\mathrm{T}}=\boldsymbol{c}_B^{\mathrm{T}}\boldsymbol{B}^{-1}$ 代入对偶问题的目标函数值,$w=\boldsymbol{b}^{\mathrm{T}}\boldsymbol{y}=\boldsymbol{b}^{\mathrm{T}}(\boldsymbol{c}_B^{\mathrm{T}}\boldsymbol{B}^{-1})^{\mathrm{T}}=z$。所以当原问题为最优解时,对偶问题为可行解,且两者目标函数值相同,根据对偶问题的基本性质,可以看到这时对偶问题的解也为最优解。这实际上为我们提供了另外一种求解线性规划问题的方法,即下节的对偶单纯形算法。

§ 3.4　对偶单纯形算法

对下面的线性规划问题：

$$\max z=\boldsymbol{c}^{\mathrm{T}}\boldsymbol{x}$$
$$\text{s. t.}\begin{cases}\boldsymbol{A}\boldsymbol{x}=\boldsymbol{b}\\ \boldsymbol{x}\geqslant\boldsymbol{0}\end{cases}\tag{3.11}$$

用单纯形算法求解时，最优性准则是：当基可行解 $\boldsymbol{x}$ 对应的检验数向量有

$$\boldsymbol{\sigma}^{\mathrm{T}}=\boldsymbol{c}^{\mathrm{T}}-\boldsymbol{c}_{\boldsymbol{B}}^{\mathrm{T}}\boldsymbol{B}^{-1}\boldsymbol{A}=\boldsymbol{c}^{\mathrm{T}}-\boldsymbol{y}^{\mathrm{T}}\boldsymbol{A}\leqslant\boldsymbol{0}\tag{3.12}$$

时，$\boldsymbol{x}$ 为最优解。其中 $\boldsymbol{B}$ 为 $\boldsymbol{x}$ 对应的可行基，$\boldsymbol{y}^{\mathrm{T}}=\boldsymbol{c}_{\boldsymbol{B}}^{\mathrm{T}}\boldsymbol{B}^{-1}$。可以认为式(3.12)是对偶变量 $\boldsymbol{y}^{\mathrm{T}}=\boldsymbol{c}_{\boldsymbol{B}}^{\mathrm{T}}\boldsymbol{B}^{-1}$ 的可行性表示。因此单纯形算法可以解释为从一个原问题的基可行解开始，在保持原问题总是基可行解的前提下，向对偶问题的可行解(实际上也是对偶问题的基可行解，此处我们可以忽略)的方向迭代，这样的算法称为原始算法。同样，我们可以从一个对偶问题的可行解开始，保持对偶问题总是可行解，向原问题的基可行解的方向迭代，这样的算法称为对偶单纯形算法或对偶单纯形方法。

假设已有原问题的一个基本解(但不是可行解)和一个对偶问题的可行解(即原问题的检验数向量 $\boldsymbol{\sigma}\leqslant\boldsymbol{0}$)，为减少原问题的不可行性，我们选择这样一行 r，作为旋转行，它对应于原始不可行解的分量 $\bar{b}_r<0$。通过旋转变换，我们希望增加当前的目标函数值 z(其中 z 是原问题的目标函数值)，且保持对偶问题解的可行性。假设以 $\bar{a}_{r,k}$ 为旋转元作旋转变换，目标函数值变为 $\bar{z}=z-\dfrac{\bar{b}_r}{\bar{a}_{r,k}}\sigma_k$，新的检验数为 $\bar{\sigma}_j=\sigma_j-\dfrac{\bar{a}_{r,j}}{\bar{a}_{r,k}}\sigma_k$。因为已有 $\sigma_k\leqslant 0$，$\bar{b}_r<0$，要增加 z 值，则要求旋转元 $\bar{a}_{r,k}<0$；要保持对偶问题解的可行性，则要求

$$\sigma_j-\frac{\bar{a}_{r,j}}{\bar{a}_{r,k}}\sigma_k\leqslant 0\tag{3.13}$$

已有 $\bar{a}_{r,k}<0$，$\sigma_k\leqslant 0$，$\sigma_j\leqslant 0$，故对于 $\bar{a}_{r,j}<0$ 的元素必须有

$$\frac{\sigma_j}{\bar{a}_{r,j}}\geqslant\frac{\sigma_k}{\bar{a}_{r,k}}\tag{3.14}$$

因此旋转列的选取由下式确定：

$$\min\left\{\frac{\sigma_j}{\bar{a}_{r,j}}\mid\bar{a}_{r,j}<0,j=1,\cdots,n\right\}=\frac{\sigma_k}{\bar{a}_{r,k}}\tag{3.15}$$

由此可以得到对偶单纯形算法的计算步骤〔对于形如式(3.11)的线性规划问题〕如下。

① 根据线性规划问题列出初始单纯形表，找出一组单位矩阵作为初始的基矩阵 $\boldsymbol{B}$($\boldsymbol{B}=\boldsymbol{I}$)，求出一组基解 $\boldsymbol{x}=\begin{pmatrix}\boldsymbol{x}_{\boldsymbol{B}}\\ \boldsymbol{x}_{\boldsymbol{N}}\end{pmatrix}=\begin{pmatrix}\boldsymbol{B}^{-1}\boldsymbol{b}\\ \boldsymbol{0}\end{pmatrix}$，要求检验数非正(如果是目标函数为 min 的线性规划，则要求检验数非负)，$\bar{\boldsymbol{B}}=\boldsymbol{I}$，$\bar{\boldsymbol{b}}=\bar{\boldsymbol{B}}^{-1}\boldsymbol{b}$，$\bar{\boldsymbol{A}}=\boldsymbol{A}$。

② 如果 $\bar{\boldsymbol{b}}$ 非负，则 $\boldsymbol{x}=\begin{pmatrix}\boldsymbol{x}_{\boldsymbol{B}}\\ \boldsymbol{x}_{\boldsymbol{N}}\end{pmatrix}=\begin{pmatrix}\bar{\boldsymbol{B}}^{-1}\boldsymbol{b}\\ \boldsymbol{0}\end{pmatrix}$ 就是式(3.11)的最优解，最优值 $z=\boldsymbol{c}_{\boldsymbol{B}}^{\mathrm{T}}\bar{\boldsymbol{b}}$；如果 $\bar{\boldsymbol{b}}$

还存在负分量,转入下一步。

③ 选择离基变量:在 $\bar{b}$ 列的负分量中选取绝对值最大的分量 $\min\{\bar{b}_i \mid \bar{b}_i<0\}$,该分量所在的行称为**主行**,主行所对应的基变量即为**离基变量**。

④ 选择进基变量:若主行中所有的元素均非负,则问题无可行解,停止计算;若主行中存在负元素,计算 $\theta=\min\left\{\frac{\sigma_j}{\bar{a}_{i,j}} \mid \bar{a}_{i,j}<0, j=1,\cdots,n\right\}$(这里的 $\bar{a}_{i,j}$ 为主行中的元素),最小比值发生的列所对应的变量即为**进基变量**。

⑤ 迭代运算:同单纯形算法一样,对偶单纯形算法的迭代过程也是以**主元素**为轴所进行的旋转运算,得到新的基矩阵 $\bar{\boldsymbol{B}}$、新的右端项 $\bar{\boldsymbol{b}}$ 以及新的 $\bar{\boldsymbol{N}}$〔$\bar{\boldsymbol{A}}=(\bar{\boldsymbol{B}},\bar{\boldsymbol{N}})$〕,转第②步。

对于如下线性规划问题:

$$\max \boldsymbol{c}^{\mathrm{T}}\boldsymbol{x}, \boldsymbol{c}\leqslant \boldsymbol{0}$$
$$\text{s. t.}\begin{cases}\boldsymbol{Ax}\geqslant \boldsymbol{b}, \boldsymbol{b}\geqslant \boldsymbol{0}\\ \boldsymbol{x}\geqslant \boldsymbol{0}\end{cases} \tag{3.16}$$

对偶单纯形算法比原始单纯形算法更具有优越性。因为如果使用单纯形算法,首先,需要给问题(3.16)增加 m 个剩余变量,再增加 m 个人工变量,用两阶段法来求解。这使问题的规模增加了很多。但是,如果使用对偶单纯形算法,直接给问题(3.16)增加 m 个剩余变量 $\boldsymbol{x}_s$,将 $\boldsymbol{Ax}\geqslant \boldsymbol{b}$ 等价地变为 $\boldsymbol{Ax}-\boldsymbol{x}_s=\boldsymbol{b}$,再等价地写为 $-\boldsymbol{Ax}+\boldsymbol{x}_s=-\boldsymbol{b}$,就可以得到原问题的满足最优性准则的不可行解,可以直接使用对偶单纯形算法来求解。

注:有些线性规划并不能直接使用对偶单纯形算法求解,这时就需要构造一个扩充问题(这就像两阶段法或大 M 法补充单纯形算法一样),但限于篇幅,此处不作介绍,有兴趣的读者可以查阅相关书籍。

例 3.4 用对偶单纯形算法求解下列线性规划问题:

$$\min z=x_1+4x_2+3x_4$$
$$\text{s. t.}\begin{cases}x_1+2x_2-x_3+x_4\geqslant 3\\ -2x_1-x_2+4x_3+x_4\geqslant 2\\ x_1,x_2,x_3,x_4\geqslant 0\end{cases}$$

解:引入松弛变量并转换成如下的标准形式:

$$\max -z=-x_1-4x_2-3x_4$$
$$\text{s. t.}\begin{cases}x_1+2x_2-x_3+x_4-x_5=3\\ -2x_1-x_2+4x_3+x_4-x_6=2\\ x_1,x_2,x_3,x_4,x_5,x_6\geqslant 0\end{cases}$$

将第一、第二个约束方程两端同乘“-1”,取 x_5 和 x_6 为基变量,可得表3.5所示的初始单纯形表,完成第①步。

表 3.5

c_j			-1	-4	0	-3	0	0
$\boldsymbol{c_B}$	$\boldsymbol{x_B}$	$\boldsymbol{b}$	x_1	x_2	x_3	x_4	x_5	x_6
0	x_5	-3	-1	-2	1	-1	1	0
0	x_6	-2	2	1	-4	-1	0	1
σ_j		0	-1	-4	0	-3	0	0

表 3.5 给出了原问题一个非可行的基解 $\boldsymbol{x}^{(0)}=(0,0,0,0,-3,-2)^{\mathrm{T}}$，转入第③步。

$\min\{-3,-2\}=-3$，所以第一行为主行，x_5 为离基变量，转入第④步。

$\theta=\min\left\{\frac{-1}{-1},\frac{-4}{-2},-,\frac{-3}{-1},-,-\right\}=1$，最小比值发生在第一列，故 x_1 为进基变量，转入第⑤步。

迭代过程：主行除以主元素“-1”，目的是将主元素转换为“1”；主行乘以“2”加入第二行，目的是将与主元素同列的元素变为“0”。迭代结果如表 3.6 所示。

表 3.6

c_j			-1	-4	0	-3	0	0
$\boldsymbol{c_B}$	$\boldsymbol{x_B}$	$\boldsymbol{b}$	x_1	x_2	x_3	x_4	x_5	x_6
-1	x_1	3	1	2	-1	1	-1	0
0	x_6	-8	0	-3	-2	-3	2	1
σ_j		-3	0	-2	-1	-2	-1	0

因 $\boldsymbol{b}$ 列仍然存在负分量，所以需要继续迭代。同前可知，x_6 为离基变量，x_3 为进基变量，迭代结果如表 3.7 所示。

表 3.7

c_j			-1	-4	0	-3	0	0
$\boldsymbol{c_B}$	$\boldsymbol{x_B}$	$\boldsymbol{b}$	x_1	x_2	x_3	x_4	x_5	x_6
-1	x_1	7	1	7/2	0	5/2	-2	$-1/2$
0	x_3	4	0	3/2	1	3/2	-1	$-1/2$
σ_j		-7	0	$-1/2$	0	$-1/2$	-2	$-1/2$

表 3.7 的 $\boldsymbol{b}$ 列已经不存在负分量，故表 3.7 给出了此问题的最优解 $\boldsymbol{x}^*=(7,0,4,0,0,0)^{\mathrm{T}}$，最优值 $z^*=7$。

解毕

在对偶单纯形算法中，总是存在着对偶问题的可行解，因此对于能用对偶单纯形算法求解的线性规划来说，其解不存在无界的可能，即只能是有最优解或无可行解这两种情况中的一种。对偶单纯形算法无可行解的识别是通过进基变量选择失败来加以反映的，即当主行的所有元素均非负时，就可得出问题无可行解的结论。

例 3.5　观察下面的线性规划问题与其对偶问题在单纯形表中的对应关系：

$$\max z=2x_1+3x_2$$
$$\text{s.t.}\begin{cases} x_1+2x_2\leqslant 8 \\ 4x_1 \leqslant 16 \\ 4x_2\leqslant 12 \\ x_1,x_2\geqslant 0 \end{cases}$$

解：将数学模型转化为标准形式：

$$\max z=2x_1+3x_2+0x_3+0x_4+0x_5$$

$$\text{s.t.}\begin{cases} x_1+2x_2+x_3 & =8 \\ 4x_1 \quad\quad +x_4 & =16 \\ 4x_2 \quad\quad +x_5 & =12 \\ x_1,x_2,x_3,x_4,x_5\geqslant 0 \end{cases}$$

写出对偶问题并转化为标准形式：

$$\min w=8y_1+16y_2+12y_3$$

$$\text{s.t.}\begin{cases} y_1+4y_2 \quad -y_4 & =2 \\ 2y_1 \quad +4y_3 \quad -y_5 & =3 \\ y_1,y_2,y_3,y_4,y_5\geqslant 0 \end{cases}$$

分别将第一、第二个约束方程两端同乘“-1”，得到

$$-y_1-4y_2+y_4=-2$$

$$-2y_1-4y_3+y_5=-3$$

以 y_4,y_5 为基变量构造初始单纯形表，如表3.8所示(注意目标函数是min)。

表3.8

c_j			-8	-16	-12	0	0
c_B	x_B	b	y_1	y_2	y_3	y_4	y_5
0	y_4	-2	-1	-4	0	1	0
0	y_5	-3	-2	0	-4	0	1
σ_j		$w=0$	-8	-16	-12	0	0

利用对偶单纯形算法求解进一步可得表3.9、表3.10和表3.11。

表3.9

c_j			-8	-16	-12	0	0
c_B	x_B	b	y_1	y_2	y_3	y_4	y_5
0	y_4	-2	-1	-4	0	1	0
-12	y_3	3/4	1/2	0	1	0	$-1/4$
σ_j		$w=0$	-2	-16	0	0	-3

表3.10

c_j			-8	-16	-12	0	0
c_B	x_B	b	y_1	y_2	y_3	y_4	y_5
-8	y_1	2	1	4	0	-1	0
-12	y_3	$-1/4$	0	-2	1	1/2	$-1/4$
σ_j		$w=-13$	0	-8	0	-2	-3

表 3.11

c_j			-8	-16	-12	0	0
$\boldsymbol{c_B}$	$\boldsymbol{x_B}$	$\boldsymbol{b}$	y_1	y_2	y_3	y_4	y_5
-8	y_1	3/2	1	0	2	0	-1/2
-16	y_2	1/8	0	1	-1/2	-1/4	1/8
σ_j		$w=-14$	0	0	-4	-4	-2

将上述各表与单纯形算法中的相应表加以对照，不难得出原问题检验数对应其对偶问题基解的结论，对应关系如表 3.12 所示。

表 3.12

	基变量 $\boldsymbol{x_B}$	非基变量 $\boldsymbol{x_N}$	松弛变量 $\boldsymbol{x_s}$
检验数	**0**	$\boldsymbol{c_N^T}-\boldsymbol{c_B^T B^{-1} N}$	$-\boldsymbol{c_B^T B^{-1}}$
对偶变量	$-y_{1s}$	$-y_{2s}$	$-\boldsymbol{y}$

解毕

对偶单纯形算法的优点是原问题的初始解不要求是基可行解，可以从非可行的基解开始迭代，从而省去了引入人工变量的麻烦。当然对偶单纯形算法的应用也是有前提条件的，这一前提条件就是对偶问题的解是(基)可行解，也就是说原问题所有变量的检验数必须非正(目标函数为 max)。可以说应用对偶单纯形算法的前提条件十分苛刻，所以直接应用对偶单纯形算法求解线性规划问题并不多见，对偶单纯形算法的重要作用是为接下来将要介绍的灵敏度分析提供工具。

§3.5　线性规划问题的灵敏度分析

灵敏度分析是指对系统因环境变化显示出来的敏感程度的分析。在线性规划问题中讨论灵敏度分析，目的是描述一种能确定线性规划模型结构中元素变化对问题解的影响的分析方法。前面的讨论都假定价值系数、资源系数和技术系数向量或矩阵中的元素是常数，但实际上这些系数往往只是估计值，不可能十分准确和一成不变。也就是说，随着时间的推移或情况的改变，往往需要修改原线性规划问题中的若干参数。因此，求得线性规划的最优解，还不能说问题已得到了完全的解决。决策者还需要获得两方面的信息：一是当这些系数有一个或几个发生变化时，已求得的最优解会有什么变化；二是这些系数在什么范围内变化时，线性规划问题的最优解(或最优基)不变。

显然，当线性规划问题中的某些量发生变化时，原来得到的结果一般会发生变化。当然，为了寻求变化后的结果可以采用单纯形算法从头进行计算，然而这样做既麻烦又没有必要。在单纯形算法迭代时，每次运算都和基 $\boldsymbol{B}$ 有关，所以可以把发生变化的量经过一定计算，直接反映进最终单纯形表并按表 3.13 处理。

表 3.13

原问题	对偶问题	结论或继续计算的步骤
可行解	可行解	最优解
可行解	非可行解	用单纯形算法求解最优解
非可行解	可行解	用对偶单纯形算法求解最优解
非可行解	非可行解	引入人工变量求解最优解

§3.5.1 资源系数变化的分析

本节讨论资源系数发生变化，即 $\boldsymbol{b}$ 发生变化的灵敏度分析，该类问题的关键是如何将 $\boldsymbol{b}$ 的变化直接反映进原问题的最终单纯形表。单纯形算法的迭代过程其实就是矩阵的初等变换过程；而线性代数的知识告诉我们，对分块矩阵 $(\boldsymbol{B},\boldsymbol{I})$ 进行初等变换，当矩阵 $\boldsymbol{B}$ 变为单位矩阵 $\boldsymbol{I}$ 时，单位矩阵 $\boldsymbol{I}$ 将变为矩阵 $\boldsymbol{B}^{-1}$，即 $(\boldsymbol{I},\boldsymbol{B}^{-1})$。由此可知，如果已知最终单纯形表中基可行解所对应的基"$\boldsymbol{B}$"(最终单纯形表中的基变量在初始单纯形表中的列向量所构成的矩阵)，即可在最终单纯形表中找到"$\boldsymbol{B}^{-1}$"(初始单纯形表中的单位矩阵 $\boldsymbol{I}$ 在最终单纯形表中所对应的矩阵)，而最终单纯形表中的每一列均可用其在初始单纯形表中的相应列左乘 $\boldsymbol{B}^{-1}$ 来得到，即最优解为 $\boldsymbol{x}=\boldsymbol{B}^{-1}\boldsymbol{b}$。

另外，检验数向量 $\boldsymbol{\sigma}^{\mathrm{T}}=\boldsymbol{c}^{\mathrm{T}}-\boldsymbol{c}_B^{\mathrm{T}}\boldsymbol{B}^{-1}\boldsymbol{A}\leqslant\boldsymbol{0}$ 仍然成立，因为和 $\boldsymbol{b}$ 的变化没有任何关系。所以，这时如果 $\boldsymbol{b}$ 变成了 $\boldsymbol{b}+\Delta\boldsymbol{b}$，基没有变化，但是最优解的值发生了改变，新的最优解为

$$\bar{\boldsymbol{x}}=\boldsymbol{B}^{-1}(\boldsymbol{b}+\Delta\boldsymbol{b})$$

显然，如果 $\bar{\boldsymbol{x}}\geqslant\boldsymbol{0}$，即 $\boldsymbol{B}^{-1}(\boldsymbol{b}+\Delta\boldsymbol{b})\geqslant\boldsymbol{0}$，则最优基变(值可能发生了变化)。而如果 $\bar{\boldsymbol{x}}\geqslant\boldsymbol{0}$ 不成立了，则要根据表 3.13 中的第三种情况，用对偶单纯形算法求解最优解。

例 3.6 已知线性规划问题：

$$\max z=5x_1+12x_2+4x_3+0x_4-Mx_5$$

$$\text{s. t.}\begin{cases}x_1+2x_2+x_3+x_4=5\\2x_1-x_2+3x_3+x_5=2\\x_1,x_2,x_3,x_4,x_5\geqslant 0\end{cases}$$

利用单纯形算法求解可得表 3.14 所示的最终单纯形表，问：①b_2 在什么范围内变化时，最优基保持不变？②b_2 由 2 增加至 15，求新的最优解。

表 3.14

	c_j		5	12	4	0	$-M$
$\boldsymbol{c_B}$	$\boldsymbol{x_B}$	$\boldsymbol{b}$	x_1	x_2	x_3	x_4	x_5
12	x_2	8/5	0	1	$-1/5$	2/5	$-1/5$
5	x_1	9/5	1	0	7/5	1/5	2/5
σ_j		$-141/5$	0	0	$-3/5$	$-29/5$	$2/5-M$

解：① 给 b_2 一个增量 Δb_2，并利用 $\boldsymbol{x}=\boldsymbol{B}^{-1}\boldsymbol{b}$ 将变化直接反映进最终单纯形表。

$$\bar{\boldsymbol{x}}=\begin{pmatrix}x_2\\x_1\end{pmatrix}=\begin{pmatrix}2/5 & -1/5\\1/5 & 2/5\end{pmatrix}\begin{pmatrix}5\\2+\Delta b_2\end{pmatrix}=\begin{pmatrix}\dfrac{8-\Delta b_2}{5}\\\dfrac{9+2\Delta b_2}{5}\end{pmatrix}$$

也可写成

$$\bar{\boldsymbol{x}}=\begin{pmatrix}x_1\\x_2\end{pmatrix}=\begin{pmatrix}1/5 & 2/5\\2/5 & -1/5\end{pmatrix}\begin{pmatrix}2+\Delta b_2\\5\end{pmatrix}=\begin{pmatrix}\dfrac{9+2\Delta b_2}{5}\\\dfrac{8-\Delta b_2}{5}\end{pmatrix}$$

为保持最优基不变，应有 $\bar{\boldsymbol{x}}\geqslant\boldsymbol{0}$，即 $\dfrac{8-\Delta b_2}{5}\geqslant 0$，$\dfrac{9+2\Delta b_2}{5}\geqslant 0$，所以 b_2 的变化范围应为 $\left[-\dfrac{9}{2},8\right]$。

② 将 $b_2=15$ 直接反映进最终单纯形表，得表 3.15。

$$\boldsymbol{b}'=\begin{pmatrix}2/5 & -1/5\\1/5 & 2/5\end{pmatrix}\begin{pmatrix}5\\15\end{pmatrix}=\begin{pmatrix}-1\\7\end{pmatrix}$$

表 3.15

c_j			5	12	4	0	$-M$
$\boldsymbol{c_B}$	$\boldsymbol{x_B}$	$\boldsymbol{b}$	x_1	x_2	x_3	x_4	x_5
12	x_2	−1	0	1	−1/5	2/5	−1/5
5	x_1	7	1	0	7/5	1/5	2/5
σ_j		−23	0	0	−3/5	−29/5	$2/5-M$

利用对偶单纯形算法继续迭代，可得表 3.16 所示的新的最优解。

表 3.16

c_j			5	12	4	0	$-M$
$\boldsymbol{c_B}$	$\boldsymbol{x_B}$	$\boldsymbol{b}$	x_1	x_2	x_3	x_4	x_5
4	x_3	5	0	−5	1	−2	1
5	x_1	0	1	7	0	3	−1
σ_j		−20	0	−3	0	−7	$1-M$

解毕

§3.5.2　价值系数变化的分析

本节讨论价值系数发生变化，即 $\boldsymbol{c}$ 发生变化的灵敏度分析，该类问题的关键是如何将 $\boldsymbol{c}$ 的变化直接反映进原问题的最终单纯形表。由于价值系数的变化只会对最终单纯形表中的检验数产生影响，而与其他量无关，因此，将变化的价值系数反映进最终单纯形表，只需对检验数行进行修正。但基变量价值系数的变化和非基变量价值系数的变化所引起的解的变化可能会不同。

1. 最终单纯形表中非基变量的价值系数发生变化的情况

最终单纯形表中非基变量的价值系数发生了变化,将变化的价值系数反映进最终单纯形表只会影响此变量自身的检验数,而与其他变量的检验数无关。

例 3.7 已知线性规划问题:

$$\max z = 2x_1 + 3x_2 + x_3$$

$$\text{s.t.}\begin{cases} x_1 + x_2 + x_3 + x_4 = 3 \\ x_1 + 4x_2 + 7x_3 + x_5 = 9 \\ x_1, x_2, x_3, x_4, x_5 \geqslant 0 \end{cases}$$

利用单纯形算法求解可得表 3.17 所示的最终单纯形表,问:①c_3 在什么范围内变化时,最优解保持不变?②c_3 由 1 增加至 6,求新的最优解。

表 3.17

c_j			2	3	1	0	0
$\boldsymbol{c_B}$	$\boldsymbol{x_B}$	$\boldsymbol{b}$	x_1	x_2	x_3	x_4	x_5
2	x_1	1	1	0	−1	4/3	−1/3
3	x_2	2	0	1	2	−1/3	1/3
σ_j		−8	0	0	−3	−5/3	−1/3

解:① 由于 x_3 在最终单纯形表中是非基变量,因此 c_3 的变化只会影响 x_3 自身的检验数 σ_3,而与其他变量的检验数无关。计算变化后的 σ_3 并令其非正,即可求得保持最优解不变的 c_3 的变化范围:

$$\sigma_3 = c_3 - (2,3)\begin{pmatrix} -1 \\ 2 \end{pmatrix} = c_3 - 4 \leqslant 0 \quad \Rightarrow \quad c_3 \leqslant 4$$

即只要 $c_3 \leqslant 4$,就可以保持最优解不变。

② 将 $c_3 = 6$ 直接反映进最终单纯形表,用单纯形算法继续迭代即可得到新的最优解,过程如表 3.18 所示。

表 3.18

c_j			2	3	6	0	0
$\boldsymbol{c_B}$	$\boldsymbol{x_B}$	$\boldsymbol{b}$	x_1	x_2	x_3	x_4	x_5
2	x_1	1	1	0	−1	4/3	−1/3
3	x_2	2	0	1	[2]	−1/3	1/3
σ_j		−8	0	0	2	−5/3	−1/3
2	x_1	2	1	1/2	0	7/6	−1/6
6	x_3	1	0	1/2	1	−1/6	1/6
σ_j		−10	0	−1	0	−4/3	−2/3

解毕

2. 最终单纯形表中基变量的价值系数发生变化的情况

基变量的价值系数发生变化会引起 $\boldsymbol{c_B}$ 的变化,进而可能引起整个检验数行的变化。

例 3.8　对于例 3.7 中的线性规划问题，问：① c_1 在什么范围内变化时，最优解保持不变？② c_1 由 2 增加至 6，求新的最优解。

解：① 由最终单纯形表(表 3.17)可知，为保持原最优解不变应有下列几式同时成立：

$$\sigma_3 = 1-(c_1,3)\begin{pmatrix}-1\\2\end{pmatrix} = c_1-5\leqslant 0 \quad\Rightarrow\quad c_1\leqslant 5$$

$$\sigma_4 = 0-(c_1,3)\begin{pmatrix}4/3\\-1/3\end{pmatrix} = -\frac{4}{3}c_1+1\leqslant 0 \quad\Rightarrow\quad c_1\geqslant\frac{3}{4}$$

$$\sigma_5 = 0-(c_1,3)\begin{pmatrix}-1/3\\1/3\end{pmatrix} = \frac{1}{3}c_1-1\leqslant 0 \quad\Rightarrow\quad c_1\leqslant 3$$

所以要保持原最优解不变，应有 $c_1\in\left[\frac{3}{4},3\right]$。

② 将 $c_1=6$ 直接反映进最终单纯形表，用单纯形算法继续迭代即可得到新的最优解，过程如表 3.19 所示。

表 3.19

c_j			6	3	1	0	0
$\boldsymbol{c}_B$	$\boldsymbol{x}_B$	$\boldsymbol{b}$	x_1	x_2	x_3	x_4	x_5
6	x_1	1	1	0	−1	4/3	−1/3
3	x_2	2	0	1	[2]	−1/3	1/3
σ_j		−12	0	0	1	−7	1
6	x_1	2	1	1/2	0	7/6	−1/6
1	x_3	1	0	1/2	1	−1/6	(1/6)
σ_j		−13	0	−1/2	0	−41/6	5/6
6	x_1	3	1	1	1	1	0
0	x_5	6	0	3	6	−1	1
σ_j		−18	0	−3	−5	−6	0

解毕

§3.5.3　技术系数变化的分析

本节讨论技术系数发生变化，即 $\boldsymbol{A}$ 发生变化的灵敏度分析。如果将原迭代过程继承下来，我们就可以通过 $\boldsymbol{B}^{-1}$ 将技术系数的变化反映进最终单纯形表。需要强调的是：如果发生变化的变量在最终单纯形表中为非基变量，那么只需在将变化反映进最终单纯形表后，重新计算该非基变量的检验数即可完成对问题的求解；如果发生变化的变量在最终单纯形表中为基变量，那么必须在将变化反映进最终单纯形表后，首先围绕该变量进行初等变换，将该基变量的列向量变为单位向量，再重新计算各个变量的检验数，才能完成对问题的求解。

1. 技术系数发生变化的变量在最终单纯形表中为非基变量

例 3.9　对于例 3.7 中的线性规划问题，问 $a_{2,3}$ 在什么范围内变化时，最优解保持不变？

解:

$$\sigma_3 = c_3 - \boldsymbol{c}_B^{\mathrm{T}}\boldsymbol{B}^{-1}\boldsymbol{p}_3 = 1-(2,3)\begin{pmatrix} 4/3 & -1/3 \\ -1/3 & 1/3 \end{pmatrix}\begin{pmatrix} 1 \\ a_{2,3} \end{pmatrix} = -\frac{1}{3}a_{2,3} - \frac{2}{3}$$

要使 $\sigma_3 = -\frac{1}{3}a_{2,3} - \frac{2}{3} \leqslant 0$,只需 $a_{2,3} \geqslant -2$。即保持原最优解不变应有 $a_{2,3} \in [-2, +\infty)$。

解毕

2. 技术系数发生变化的变量在最终单纯形表中为基变量

由于基变量的技术系数发生了变化,将变化的量反映进最终单纯形表,必将破坏基变量在最终单纯形表中的单位向量形式,为获得变化后新问题的基解,必须首先将基变量对应的列向量转化为单位向量。转化后的结果可能是原问题与对偶问题都可行,也可能是原问题和对偶问题只有之一是可行的,还可能是原问题与对偶问题均不可行,然而无论出现哪种结果,我们均可按表 3.13 进行处理。

例 3.10 对于例 3.7 中的线性规划问题,问当 $a_{1,1}$ 由 1 变为 3 时,原最优解是否发生改变?如果改变,则求新的最优解。

解:首先注意到 $a_{1,1}$ 由 1 变为 3 时最终单纯形表中的基向量变为

$$\boldsymbol{p}_1' = \begin{pmatrix} 4/3 & -1/3 \\ -1/3 & 1/3 \end{pmatrix}\begin{pmatrix} 3 \\ 1 \end{pmatrix} = \begin{pmatrix} 11/3 \\ -2/3 \end{pmatrix}$$

以 $a_{1,1}' = 11/3$ 为旋转元,形成表 3.20。

表 3.20

c_j			2	3	1	0	0
$\boldsymbol{c}_B$	$\boldsymbol{x}_B$	$\boldsymbol{b}$	x_1	x_2	x_3	x_4	x_5
2	x_1	1	11/3	0	−1	4/3	−1/3
3	x_2	2	−2/3	1	2	−1/3	1/3
2	x_1	3/11	1	0	−3/11	4/11	−1/11
3	x_2	24/11	0	1	20/11	−1/11	3/11
σ_j		−78/11	0	0	−43/11	−5/11	−7/11

由表 3.20 可以看出,当 $a_{1,1}$ 由 1 变为 3 时,原最优基并未发生改变,而最优解变为 $\boldsymbol{x}^* = (3/11, 24/11, 0, 0, 0)^{\mathrm{T}}$。

解毕

例 3.11 对于例 3.6 中的线性规划问题,问当 $a_{1,1}$ 由 1 变为 5 时,原最优解是否发生改变?如果改变,则求新的最优解。

解:首先将变化反映进最终单纯形表,形成表 3.21。

$$\boldsymbol{p}_1' = \begin{pmatrix} 2/5 & -1/5 \\ 1/5 & 2/5 \end{pmatrix}\begin{pmatrix} 5 \\ 2 \end{pmatrix} = \begin{pmatrix} 8/5 \\ 9/5 \end{pmatrix}$$

表 3.21

c_j			5	12	4	0	$-M$
c_B	x_B	b	x_1	x_2	x_3	x_4	x_5
12	x_2	8/5	8/5	1	−1/5	2/5	−1/5
5	x_1	9/5	9/5	0	7/5	1/5	2/5
12	x_2	0	0	1	−13/9	2/9	
5	x_1	1	1	0	(7/9)	1/9	
σ_j		$-z=-5$	0	0	157/9	−29/9	
12	x_2	13/7	13/7	1	0	3/7	
4	x_3	9/7	9/7	0	1	1/7	
σ_j		−192/7	−157/7	0	0	−40/7	

由表 3.21 可以看出，原最优解已发生改变，新的最优解为 $\boldsymbol{x}^*=(0,13/7,9/7)^{\mathrm{T}}$。

解毕

例 3.12　对于例 3.7 中的线性规划问题，问当 $a_{1,1}$ 由 1 变为 0 时，原最优解是否发生改变？如果改变，则求新的最优解。

解：首先将变化反映进最终单纯形表，形成表 3.22。

$$\boldsymbol{p}_1'=\begin{pmatrix}4/3 & -1/3\\ -1/3 & 1/3\end{pmatrix}\begin{pmatrix}0\\1\end{pmatrix}=\begin{pmatrix}-1/3\\ 1/3\end{pmatrix}$$

表 3.22

c_j			2	3	1	0	0
c_B	x_B	b	x_1	x_2	x_3	x_4	x_5
2	x_1	1	−1/3	0	−1	4/3	−1/3
3	x_2	2	1/3	1	2	−1/3	1/3
2	x_1	−3	1	0	3	−4	1
3	x_2	3	0	1	1	1	0
σ_j		−3	0	0	−8	5	−2

表 3.22 所示的原问题及对偶问题均不可行，故需引入人工变量。首先将右端项为负值的约束方程拿出来：

$$x_1+3x_3-4x_4+x_5=-3$$

方程两侧同乘“−1”并引入人工变量 x_6：

$$-x_1-3x_3+4x_4-x_5+x_6=3$$

以人工变量 x_6 为基变量，将该约束方程放回原位置，用前面处理人工变量的方法即可求解此问题，求解过程如表 3.23 所示。

表 3.23

c_j			2	3	1	0	0	$-M$
c_B	x_B	b	x_1	x_2	x_3	x_4	x_5	x_6
$-M$	x_6	3	-1	0	-3	[4]	-1	1
3	x_2	3	0	1	1	1	0	0
σ_j		$3M-9$	$-M+2$	0	$-3M-2$	$4M-3$	$-M$	0
0	x_4	3/4	$-1/4$	0	$-3/4$	1	$-1/4$	1/4
3	x_2	9/4	[1/4]	1	7/4	0	1/4	$-1/4$
σ_j		$-27/4$	5/4	0	$-17/4$	0	$-3/4$	$-M+3/4$
0	x_4	3	0	1	1	1	0	0
2	x_1	9	1	4	7	0	1	-1
σ_j		-18	0	-5	-13	0	-2	$-M+2$

表 3.23 给出了新的最优解 $\boldsymbol{x}^*=(9,0,0,3,0)^{\mathrm{T}}$,新的最优值 $z^*=18$。

解毕

3. 增加一个新的变量的分析

增加一个新的变量相当于在单纯形表中增加一列,也可以看作技术系数变化的一种情况,只要新增变量在最终单纯形表中的检验数非正(max),原问题的最优解就不会改变,所以应首先计算新增变量的检验数。在实际问题中,增加一个新的变量相当于增加一种新的产品,分析的是在资源不变的前提下,新产品是否值得进入产品组合。

例 3.13 对于例 3.7 中的线性规划问题,增加一个新的变量 x_6,已知该变量的价值系数 $c_6=3$,技术系数向量 $\boldsymbol{p}_6=(1,1)^{\mathrm{T}}$,问原最优解是否改变?如果改变,则求新的最优解。

解:首先将新增加变量 x_6 的技术系数向量 $\boldsymbol{p}_6$ 反映进最终单纯形表:

$$\boldsymbol{p}_6'=\begin{pmatrix}4/3 & -1/3\\ -1/3 & 1/3\end{pmatrix}\begin{pmatrix}1\\1\end{pmatrix}=\begin{pmatrix}1\\0\end{pmatrix}$$

其次计算新增变量 x_6 在最终单纯形表中的检验数:$\sigma_6=3-(2,3)\begin{pmatrix}1\\0\end{pmatrix}=1$。由于 x_6 在最终单纯形表中的检验数 $\sigma_6=1$,所以原最优解发生变化,新的最优解的求解过程如表 3.24 所示。

表 3.24

c_j			2	3	1	0	0	3
c_B	x_B	b	x_1	x_2	x_3	x_4	x_5	x_6
2	x_1	1	1	0	-1	4/3	$-1/3$	(1)
3	x_2	2	0	1	2	$-1/3$	1/3	0
σ_j		-8	0	0	-3	$-5/3$	$-1/3$	1
3	x_6	1	1	0	-1	4/3	$-1/3$	1
3	x_2	2	0	1	2	$-1/3$	1/3	0
σ_j		-9	-1	0	-2	-3	0	0

表 3.24 给出了新的最优解 $\boldsymbol{x}^*=(0,2,0,0,0,1)^{\mathrm{T}}$，新的最优值 $z^*=9$。由于非基变量 x_5 的检验数为“0”，所以此最优解为无穷多最优解中的一个。

解毕

4. 增加一个新的约束条件的分析

增加一个新的约束条件相当于在单纯形表中增加一行，也可以看作技术系数变化的一种情况。增加约束条件不会使目标函数的最优值得到改善，所以若原最优解满足新增加的约束条件，那么它一定仍然是最优解；若原最优解不能使新增加的约束条件成立，则需对问题做进一步的处理。

例 3.14　对于例 3.7 中的线性规划问题，分别增加如下约束条件：

① $x_1+2x_2+x_3\leqslant 10$；

② $x_1+2x_2+x_3\leqslant 4$。

试分析其对最优解的影响。

解：① 将原问题的最优解 $\boldsymbol{x}^*=(1,2,0,0,0)^{\mathrm{T}}$ 代入新增约束 $x_1+2x_2+x_3\leqslant 10$，由于原最优解 $\boldsymbol{x}^*=(1,2,0,0,0)^{\mathrm{T}}$ 可以使新增约束成立，所以最优解不变。

② 将原问题的最优解 $\boldsymbol{x}^*=(1,2,0,0,0)^{\mathrm{T}}$ 代入新增约束 $x_1+2x_2+x_3\leqslant 4$，新增约束已不成立，所以原最优解要发生变化。

在新增约束 $x_1+2x_2+x_3\leqslant 4$ 中引入松弛变量 x_6，并让 x_6 充当基变量，将新增约束直接反映进最终单纯形表。由于在最终单纯形表中增加了一行，原来基变量的单位列向量可能遭到破坏，因此，首先需要将基变量所对应的系数列向量变为单位向量，然后再按表 3.13 进行处理，处理过程如表 3.25 所示。

表 3.25

c_j			2	3	1	0	0	0
$\boldsymbol{c}_B$	$\boldsymbol{x}_B$	$\boldsymbol{b}$	x_1	x_2	x_3	x_4	x_5	x_6
2	x_1	1	1	0	−1	4/3	−1/3	0
3	x_2	2	0	1	2	−1/3	1/3	0
0	x_6	4	1	2	1	0	0	1
2	x_1	1	1	0	−1	4/3	−1/3	0
3	x_2	2	0	1	2	−1/3	1/3	0
0	x_6	−1	0	0	−2	−2/3	(−1/3)	1
σ_j			0	0	−3	−5/3	−1/3	0
−2	x_1	2	1	0	1	2	0	−1
−3	x_2	1	0	1	0	−1	0	1
0	x_5	3	0	0	6	2	1	−3
σ_j		−7	0	0	−1	−1	0	−1

表 3.25 给出了新的最优解 $\boldsymbol{x}^*=(2,1,0,0,3,0)^{\mathrm{T}}$，新的最优值 $z^*=7$。

解毕

其他还有减少一个变量或减少一个约束条件的情况,用上面的方法都可以进行处理,此处不再赘述。

§3.6 用优化软件分析线性规划对偶问题的方法和例子

LINGO软件可以非常方便地分析线性规划问题的对偶理论和进行灵敏度分析,在LINGO运行时,单击"LINGO | Options"菜单,选择"General Solver Tab",在Dual Computations列表框中,选择"Prices and Ranges"选项,就可以在求解一个线性规划问题时,同时进行一些对偶分析,如在例2.15中我们所看到的。此外,我们还可以单独对线性规划问题进行对偶分析和灵敏度分析,对一个线性规划问题,如例2.15,我们可以单击"LINGO | Generate | Dual Model"菜单产生其对偶问题,如图3.1所示。

```
Generated Dual Model Report - example2-8-2

MODEL:
MIN = 48 * _2 + 20 * _3 + 8 * _4 + 5 * _5;
[ DESKS] 8 * _2 + 4 * _3 + 2 * _4 >= 60;
[ TABLES] 6 * _2 + 2 * _3 + 1.5 * _4 + _5 >= 30;
[ CHAIRS] _2 + 1.5 * _3 + 0.5 * _4 >= 20;
END
```

图3.1

对例2.15求解完成后,我们可以单击"LINGO | Range(Ctrl+R)"菜单,灵敏度分析的结果如图3.2所示。

```
Range Report - example2-8-2

Ranges in which the basis is unchanged:

                          Objective Coefficient Ranges
                       Current          Allowable         Allowable
        Variable     Coefficient         Increase          Decrease
           DESKS        60.00000         20.00000          4.000000
          TABLES        30.00000         5.000000          INFINITY
          CHAIRS        20.00000         2.500000          5.000000

                              Righthand Side Ranges
             Row         Current         Allowable         Allowable
                             RHS          Increase          Decrease
               2        48.00000          INFINITY          24.00000
               3        20.00000          4.000000          4.000000
               4        8.000000          2.000000          1.333333
               5        5.000000          INFINITY          5.000000
```

图3.2

图 3.2 显示：目标函数中 DESKS 变量当前的费用系数为 60，允许增加（Allowable Increase）＝20、允许减少（Allowable Decrease）＝4，说明当它在［60－4，60＋20］＝［56，80］范围内变化时，最优基保持不变。对 TABLES、CHAIRS 变量，可以类似地解释。由于此时约束没有变化（只是目标函数中某个费用系数发生变化），所以最优基保持不变的意思也就是最优解不变（当然，由于目标函数中费用系数发生了变化，所以最优值会变化）。

第 2 行约束中右端项（Right Hand Side，RHS）当前值为 48，当它在［48－24，48＋∞）＝［24，∞）范围内变化时，最优基保持不变。第 3、4、5 行可以类似地解释。不过由于此时约束发生了变化，所以最优基即使不变，最优解、最优值也会发生变化。

灵敏度分析结果表示的是最优基保持不变的系数范围。由此，也可以进一步确定当目标函数的费用系数和约束右端项发生小的变化时，最优基和最优解、最优值如何变化。

下面我们通过分析一个实际问题来进行说明。

例 3.15　一奶制品加工厂用牛奶生产 A_1，A_2 两种奶制品，1 桶牛奶可以在甲车间用 12 小时加工成 3 kg A_1，或者在乙车间用 8 小时加工成 4 kg A_2。根据市场需求，生产的 A_1，A_2 全部能售出，且每千克 A_1 获利 24 元，每千克 A_2 获利 16 元。现在加工厂每天能得到 50 桶牛奶的供应，每天正式工人总的劳动时间为 480 小时，并且甲车间每天至多能加工 100 kg A_1，乙车间的加工能力没有限制。试为该厂制订一个生产计划，使每天获利最大，并进一步讨论以下 3 个附加问题：

① 若用 35 元可以买到 1 桶牛奶，是否应作这项投资？若投资，每天最多购买多少桶牛奶？

② 若可以聘用临时工人以增加劳动时间，付给临时工人的工资最多是每小时多少元？

③ 由于市场需求变化，每千克 A_1 的获利增加到 30 元，是否应改变生产计划？

解：模型代码如下：

```
max = 72 * x1 + 64 * x2;
x1 + x2 <= 50;
12 * x1 + 8 * x2 <= 480;
3 * x1 <= 100;
```

求解这个模型并进行灵敏度分析，结果如图 3.3 和图 3.4 所示。

```
Solution Report - example3-15

  Global optimal solution found.
  Objective value:                              3360.000
  Infeasibilities:                              0.000000
  Total solver iterations:                             2


                       Variable           Value        Reduced Cost
                             X1        20.00000            0.000000
                             X2        30.00000            0.000000

                            Row    Slack or Surplus      Dual Price
                              1        3360.000            1.000000
                              2        0.000000            48.00000
                              3        0.000000            2.000000
                              4        40.00000            0.000000
```

图 3.3

```
Range Report - example3-15

Ranges in which the basis is unchanged:

                         Objective Coefficient Ranges
                     Current          Allowable          Allowable
Variable           Coefficient        Increase           Decrease
      X1            72.00000          24.00000           8.000000
      X2            64.00000          8.000000           16.00000

                            Righthand Side Ranges
     Row             Current          Allowable          Allowable
                       RHS            Increase           Decrease
       2            50.00000          10.00000           6.666667
       3            480.0000          53.33333           80.00000
       4            100.0000          INFINITY           40.00000
```

图 3.4

结果告诉我们:这个线性规划的最优解为 $x_1=20, x_2=30$,最优值为 $z=3\ 360$,即用 20 桶牛奶生产 A_1,用 30 桶牛奶生产 A_2,可获最大利润 3 360 元。输出中除了问题的最优解和最优值以外,还有许多对分析结果有用的信息,下面结合题目中提出的 3 个附加问题给予说明。3 个约束条件的右端不妨看作 3 种"资源":原料、劳动时间、甲车间的加工能力。输出中的 Slack or Surplus 给出了这 3 种资源在最优解下是否有剩余:原料、劳动时间的剩余均为零,甲车间尚余 40 kg 加工能力。

目标函数可以看作"效益",成为紧约束的"资源"一旦增加,"效益"必然跟着增长。输出中的 Dual Price 给出了这 3 种资源在最优解下"资源"增加 1 个单位时"效益"的增量:原料增加 1 个单位(1 桶牛奶)时利润增长 48 元,劳动时间增加 1 个单位(1 小时)时利润增长 2 元,而增加非紧约束甲车间的加工能力显然不会使利润增长。这里,"效益"的增量可以看作"资源"的潜在价值,经济学上称为影子价格,即 1 桶牛奶的影子价格为 48 元,1 小时劳动时间的影子价格为 2 元,甲车间加工能力的影子价格为零。读者可以用直接求解的办法验证上面的结论,即将输入代码中原料约束右端的 50 改为 51,看看得到的最优值(利润)是否恰好增长 48 元。用影子价格的概念很容易回答附加问题①:用 35 元可以买到 1 桶牛奶,低于 1 桶牛奶的影子价格 48 元,当然应该作这项投资。回答附加问题②:聘用临时工人以增加劳动时间,付给临时工人的工资低于劳动时间的影子价格才可以增加利润,所以工资最多是每小时 2 元。

目标函数的系数发生变化时(假定约束条件不变),最优解和最优值会改变吗?这就是灵敏度分析的研究范畴。上面的输出给出了最优基不变条件下目标函数系数的允许变化范围:x_1 的系数为 $(72-8, 72+24)=(64, 96)$;x_2 的系数为 $(64-16, 64+8)=(48, 72)$。注意:x_1 系数的允许变化范围需要 x_2 的系数 64 不变,反之亦然。由于目标函数的费用系数变化并不影响约束条件,因此此时最优基不变可以保证最优解也不变,但最优值变化。用这个结果很容易回答附加问题③:若每千克 A_1 的获利增加到 30 元,则 x_1 的系数变为 $30\times 3=90$,在允许变化范围内,所以不应改变生产计划,但最优值变为 $90\times 20+64\times 30=3\ 720$。

下面对"资源"的影子价格作进一步的分析。影子价格的作用(即在最优解下"资源"增加 1 个单位时"效益"的增量)是有限制的。每增加 1 桶牛奶利润增长 48 元(影子价格),但是,上面输出的 Current RHS 的 Allowable Increase 和 Allowable Decrease 给出了影子价格有意义条件下约束右端项的限制范围：牛奶原料最多增加 10 桶，劳动时间最多增加 53.33 小时。现在可以回答附加问题①的第 2 问：虽然应该批准用 35 元买 1 桶牛奶的投资，但每天最多购买 10 桶牛奶。此外，可以用低于每小时 2 元的工资聘用临时工人以增加劳动时间，但最多增加 53.33 小时。

解毕

需要注意的是：灵敏度分析给出的只是最优基保持不变的充分条件，而不一定是必要条件。例如，对于上面的问题，“原料最多增加 10(桶牛奶)”的含义只能是“原料增加 10(桶牛奶)”时最优基保持不变，所以影子价格有意义，即利润的增加大于牛奶的投资。反过来，原料增加超过 10(桶牛奶)，最优基会发生变化，但目标函数值如何变化？影子价格怎么变化？一般来说，这是不能从灵敏度分析报告中直接得到的。此时，应该重新用新数据求解线性规划模型或重新用灵敏度理论进行分析，才能做出判断。所以，从正常理解的角度来看，我们上面回答“原料最多增加 10(桶牛奶)”是有前提条件的(最优基保持不变)，并不一定是完全准确的最终结果。

第4章 运输问题

人们在日常生活、生产、商业甚至战争中需要把某些物品或人们自身从一些地方转移到另一些地方,要求所采用的运输路线或运输方案是最经济或成本最低的。现代物流公司需要将一些商品从某些生产地运送到另外一些销售地去,如何制定最节省成本的运输方案?

运输问题(Transportation Problem,TP)就是描述和解决这种问题的最常见和最基本的一类运筹学模型。

从理论上讲,运输问题其实是一类特殊的线性规划问题,当然也可用单纯形算法来求解,但是由于运输问题涉及的变量及约束条件较多,而其数学模型具有特殊的结构,所以存在一种比单纯形算法更简便的计算方法——表上作业法。用表上作业法来求解运输问题比用单纯形算法节约计算时间与计算费用,但表上作业法的实质仍是单纯形算法。

本章首先介绍运输问题的数学模型及其特点,接着介绍表上作业法及其主要步骤,以及一般的运输问题——产销不平衡的运输问题,然后介绍表上作业法与单纯形算法的关系,最后介绍用优化软件解决运输问题的方法和例子。

§4.1 运输问题的数学模型及其特点

§4.1.1 产销平衡运输问题的数学模型

运输问题就是要解决把某种产品从若干个产地调运到若干个销地,每个产地的供应量与每个销地的需求量已知,各地之间的运输单价已知,并假设在任一运输路线上,运输费用就是此运输路线上的运输单价和产品数量的乘积,如何确定一个使得总运输费用最小的方案?

例 4.1 某计算机生产公司需要将同一规格的成品计算机从 m 个产地 $A_1,A_2,\cdots,A_m$ 运往 n 个销地 $B_1,B_2,\cdots,B_n$,各产地的产量分别为 $a_1,a_2,\cdots,a_m(a_i\geqslant 0,i=1,2,\cdots,m)$,各销地的销量分别为 $b_1,b_2,\cdots,b_n(b_j\geqslant 0,j=1,2,\cdots,n)$,各产地运往各销地每件物品的单位运价为 c_{ij}(从 A_i 运往 B_j 的单位运价,$c_{ij}\geqslant 0,i=1,2,\cdots,m;j=1,2,\cdots,n$),问:如何调运可使总运输费用最小?

在例 4.1 中，如果 $\sum_{i=1}^{m} a_i = \sum_{j=1}^{n} b_j$，则称该运输问题为产销平衡的运输问题；否则，称为产销不平衡的运输问题。

例 4.1 中的数据经常可用以下产销表和单位运价表来给出，如表 4.1 和表 4.2 所示；或有时可以合二表为一，如表 4.3 所示。

表 4.1

产　地	销　地				产　量
	B_1	B_2	…	B_n	
A_1					a_1
A_2					a_2
⋮					⋮
A_m					a_m
销　量	b_1	b_2	…	b_n	

表 4.2

产　地	销　地			
	B_1	B_2	…	B_n
A_1	c_{11}	c_{12}	…	c_{1n}
A_2	c_{21}	c_{22}	…	c_{2n}
⋮	⋮	⋮	⋮	⋮
A_m	c_{m1}	c_{m2}	…	c_{mn}

表 4.3

产　地	销　地				产　量
	B_1	B_2	…	B_n	
A_1	c_{11}	c_{12}	…	c_{1n}	a_1
A_2	c_{21}	c_{22}	…	c_{2n}	a_2
⋮	⋮	⋮	⋮	⋮	⋮
A_m	c_{m1}	c_{m2}	…	c_{mn}	a_m
销　量	b_1	b_2	…	b_n	

考虑例 4.1 中的运输问题，设 x_{ij} 为从 A_i 运往 B_j 的运量($i=1,2,\cdots,m;j=1,2,\cdots,n$)，在产销平衡的条件下，要求总运费最小的调运方案，可以用如下数学模型来表示：

$$\min z = \sum_{i=1}^{m}\sum_{j=1}^{n} c_{ij}x_{ij}$$

$$\text{s.t.}\begin{cases} \sum_{j=1}^{n} x_{ij} = a_i, i = 1,2,\cdots,m \\ \sum_{i=1}^{m} x_{ij} = b_j, j = 1,2,\cdots,n \\ x_{ij} \geqslant 0, i = 1,2,\cdots,m; j = 1,2,\cdots,n \end{cases} \tag{4.1}$$

以上约束中前 m 个为产量约束,之后 n 个为销量约束。

若记:

$$\boldsymbol{X}=(x_{11},x_{12},\cdots,x_{1n},x_{21},x_{22},\cdots,x_{2n},\cdots,x_{m1},x_{m2},\cdots,x_{mn})^{\mathrm{T}}$$

$$\boldsymbol{C}=(c_{11},c_{12},\cdots,c_{1n},c_{21},c_{22},\cdots,c_{2n},\cdots,c_{m1},c_{m2},\cdots,c_{mn})^{\mathrm{T}}$$

$$\boldsymbol{A}=(\boldsymbol{P}_{11},\boldsymbol{P}_{12},\cdots,\boldsymbol{P}_{1n},\boldsymbol{P}_{21},\boldsymbol{P}_{22},\cdots,\boldsymbol{P}_{2n},\cdots,\boldsymbol{P}_{m1},\boldsymbol{P}_{m2},\cdots,\boldsymbol{P}_{mn})$$

$$\boldsymbol{B}=(a_1,a_2,\cdots,a_m,b_1,b_2,\cdots,b_n)^{\mathrm{T}}$$

其中:$\boldsymbol{P}_{ij}=\boldsymbol{e}_i+\boldsymbol{e}_{m+j}(i=1,2,\cdots,m;j=1,2,\cdots,n)$,$\boldsymbol{e}_i$ 为第 i 个分量为 1,其余分量都为 0 的 $m+n$ 维单位列向量,$\boldsymbol{e}_{m+j}$ 为第 $m+j$ 个分量为 1,其余分量都为 0 的 $m+n$ 维单位列向量。则产销平衡的运输问题(4.1)的矩阵形式表示如下:

$$\min z=\boldsymbol{C}^{\mathrm{T}}\boldsymbol{X}$$
$$\text{s.t.}\begin{cases}\boldsymbol{AX}=\boldsymbol{B}\\ \boldsymbol{X}\geqslant\boldsymbol{0}\end{cases} \tag{4.2}$$

特别地,其中 $\boldsymbol{A}$ 是如下的一个 $m+n$ 行、mn 列的稀疏矩阵。

$$\begin{matrix} x_{11} & x_{12} & \cdots & x_{1n} & x_{21} & x_{22} & \cdots & x_{2n} & \cdots & x_{m1} & x_{m2} & \cdots & x_{mn} \end{matrix}$$

$$\boldsymbol{A}=\begin{pmatrix} 1 & 1 & \cdots & 1 & & & & & & & & & \\ & & & & 1 & 1 & \cdots & 1 & & & & & \\ & & & & & & & & \ddots & 1 & 1 & \cdots & 1 \\ 1 & & & & 1 & & & & & 1 & & & \\ & 1 & & & & 1 & & & \cdots & & 1 & & \\ & & \ddots & & & & \ddots & & & & & \ddots & \\ & & & 1 & & & & 1 & & & & & 1 \end{pmatrix}_{(m+n)\times mn} \tag{4.3}$$

矩阵 $\boldsymbol{A}$ 中对应于 x_{ij} 的列向量为 $\boldsymbol{P}_{ij}$。

由式(4.3)可以看出,$\boldsymbol{A}$ 是一个结构特殊的稀疏矩阵,其特点如下。

① $\boldsymbol{A}$ 有 mn 列,每列有 $m+n$ 个元素,其中只有两个元素为 1,其余元素为 0,如在 $\boldsymbol{P}_{ij}$ 中这两个 1 所处的位置为第 i 个与第 $m+j$ 个分量。

② $\boldsymbol{A}$ 有 $m+n$ 行,每行的特点为:前 m 行有 n 个 1,这 n 个 1 连在一起,其余元素为 0;而后 n 行恰好是由 m 个 n 阶单位矩阵并排在一起,即每行有 m 个 1,每两个 1 之间隔 $n-1$ 个 0 元素,而且下一行的 1 往后错一个位置。

§4.1.2 产销平衡运输问题数学模型的特点

运输问题是一个特殊的线性规划问题,线性规划的理论对运输问题也都是成立的。此外,对于运输问题,还有以下特点。

定理 4.1.1 产销平衡运输问题(4.1)必有可行解,也必有最优解。

证明:设 $d=\sum\limits_{i=1}^{m}a_i=\sum\limits_{j=1}^{n}b_j$,则取

$$x_{ij}=\frac{a_ib_j}{d},i=1,2,\cdots,m;j=1,2,\cdots,n \tag{4.4}$$

显然有 $x_{ij}\geqslant0$,又

$$\sum_{j=1}^{n} x_{ij} = \sum_{j=1}^{n} \frac{a_i b_j}{d} = \frac{a_i}{d} \sum_{j=1}^{n} b_j = a_i, i = 1,2,\cdots,m$$

$$\sum_{i=1}^{m} x_{ij} = \sum_{i=1}^{m} \frac{a_i b_j}{d} = \frac{b_j}{d} \sum_{i=1}^{m} a_i = b_j, j = 1,2,\cdots,n$$

所以式(4.4)是式(4.1)的一个可行解。

又因为 $c_{ij} \geqslant 0(i=1,2,\cdots,m;j=1,2,\cdots,n)$,故对于任一可行解$\{x_{ij}\}$,模型(4.1)的目标函数值都不会为负数,即目标函数值有下界零,对于求最小化问题,目标函数值有下界,则必有最优解。

证毕

定理 4.1.2　产销平衡运输问题(4.1)的约束方程系数矩阵 **A** 的秩等于 $m+n-1$。

证明:对于运输问题,我们显然要求 $m,n\geqslant 2$,所以当然有 $m+n\leqslant mn$,于是有秩$(\mathbf{A})\leqslant m+n$。又由平衡条件 $\sum_{i=1}^{m} a_i = \sum_{j=1}^{n} b_j$ 可知,**A** 的前 m 行之和等于后 n 行之和,因此 **A** 的行是线性相关的,故必须秩$(\mathbf{A})\leqslant m+n-1$,但显然 **A** 中有 $m+n-1$ 阶子式其行列式不为零,所以秩$(\mathbf{A})=m+n-1$。

证毕

定理 4.1.3　运输问题(4.1)的基可行解中应包含 $m+n-1$ 个基变量。

显然,因为平衡运输问题有一个约束条件多余,而其系数矩阵的秩为 $m+n-1$。

运输问题的解:经常用表 4.4 的形式来表示运输问题(4.1)的一组可行解。

表 4.4

产　地	销　地				产　量
	B_1	B_2	…	B_n	
A_1	x_{11}	x_{12}	…	x_{1n}	a_1
A_2	x_{21}	x_{22}	…	x_{2n}	a_2
⋮	⋮	⋮	⋮	⋮	⋮
A_m	x_{m1}	x_{m2}	…	x_{mn}	a_m
销　量	b_1	b_2	…	b_n	

§4.2　表上作业法

表上作业法(又称运输单纯形算法)是根据单纯形算法的原理和运输问题的特征设计出来的一种在表上运算的求解运输问题的简便而有效的方法,其实质仍然是单纯形算法,但具体计算和术语有所不同,其主要步骤如下。

① 求初始的基可行解(也就是运输问题的一个初始调运方案)。

② 根据最优性判别准则来检查这个基可行解是不是最优的。若是则迭代停止,找到了最优解;否则转下一步。

③ 确定进基变量和离基变量,找出新的基可行解,在表上用闭回路法调整。

④ 再返回②。

以上这些步骤都可以在表上完成,下面通过例子来说明表上作业法的计算步骤。

例 4.2 某通信公司需要将一批设备从3个经销商处运往4个分公司进行安装,3个经销商所能提供的路由器数量分别为 A_1——7台,A_2——4台,A_3——9台,4个分公司需要的路由器数量为 B_1——3台,B_2——6台,B_3——5台,B_4——6台,已知从各经销商到各分公司的单位设备运价(单位为千元)如表4.5所示。问该公司如何调运产品,在满足各分公司需要量的前提下,可使总运费最小?

表 4.5

经销商	分公司				供应量
	B_1	B_2	B_3	B_4	
A_1	3	11	3	10	7
A_2	1	9	2	8	4
A_3	7	4	10	5	9
需求量	3	6	5	6	20(产销平衡)

§4.2.1 初始基可行解的确定

确定初始基可行解的方法很多,一般希望的方法是既简便,又尽可能地接近最优解。这里我们介绍3种方法:西北角法、最小元素法、运费差额法(伏格尔法)。

1. 西北角法

用西北角法求一个形如式(4.1)的产销平衡运输问题的基可行解,只需要将其解 $x_{ij}(i=1,2,\cdots,m;j=1,2,\cdots,n)$ 填入形如表4.4的表格中的相应位置即可。

对例4.2,画出表4.6,用 (i,j) 表示表4.6中 x_{ij} 所在的空格位置。

表 4.6

经销商	分公司				供应量
	B_1	B_2	B_3	B_4	
A_1					7
A_2					4
A_3					9
需求量	3	6	5	6	20(产销平衡)

首先在表4.6空格集西北角(左上角)的空格(1,1)处填上 x_{11} 的值,填的原则是比较 a_1 与 b_1 的大小,取 $x_{11}=\min\{a_1,b_1\}=b_1=3$。这时 B_1 的需求量已得到满足(全部由 A_1 提供),所以可划去空格集的第一列,表示空格(2,1)、(3,1)处不能再填上大于零的数。而 A_1 的当前供应量只剩下 $a'_1=7-3=4$。在剩下的空格集中,在西北角的空格(1,2)处填上 x_{12} 的值,填的原则是取 $x_{12}=\min\{a'_1,b_2\}=a'_1=4$。这时 A_1 的供应量已调运完毕,A_1 不可能再向其他分公司调运设备,所以第一行全部划掉,表示空格(1,3)、(1,4)处不能再填上大于

零的数。而 B_2 的当前需求量只剩下 $b'_2=6-4=2$。如此进行下去，直至得到一个基可行解（最后一步恰好 $a'_3=b'_4=6$，在最后剩余的空格中填上 6，即可得到一个基可行解，这时被划掉的空格对应的变量都取值为 0）。详细过程如表 4.7 所示。

表 4.7

	经销商	分公司				供应量
		B_1	B_2	B_3	B_4	
第一步	A_1	3				7－3＝4
	A_2					4
	A_3					9
	需求量	3	6	5	6	

	经销商	分公司				供应量
		B_1	B_2	B_3	B_4	
第二步	A_1	3	4			7－3＝4
	A_2					4
	A_3					9
	需求量	3	6－4＝2	5	6	

	经销商	分公司				供应量
		B_1	B_2	B_3	B_4	
第三步	A_1	3	4			7－3＝4
	A_2		2			4－2＝2
	A_3					9
	需求量	3	6－4＝2	5	6	

	经销商	分公司				供应量
		B_1	B_2	B_3	B_4	
第四步	A_1	3	4			7－3＝4
	A_2		2	2		4－2＝2
	A_3					9
	需求量	3	6－4＝2	5－2＝3	6	

	经销商	分公司				供应量
		B_1	B_2	B_3	B_4	
第五步	A_1	3	4			7－3＝4
	A_2		2	2		4－2＝2
	A_3			3		9－3＝6
	需求量	3	6－4＝2	5－2＝3	6	

续 表

	经销商	分公司				供应量
		B_1	B_2	B_3	B_4	
第六步	A_1	3	4			7－3＝4
	A_2		2	2		4－2＝2
	A_3			3	6	9－3＝6
	需求量	3	6－4＝2	5－2＝3	6	

第六步得到的就是初始的基可行解,也是一个初始的调运方案,如表 4.8 所示(其中空格表示所在位置的变量取值为 0)。

表 4.8

经销商	分公司				供应量
	B_1	B_2	B_3	B_4	
A_1	3	4			7
A_2		2	2		4
A_3			3	6	9
需求量	3	6	5	6	

这个初始的基可行解也可以表示为

$$\boldsymbol{X}^{(0)}=(x_{11},x_{12},x_{13},x_{14},x_{21},x_{22},x_{23},x_{24},x_{31},x_{32},x_{33},x_{34})^{\mathrm{T}}$$
$$=(3,4,0,0,0,2,2,0,0,0,3,6)^{\mathrm{T}}$$

其中 6 个($m+n-1=3+4-1=6$)取值非零的变量就是基变量,其余 6 个取值为 0 的变量是非基变量。

此解对应的总运费为

$$Z^{(0)}=3\times3+4\times11+2\times9+2\times2+3\times10+6\times5=135$$

用西北角法确定初始基可行解虽然比较简单,但因为它没有考虑运价,所以得到的初始方案一般离最优方案较远。

2. 最小元素法

最小元素法是一种考虑运价的求初始方案的方法,遵循如下规则:优先安排单位运价最小的产地与销地之间的运输业务,其思想是尽可能充分利用最小运费,将尽可能多的物资通过最小运费的运输路线运输。

一般来说,用这种方法制定的调运方案,其总运费会比用西北角法得到的调运方案节省,当然也不一定是最省的。

最小元素法也是求一个形如式(4.1)的产销平衡运输问题的基可行解,也是将其解 $x_{ij}(i=1,2,\cdots,m;j=1,2,\cdots,n)$ 填入形如表 4.4 的表格中的相应位置,此处仍用(i,j)表示。具体做法以例 4.2 为参考。

首先从运价表(表 4.5)中选取最小的运价,$c_{21}=1$,因此在调运表(表 4.6)的空格(2,1)处,考虑将 B_1 所需的设备全部由 A_2 运给(因为 $a_2>b_1$),所以取 $x_{21}=\min\{a_2,b_1\}=b_1=3$,即在空格(2,1)处填上 3,且这时 B_1 的需求量已得到满足(全部由 A_2 提供),所以可划去空格集的第一列〔即空格(1,1)、(3,1)处不能再填上大于零的数〕,同时也划掉运价表(表 4.5)中的第一列(因为这一列的运价后面不用再考虑了)。而 A_2 的当前供应量只剩下 $a'_2=4-3=1$。

详见表4.9(为方便起见,将运价表和调运表并排放上,一起考虑)。

在剩下的表格(运价表)中继续选取最小的运价,$c_{23}=2$,因此在调运表的空格(2,3)处,考虑将 A_2 的剩余设备全部运给 B_3(因为 $a'_2<b_3$),所以取 $x_{23}=\min\{a'_2,b_3\}=a'_2=1$,即在空格(2,3)处填上1,且这时 A_2 的供应量已全部分配完(分别提供给 B_1 和 B_3),A_2 不可能再向其他分公司调运设备,所以可划去空格集的第二行〔即空格(2,2)、(2,4)处不能再填上大于零的数〕,同时也划掉运价表中的第二行(因为这一行的运价后面也不用再考虑了)。而 B_3 的当前需求量只剩下 $b'_3=5-1=4$。

如此进行下去,直至得到一个基可行解(最后一步恰好 $a'_1=b'_4=3$,在最后剩余的空格中填上3,即可得到一个基可行解,这时被划掉的空格对应的变量都取值为0)。详细过程如表4.9(每一排表是一步)所示。

表 4.9

经销商	分公司				供应量
	B_1	B_2	B_3	B_4	
A_1	~~3~~	11	3	10	7
A_2	~~1~~	9	2	8	4−3
A_3	~~7~~	4	10	5	9
需求量	~~3~~	6	5	6	20

经销商	分公司				供应量
	B_1	B_2	B_3	B_4	
A_1					7
A_2	~~3~~				4−3
A_3					9
需求量	~~3~~	6	5	6	20

经销商	分公司				供应量
	B_1	B_2	B_3	B_4	
A_1	~~3~~	11	3	10	7
~~A_2~~	~~1~~	~~9~~	~~2~~	~~8~~	~~4−3~~
A_3	~~7~~	4	10	5	9
需求量	~~3~~	6	5−1	6	20

经销商	分公司				供应量
	B_1	B_2	B_3	B_4	
A_1					7
~~A_2~~	~~3~~		~~1~~		~~4−3~~
A_3					9
需求量	~~3~~	6	5−1	6	20

经销商	分公司				供应量
	B_1	B_2	B_3	B_4	
A_1	~~3~~	11	~~3~~	10	7−4
~~A_2~~	~~1~~	~~9~~	~~2~~	~~8~~	~~4−3~~
A_3	~~7~~	4	~~10~~	5	9
需求量	~~3~~	6	~~5+1~~	6	20

经销商	分公司				供应量
	B_1	B_2	B_3	B_4	
A_1			~~4~~		7−4
~~A_2~~	~~3~~		~~1~~		~~4−3~~
A_3					9
需求量	~~3~~	6	~~5+1~~	6	20

经销商	分公司				供应量
	B_1	B_2	B_3	B_4	
A_1	~~3~~	~~11~~	~~3~~	10	7−4
~~A_2~~	~~1~~	~~9~~	~~2~~	~~8~~	~~4−3~~
A_3	~~7~~	~~4~~	~~10~~	5	9−6
需求量	~~3~~	~~6~~	~~5+1~~	6	20

经销商	分公司				供应量
	B_1	B_2	B_3	B_4	
A_1			~~4~~		7−4
~~A_2~~	~~3~~		~~1~~		~~4−3~~
A_3		~~6~~			9−6
需求量	~~3~~	~~6~~	~~5+1~~	6	20

续表

经销商	分公司				供应量
	B_1	B_2	B_3	B_4	
A_1	3	11	3	10	7−4
A_2	1	9	2	8	4−3
A_3	7	4	10	5	9−6
需求量	3	6	5+1	6−3	20

经销商	分公司				供应量
	B_1	B_2	B_3	B_4	
A_1			4		7−4
A_2	3		1		4−3
A_3		6		3	9−6
需求量	3	6	5+1	6−3	20

经销商	分公司				供应量
	B_1	B_2	B_3	B_4	
A_1	3	11	3	10	7−4
A_2	1	9	2	8	4−3
A_3	7	4	10	5	9−6
需求量	3	6	5+1	6+3	20

经销商	分公司				供应量
	B_1	B_2	B_3	B_4	
A_1			4	3	7−4
A_2	3		1		4−3
A_3		6		3	9−6
需求量	3	6	5+1	6+3	20

第六步得到的也是基可行解(即一个调运方案),如表4.10所示(其中空格表示所在位置的变量取值为0)。

表4.10

经销商	分公司				供应量
	B_1	B_2	B_3	B_4	
A_1			4	3	7
A_2	3		1		4
A_3		6		3	9
需求量	3	6	5	6	

这个初始的基可行解可以表示为

$$\begin{aligned}\boldsymbol{X}^{(0)} &= (x_{11}, x_{12}, x_{13}, x_{14}, x_{21}, x_{22}, x_{23}, x_{24}, x_{31}, x_{32}, x_{33}, x_{34})^{\mathrm{T}} \\ &= (0,0,4,3,3,0,1,0,0,6,0,3)^{\mathrm{T}}\end{aligned}$$

其中6个($m+n-1=3+4-1=6$)取值非零的变量仍然是基变量,其余6个取值为0的变量是非基变量。

此解对应的总运费为

$$Z^{(0)}=4\times 3+3\times 10+3\times 1+1\times 2+6\times 4+3\times 5=86$$

显然比西北角法求得的初始基可行解的效果更好,更接近最优解。

3. 运费差额法

最小元素法在费用(单位运价)最低的路线上充分运输物资,却可能造成在其他路线上多花几倍的运费。最小元素法实际上就是一种贪婪算法,每一步都取当前情况的最佳选择,但整体不一定最优。

运费差额法则是统筹考虑两步之内的情况,就像下棋一样,最小元素法就好像一个初级棋手,每下一步棋时,只考虑这一步取得最大的利益,但可能会落入对手的陷阱内(对手故意送一个子,但后手可以取得更大的利益)。而如果一个棋手每下一步棋,都可以考虑后续的第二步棋,甚至第三步棋,等等,显然水平就更高。运费差额法求初始基可行解时,每次都会考虑,如果一个供应地的设备不能按最小运费的路线供应给某需求地,就考虑次小运费,这样最小运费和次小运费就有一个差额,供应地的差额越大,说明如不能按最小运费调运物资,会使运费增加得越多。因此,对差额最大的供应地,一定要按最小运费的路线调运物资。同样,对需求地,也是考虑对差额最大的需求地,一定要按最小运费的路线调运物资。

运费差额法同样是求一个形如式(4.1)的运输问题的基可行解,同样是将其解 x_{ij}($i=1,2,\cdots,m;j=1,2,\cdots,n$)填入形如表 4.4 的表格中的相应位置,此处仍用(i,j)表示。具体做法以例 4.2 为参考。

第一步,在表 4.5 中分别计算出各行和各列最小运费和次小运费的差额,并填入该表的最右列和最下行,如表 4.11 第一排的左表所示,然后从行或列差额中选出最大者,选择它所在行或列中的最小元素。如在表 4.11 第一排的左表中,B_2 列是最大差额所在列,B_2 列中最小元素为 4,可确定 A_3 的设备优先供应 B_2 的需要,得到表 4.11 第一排的右表。

第二步,将运价表的 B_2 列划去并分别计算未划去元素的各行和各列最小运费和次小运费的差额,并填入该表的最右列和最下行,如表 4.11 第二排的左表所示,然后从行或列差额中选出最大者,选择它所在行或列中的最小元素。如在表 4.11 第二排的左表中,B_4 列是最大差额所在列,B_4 列中最小元素为 5,可确定 A_3 的设备优先供应 B_4 的需要,得到表 4.11 第二排的右表。

第三步,继续第二步中的步骤,直到给出初始解为止,详细过程如表 4.11 所示。

表 4.11

经销商	分公司				行差额
	B_1	B_2	B_3	B_4	
A_1	3	11	3	10	0
A_2	1	9	2	8	1
A_3	7	4	10	5	1
列差额	2	5	1	3	

经销商	分公司				供应量
	B_1	B_2	B_3	B_4	
A_1					7
A_2					4
A_3		6			9－6
需求量	3	6	5	6	20

经销商	分公司				行差额
	B_1	B_2	B_3	B_4	
A_1	3	11	3	10	0
A_2	1	9	2	8	1
A_3	7	4	10	5	2
列差额	2		1	3	

经销商	分公司				供应量
	B_1	B_2	B_3	B_4	
A_1					7
A_2					4
A_3		6		3	9－6
需求量	3	6	5	6－3	20

经销商	分公司				行差额
	B_1	B_2	B_3	B_4	
A_1	3	11	3	10	0
A_2	1	9	2	8	1
A_3	7	4	10	5	
列差额	2		1	2	

经销商	分公司				供应量
	B_1	B_2	B_3	B_4	
A_1					7
A_2	3				4－3
A_3		6		3	9－6
需求量	3	6	5	6－3	20

续 表

经销商	分公司				行差额
	B_1	B_2	B_3	B_4	
A_1	3	11	3	10	7
A_2	1	9	2	8	6
A_3	7	4	10	5	
列差额			1	2	

经销商	分公司				供应量
	B_1	B_2	B_3	B_4	
A_1			5		7－5
A_2	3				4－3
A_3		6		3	9－6
需求量	3	6	5	6－3	20

经销商	分公司				行差额
	B_1	B_2	B_3	B_4	
A_1	3	11	3	10	0
A_2	1	9	2	8	0
A_3	7	4	10	5	
列差额				2	

经销商	分公司				供应量
	B_1	B_2	B_3	B_4	
A_1			5		7－5
A_2	3			1	4－3
A_3		6		3	9－6
需求量	3	6	5	3－1	20

经销商	分公司				行差额
	B_1	B_2	B_3	B_4	
A_1	3	11	3	10	0
A_2	1	9	2	8	
A_3	7	4	10	5	
列差额				0	

经销商	分公司				供应量
	B_1	B_2	B_3	B_4	
A_1			5	2	7－5
A_2	3			1	4－3
A_3		6		3	9－6
需求量	3	6	5	3＋1	20

第六步得到的也是基可行解(即一个调运方案),如表 4.12 所示(其中空格表示所在位置的变量取值为 0)。

表 4.12

经销商	分公司				供应量
	B_1	B_2	B_3	B_4	
A_1			5	2	7
A_2	3			1	4
A_3		6		3	9
需求量	3	6	5	6	

这个初始的基可行解可以表示为

$$\boldsymbol{X}^{(0)}=(x_{11},x_{12},x_{13},x_{14},x_{21},x_{22},x_{23},x_{24},x_{31},x_{32},x_{33},x_{34})^{\mathrm{T}}$$
$$=(0,0,5,2,3,0,0,1,0,6,0,3)^{\mathrm{T}}$$

其中 6 个($m+n-1=3+4-1=6$)取值非零的变量仍然是基变量,其余 6 个取值为 0 的变量是非基变量。

此解对应的总运费为

$$Z^{(0)}=5\times3+2\times10+3\times1+1\times8+6\times4+3\times5=85$$

显然比最小元素法求得的初始基可行解的运费更少，事实上，对例 4.2，这个初始的基可行解就是最优解。

一般地，在用西北角法、最小元素法和运费差额法求初始方案时，应注意以下几点：

① 在填入一个数时，如果行和列同时饱和，规定同时划去这一行和这一列，但同时还必须取此时划去的这行或这列的任意空格处所对应的某个位置的变量为 0，并填入初始解相应的位置（此变量为基变量，虽然取值为 0，仍明确写出，以和其他取 0 值的非基变量区分开）。

② 选取最小值时，如有多个可以同时选择，则任选其一。

③ 在剩下最后一个空格时，只能填数（必要时可取 0），并同时划去该空格所在的行和列。

按照上述方法所产生的一组变量的取值将满足下列条件：

① 所填的变量均非负，且变量总数恰好为 $m+n-1$ 个。

② 所有的约束条件均得到满足。

③ 所得的解一定是运输问题的基可行解。

定理 4.2.1　用西北角法、最小元素法以及运费差额法等规则给出的调运方案都是产销平衡运输模型（4.1）的基可行解。

证明略（证明详见《运筹学基础》，何坚勇编著，清华大学出版社）。

§4.2.2　基可行解的最优性检验

最优性检验就是检查所得到的方案是不是最优方案。检查的方法与单纯形算法原理相同，即计算检验数。由于目标函数要求取得最小值，因此，当所有的检验数都大于或等于零时该调运方案就是最优方案，否则就不是最优方案，需要进行调整。下面介绍两种求检验数的方法。

1. 闭回路法

定义 4.2.1　在运输问题的可行解（表 4.4）的决策变量格中，凡是能够排列形如 x_{ab}，x_{ad}，x_{cd}，x_{ce}，…，x_{st}，x_{sb} 或 x_{ab}，x_{cb}，x_{cd}，x_{ed}，…，x_{st}，x_{at} 的变量序列，其中，$a,c,\cdots,s$ 各不相同，$b,d,\cdots,t$ 各不相同，我们称之为变量集合的一个**闭回路**，并将式中的变量称为这个闭回路的顶点。

例如，x_{13}，x_{16}，x_{36}，x_{34}，x_{24}，x_{23} 和 x_{23}，x_{53}，x_{55}，x_{45}，x_{41}，x_{21} 都是闭回路。

若把闭回路的各变量格看作节点，则在表中可以画出图 4.1 所示的闭回路。

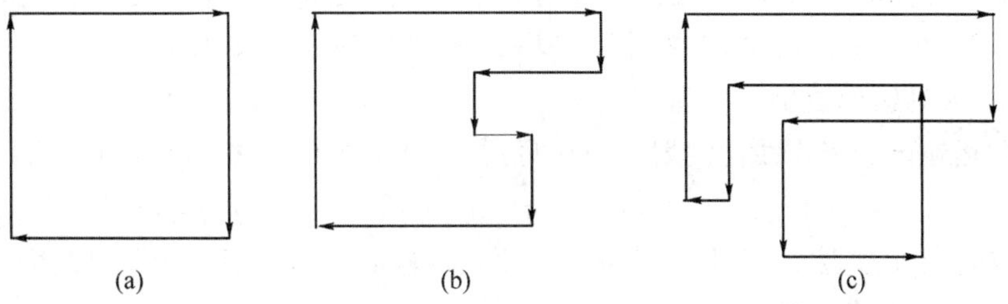

图 4.1

根据定义可以看出闭回路的一些明显特点，若把闭回路的各变量格看作节点，则闭回路是一个具有如下特点的顶点的集合：

① 每一个顶点都是转角点；

② 每一行(或列)若有闭回路的顶点，则恰好有两个顶点；

③ 每两个顶点的连线都是水平或垂直的；

④ 闭回路中顶点的个数必为偶数。

根据运输问题的约束方程系数矩阵 $\boldsymbol{A}$ 的列向量 $\boldsymbol{P}_{ij}$ 的特征，可以推出闭回路有如下性质。

定理 4.2.2 设 $x_{i_1j_1},x_{i_2j_2},\cdots,x_{i_sj_s}(s=m+n-1)$ 是产销平衡运输问题(4.1)的一组基变量，$x_{i_rj_r}$ 是非基变量，则在变量组 $x_{i_1j_1},x_{i_2j_2},\cdots,x_{i_sj_s},x_{i_rj_r}$ 中存在唯一的以 $x_{i_rj_r}$ 为顶点的闭回路。

证明略(证明详见《运筹学基础》，何坚勇编著，清华大学出版社)。

这样，如果对闭回路的方向不加区别(即只需起始顶点及其他所有顶点完全相同，而不区别行进方向是顺时针还是逆时针)，那么以每一个非基变量为起始顶点的闭回路就存在而且唯一。因此，当基变量确定后对每一个非基变量可以找到而且只能找到唯一的闭回路。

表 4.13 中用虚线画出了以非基变量 x_{22} 为起始顶点的闭回路〔此表为用最小元素法求得的初始基可行解对应的表 4.10 和表 4.5(单位运价表)合成的表格，其中单位运价写在单元格的左上角，基变量的值写在单元格的右下角，右下角为空的位置表示其对应的变量为非基变量，取值为 0，闭回路法经常用这种表格表示运输问题的解〕。

表 4.13

产地	销地				产量 a_i
	B_1	B_2	B_3	B_4	
A_1	3	11	3　4	10　3	7
A_2	1　3	9	2　1	8	4
A_3	7	4　6	10	5　3	9
销量 b_j	3	6	5	6	20

根据单纯形算法的原理，检验数是将基变量用非基变量表示并代入目标函数时，非基变量的系数，因此在运输问题中，需要计算非基变量(即空格处)的检验数。

表 4.13 为运输问题的一个基可行解，$x_{14}=x_{21}=x_{34}=3,x_{13}=4,x_{23}=1,x_{32}=6$，其余 $x_{ij}=0$，将此运输问题当作线性规划问题重写，在该基可行解下该问题的目标函数为

$$f=86+\sigma_{11}x_{11}+\sigma_{12}x_{12}+\sigma_{22}x_{22}+\sigma_{24}x_{24}+\sigma_{31}x_{31}+\sigma_{33}x_{33}$$

σ_{ij} 为非基变量 x_{ij} 的检验数，现利用运量的变化及运输的单位费用可计算出该变量对目标函数的综合影响，进而求出检验数。

σ_{22} 为非基变量 x_{22} 对运费的影响，其经济意义可以表述为当其余非基变量 x_{ij} 保持不变，x_{22} 增加一个单位时，总运费的增加量。如果仅 x_{22} 变化而其余非基变量与基变量都保持不

变，则约束条件将被破坏，所以当 x_{22} 增加时部分基变量一定会发生变化。

在上例中，x_{22} 增加一个单位，由 B_2 的销量约束及其余非基变量保持不变，x_{32} 必减少一个单位，由 A_3 的产量约束，x_{34} 必增加一个单位，x_{14} 必减少一个单位，x_{13} 必增加一个单位，x_{23} 必减少一个单位。至此，从 x_{22} 出发，依次途经基变量 x_{32}，x_{34}，x_{14}，x_{13}，x_{23}，又回到 x_{22}（也可选择沿相反的方向）。这就是以 x_{22} 为顶点，其余顶点为基变量的闭回路。

在闭回路中，可以计算单位运费增加的数量为 $\sigma_{22}=9-4+5-10+3-2=1$，这就是非基变量 x_{22} 的检验数。类似地，其他所有非基变量的检验数都可以用这种方法求出来，这就是求检验数的闭回路法。

用闭回路法求检验数时，对于给定的调运方案（基可行解），从非基变量 x_{ij} 出发作一条闭回路，要求该闭回路上其余的顶点均为基变量，并从 x_{ij} 开始将该闭回路上的顶点顺序编号（顺时针或逆时针均可），起点为零，其他依次类推。称编号为奇数的点为奇点，称编号为偶数的点为偶点，则 x_{ij} 对应的检验数 σ_{ij} 等于该闭回路上偶点处运价的总和与奇点处运价的总和之差，即

$$\sigma_{ij}=\text{偶点处运价的总和}-\text{奇点处运价的总和} \tag{4.5}$$

例如，下面再求 x_{24} 的检验数，以 x_{24} 为顶点的闭回路为 x_{24}，x_{14}，x_{13}，x_{23}（也可选顺时针方向 x_{24}，x_{23}，x_{13}，x_{14}），检验数为

$$\sigma_{24}=8-10+3-2=-1 \quad (\text{或 } \sigma_{24}=8-2+3-10=-1)$$

按上述做法，可计算出表 4.13 中所有非基变量的检验数，把它们填入相应位置的方括号内，如表 4.14 所示。

表 4.14

产地	销地				产量 a_i
	B_1	B_2	B_3	B_4	
A_1	3 [1]	11 [2]	3 4	10 3	7
A_2	1 3	9 [1]	2 1	8 [−1]	4
A_3	7 [10]	4 6	10 [12]	5 3	9
销量 b_j	3	6	5	6	20

显然，当所有非基变量的检验数均大于或等于零时，现行的调运方案就是最优方案，因为此时对现行方案做任何调整都将导致总的运输费用增加。

表 4.14 中 A_2B_4 格的检验数为 -1，表示非基变量 x_{24} 的检验数为 -1，所以用最小元素法求得的初始基可行解（对应表 4.10）不是最优解。

当运输问题的产地与销地很多时，空格的数目很多，用闭回路法计算检验数要找很多的闭回路，计算量很大，而用下面的位势法（也称对偶变量法）就要简便得多。

2. 位势法

对产销平衡运输问题，模型为式（4.1），约束方程系数矩阵的秩为 $m+n-1$，为方便分

析,我们将式(4.1)写在下面:

$$\min z = \sum_{i=1}^{m}\sum_{j=1}^{n} c_{ij}x_{ij}$$

$$\text{s.t.}\begin{cases}\sum_{j=1}^{n} x_{ij} = a_i, i = 1,2,\cdots,m \\ \sum_{i=1}^{m} x_{ij} = b_j, j = 1,2,\cdots,n \\ x_{ij} \geqslant 0, i = 1,2,\cdots,m; j = 1,2,\cdots,n\end{cases}$$

设 $u_1,u_2,\cdots,u_m$ 分别表示与前 m 个等式约束相应的对偶变量,$v_1,v_2,\cdots,v_n$ 分别表示与后 n 个等式约束相应的对偶变量,这时可将运输问题的对偶规划写为

$$\max Z = \sum_{i=1}^{m} a_i u_i + \sum_{j=1}^{n} b_j v_j$$

$$\text{s.t.}\begin{cases}u_i + v_j \leqslant c_{ij}, i = 1,2,\cdots,m; j = 1,2,\cdots,n \\ u_i, v_j \text{ 为任意实数}\end{cases} \tag{4.6}$$

由互补松弛定理可知,若 $\{x_{ij}^*\}$ 与 $\{u_i^*, v_j^*\}$ $(i=1,2,\cdots,m;j=1,2,\cdots,n)$ 分别为原问题和对偶问题的可行解,它们同为最优解的充要条件是对一切 i 与 j,有

$$x_{ij}^*(u_i^* + v_j^* - c_{ij}) = 0 \tag{4.7}$$

对于原问题的任意基可行解 $\{x_{ij}^*\}$,当 x_{ij}^* 为非基变量时,$x_{ij}^*=0$,式(4.7)显然成立,当 x_{ij}^* 为基变量时,令

$$u_i^* + v_j^* - c_{ij} = 0 \tag{4.8}$$

则式(4.7)显然也成立。也就是说,当式(4.8)成立时,原问题的一组基可行解 $\{x_{ij}^*\}$ $(i=1,2,\cdots,m;j=1,2,\cdots,n)$(其中有 $m+n-1$ 个基变量)与对偶问题的一组(基)可行解 $\{u_1^*,u_2^*,\cdots,u_m^*,v_1^*,v_2^*,\cdots,v_n^*\}$ 分别是原问题的最优解和对偶问题的最优解。

现在,已知运输问题的一组基可行解 $\{x_{ij}^*\}$ $(i=1,2,\cdots,m;j=1,2,\cdots,n)$,设其中基变量的下标集合为 I_B(I_B 中共有 $m+n-1$ 个下标),定义 m 个变量 $u_1,u_2,\cdots,u_m$ 和 n 个变量 $v_1,v_2,\cdots,v_n$,首先令 $u_i+v_j-c_{ij}=0\,(ij\in I_B)$,这是一组有 $m+n$ 个变量、$m+n-1$ 个方程的线性方程组。令其中任意一个变量为0,就可以从 $m+n-1$ 个方程中求出唯一的一组解〔方程组的系数矩阵是原问题(4.1)系数矩阵的转置,它们的秩都是 $m+n-1$,所以方程组中剩余的 $m+n-1$ 个变量一定可以唯一地求得〕,设为 u_i^* $(i=1,2,\cdots,m)$ 与 v_j^* $(j=1,2,\cdots,n)$。这时我们得到的 u_i^* $(i=1,2,\cdots,m)$ 与 v_j^* $(j=1,2,\cdots,n)$ 和运输问题的基可行解 $\{x_{ij}^*\}$ $(i=1,2,\cdots,m;j=1,2,\cdots,n)$ 已经满足式(4.7),所以可得

基可行解 $\{x_{ij}^*\}$ $(i=1,2,\cdots,m;j=1,2,\cdots,n)$ 是运输问题的最优解

$$\Updownarrow$$

u_i^* $(i=1,2,\cdots,m)$ 与 v_j^* $(j=1,2,\cdots,n)$ 是对偶问题(4.6)的可行解

$$\Updownarrow$$

$$u_i^* + v_j^* \leqslant c_{ij}\ (i=1,2,\cdots,m;j=1,2,\cdots,n) \tag{4.9}$$

对于式(4.9),由于 $ij\in I_B$ 时,$u_i^*+v_j^*-c_{ij}=0$ 成立,即 $ij\in I_B$ 时,$u_i^*+v_j^*\leqslant c_{ij}$ 已经成立,所

以只需要验证 $ij\in I_N$ 时，$u_i^*+v_j^*\leqslant c_{ij}$ 是否成立。令

$$\sigma_{ij}=c_{ij}-u_i^*-v_j^*,ij\in I_N$$

对于 $ij\in I_B$，也可以定义 $\sigma_{ij}=c_{ij}-u_i^*-v_j^*=0$，则基可行解 $\{x_{ij}^*\}(i=1,2,\cdots,m;j=1,2,\cdots,n)$ 是运输问题的最优解的充分必要条件是 $\sigma_{ij}\geqslant 0(ij\in I_N$ 或任意 $ij)$。这其实就是求最小值的线性规划问题的单纯形算法中最优解的判断条件。

这样求得的 u_i^* 与 v_j^* 分别对应调运方案第 i 行的"行位势"与第 j 列的"列位势"，而 $u_i^*+v_j^*$ 为变量 x_{ij}^* 的位势。x_{ij}^* 的检验数就是 $\sigma_{ij}=c_{ij}-u_i^*-v_j^*$。如果存在某检验数小于 0，则说明式(4.6)不成立，u_i^* 与 v_j^* 不是运输问题的对偶问题的可行解，所以运输问题的基可行解 $\{x_{ij}^*\}$ 不是最优解；如果所有非基变量的检验数 $\sigma_{ij}\geqslant 0$ 都成立，则说明 u_i^* 与 v_j^* 满足式(4.6)的所有条件，u_i^* 与 v_j^* 就是对偶问题的可行解，所以运输问题的基可行解 $\{x_{ij}^*\}$ 就是运输问题的最优解，当然 u_i^* 与 v_j^* 也就是对偶问题的最优解(但是此处我们不关注)。

这种判断一组基可行解 $\{x_{ij}^*\}(i=1,2,\cdots,m;j=1,2,\cdots,n)$ 是否为运输问题的最优解的方法就叫作位势法。

综上所述，位势法的思想是先让变量 $\{u_i,v_j\}$ 与运输问题的基可行解 $\{x_{ij}^*\}$ 满足互补松弛条件，进而求出 $\{u_i^*,v_j^*\}$，然后验证 $\{u_i^*,v_j^*\}$ 是否满足式(4.6)中的条件 $u_i^*+v_j^*-c_{ij}\leqslant 0$，如果条件都成立，则 $\{u_i^*,v_j^*\}$ 就是运输问题的对偶问题的可行解，从而 $\{x_{ij}^*\}$ 和 $\{u_i^*,v_j^*\}$ 就是运输问题及对偶问题的最优解。

位势法的步骤可总结如下。

① 求出运输问题的基可行解，设其基变量是 $x_{i_1j_1},x_{i_2j_2},\cdots,x_{i_sj_s}(s=m+n-1)$。

② 解方程组：

$$\begin{cases}u_{i_1}+v_{j_1}-c_{i_1j_1}=0\\u_{i_2}+v_{j_2}-c_{i_2j_2}=0\\\quad\vdots\\u_{i_s}+v_{j_s}-c_{i_sj_s}=0\end{cases}$$

求出一个特解(先令任一 u_{i_k} 或 v_{j_k} 为 0)。

③ 求检验数：

$$\sigma_{ij}=c_{ij}-u_i-v_j,ij\in I_N$$

如果所有非基变量的检验数均大于或等于零，现行的调运方案就是最优方案，否则不是最优方案。

可以将位势法求得的非基变量的检验数与闭回路法求得的同一非基变量的检验数进行验证：仍对例 4.2 中 σ_{22} 的计算过程进行分析，按闭回路法得

$$\sigma_{22}=c_{22}-c_{32}+c_{34}-c_{14}+c_{13}-c_{23}$$

由于闭回路上其余变量都为基变量，而根据式(4.8)，

$$\sigma_{22}=c_{22}-(u_3+v_2)+(u_3+v_4)-(u_1+v_4)+(u_1+v_3)-(u_2+v_3)=c_{22}-u_2-v_2$$

所以，一般的结论是

$$\sigma_{ij}=c_{ij}-u_i-v_j \tag{4.10}$$

式中，c_{ij} 为 x_{ij} 对应的运价，u_i,v_j 分别为 x_{ij} 对应的行位势和列位势。

定理 4.2.3　检验数 σ_{ij} 的取值与任意 u_{i_k} 或 v_{j_k} 的取值无关。

证明略(证明可参考《运筹学基础》,何坚勇编著,清华大学出版社)。

例 4.3 用位势法验证:用最小元素法求得的例 4.2 的初始基可行解(表 4.10)不是最优解。

解:用下面的表 4.15 表示并得到表 4.10 对应的基可行解的位势和所有非基变量的检验数〔此表为用最小元素法求得的初始基可行解对应的表 4.10 和表 4.5(单位运价表)合成的表格,其中单位运价写在单元格的左上角,基变量的值写在单元格的右下角,右下角为空的位置表示其对应的变量为非基变量,取值为 0,u_i 列和 v_j 行分别为 x_{ij} 对应的行位势和列位势〕。

表 4.15

	v_j	−3	4	−2	5	
u_i		B_1	B_2	B_3	B_4	产量 a_i
5	A_1	3 [1]	11 [2]	3 4	10 3	7
4	A_2	1 3	9 [1]	2 1	8 [−1]	4
0	A_3	7 [10]	4 6	10 [12]	5 3	9
	销量 b_j	3	6	5	6	20

用位势法得到的检验数结果当然和用闭回路法得到的检验数结果(见表 4.14)是一致的。

解毕

§4.2.3 基可行解的调整(离基变量的选择)

当非基变量的检验数出现负值时,则表明当前的基可行解不是最优解。在这种情况下,应该对基可行解进行调整,即找到一个新的基可行解使目标函数值下降,这一过程通常称为换基(或主元变换)过程。

在运输问题的表上作业法中,换基的过程如下:

① 选负检验数中最小者 σ_{ik},那么 x_{ik} 为主元,作为进基变量;

② 以 x_{ik} 为起点找一条闭回路,除 x_{ik} 外其余顶点必须为基变量格;

③ 对闭回路的每一个顶点标号,x_{ik} 为 0,沿一个方向(顺时针或逆时针)依次给各顶点标号;

④ 求 $\theta=\min\{x_{ij} \mid x_{ij}$ 对应闭回路上的奇数标号格$\}=x_{pq}$,那么确定 x_{pq}(当有若干个时任选其中一个)为离基变量,θ 为调整量;

⑤ 对闭回路的各偶数标号顶点进行调整后的结果为 $x_{ij}+\theta$,对各奇数标号顶点进行调整后的结果为 $x_{ij}-\theta$,特别地,$x_{pq}-\theta=0$,x_{pq} 变为非基变量。

在例 4.2 中以表 4.14(或表 4.15)所示的基可行解以及检验数出发，x_{24}是检验数为负数的非基变量，将 x_{24} 作为进基变量，以 x_{24} 为起点的闭回路为 $x_{24} \to x_{14} \to x_{13} \to x_{23}$，$\theta = \min\{x_{14}, x_{23}\} = 1$，$x_{23}$离基并对闭回路的运量进行调整，调整后的基可行解为

$$x_{24}=1, x_{14}=2, x_{13}=5, x_{23}=0，其余变量不变$$

调整后再求检验数(位势法)，如表 4.16 所示。

表 4.16

	v_j	-2	4	-2	5	
u_i		B_1	B_2	B_3	B_4	产量 a_i
5	A_1	3　[0]	11　[2]	3　5	10　2	7
3	A_2	1　3	9　[2]	2　[1]	8　1	4
0	A_3	7　[9]	4　6	10　[12]	5　3	9
	销量 b_j	3	6	5	6	20

$\sigma_{ij} \geqslant 0$，得到最优解

$$x_{13}=5, x_{14}=2, x_{21}=3, x_{24}=1, x_{32}=6, x_{34}=3，其余\ x_{ij}=0$$

最优值为 $f^* = 3\times5+10\times2+1\times3+8\times1+4\times6+5\times3 = 85$。

§4.2.4　表上作业法计算中的问题

1. 无穷多最优解

当迭代到运输问题的最优解时，如果某非基变量的检验数为 0，则说明该运输问题有无穷多最优解(如上例，为得到另一个最优解，只需让 $\sigma_{ij}=0$ 的非基变量进基，并进行基可行解的调整即可)。

2. 退化问题

在运输问题中，退化解是时常发生的，主要在下列两种情况中出现。

① 寻找初始的基可行解时，在填入一个数时，如果行和列同时饱和，规定同时划去这一行和这一列，但同时还必须取此时划去的这行或这列的任意空格处所对应的某个位置的变量为 0，并填入初始解相应的位置，这就是一种退化现象。这种填入数字 0 的做法，是为了使迭代过程中基可行解的分量恰好为 $m+n-1$ 个。

② 在用闭回路法调整当前基可行解时，调整量 θ 的取值应为

$$\theta=\min\{x_{ij} \mid x_{ij}\ 对应闭回路上的奇数标号格\}$$

这时可能出现有两个(或两个以上)奇数标号格的 x_{ij} 都相等且都为最小值，只能取其中一个为离基格，其余的仍作为基格，而在做运输量调整时，运输量与 θ 相等的那些奇数标号格的 x_{ij} 都将调整为 0，因此得到的也是一个退化的基可行解。

§4.3 产销不平衡的运输问题

前面讲述的解运输问题的算法是以总产量等于总销量(产销平衡)为前提的。实际上，在很多运输问题中总产量不等于总销量。这时，为了使用前面的表上作业法求解，就需要将产销不平衡运输问题化为产销平衡运输问题。

1. 总产量大于总销量

$$\sum_{i=1}^{m} a_i > \sum_{j=1}^{n} b_j$$

这时的数学模型为

$$\min z = \sum_{i=1}^{m} \sum_{j=1}^{n} c_{ij} x_{ij}$$

$$\text{s.t.} \begin{cases} \sum_{j=1}^{n} x_{ij} \leqslant a_i, i = 1,2,\cdots,m \\ \sum_{i=1}^{m} x_{ij} = b_j, j = 1,2,\cdots,n \\ x_{ij} \geqslant 0, i = 1,2,\cdots,m; j = 1,2,\cdots,n \end{cases} \tag{4.11}$$

为借助于产销平衡时的表上作业法，可增加一个虚拟的销地 $B_{(n+1)}$，由于实际上它不存在，因此由产地 $A_i(i=1,2,\cdots,m)$ 调运到这个虚拟销地的物品数量 $x_{i,(n+1)}$(相当于松弛变量)实际上是就地存贮在 A_i 的物品数量，就地存贮的物品不经运输，故其单位运价 $c_{i,(n+1)}=0$ $(i=1,2,\cdots,m)$。

令虚拟销地的销量为

$$b_{(n+1)} = \sum_{i=1}^{m} a_i - \sum_{j=1}^{n} b_j$$

则模型(4.11)变为产销平衡的运输问题：

$$\min z = \sum_{i=1}^{m} \sum_{j=1}^{n+1} c_{ij} x_{ij}$$

$$\text{s.t.} \begin{cases} \sum_{j=1}^{n+1} x_{ij} = a_i, i = 1,2,\cdots,m \\ \sum_{i=1}^{m} x_{ij} = b_j, j = 1,2,\cdots,n,n+1 \\ x_{ij} \geqslant 0, i = 1,2,\cdots,m; j = 1,2,\cdots,n,n+1 \end{cases} \tag{4.12}$$

例 4.4 某公司从 2 个产地 A_1、A_2 将物品运往 3 个销地 B_1、B_2、B_3，各产地的产量、各销地的销量和各产地运往各销地每件物品的运费如表 4.17 所示，问：如何调运可使总运输费用最小？

表 4.17

产　地	销　地			产　量
	B_1	B_2	B_3	
A_1	6	4	6	300
A_2	6	5	5	300
销　量	150	150	200	

解：增加一个虚拟的销地，相应的运输费用为 0，得表 4.18。

表 4.18

产　地	销　地				产　量
	B_1	B_2	B_3	B_4（虚拟销地）	
A_1	6	4	6	0	300
A_2	6	5	5	0	300
销　量	150	150	200	100	

此为产销平衡的运输问题，按照 4.2 节的表上作业法即可求解，求完后将 B_4 列去掉即得原问题的最优解。最优解如表 4.19 所示（最优解不唯一），最少的总运输费用为 2 500。

表 4.19

产　地	销　地			产　量
	B_1	B_2	B_3	
A_1	50	150		300
A_2	100		200	300
销　量	150	150	200	

解毕

2. 总产量小于总销量

$$\sum_{i=1}^{m} a_i < \sum_{j=1}^{n} b_j$$

这时的数学模型为

$$\min z = \sum_{i=1}^{m} \sum_{j=1}^{n} c_{ij} x_{ij}$$

$$\text{s. t.} \begin{cases} \sum_{j=1}^{n} x_{ij} = a_i, i = 1,2,\cdots,m \\ \sum_{i=1}^{m} x_{ij} \leqslant b_j, j = 1,2,\cdots,n \\ x_{ij} \geqslant 0, i = 1,2,\cdots,m; j = 1,2,\cdots,n \end{cases} \tag{4.13}$$

可仿照上述方法进行处理，即增加一个虚拟的产地 $A_{(m+1)}$，它的产量等于

$$a_{(m+1)} = \sum_{j=1}^{n} b_j - \sum_{i=1}^{m} a_i$$

由于这个虚拟的产地并不存在,求出的由它发往各销地的物品数量 $x_{(m+1),j}(j=1,2,\cdots,n)$ 实际上是各销地 B_j 所需物品的欠缺量,所以一般地有 $c_{(m+1),j}=0(j=1,2,\cdots,n)$。但当这种短缺有其他成本(违约赔偿或机会成本)时,$c_{(m+1),j}$ 不为零而是为其成本。

例 4.5 某公司从 2 个产地 A_1、A_2 将物品运往 3 个销地 B_1、B_2、B_3,各产地的产量、各销地的销量和各产地运往各销地每件物品的运费如表 4.20 所示,问:如何调运可使总运输费用最小?

表 4.20

产 地	销 地			产 量
	B_1	B_2	B_3	
A_1	6	4	6	200
A_2	6	5	5	300
销 量	250	200	200	

解:增加虚拟产地后得到表 4.21。

表 4.21

产 地	销 地			产 量
	B_1	B_2	B_3	
A_1	6	4	6	200
A_2	6	5	5	300
A_3(虚拟产地)	0	0	0	150
销 量	250	200	200	

同样变为产销平衡的运输问题,按照 4.2 节的表上作业法即可求解,求完后将 A_3 行去掉即得原问题的最优解。最优解如表 4.22 所示(最优解不唯一),最少的总运输费用为 2 400。

表 4.22

产 地	销 地			产 量
	B_1	B_2	B_3	
A_1	0	200		200
A_2	100		200	300
销 量	250	200	200	

解毕

§4.4 运输问题的应用举例

由于在变量个数相等的情况下,表上作业法的计算比单纯形算法简单得多,所以在解决实际问题时,人们常常尽可能地把某些线性规划问题化为运输问题的模型。在求解时,有些实际问题可以直接用运输问题的模型来求解，有些则需要进行适当的变化。下面看几个典型的例子。

例 4.6　某大学有一区、二区、三区 3 个校区，每年分别需要用煤 3 000、1 000、2 000 吨，由 A、B 两处煤矿负责供应，煤的价格、质量相同，A、B 的供应能力分别为 4 000、1 500 吨，运价(单位为元)如表 4.23 所示。由于需大于供，学校经研究决定一区供应量可减少 0～300 吨，二区必须满足需求量，三区供应量不少于 1 700 吨，试求总费用最低的调运方案。

表 4.23

煤　矿	校　区			产　量
	一区	二区	三区	
A	16.5	17	17.5	4 000
B	16	16.5	17	1 500
需要量	3 000	1 000	2 000	

解：根据题意，将一区和三区分别看作两个部分，其中一部分为必须满足需求的校区，另一部分为不必须满足需求的校区。另外，补充一个假想煤矿将问题变为产销平衡的运输问题，取 M 代表一个很大的正数，其作用是强迫假想煤矿运往各校区的数量为 0。作出产销平衡问题的运价表，如表 4.24 所示。

表 4.24

煤　矿	校　区					产　量
	一区	一区	二区	三区	三区	
A	16.5	16.5	17	17.5	17.5	4 000
B	16	16	16.5	17	17	1 500
假想煤矿	M	0	M	M	0	500
需要量	2 700	300	1 000	1 700	300	

对表 4.24 所对应的产销平衡的运输问题，用表上作业法求解，最优解如表 4.25 所示(最优解不唯一)。

表 4.25

煤　矿	校　区					产　量
	一区	一区	二区	三区	三区	
A	1 200	100	1 000	1 700		4 000
B	1 500					1 500
假想煤矿		200			300	500
需要量	2 700	300	1 000	1 700	300	

然后将一区、三区分别合并，再将假想煤矿行去掉，即可得到原问题总费用最低的调运方案，如表 4.26 所示。最优值为总运费 92 200 元。

表 4.26

煤　矿	校　区			产　量
	一区	二区	三区	
A	1 300	1 000	1 700	4 000
B	1 500			1 500
需要量	3 000	1 000	2 000	

注:在表 4.25 所示的最优解中,A 煤矿往一区在必须满足的 1 700 吨的基础上多运输了 100 吨,这是为了将 A 煤矿的供给全部消化掉。但是,显然,如果不运输这 100 吨煤,总运输费用会降低,而且还可以满足此大学的基本需求。所以此最优解是有条件限制的。如果不考虑消化全部的煤,而只要求总费用最低的调运方案,则问题更加简单,因为只需要考虑每个校区的最低需求量即可。

解毕

例 4.7　设有 A、B、C 三个化肥厂供应 1、2、3、4 四个地区的农用化肥。假设化肥效果相同,有关数据如表 4.27 所示(其中产量的单位为吨,运输费用的单位为百元/吨)。试求总费用最低的化肥调拨方案。

表 4.27

化肥厂	地　区				产　量
	1	2	3	4	
A	16	13	22	17	50
B	14	13	19	15	60
C	19	20	23	—	50
最低需求量	30	70	0	10	
最高需求量	50	70	30	不限	

解:根据题意,作出产销平衡问题及运价表(如表 4.28 所示):最低要求必须满足,因此把相应的虚拟产地运费取为 M,而最高要求与最低要求的差允许按需要安排,因此把相应的虚拟产地运费取为 0 。对应 4″的需求量 50 是考虑问题本身适当取的数据,根据产销平衡要求确定 D(虚拟产地)的产量为 50。

表 4.28

化肥厂	地　区						产　量
	1′	1″	2	3	4′	4″	
A	16	16	13	22	17	17	50
B	14	14	13	19	15	15	60
C	19	19	20	23	M	M	50
D	M	0	M	0	M	0	50
最高需求量	30	20	70	30	10	50	

对表 4.28 所对应的产销平衡的运输问题，用表上作业法求解，最优解如表 4.29 所示。

表 4.29

化肥厂	地区						产量
	$1'$	$1''$	2	3	$4'$	$4''$	
A			50				50
B			20		10	30	60
C	30	20					50
D				30		20	50
最高需求量	30	20	70	30	10	50	

将表 4.29 的 1 地区、4 地区分别合并，再将虚拟产地行去掉，即可得到原问题总费用最低的调运方案。最优解如表 4.30 所示，最优值为总运费 246 000 元。其中 A 化肥厂往 1 地区在必须满足的 30 吨的基础上多运输了 20 吨，B 化肥厂往 4 地区在必须满足的 10 吨的基础上多运输了 30 吨，这与例 4.6 类似，是为了将化肥全部消化掉。

表 4.30

化肥厂	地区				产量
	1	2	3	4	
A		50			50
B		20		40	60
C	50				50
需求量	30～50	70	0～30	10～60	

解毕

下面是生产与储存问题。

例 4.8　某厂按合同规定须于当年每个季度末分别提供 10、15、25、20 台同一规格的柴油机。已知该厂各季度的生产能力及生产每台柴油机的成本如表 4.31 所示。如果生产出来的柴油机当季不交货，每台每积压一个季度需储存、维护等费用 0.15 万元。试求在完成合同的情况下，使该厂全年生产总费用最小的决策方案。

表 4.31

	生产能力/台	单位成本/万元
第一季度	25	10.8
第二季度	35	11.1
第三季度	30	11.0
第四季度	10	11.3

解：设 x_{ij} 为第 i 季度生产的第 j 季度交货的柴油机数目，那么应满足

交货：

$$\begin{cases} x_{11}=10 \\ x_{12}+x_{22}=15 \\ x_{13}+x_{23}+x_{33}=25 \\ x_{14}+x_{24}+x_{34}+x_{44}=20 \\ x_{ij}\geqslant 0 \end{cases}$$

生产：

$$\begin{cases} x_{11}+x_{12}+x_{13}+x_{14}\leqslant 25 \\ x_{22}+x_{23}+x_{24}\leqslant 35 \\ x_{33}+x_{34}\leqslant 30 \\ x_{44}\leqslant 10 \\ x_{ij}\geqslant 0 \end{cases}$$

把第 i 季度生产的柴油机数目看作第 i 个生产厂的产量，把第 j 季度交货的柴油机数目看作第 j 个销售点的销量，成本加储存、维护等费用看作运费，可构造下列产销平衡问题的目标函数

$$\min f=10.8x_{11}+10.95x_{12}+11.1x_{13}+11.25x_{14}+11.1x_{22}+11.25x_{23}+ 11.4x_{24}+11.0x_{33}+11.15x_{34}+11.3x_{44}$$

及运输数据表(表4.32)。增加D列是为了将产销不平衡的运输问题变为产销平衡的运输问题。

表4.32

	第一季度销售	第二季度销售	第三季度销售	第四季度销售	D	产　量
第一季度生产	10.80	10.95	11.10	11.25	0	25
第二季度生产	M	11.10	11.25	11.40	0	35
第三季度生产	M	M	11.00	11.15	0	30
第四季度生产	M	M	M	11.30	0	10
销　量	10	15	25	20	30	

对表4.32所对应的产销平衡的运输问题，用表上作业法求解，最优解如表4.33所示。

表4.33

	第一季度销售	第二季度销售	第三季度销售	第四季度销售	D	产　量
第一季度生产	10	15		0		25
第二季度生产			5		30	35
第三季度生产			20	10		30
第四季度生产				10		10
销　量	10	15	25	20	30	

将D列去掉，得到最优解如表4.34所示，全年生产总费用最少为773万元。

表4.34

	第一季度销售	第二季度销售	第三季度销售	第四季度销售	产　量
第一季度生产	10	15			25
第二季度生产			5		35
第三季度生产			20	10	30
第四季度生产				10	10
销　量	10	15	25	20	

解毕

例4.9　光明仪器厂生产电脑绣花机是以产定销的。已知1至6月份各月的生产能

力、合同销量和单台电脑绣花机的平均生产费用，如表 4.35 所示。

表 4.35

	正常生产能力/台	加班生产能力/台	销量/台	单台费用/万元
1 月	60	10	104	15.0
2 月	50	10	75	14.0
3 月	90	20	115	13.5
4 月	100	40	160	13.0
5 月	100	40	103	13.0
6 月	80	40	70	13.5

已知上年年末库存 103 台绣花机，如果当月生产出来的机器当月不交货，则需要运到分厂库房，每台增加运输成本 0.1 万元，每台机器每月的平均仓储费、维护费为 0.2 万元。在 7 至 8 月份(销售淡季)，全厂停产 1 个月，因此在 6 月份完成合同销量后还要留出库存 80 台。加班生产机器每台增加成本 1 万元。问如何安排 1 至 6 月份的生产，可使总生产费用(包括运输费、仓储费、维护费)最少？

解：这个生产储存问题可化为运输问题。考虑将各月生产与交货分别视为产地和销地。

① 1 至 6 月份合计生产能力(包括上年年末库存量)为 743 台，销量为 707 台。设一虚拟销地销量为 36 台。

② 上年年末库存 103 台，只有仓储费、维护费和运输费，把它列为第 0 行。

③ 6 月份的需求除 70 台销量外，还要 80 台库存，其需求应为 70＋80＝150 台。

④ 1～6 表示 1 至 6 月份的正常生产情况，1′～6′表示 1 至 6 月份的加班生产情况。

产销平衡与运价表如表 4.36 所示。

表 4.36

	1 月	2 月	3 月	4 月	5 月	6 月	虚拟销地	正常产量	加班产量
0	0.3	0.5	0.7	0.9	1.1	1.3	0	103	
1	15	15.3	15.5	15.7	15.9	16.1	0	60	
1′	16	16.3	16.5	16.7	16.9	17.1	0		10
2	M	14.0	14.3	14.5	14.7	14.9	0	50	
2′	M	15.0	15.3	15.5	15.7	15.9	0		10
3	M	M	13.5	13.8	14	14.2	0	90	
3′	M	M	14.5	14.8	15	15.2	0		20
4	M	M	M	13.0	13.3	13.5	0	100	
4′	M	M	M	14.0	14.3	14.5	0		40
5	M	M	M	M	13.0	13.3	0	100	
5′	M	M	M	M	14.0	14.3	0		40
6	M	M	M	M	M	13.5	0	80	
6′	M	M	M	M	M	14.5	0		40
销　量	104	75	115	160	103	150	36	—	

此例最优解及最优值的结果略。

解毕

§4.5 用优化软件求解运输问题的方法和例子

例 4.10 使用 LINGO 软件计算 6 个发点、8 个收点的最小费用运输问题。产销单位运价如表 4.37 所示。

表 4.37

产 地	销 地								产 量
	B_1	B_2	B_3	B_4	B_5	B_6	B_7	B_8	
A_1	6	2	6	7	4	2	5	9	60
A_2	4	9	5	3	8	5	8	2	55
A_3	5	2	1	9	7	4	3	3	51
A_4	7	6	7	3	9	2	7	1	43
A_5	2	3	9	5	7	2	6	5	41
A_6	5	5	2	2	8	1	4	3	52
销 量	35	37	22	32	41	32	43	38	

解:使用 LINGO 软件,编写程序如下:

```
model:
!6 发点 8 收点运输问题;
sets:
  warehouses/wh1..wh6/:capacity;
  vendors/v1..v8/:demand;
  links(warehouses,vendors):cost,volume;
endsets
!目标函数;
  min = @sum(links:cost * volume);
!需求约束;
  @for(vendors(J):
    @sum(warehouses(I):volume(I,J)) = demand(J));
!产量约束;
  @for(warehouses(I):
    @sum(vendors(J):volume(I,J))<= capacity(I));

!这里是数据;
data:
  capacity = 60 55 51 43 41 52;
```

```
  demand = 35 37 22 32 41 32 43 38;
  cost = 6 2 6 7 4 2 9 5
       4 9 5 3 8 5 8 2
       5 2 1 9 7 4 3 3
       7 6 7 3 9 2 7 1
       2 3 9 5 7 2 6 5
       5 5 2 2 8 1 4 3;
enddata
end
```

然后单击工具栏上的按钮即可。此例最优解的结果略。

解毕

注:@file 函数用于从外部文件中输入数据,可以放在模型中的任何地方。该函数的语法格式为@file('filename')。其中 filename 是文件名,可以采用相对路径和绝对路径两种表示方式。@file 函数对同一文件的两种表示方式的处理和对两个不同文件的处理是一样的,这一点必须注意。

注意在例 4.10 的编码中有两处涉及数据。第一个地方是集部分(sets)的 6 个 warehouses 集成员和 8 个 vendors 集成员;第二个地方是数据部分的 capacity、demand 和 cost 数据。为了使数据和模型完全分开,我们把数据移到外部的文本文件中,修改模型代码以便用@file 函数把数据从外部文件中拖到模型中来。修改后(修改的代码用黑体表示)的模型代码如下:

```
model:
!6 发点 8 收点运输问题;
sets:
  warehouses/@file('1_2.txt') /:capacity;
  vendors/@file('1_2.txt')/:demand;
  links(warehouses,vendors):cost,volume;
endsets
!目标函数;
  min = @sum(links:cost * volume);
!需求约束;
  @for(vendors(J):
    @sum(warehouses(I):volume(I,J)) = demand(J));
!产量约束;
  @for(warehouses(I):
    @sum(vendors(J):volume(I,J))<= capacity(I));

!这里是数据;
data:
```

```
  capacity = @file('1_2.txt');
  demand = @file('1_2.txt') ;
  cost  = @file('1_2.txt') ;
enddata
end
```

模型的所有数据都来自 1_2.txt 文件,其内容如下:

```
!warehouses 成员;
WH1 WH2 WH3 WH4 WH5 WH6 ~

!vendors 成员;
V1 V2 V3 V4 V5 V6 V7 V8 ~

!产量;
60 55 51 43 41 52 ~

!销量;
35 37 22 32 41 32 43 38 ~

!单位运输费用矩阵;
6 2 6 7 4 2 5 9
4 9 5 3 8 5 8 2
5 2 1 9 7 4 3 3
7 6 7 3 9 2 7 1
2 3 9 5 7 2 6 5
5 5 2 2 8 1 4 3
```

把记录结束标记(~)之间的数据文件部分称为**记录**。如果数据文件中没有记录结束标记,那么整个文件被看作单条记录。除了记录结束标记外,模型的文本和数据同它们直接放在模型中时是一样的。

我们来看一下数据文件中的记录结束标记连同模型中的@file 函数调用是如何工作的。当在模型中第一次调用@file 函数时,LINGO 打开数据文件,然后读取第一条记录;第二次调用@file 函数时,LINGO 读取第二条记录;等等。文件的最后一条记录可以没有记录结束标记,当遇到文件结束标记时,LINGO 会读取最后一条记录,然后关闭文件。如果最后一条记录也有记录结束标记,那么直到 LINGO 求解完当前模型后才关闭该文件。如果多个文件同时保持打开状态,可能就会导致一些问题,因为这会使同时打开的文件总数超过允许同时打开文件的上限 16。

当使用@file 函数时,可把记录的内容(除了一些记录结束标记外)看作替代模型中@file('filename')位置的文本。也就是说,一条记录可以是声明的一部分、整个声明或一系列声明。在数据文件中注释被忽略。注意在 LINGO 中不允许嵌套调用@file 函数。

第 5 章　整 数 规 划

§5.1　整数规划问题的提出

在前面讨论的线性规划问题中，有些最优解可能是分数或小数，但对于某些具体的实际问题，常常要求一部分或全部解变量必须取整数值，例如，变量表示的是机器的台数、完成工作的人数、实施的项目数或装货的车数等，再如，开与关、取与舍、真与假等逻辑现象都需要用取值仅为 0 或 1 的变量来进行数量化的描述，所以对这些实际问题，分数或小数的取值就不符合要求。如果为了满足整数解的要求而将已得到的小数解经过“四舍五入”直接取整（或“上取整”“下取整”等），又常常会遇到取整的解不是可行解，或虽是可行解但不是最优解的情况。所以一般需要对求最优整数解的问题另行研究。

若在线性规划模型中，某些或全部变量限制为整数，则称为整数线性规划；若在非线性规划模型中，某些或全部变量限制为整数，则称为非线性整数规划。整数规划严格说来就是带有整数约束的规划问题，但是由于目前常见的整数规划大都为整数线性规划，所以一般提到的整数规划，大多是指整数线性规划，本章除非特别说明，所提到的整数规划也都是整数线性规划。一个整数规划问题，如果变量全限制为整数，则被称为纯（完全）整数规划；如果部分变量限制为整数，则被称为混合整数规划；如果变量只能取 0 或 1，则称为 0-1 整数规划。

考虑如下形式的整数规划问题（ILP）：

$$\max \boldsymbol{c}^{\mathrm{T}}\boldsymbol{x}$$

$$\text{s. t.}\begin{cases}\boldsymbol{Ax}\leqslant\boldsymbol{b}\\ \boldsymbol{x}\geqslant\boldsymbol{0}\\ \boldsymbol{x}\ \text{为整数向量}\end{cases}\tag{5.1}$$

其中 $\boldsymbol{A}=(a_{ij})_{m\times n}$，$\boldsymbol{c}=(c_1,c_2,\cdots,c_n)^{\mathrm{T}}$，$\boldsymbol{b}=(b_1,b_2,\cdots,b_m)^{\mathrm{T}}$ 以及 $\boldsymbol{x}=(x_1,x_2,\cdots,x_n)^{\mathrm{T}}$。在式(5.1)中除去 $\boldsymbol{x}$ 为整数向量这一约束后，就可得到对应的标准线性规划问题（LP）：

$$\max \boldsymbol{c}^{\mathrm{T}}\boldsymbol{x}$$

$$\text{s. t.}\begin{cases}\boldsymbol{Ax}\leqslant\boldsymbol{b}\\ \boldsymbol{x}\geqslant 0\end{cases}\tag{5.2}$$

称式(5.2)是式(5.1)的松弛问题。

对于一个整数规划问题〔比如式(5.1)〕和其对应的松弛问题〔式(5.2)〕,我们容易看出：如果其松弛问题的最优解是整数,则松弛问题的最优解显然也是整数规划问题的最优解;如果整数规划问题〔比如式(5.1)〕和其对应的松弛问题〔式(5.2)〕都有最优解,则整数规划问题〔比如式(5.1)〕的最优值一定不会优于松弛问题〔式(5.2)〕的最优值。

例 5.1 整数规划问题和其松弛问题分别为

$$\max z=x_1+x_2 \qquad\qquad \max z=x_1+x_2$$

$$\text{ILP}:\text{s.t.}\begin{cases}x_1+2x_2\leqslant 4\\ x_1\geqslant 0,x_2\geqslant 0\\ x_1,x_2\text{ 为整数}\end{cases} \qquad \text{LP}:\text{s.t.}\begin{cases}x_1+2x_2\leqslant 4\\ x_1\geqslant 0,x_2\geqslant 0\end{cases}$$

ILP 和其松弛问题 LP 的最优解都为 $x_1=4,x_2=0$,最优值都为 4。

例 5.2 整数规划问题和其松弛问题分别为

$$\max z=x_1+x_2 \qquad\qquad \max z=x_1+x_2$$

$$\text{ILP}:\text{s.t.}\begin{cases}2x_1+3x_2\leqslant 3\\ x_1\geqslant 0,x_2\geqslant 0\\ x_1,x_2\text{ 为整数}\end{cases} \qquad \text{LP}:\text{s.t.}\begin{cases}2x_1+3x_2\leqslant 3\\ x_1\geqslant 0,x_2\geqslant 0\end{cases}$$

ILP 的最优解为 $x_1=0,x_2=1$,最优值为 1,其松弛问题 LP 的最优解为 $x_1=3/2,x_2=0$,最优值为 3/2。

例 5.3 整数规划问题和其松弛问题分别为

$$\max z=x_1+x_2 \qquad\qquad \max z=x_1+x_2$$

$$\text{ILP}:\text{s.t.}\begin{cases}2x_1+4x_2=5\\ x_1\geqslant 0,x_2\geqslant 0\\ x_1,x_2\text{ 为整数}\end{cases} \qquad \text{LP}:\text{s.t.}\begin{cases}2x_1+4x_2=5\\ x_1\geqslant 0,x_2\geqslant 0\end{cases}$$

ILP 的可行域为空集,所以没有最优解,其松弛问题 LP 的最优解为 $x_1=5/2,x_2=0$,最优值为 5/2。

对于标准的线性规划问题,已有有效的算法。那么能否利用求解对应的线性规划问题来求解整数规划问题呢？是的,一般整数规划问题往往正是利用对应的线性规划问题来求解的,但是整数规划问题的求解方法和线性规划问题的求解方法又有很大的区别,而且一般说来,整数规划问题的求解往往会比线性规划问题的求解困难得多(虽然直观看来整数规划是对应线性规划的一种限制情况,因为增加了一些整数约束,但是其可行域是对应线性规划可行域的子集)。

考察图 5.1 所示的情况,可以看出直接取整的方法是不可取的。

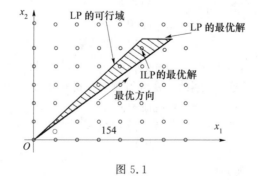

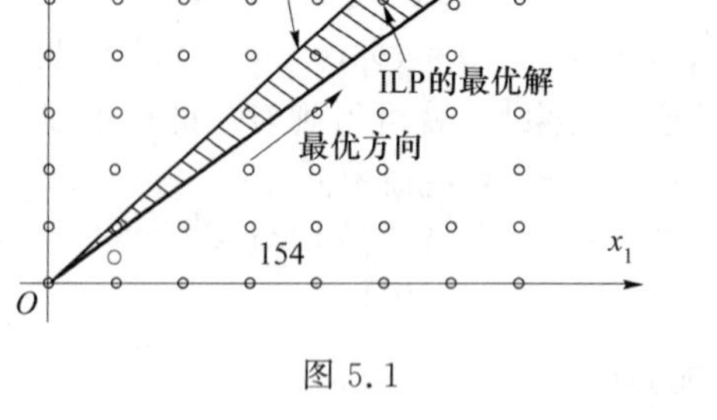

图 5.1

既然整数规划问题的可行域是一些离散的整数点(见图 5.1),如果其可行域有界,那么其中所包含整数点的数目就是有限的,可否用枚举法来解整数规划问题呢? 对一般的整数规划问题,枚举法是无能为力的,比如 100 个城市的旅行售货员问题,所有可能的旅行路线个数为(100)!/2,这是一个天文数字,枚举是不可能的。

由上大致可见,求解整数规划问题比求解对应的线性规划问题往往要困难得多。事实上,整数规划模型并不是线性模型。仅以 0-1 规划而言,决策变量取值为 0 或 1 这个约束是可以用一个等价的非线性约束

$$x_j(1-x_j)=0, j=1,\cdots,n \tag{5.3}$$

来代替的。因而变量的整数限制本质是将一个线性规划问题变为一个非线性约束的优化问题,从而破坏了单纯的线性规划问题的性质,使得线性规划问题的求解方法不再适用于整数规划问题。

目前,很多典型的"困难"问题都是整数规划问题,现实生活的许多领域都有整数规划的实例,比如投资决策问题、设备购置问题、工厂选址问题、下料问题、最短路问题、旅行售货员问题、背包问题,以及将在 5.5 节详细介绍的指派问题等。针对整数规划问题,人们研究并得到了很多巧妙的求解方法(有些方法虽然并不是所谓的"好算法",但也能有效而且相对快速地解决问题),常见的有贪婪算法、动态规划方法、分枝定界法、割平面法、过滤隐枚举法、蒙特卡洛法(随机取样法)、匈牙利算法等。下面我们先介绍一些典型的整数规划问题,再简单介绍一些算法复杂性方面的内容,最后再介绍分枝定界法和匈牙利算法。

§5.2　几个典型的整数规划问题

例 5.4 (0-1 背包问题)　有一个人带一个背包登山,背包可容纳的物品质量的限度为 b。设有 n 种不同的物品可供他选择装入背包中,已知第 $j(j=1,2,\cdots,n)$ 种物品的质量为 $a_j(0<a_j\leqslant b)$,价值为 $c_j(c_j>0)$,并且 $\sum_{j=1}^{n}a_j>b$。问此人应选择携带哪些物品,才能使所携带物品的总价值最大?

分析:设 x_j 为第 j 种物品的装入件数(x_j 要么为 0,要么为 1),则问题的数学模型是

$$\max z=\sum_{j=1}^{n}c_jx_j$$

$$\text{s. t.}\begin{cases}\sum_{j=1}^{n}a_jx_j\leqslant b\\ x_j=0 \text{ 或 } 1, j=1,2,\cdots,n\end{cases}$$

注 1:例 5.4 中的背包问题是指背包和物品都只考虑质量这一个维度,所以也被称作一维背包问题,如果考虑背包和物品都有固定的长度和宽度(价值不变),则问题就变成二维背包问题,类似地,如果考虑背包和物品都有固定的长度、宽度和高度(价值不变),则问题就变成三维背包问题,还可以考虑其他因素。通常如果不作特殊说明,背包问题就是指一维背包问题。

注2:例5.4中"n种不同的物品"是为了让问题更简单,强调"n种不同的物品"的背包问题也被称作"0-1背包问题"(即每件物品要么不放到背包里,要么只能放一件在背包里)。如果例5.4中"n种不同的物品"改为"n件物品",则物品可能有相同的,这时问题就不再是0-1背包问题,会更"难"一些。

例5.5(旅行售货员问题) 有一推销员,从城市v_0出发,要遍访城市$v_1,v_2,\cdots,v_n$各一次,最后返回v_0,已知从v_i到v_j的旅费为c_{ij}(c_{ij}不一定等于c_{ji},$i,j=0,1,\cdots,n$),问他应该按怎样的次序访问这些城市,可使得总旅费最少?(设$c_{ii}=0$)。

分析:对每一对城市v_i和v_j,定义变量x_{ij},令

$$x_{ij}=\begin{cases}1,\text{如果推销员决定从 } v_i \text{ 直接进入 } v_j\\0,\text{其他情况}\end{cases}$$

该问题的数学模型为

$$\min z=\sum_{i,j=0}^{n}c_{ij}x_{ij}$$

$$\text{s.t.}\begin{cases}\sum_{i=0}^{n}x_{ij}=1,j=0,\cdots,n\\\sum_{j=0}^{n}x_{ij}=1,i=0,\cdots,n\\u_i-u_j+nx_{ij}\leqslant n-1,1\leqslant i\neq j\leqslant n\\x_{ij}=0\text{ 或 }1,i,j=0,\cdots,n\\u_i=0,1,\cdots,n,i=0,1,\cdots,n\end{cases}$$

注1:在旅行售货员问题中也可以设$c_{ii}=M$,M为充分大的正数,$i=0,1,\cdots,n$。此时可以将数学模型中的目标函数改为$\min z=\sum_{i,j=0}^{n}c_{ij}x_{ij}$,而约束条件不用变化。

注2:旅行售货员问题的数学模型不唯一,此数学模型中的u_i($i=0,1,\cdots,n$)可以是无任何约束的变量。

例5.6(最短路问题) 设给定了一个有m个节点、n条弧的网络$N(V,E)$,每条弧(i,j)的长度为c_{ij}。对给定的两个节点,设为v_1和v_m,找出从v_1到v_m的总长度最短的路。

分析:若用x_{ij}表示弧(i,j)是否在这条路上,因此显然有$x_{ij}=1$或0,则问题的数学模型是

$$\min\sum_{(i,j)\in E}c_{ij}x_{ij}$$

$$\text{s.t.}\begin{cases}\sum_{(i,j)\in E}x_{ij}-\sum_{(k,i)\in E}x_{ki}=\begin{cases}1,i=1\\0,i\neq 1,i\neq m,v_i\in V\\-1,i=m\end{cases}\\x_{ij}=0\text{ 或 }1,(i,j)\in E\end{cases}$$

注:如果网络上所有弧的长度都是正数,则有多种多项式时间算法都能求出此最短路问题的最优解;但如果网络上有弧的长度是负数而且存在有向圈上的所有弧的权重之和是负数的情况(这种有向圈被称作负有向圈),或者如果网络是无向图,只要有长度是负数的边,则此最短路问题就找不到多项式时间算法了(除非P=NP)。虽然此时数学模型仍然是(整

数)线性规划(注意此数学模型约束条件的系数矩阵是所谓的全幺模矩阵),而且线性规划都有多项式时间算法,但是当网络中出现负圈时,此线性规划是无界的,也就是说用解线性规划的方法只能在多项式时间内得到无界解的结论,却得不到最短路。

例 5.7(选址问题)　某公司拟在市东、西、南三区建立分公司,准备从 7 个位置(点)A_i $(i=1,2,\cdots,7)$中选址,规定:在东区在 A_1,A_2,A_3 3 个点中至多选两个;在西区在 A_4,A_5 两个点中至少选一个;在南区在 A_6,A_7 两个点中至少选一个。如选用 A_i 点,设备投资估计为 b_i,每年可获利润估计为 c_i,但投资总额不能超过 B。选择哪几个点可使年利润最大?

分析:引入 0-1 变量 $x_i(i=1,2,\cdots,7)$,令 $x_i=\begin{cases}1, A_i \text{ 点被选中}\\ 0, A_i \text{ 点没被选中}\end{cases}$,$i=1,2,\cdots,7$。于是问题可列写成

$$\max z=\sum_{i=1}^{7} c_i x_i$$

$$\text{s. t.}\begin{cases}\sum_{i=1}^{7} b_i x_i \leqslant B\\ x_1+x_2+x_3 \leqslant 2\\ x_4+x_5 \geqslant 1\\ x_6+x_7 \geqslant 1\\ x_i=0 \text{ 或 } 1\end{cases}$$

例 5.8　一个非线性整数规划为

$$\max z=x_1^2+x_2^2+3x_3^2+4x_4^2+2x_5^2-8x_1-2x_2-3x_3-x_4-2x_5$$

$$\text{s. t.}\begin{cases}0\leqslant x_i\leqslant 99 \quad (i=1,\cdots,5)\\ x_1+x_2+x_3+x_4+x_5\leqslant 400\\ x_1+2x_2+2x_3+x_4+6x_5\leqslant 800\\ 2x_1+x_2+6x_3\leqslant 200\\ x_3+x_4+5x_5\leqslant 200\end{cases}$$

§5.3　算法及算法复杂性问题简介

一个**问题**(problem)是指所有的同一类问题,并不只是一个给定了数字的具体问题〔后者称作一个**实例**(case)〕,这与在生活中所说的问题是不同的。比如,所有的线性规划〔形如式(2.3)〕只能算作一个问题,如 0-1 背包问题、旅行售货员问题等,而具体的一个线性规划(如例 2.3)就只是一个实例,不能称作一个问题。一个**算法**(algorithm)是指能解决一个问题(不是一个实例)的详细方法和步骤,算法代表着用系统的方法描述解决问题的策略机制。设计一个算法,首先要考虑两个问题,第一是保证算法的正确性,第二是考虑算法的复杂性。比如,对线性规划问题,单纯形算法就是一个算法,在第 2 章的内容中,2.4 节、2.5 节、2.6 节、2.7 节都是为了介绍单纯形算法的正确性;但是,从算法复杂性方面来说,单纯形算法不

是一个多项式时间算法,而 Karmarkar 算法就是一个多项式时间算法,那么,什么是多项式时间算法?什么是算法复杂性?

算法复杂性问题是一个比较复杂的问题,下面我们用尽量简单的语言作一个简要的介绍。详细情况可参考《组合最优化算法和复杂性》(C. H. Papadimitriou、K. Steiglitz 著,刘振宏、蔡茂诚译,清华大学出版社)等著作。

在 20 世纪 70 年代,随着计算机的发展,利用计算机解决实际问题变得越来越普遍,而算法是人们为计算机设计的解决实际问题的指令,但是计算机科学家们很快提出了一个问题,给定一个带有输入的计算机程序,它会停机吗(所谓的**停机问题**)?进而,即使一个算法能够在有限的时间内停机,但如果它需要的时间太长,也就没有实际作用了。

衡量一个算法的效果,最广泛采用的标准是:它在得到最终答案前所用时间的多少。由于计算机的速度不同和指令系统不同,从而算法所用时间的多少随着计算机的不同而有很大的差别,因此,在算法分析中,通常用初等运算(算术运算、比较和转移指令等)的步数,来表示一个算法在假设的计算机上执行时所需的时间。每做一次初等运算,就假设是一个单位时间。一个算法所需要的运算步数当然与输入的规模和算法的步骤有关,如果用 n 表示输入的规模,则算法对输入的数据有不同的运算,通常把其中最坏的情况(即最复杂时的运算量),定义为该算法关于输入规模为 n 的复杂性。因此算法复杂性是输入规模的函数,比如 $10n^3$、2^n 或 $n\log_2 n$ 等。当然仅在输入规模 n 很大时,才考虑算法的计算复杂性。

描述算法复杂性通常以整数规划问题(或组合优化问题)为研究对象,而且要以**判定问题**("yes"或"no" 的问题)为研究对象,但由于每个整数规划问题都能定义与其密切相关的一个判定问题(也有很多著名的整数规划问题本身就是判定问题),所以这里我们就简单地将一个问题理解为一个(整数规划问题的)判定问题。

对一个问题 A,其输入规模为 n,问题 A 有一个算法 B,算法 B 的计算复杂性为 $f(n)$,如果存在一个 n 的多项式函数 $p(n)$,使得对充分大的 n,都有 $f(n)\leqslant p(n)$,则称算法 B 是一个有**多项式界的算法**,也称为**多项式算法**(polynomial algorithm),或简称**"好"算法、多项式算法**;问题 A 则称为多项式问题(Polynomial problem,P 问题)。若多项式函数 $p(n)$ 的最高次数为正整数 k,则可以将此多项式函数 $p(n)$ 简记为 $O(n^k)$,或称算法 B 的时间复杂性为 $O(n^k)$。

目前,有很多问题找到了多项式时间算法。比如,对任意 n 个数进行排序(从小到大或从大到小),图论中很多的优化问题(没有负有向圈的最短路问题、最优树问题、最大流问题……),线性规划问题…… 所有的有多项式时间算法的(判定)问题都称作 P 类问题。P 类问题可以理解为"容易"的问题。

此外还有 NP 类问题(Non-deterministic Polynomial problem)。一个问题如果不能在多项式时间内解决或不确定能不能在多项式时间内解决,但能在多项式时间内验证一个解的正确与否,则这类问题被称作 NP 问题。所有的 NP 问题都称作 NP 类问题。(注意 NP 不是"Not Polynomial"的缩写,而是"Non-deterministic Polynomial"的缩写。)

P 类问题是 NP 类问题的一个子集。但是在 NP 类问题中仍有许多问题至今都没有找到多项式时间算法,而且几乎不可能有多项式时间算法,它们被称为 **NP-完全**或 **NP-完备**(NP-Complete)问题,简称 NPC 问题。NPC 问题有如下特点:

① 没有一个 NPC 问题可以用任何已知的多项式时间算法来解决；

② 如果有一个 NPC 问题有多项式时间算法，则所有的 NPC 问题都有多项式时间算法。

目前，有很多个 NPC 问题（已经有几千个了），比如最早被 S. Cook 于 1971 年证明的“可满足性问题（SAT）”，著名的“0-1 背包问题”“旅行售货员问题”……，以及图论中的“最小顶点覆盖问题”“最大团问题”“Hamilton 圈问题”……NPC 问题可以理解为“困难”的问题。

P 类问题、NP 类问题、NPC 问题三者之间的关系如图 5.2 所示。

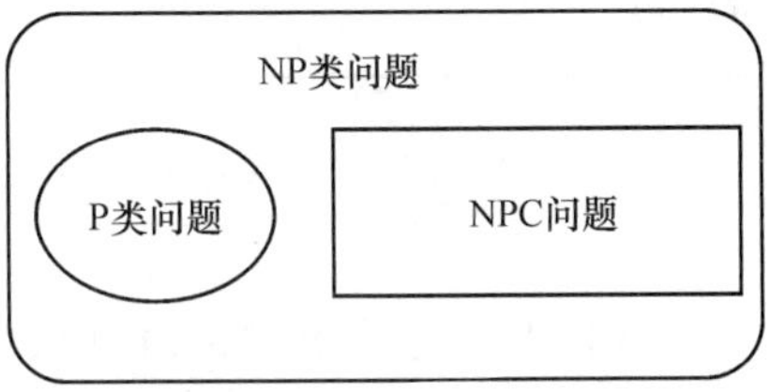

图 5.2

人们发现，所有的 NP 问题都可以转换为一类叫作满足性问题的逻辑运算问题。既然这类问题的所有可能答案都可以在多项式时间内验证，于是人们就猜想，这类问题是否存在一个确定性算法，可以在多项式时间内直接算出或是搜寻出正确的答案呢？这就是著名的 P＝NP 或 P≠NP 的问题。

解决这个猜想，目前有两个稍“容易”的可能性，一个可能性是只要针对某个特定 NPC 问题找到一个多项式时间算法，则所有 NPC 问题就都可以迎刃而解了，因为它们可以在多项式时间内转化为同一个问题；另外一个可能性是这样的多项式时间算法是不存在的（哪怕是针对某个特定的 NPC 问题），这就需要从数学理论上证明它为什么不存在。

美国的克雷（Clay）数学研究所于 2000 年 5 月 24 日在巴黎法兰西学院宣布了一件被媒体炒得火热的大事：对 7 个“千禧年数学难题”每一个悬赏一百万美元。NP＝P 或 NP≠P 的问题就是其中之一，直到目前，这一问题仍然没有解决，悬赏仍然有效。但是绝大多数的数学家和计算机学家都认为 NP≠P，只是没有人能从数学理论上给出完美的证明。

还有一些问题被称作 **NP-困难**（NP-Hard）问题。NP-Hard 问题是指这样一类问题：所有的 NP 问题（包括 NPC 问题）都能在多项式时间内转化为这样一类问题中的某一个。简单来说就是如果这样一类问题有多项式时间算法，则所有 NP 问题都有多项式时间算法。但 NP-Hard 问题不一定是 NP 问题。（例如停机问题。所有 NP 问题都能通过多项式时间转化为将输入转化来做停机问题的输出，最后得到同样的 yes/no 结果。方法比如设置布尔变量为真使其循环就不会停机，为假就退出循环而停机。这样多项式转化算法就构造好了。然而停机问题并不是 NP 问题，因为它对于随机的输入是不可验证的，也就是说验证过程无法在多项式时间内完成，所以其不是 NP 问题。）

NPC 问题既是 NP-Hard 问题，又是 NP 问题。由于 NP-Hard 问题的转化性质，如果 NPC 问题解决了，那所有的 NP 问题也就解决了。

此外，还有一类问题被称作 NPI 问题（NP-Intermediate problem），这类问题首先是 NP 问题，但是既不属于 P 问题（目前还没有找到多项式时间算法），也不属于 NPC 问题（证明不了),这类问题比较著名的有两个:一个就是图的同构问题(graph isomorphism problem),另一个是因子分解问题(factoring problem)。

P 类问题、NP 类问题、NPC 问题、NP-Hard 问题、NPI 问题五者之间的关系如图 5.3 所示。

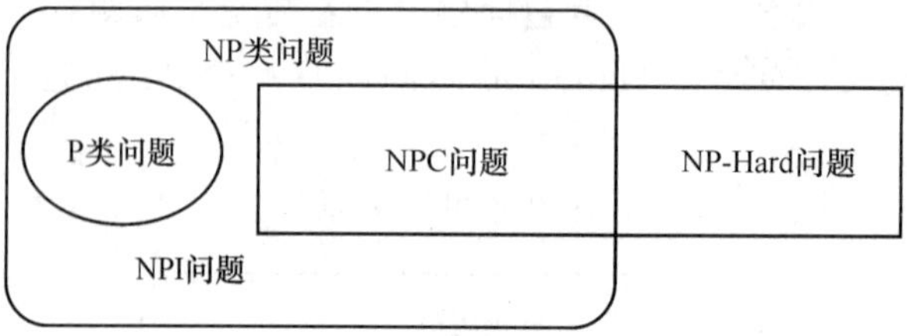

图 5.3

其中:

$$\text{NP 类问题} = \text{P 类问题} \cup \text{NPC 问题} \cup \text{NPI 问题}$$

$$\text{NPC 问题} \subseteq \text{NP-Hard 问题}$$

$$\text{NPC 问题} = \text{NP 类问题} \cap \text{NP-Hard 问题}$$

如果一个问题被证明是 NPC 问题或 NP-Hard 问题,基本上就不要尝试找多项式时间算法了,但这并不意味着放弃这个问题,通常还会继续进行研究,比如:设计一些虽然不是多项式时间算法,但也能有效而且相对快速地解决此问题的方法,如 5.1 节所述;或者考虑寻找此问题的近似最优解;或者将问题进行简化,比如最短路问题,当权重全部是正数时,就有多项式时间算法了。

下面我们就以 0-1 背包问题为例,简单介绍当寻找近似最优解的方法时会相应地考虑什么问题。对于例 5.4 所述的 0-1 背包问题,首先设计如下算法。

贪婪算法(求解 0-1 背包问题)

① 设背包可容纳的质量限度为 b,对于 $j=1,2,\cdots,n$,第 j 件物品的质量为 a_j,其中 $0<a_j\leqslant b$,价值为 $c_j>0$,计算 $e_j=\dfrac{c_j}{a_j}(j=1,2,\cdots,n)$。

② 将 e_j 按照从大到小的顺序排好,在此顺序下,设第 $j(j=1,2,\cdots,n)$ 件物品的质量为 a_j',其中 $0<a_j'\leqslant b$,价值为 $c_j'>0$,令 $x_j=0$,并令 $A=a_1'$,$C=c_1'$,$i=1$,$x_1=1$。

③ 如果 $A+a_{i+1}'\leqslant b$,则 $A=A+a_{i+1}'$,$C=C+c_{i+1}'$,$x_{i+1}=1$。

④ $i=i+1$,如果 $i=n$,结束;否则转③。

注 1:一般所说的贪婪算法并不是真正的算法,而是一种解决问题的思想,这种思想几乎可以用在任何问题的求解过程中,也是运筹学中最常使用的思想之一。而且贪婪算法的思想在很多时候很有效,甚至在有些问题中,只用贪婪算法的思想就能有效而且快捷地找到最优解。这里的"贪婪算法(求解 0-1 背包问题)"就是用贪婪算法的思想设计的一个求解 0-1背包问题的算法,简称"贪婪算法"。

注 2:此贪婪算法只能找到 0-1 背包问题的近似解(注意 0-1 背包问题是 NPC 问题),通常对于近似解,还需要考虑近似程度,近似程度可以用$\dfrac{\text{近似值}}{\text{最优值}}$或$\dfrac{\text{近似值}}{\text{最优值的上(下)界}}$来表示,如果求最大值,$\dfrac{\text{近似值}}{\text{最优值}}$(或$\dfrac{\text{近似值}}{\text{最优值的上界}}$)$<1$,则越接近于 1,近似程度越好。那么,此贪

婪算法的近似程度为多少呢？表面看上去，此贪婪算法应该是很好的，是符合常人的思维方式的，通常情况下，此贪婪算法求出的近似值是比较令人满意的。但令人意外的是，下面一个非常简单的例子(例 5.9)说明，此贪婪算法的近似程度可能会非常差(衡量近似程度常用的一个准则是“最坏”估计准则，也就是在考虑最差的情况下，近似程度是多少)。

注 3：此贪婪算法是多项式时间算法。步骤①中除法的计算次数共 n 次。步骤②中排序所需的计算次数为：如果按照“冒泡法”排序，至多需要比较$\frac{n(n-1)}{2}$次；如果按照“快速排序法”排序，至多需要比较 $n\log_2^n$ 次。步骤③和步骤④中每件物品需要比较两次，进行加法计算 4 次，共 n 件物品，所以至多需要比较 $2n$ 次，进行加法计算 $4n$ 次。所以此贪婪算法所需要的计算次数至多为 $n\log_2^n+7n$ 次或$\frac{n(n-1)}{2}+7n$ 次。当 n 充分大时，只需要考量计算次数中的 n 的最高次方就可以了，比如，$n\log_2^n+7n$ 中 n 的最高次方为比 1 次方大一点点($\log_2^n$ 比 n 的任何次方都要小)，可简记为 $O(n)$，$\frac{n(n-1)}{2}+7n$ 中 n 的最高次方为 2 次方，可简记为 $O(n^2)$。

例 5.9　对于例 5.4，令 $b=1$(kg)，$n=2$，$a_1=1$(kg)，$c_1=1$(10^3 元)，$a_2=\frac{\varepsilon}{2}$(kg)，$c_2=\varepsilon$($10^3$ 元)(其中 $0<\varepsilon\ll 1$)。

分析：此实例如果用贪婪算法来求解，只能放入背包中价值为 ε，重量为$\frac{\varepsilon}{2}$的一件物品。但是显然，此实例实际的最优解是放入背包中价值为 1 000 元，重量为 1 kg 的一件物品。所以贪婪算法求解 0-1 背包问题的近似程度不超过 ε，而 ε 可以接近于 0，所以此贪婪算法的近似程度是非常差的(最坏估计)。

但是，在贪婪算法的基础上，稍作改进，就可以得到近似程度较好的结果。

改进的贪婪算法(求解 0-1 背包问题)　设贪婪算法所得到的近似值为 $\bar{C}$，在用贪婪算法求解的过程中第一个不能放入背包中的物品的价值为 C_0，取 $\max\{\bar{C},C_0\}$ 作为改进的贪婪算法所得到的放入背包中物品的总价值，记为$\bar{\bar{C}}$。

① 设背包可容纳的质量限度为 b，对于 $j=1,2,\cdots,n$，第 j 件物品的质量为 a_j，其中 $0<a_j\leqslant b$，价值为 $c_j>0$，计算 $e_j=\frac{c_j}{a_j}(j=1,2,\cdots,n)$。

② 将 e_j 按照从大到小的顺序排好，在此顺序下，设第 $j(j=1,2,\cdots,n)$件物品的质量为 a_j'，其中 $0<a_j'\leqslant b$，价值为 $c_j'>0$，令 $x_j=0$，$d_j=0$，$dc_j=0$，$da_j=0$；令 $A=a_1'$，$C=c_1'$，$i=1$，$x_1=1$，$k=0$。

③ 如果 $A+a_{i+1}'\leqslant b$，则 $A=A+a_{i+1}'$，$C=C+c_{i+1}'$，$x_{i+1}=1$；否则，令 $k=k+1$，$d_k=i+1$，$dc_k=c_{i+1}'$，$da_k=a_{i+1}'$。

④ $i=i+1$；如果 $i=n$，令 $\bar{C}=C$，$C_0=dc_1$，$\bar{\bar{C}}=\max\{\bar{C},C_0\}$，结束；否则转③。

分析：改进的贪婪算法所得到的放入背包中物品的总价值$\bar{\bar{C}}$与 0-1 背包问题的理论最优值 C^* 的比值大于或等于 50%。

证明：显然，因为 $C^*\leqslant\bar{C}+C_0\leqslant\bar{\bar{C}}+\bar{\bar{C}}=2\bar{\bar{C}}$，所以$\frac{\bar{\bar{C}}}{C^*}\geqslant 50\%$。

证毕

所以改进的贪婪算法相比于贪婪算法,在求解0-1背包问题时,只是多了一次计算 $\max\{\bar{C},C_0\}$(和一点点不需要计算的赋值),计算量只增加了一次比较,但近似程度却从贪婪算法的 ε 提高到了改进的贪婪算法的至少50%。

§5.4 分枝定界法

分枝定界法(branch and bound)也称分支定界法,是在20世纪60年代初由Land Doig和Dakin等人提出的,由于这种方法灵活且便于用计算机求解,所以现在它已是解整数规划问题的一种重要而且常用的方法。甚至目前分枝定界法已发展成一种用途十分广泛的求解问题的一种方法,可以用来求一般的优化问题(非整数规划问题),但更常见的是经常用来求解整数线性规划问题。实际上分枝定界法与贪婪算法类似,是考虑问题的一种途径,而不是一种特殊算法(如求解线性规划问题的单纯形算法是一种算法),也不像单纯形算法那样有一个标准的数学表达式和明确定义的一组规则。用分枝定界法解决问题必须对具体问题进行具体分析处理,技巧性很强,不同类型的问题解法也不尽相同,但解整数线性规划问题的方法相对较为规范。下面我们介绍用分枝定界法求解整数线性规划(下面都简称整数规划)问题的内容。另外,分枝定界法不但可以求解纯整数规划问题,还可以求解混合整数规划问题。

设有最大化的整数规划问题A(注1:本章只考虑A的可行域是有限域的情形,虽然有时A的可行域是无限域也有可能可以用分枝定界法求解。注2:最小化的整数规划问题的求解方法是类似的,只作相应的考虑即可),与它相对应的线性规划问题(松弛问题)为问题B(其可行域也为有限域),分枝定界法的思路就是将B的可行域分割为越来越小的子集(相应地得到B的子问题,都是线性规划问题),称为分枝;对B和B的每个子问题分别进行求解,并从解中分析得到A的最优值的下界 $\underline{z}$ 和上界 $\bar{z}$,这称为定界;在每次分枝后,凡是最优值小于 $\underline{z}$(对于最小化的整数规划问题则考虑大于 $\bar{z}$)的那些子集不再进一步分枝,这样,许多子集可不予考虑,这称为剪枝;逐步对每个子集继续进行分割,并通过分析对 $\bar{z}$ 和 $\underline{z}$ 逐步进行减小和增大,最终分析出A的最优值 z^*。具体可用下面的步骤来表示(最大化的整数规划问题)。

分枝定界法的步骤如下。

第1步:从解问题B开始(用任何有效的求解线性规划问题的方法均可,比如单纯形算法),如果B没有可行解,这时A也没有可行解,计算结束;如果B的最优解是原问题A的可行解,那么这个解就是原问题A的最优解,计算结束;如果B的最优解不符合A的整数条件,那么B的最优(目标函数)值必是A的最优(目标函数)值 z^* 的上界,记作 $\bar{z}$;而A的任意可行解的目标函数值作为 z^* 的一个下界 $\underline{z}$。

第2步:将B(或加了某些约束条件的替代问题 B')分成若干子问题(分枝),要求各子问题的可行域并集包含A的可行域,但一般要包含于B的可行域,然后对每个子问题求最优解。这些子问题的最优值中的最优者若是A的可行解,则它就是A的最优解(值),计算结束;否则,它的目标函数值就是A的最优值的一个新的上界,仍记更新了的上界为 $\bar{z}$。如果各子问题的最优解中有A的可行解,选这些可行解的最大目标函数值作为A的最优值的一个下界，仍记更新了的下界为 $\underline{z}$。

第 3 步：对于最优解的目标函数值已小于下界 $\underline{z}$ 的子问题，其可行域中必无 A 的最优解，可以放弃(剪枝)；对于最优解的目标函数值大于下界 $\underline{z}$ 的子问题，都先保留下来。

第 4 步：在保留下的所有子问题中，继续分枝(重复第 2 步和第 3 步，但不再是将 B 或 B′分枝了，而是将保留下的所有子问题分别进行分枝)，并且逐步更新 A 的最优值的上界 $\bar{z}$ 和下界 $\underline{z}$，直到求出最优解(值)。(对每一子问题，如果已经找到该子问题的最优解并且其是 A 的可行解，而且优于 $\underline{z}$，则更新为新的 $\underline{z}$；而所有子问题的最优解中目标函数值最大的为新的上界 $\bar{z}$。由于在分枝时，所有子问题的可行域的并集随着分枝的进行越来越趋近于 A 的可行域，所以 $\bar{z}$ 会越来越小。这样 A 的最优值 z^* 在 $\bar{z}$ 的减小和 $\underline{z}$ 的增大中逐步被“逼”着分析出来。)

下面用具体的例子来说明。

例 5.10　求解下述整数规划：

$$\max z=40x_1+90x_2$$
$$\text{s.t.}\begin{cases}9x_1+7x_2\leqslant 56\\7x_1+20x_2\leqslant 70\\x_1,x_2\geqslant 0,\text{且为整数}\end{cases}$$

解：① 设此问题为 A，其松弛问题为 B，解 B(比如用单纯形算法)，得 B 的最优解为 $x_1=4.809\,2,x_2=1.816\,8$，最优值为 $z=355.877\,9$。可见 $x_1=4.809\,2,x_2=1.816\,8$ 不符合 A 的整数约束条件。这时 $z=355.877\,9$ 可作为问题 A 的最优值 z^* 的上界，记作 $\bar{z}=355.877\,9$。而 $x_1=0,x_2=0$ 显然是问题 A 的一个整数可行解，这时 $z=0$，可作为 z^* 的一个下界，记作 $\underline{z}=0$，即 $0\leqslant z^*\leqslant 356$。

② 因为 x_1,x_2 当前均为非整数，不满足 A 的整数要求，任选一个对 B 进行分枝。设选 x_1 对 B 进行分枝，把 B 的可行集分成 2 个子集：

$$x_1\leqslant[4.809\,2]=4,\quad x_1\geqslant[4.809\,2]+1=5$$

这一步称为分枝。因为 4 与 5 之间无整数，故这两个子集内的整数解必与 A 的可行域一致，所以 A 的最优解一定属于这两个子集的并集。这两个子问题及最优解、最优值(仍用单纯形算法求解)分别如下：

$$\max z_1=40x_1+90x_2$$
$$B_1:\text{s.t.}\begin{cases}9x_1+7x_2\leqslant 56\\7x_1+20x_2\leqslant 70\\0\leqslant x_1\leqslant 4,x_2\geqslant 0\end{cases}$$

(最优解为 $x_1=4.0,x_2=2.1$，最优值为 $z_1=349$)

$$\max z_2=40x_1+90x_2$$
$$B_2:\text{s.t.}\begin{cases}9x_1+7x_2\leqslant 56\\7x_1+20x_2\leqslant 70\\x_1\geqslant 5,x_2\geqslant 0\end{cases}$$

(最优解为 $x_1=5.0,x_2=1.57$，最优值为 $z_2=341.4$)

由于这两个子集内的整数解与 A 的可行域一致，而

$$\max\{349,341.4\}=349<\bar{z}=355.877\,9$$

所以可以得到 A 的最优值 z^* 的新的上界 $\bar{z}=349$，而 $\underline{z}=0$ 没有发生变化。

③ 对问题 B_1 再进行分枝得子问题 B_{11} 和 B_{12}，B_{11} 和 B_{12} 及其最优解、最优值分别为

$$\max z_{11}=40x_1+90x_2$$

$$B_{11}:\text{s. t.}\begin{cases}9x_1+7x_2\leqslant 56\\7x_1+20x_2\leqslant 70\\0\leqslant x_1\leqslant 4\\0\leqslant x_2\leqslant 2\end{cases}$$

(最优解为 $x_1=4,x_2=2$，最优值为 $z_{11}=340$)

$$\max z_{12}=40x_1+90x_2$$

$$B_{12}:\text{s. t.}\begin{cases}9x_1+7x_2\leqslant 56\\7x_1+20x_2\leqslant 70\\0\leqslant x_1\leqslant 4\\x_2\geqslant 3\end{cases}$$

(最优解为 $x_1=1.43,x_2=3.00$，最优值为 $z_{12}=327.14$)

可得 A 的最优值 z^* 的新的下界 $\underline{z}=340$，并且由于 $z_{12}=327.14<\underline{z}$，所以将 B_{12} 进行剪枝。同样对问题 B_2 再进行分枝得子问题 B_{21} 和 B_{22}，B_{21} 和 B_{22} 及其最优解、最优值分别为

$$\max z_{21}=40x_1+90x_2$$

$$B_{21}:\text{s. t.}\begin{cases}9x_1+7x_2\leqslant 56\\7x_1+20x_2\leqslant 70\\x_1\geqslant 5\\0\leqslant x_2\leqslant 1\end{cases}$$

(最优解为 $x_1=5.44,x_2=1.00$，最优值为 $z_{21}=308$)

$$\max z_{22}=40x_1+90x_2$$

$$B_{22}:\text{s. t.}\begin{cases}9x_1+7x_2\leqslant 56\\7x_1+20x_2\leqslant 70\\x_1\geqslant 5\\x_2\geqslant 2\end{cases}$$

(无可行解，无最优解)

由于当前 $\underline{z}=340$，所以将 B_{21} 和 B_{22} 进行剪枝。

于是可以断定原问题 A 的最优解为 $x_1=4,x_2=2$，最优值为 $z^*=340$。

这是因为 A 的最优解显然属于剪枝后剩下的所有子问题的可行域并集(这里剩下的子问题只有 B_{11} 了)，所以剩下的所有子问题最优解的最优者，如果是 A 的可行解，则一定是 A 的最优解。

解毕

§5.5 指派问题和匈牙利算法

在现实生活中，有各种性质的指派问题。例如：有若干项工作需要分配给若干人(或部门、机器等)来完成，每人完成同样的工作所需费用(效率等)不同；有若干项合同需要选择若

干个投标者来承包,每个投标者承包同样的合同投标额不同;有若干班级需要安排在各教室上课;有若干条航线需要指定若干个航班;等等。诸如此类的问题,它们的基本要求是在满足特定指派要求的条件下,使指派方案的总体效果最佳。

由于指派问题的多样性,所以有必要定义指派问题的标准形式。

§5.5.1 指派问题的标准形式及数学模型

设有 n 个人被分配去做 n 项工作,规定每个人只做一项工作,每项工作只能由一个人去做。已知第 i 个人去做第 j 项工作的费用为 $c_{ij}(i=1,2,\cdots,n;j=1,2,\cdots,n)$,并假设 $c_{ij}\geqslant 0$。问应如何分配才能使总费用最少?

引入决策变量

$$x_{ij}=\begin{cases}1,\text{若分配第 } i \text{ 个人去做第 } j \text{ 项工作} \\ 0,\text{否则}\end{cases} \qquad i,j=1,2,\cdots,n$$

那么第 i 个人去做第 j 项工作的费用为 $c_{ij}x_{ij}$,从而 $\sum_{i=1}^{n}\sum_{j=1}^{n}c_{ij}x_{ij}$ 即总费用,$\sum_{i=1}^{n}x_{ij}=1(j=1,2,\cdots,n)$ 表示每项工作都由一个人去做,$\sum_{j=1}^{n}x_{ij}=1(i=1,2,\cdots,n)$ 表示每个人只做一项工作。

于是指派问题的数学模型为

$$\min z=\sum_{i=1}^{n}\sum_{j=1}^{n}c_{ij}x_{ij}$$

$$\text{s.t.}\begin{cases}\sum_{j=1}^{n}x_{ij}=1,i=1,2,\cdots,n \\ \sum_{i=1}^{n}x_{ij}=1,j=1,2,\cdots,n \\ x_{ij}=0 \text{ 或 } 1,i,j=1,2,\cdots,n\end{cases} \tag{5.4}$$

可以看出:

① 指派问题是产量($\sum_{i=1}^{n}a_i$)、销量($\sum_{i=1}^{n}b_j$)相等,且 $a_i=b_j=1(i,j=1,2,\cdots,n)$的运输问题;

② 指派问题是0-1型整数线性规划问题。

指派问题是一类特殊的整数规划问题,又是特殊的0-1规划问题和特殊的运输问题,因此,它可以用多种相应的解法来求解,但是这些解法都没有充分利用指派问题的特殊性质,从而有效地减少计算量。下面我们介绍专门求解指派问题的匈牙利算法。

称 c_{ij} 为第 i 个人完成第 j 项工作所需的费用数,称为**费用系数(或资源系数、价值系数、效率系数等)**,称矩阵

$$\boldsymbol{C}=(c_{ij})_{n\times n}=\begin{pmatrix}c_{11} & c_{12} & \cdots & c_{1n} \\ c_{21} & c_{22} & \cdots & c_{2n} \\ \vdots & \vdots & & \vdots \\ c_{n1} & c_{n2} & \cdots & c_{nn}\end{pmatrix} \tag{5.5}$$

为**费用矩阵**(或**资源矩阵**、**价值矩阵**、**效率矩阵**等),并称由决策变量 x_{ij} 构成的 $n\times n$ 矩阵

$$X=(x_{ij})_{n\times n}=\begin{pmatrix} x_{11} & x_{12} & \cdots & x_{1n} \\ x_{21} & x_{22} & \cdots & x_{2n} \\ \vdots & \vdots & & \vdots \\ x_{n1} & x_{n2} & \cdots & x_{nn} \end{pmatrix} \tag{5.6}$$

为**决策变量矩阵**。其中可行的决策变量矩阵(5.6)的特征是它有 n 个 1,其他元素都是 0。这 n 个 1 不同行、不同列。每一种情况都为指派问题的一个可行解,所以指派问题共有 $n!$ 个可行解。对每一个决策变量矩阵 $\boldsymbol{X}$,其总费用可表示为 $z=\boldsymbol{C}\odot\boldsymbol{X}$,这里的$\odot$表示两矩阵对应元素的积,然后相加。

问题是:把这 n 个不同行、不同列的 1 放到 $\boldsymbol{X}$ 的 n^2 个位置的什么地方可使耗费的总费用最少?能使得总费用最少的可行解 $\boldsymbol{X}^*$ 就是**指派问题的最优解**,最优解 $\boldsymbol{X}^*$ 对应的费用值 $z^*=\boldsymbol{C}\odot\boldsymbol{X}^*$ 就是**指派问题的最优值**。(资源最少、价值最高、效率最大等其他问题也都类似。)

例 5.11 已知费用矩阵 $\boldsymbol{C}=\begin{pmatrix} 5 & 0 & 2 & 0 \\ 2 & 3 & 0 & 0 \\ 0 & 5 & 6 & 7 \\ 4 & 8 & 0 & 0 \end{pmatrix}$,则容易验证

$$\boldsymbol{X}(1)=\begin{pmatrix} 0 & 1 & 0 & 0 \\ 0 & 0 & 0 & 1 \\ 1 & 0 & 0 & 0 \\ 0 & 0 & 1 & 0 \end{pmatrix},\quad \boldsymbol{X}(2)=\begin{pmatrix} 0 & 1 & 0 & 0 \\ 0 & 0 & 1 & 0 \\ 1 & 0 & 0 & 0 \\ 0 & 0 & 0 & 1 \end{pmatrix}$$

都是指派问题的最优解。

定义 5.5.1 在费用矩阵 $\boldsymbol{C}$ 中,有一组在不同行、不同列的零元素,称为**独立零元素组**,此时每个元素都称为**独立零元素**。

例 5.11 中$\{c_{12}=0,c_{24}=0,c_{31}=0,c_{43}=0\}$是一个独立零元素组,$c_{12}=0$,$c_{24}=0$,$c_{31}=0$,$c_{43}=0$ 分别称为独立零元素。$\{c_{12}=0,c_{23}=0,c_{31}=0,c_{44}=0\}$也是一个独立零元素组,而$\{c_{14}=0,c_{23}=0,c_{31}=0,c_{44}=0\}$就不是一个独立零元素组,因为 $c_{14}=0$ 与 $c_{44}=0$ 这两个零元素位于同一列中。

从例 5.11 中可以看出,如果在一个费用矩阵 $\boldsymbol{C}$ 中能找到一个独立零元素组,而且独立零元素的个数就是 n,则在决策变量矩阵中令与 $\boldsymbol{C}$ 中独立零元素的位置对应的决策变量为 1,其余的决策变量为 0,就找到了指派问题的一个最优解。

但是在有的问题中费用矩阵 $\boldsymbol{C}$ 中独立零元素的个数不够 n 个,这样就无法求出最优指派方案。1955 年,库恩(W. W. Kuhn)在此基础上提出了指派问题的解法,他引用了匈牙利数学家康尼格(D. Konig)提出的一个关于矩阵中 0 元素的定理(1931 年):系数矩阵中独立 0 元素的最多个数等于能覆盖所有 0 元素的最少直线数(偶图中最大匹配的边数等于最小覆盖的顶点数)。这个解法虽然之后又经过多人的改写或改进(1957 年 Munkres,1967 年 Edmonds 等),但仍沿用匈牙利算法这个名称。

§5.5.2 标准指派问题的匈牙利算法

定理 5.5.1 设指派问题的费用矩阵为 $\boldsymbol{C}=(c_{ij})_{n\times n}$,若将该矩阵某一行(或某一列)的

各个元素都减去同一常数 T（T 可正可负），得到新的费用矩阵 $C'=(c'_{ij})_{n\times n}$，则以 C' 为费用矩阵的新指派问题与原指派问题的最优解相同，但其最优值比原最优值减少了 T。

证明：设式(5.4)为原指派问题。现将矩阵 C 的第 k 行元素都减去同一常数 T，记新指派问题的目标函数为 z'，则有

$$z'=\sum_{i=1}^{n}\sum_{j=1}^{n}c'_{ij}x_{ij}=\sum_{\substack{i=1\\i\neq k}}^{n}\sum_{j=1}^{n}c'_{ij}x_{ij}+\sum_{j=1}^{n}c'_{kj}x_{kj}=\sum_{\substack{i=1\\i\neq k}}^{n}\sum_{j=1}^{n}c_{ij}x_{ij}+\sum_{j=1}^{n}(c_{kj}-T)x_{kj}$$

$$=\sum_{\substack{i=1\\i\neq k}}^{n}\sum_{j=1}^{n}c_{ij}x_{ij}+\sum_{j=1}^{n}c_{kj}x_{kj}-T\sum_{j=1}^{n}x_{kj}=\sum_{i=1}^{n}\sum_{j=1}^{n}c_{ij}x_{ij}-T=z-T$$

因此有 $\min z'=\min z-T$，而新指派问题的约束方程同原指派问题。

证毕

推论 5.5.1 若将指派问题的费用矩阵每一行及每一列分别减去各行及各列的最小元素，则得到的新指派问题与原指派问题有相同的最优解。

当将费用矩阵的每一行都减去各行的最小元素，将所得矩阵的每一列再减去当前列中的最小元素，则最后得到的新费用矩阵 C' 中必然出现一些零元素。设 $c'_{ij}=0$，从第 i 行来看，它表示第 i 个人去做第 j 项工作所需费用(相对)最少；而从第 j 列来看，这个0表示第 j 项工作以第 i 个人来做所需费用(相对)最少。

定理 5.5.2 费用矩阵 C 中独立零元素的最多个数等于能覆盖所有零元素的最少直线数。(证明略，具体能覆盖所有零元素的最少直线的做法详见下面的匈牙利算法。)

匈牙利算法的具体步骤如下。

① 变换费用矩阵，将 C 的每行都减去当前行中的最小值，每列也都减去当前列中的最小值(直到每行和每列都出现0元素)，得到新矩阵 C'。

② 用括0法或其他方法求出新矩阵 C' 中的独立零元素(括0法具体见下面的说明)。如果独立零元素有 n 个，令与 C' 中独立零元素的位置对应的决策变量为1，其余的决策变量为0，就找到了指派问题的一个最优解，算法停止；否则进行下一步。

③ 用最少直线覆盖 C' 中所有零元素：

a. 对 C' 中所有不含被括0元素的行打√；

b. 对打√的行中，对所有零元素所在的列打√；

c. 在所有打√的列中，对被括0元素所在的行打√；

d. 重复上述b、c两步，直到不能进一步打√为止。

e. 对未打√的每一行划一直线，对已打√的每一列划一纵线，即得到覆盖当前0元素的最少直线。

④ 在未被直线覆盖过的元素中找最小元素，将打√行的各元素减去这个最小元素，将打√列的各元素加上这个最小元素(以避免打√行中出现负元素)，这样就增加了零元素的个数。所得矩阵仍记为 C'，转到步骤②。

说明1：括0法即先对 C' 进行逐行检验，在每行只有一个未标记的零元素时，用"()"将该零元素括起，然后将被括起的零元素所在的列的其他未标记的零元素用记号"×"划去，重复行检验，直到每一行都没有未被标记的零元素或至少有两个未被标记的零元素为止；进行列检验，在每列只有一个未被标记的零元素时，用记号"()"将该元素括起，然后对该零元素

所在行的其他未被标记的零元素打×,重复列检验,直到每一列都没有未被标记的零元素或有两个未被标记的零元素为止。这时可能出现以下3种情况。

(a) 每一行均有被括的0出现,被括0的个数恰好等于 n。

(b) 存在未标记的零元素,但在它们所在的行和列中,未标记过的零元素均至少有两个(表示对这人可以从两项任务中指派其一)。

(c) 不存在未被标记过的零元素,但括0的个数小于 n。

若情况(a)出现,则令被括0元素对应的决策变量取值为1,其他决策变量取值均为零,得到一个最优指派方案,算法停止。

若情况(b)出现,可用不同的方案去试探,比如,从剩有0元素最少的行(列)开始,选择0元素少的那行(列)的某个0元素加"()"(表示选择性多的要"礼让"选择性少的)。然后用"×"划去同行同列的其他0元素。再进行行、列检验,反复进行,直到出现情况(a)或(c),出现情况(a)则由上述得到一最优指派,计算停止。若出现情况(c),则转入匈牙利算法中的③。

说明2:说明1中的括0法是一种"尝试"找独立零元素的方法,能"很快"地找到一组独立的零元素。在图论中有一个多项式时间算法能够找到一个偶图的最大匹配,实际上,一个偶图的最大匹配就等价于这里矩阵中最大的独立零元素组(独立零元素个数最多)。所以找到一个最大的独立零元素组是有多项式时间算法的,而括0法实现起来更简单。

说明3:在匈牙利算法中第③步的原理就是康尼格定理,即定理5.5.2。

下面我们以例题来说明指派问题如何用匈牙利算法求解。

例5.12 给定费用矩阵

$$\boldsymbol{C}=\begin{pmatrix} 2 & 15 & 13 & 4 \\ 10 & 4 & 14 & 15 \\ 9 & 14 & 16 & 13 \\ 7 & 8 & 11 & 9 \end{pmatrix}$$

求此费用矩阵对应的标准指派问题。

解:① 变换费用矩阵,将各行、各列都减去当前各行、各列中的最小元素,得到新矩阵 $\boldsymbol{C}'$:

$$\boldsymbol{C}=\begin{pmatrix} 2 & 15 & 13 & 4 \\ 10 & 4 & 14 & 15 \\ 9 & 14 & 16 & 13 \\ 7 & 8 & 11 & 9 \end{pmatrix} \xrightarrow{\text{行变换}} \begin{pmatrix} 0 & 13 & 11 & 2 \\ 6 & 0 & 10 & 11 \\ 0 & 5 & 7 & 4 \\ 0 & 1 & 4 & 2 \end{pmatrix} \xrightarrow{\text{列变换}} \begin{pmatrix} 0 & 13 & 7 & 0 \\ 6 & 0 & 6 & 9 \\ 0 & 5 & 3 & 2 \\ 0 & 1 & 0 & 0 \end{pmatrix}=\boldsymbol{C}'$$

$\boldsymbol{C}'$ 中每行、每列都必然出现零元素。

② 用括0法求出新矩阵 $\boldsymbol{C}'$ 中的独立零元素。先对 $\boldsymbol{C}'$ 进行逐行检验,在每行只有一个未标记的零元素时,用"()"将该零元素括起。然后将被括起的零元素所在的列的其他未标记的零元素用记号"×"划去。如 $\boldsymbol{C}'$ 中第2行、第3行都只有一个未标记的零元素,用"()"分别将它们括起。然后用"×"划去第1列其他未被标记的零元素(第2列没有),见 $\boldsymbol{C}''$:

$$
\boldsymbol{C}' \longrightarrow \begin{pmatrix} \not{0} & 13 & 7 & 0 \\ 6 & (0) & 6 & 9 \\ (0) & 5 & 3 & 2 \\ \not{0} & 1 & 0 & 0 \end{pmatrix} = \boldsymbol{C}''
$$

重复行检验，直到每一行都没有未被标记的零元素或至少有两个未被标记的零元素为止。本题 $\boldsymbol{C}''$ 中第 1 行此时只有 1 个未被标记的零元素，因此括起 $\boldsymbol{C}''$ 中第 1 行第 4 列的零元素，然后用“×”划去第 4 列中未被标记的零元素。这时第 4 行也只有一个未被标记的零元素 c_{43}，再用“()”括起，见 $\boldsymbol{C}'''$：

$$
\boldsymbol{C}'' \longrightarrow \begin{pmatrix} \not{0} & 13 & 7 & (0) \\ 6 & (0) & 6 & 9 \\ (0) & 5 & 3 & 2 \\ \not{0} & 1 & (0) & \not{0} \end{pmatrix} = \boldsymbol{C}''', \quad \boldsymbol{X}^* = \begin{pmatrix} 0 & 0 & 0 & 1 \\ 0 & 1 & 0 & 0 \\ 1 & 0 & 0 & 0 \\ 0 & 0 & 1 & 0 \end{pmatrix}
$$

此时，被括起的 0 的个数已经等于 4 了，所以可以找到最优解 $\boldsymbol{X}^*$ 了。

解毕

注：例 5.12 只经过行变换就找到了最优解。但是对一般的标准指派问题还可能需要继续进行列和行的检验以及其他的过程才能找到最优解。

例 5.13　某商业公司计划开办 5 家新商店。为了尽早建成营业，商业公司决定由 5 家建筑公司分别承建这 5 家新商店。已知建筑公司 $A_i(i=1,2,\cdots,5)$ 对新商店 $B_j(j=1,2,\cdots,5)$ 的建造费用的报价（万元）为 $c_{ij}(i,j=1,2,\cdots,5)$，见表 5.1。商业公司应当对 5 家建筑公司怎样分派建筑任务，才能使总的建筑费用最少？

表 5.1

建筑公司	新商店				
	B_1	B_2	B_3	B_4	B_5
A_1	4	8	7	15	12
A_2	7	9	17	14	10
A_3	6	9	12	8	7
A_4	6	7	14	6	10
A_5	6	9	12	10	6

解：已知例 5.13 中指派问题的系数矩阵为

$$
\boldsymbol{C} = \begin{pmatrix} 4 & 8 & 7 & 15 & 12 \\ 7 & 9 & 17 & 14 & 10 \\ 6 & 9 & 12 & 8 & 7 \\ 6 & 7 & 14 & 6 & 10 \\ 6 & 9 & 12 & 10 & 6 \end{pmatrix}
$$

先对各行元素分别减去本行的最小元素，然后对各列也如此，即

$$C \xrightarrow{\text{行变换}} \begin{pmatrix} 0 & 4 & 3 & 11 & 8 \\ 0 & 2 & 10 & 7 & 3 \\ 0 & 3 & 6 & 2 & 1 \\ 0 & 1 & 8 & 0 & 4 \\ 0 & 3 & 6 & 4 & 0 \end{pmatrix} \xrightarrow{\text{列变换}} \begin{pmatrix} 0 & 3 & 0 & 11 & 8 \\ 0 & 1 & 7 & 7 & 3 \\ 0 & 2 & 3 & 2 & 1 \\ 0 & 0 & 5 & 0 & 4 \\ 0 & 2 & 3 & 4 & 0 \end{pmatrix} = C'$$

此时,C'中各行、各列都已出现零元素。用括 0 法得到如下结果:

$$C' = \begin{pmatrix} \cancel{0} & 3 & (0) & 11 & 8 \\ (0) & 1 & 7 & 7 & 3 \\ \cancel{0} & 2 & 3 & 2 & 1 \\ \cancel{0} & (0) & 5 & \cancel{0} & 4 \\ \cancel{0} & 2 & 3 & 4 & (0) \end{pmatrix}$$

有 4 个独立零元素,独立零元素个数少于系数矩阵阶数,出现情况(c),需要做最少直线覆盖当前所有零元素,步骤如下。

① 对 C' 中所有不含被括 0 元素的行打√,如第 3 行。

② 在打√的行中,对所有零元素所在的列打√,如第 1 列。

③ 在所有打√的列中,对被括 0 元素所在行打√,如第 2 行。

④ 重复上述②与③两步,直到不能进一步打√为止。

⑤ 对未打√的每一行划一直线,如第 1、4、5 行。对已打√的每一列划一纵线,如第 1 列,即得到覆盖当前 0 元素的最少直线数,见 C''。

$$C'' = \begin{pmatrix} \cancel{0} & 3 & (0) & 11 & 8 \\ (0) & 1 & 7 & 7 & 3 \\ \cancel{0} & 2 & 3 & 2 & 1 \\ \cancel{0} & (0) & 5 & \cancel{0} & 4 \\ \cancel{0} & 2 & 3 & 4 & (0) \end{pmatrix} \begin{matrix} \\ \checkmark \\ \checkmark \\ \\ \\ \end{matrix}$$

$$\checkmark \text{(第 1 列)}$$

再对矩阵 C''作进一步变换,以增加 0 元素。在未被直线覆盖的元素中找最小元素 1,将打√行的各元素减去 1,将打√列的各元素加上 1,得到矩阵 C''':

$$C''' = \begin{pmatrix} 1 & 3 & 0 & 11 & 8 \\ 0 & 0 & 6 & 6 & 2 \\ 0 & 1 & 2 & 1 & 0 \\ 1 & 0 & 5 & 0 & 4 \\ 1 & 2 & 3 & 4 & 0 \end{pmatrix}$$

再对已增加了零元素的矩阵,用括 0 法找出独立零元素组:

$$C''' = \begin{pmatrix} 1 & 3 & (0) & 11 & 8 \\ 0 & (0) & 6 & 6 & 2 \\ (0) & 1 & 2 & 1 & \cancel{0} \\ 1 & \cancel{0} & 5 & (0) & 4 \\ 1 & 2 & 3 & 4 & (0) \end{pmatrix}$$

$\boldsymbol{C}'''$中已有 5 个独立零元素，故可确定指派问题的最优方案。最优解为

$$\boldsymbol{X}^* = \begin{pmatrix} 0 & 0 & 1 & 0 & 0 \\ 0 & 1 & 0 & 0 & 0 \\ 1 & 0 & 0 & 0 & 0 \\ 0 & 0 & 0 & 1 & 0 \\ 0 & 0 & 0 & 0 & 1 \end{pmatrix}$$

也就是说，最优指派方案是：A_1 承建 B_3，A_2 承建 B_2，A_3 承建 B_1，A_4 承建 B_4，A_5 承建 B_5。这样安排能使总的建造费最少，为 $z=7+9+6+6+6=34$ 万元。

解毕

§5.5.3　一般指派问题的匈牙利算法

在实际应用中，人们常会遇到非标准形式，解决的思路是：先将其转化成标准形式，然后再用匈牙利算法求解。但是只有一部分非标准形式的指派问题能用这种方式求解，还有一部分非标准形式的指派问题不能用这种方法来解，甚至有些非标准形式的指派问题属于NP-Hard问题。下面列出了 4 类能够转化为标准形式的特殊指派问题。

1. 最大化的指派问题

其一般形式为

$$\max z = \sum_{i=1}^{n}\sum_{j=1}^{n} c_{ij}x_{ij}$$

$$\text{s. t.} \begin{cases} \sum_{i=1}^{n} x_{ij} = 1(j = 1,2,\cdots,n) \\ \sum_{j=1}^{n} x_{ij} = 1(i = 1,2,\cdots,n) \\ x_{ij} = 0,1(i,j = 1,2,\cdots,n) \end{cases}$$

处理办法：设最大化的指派问题的系数矩阵为 $\boldsymbol{C}=(c_{ij})_{n\times n}$，令

$$m=\max_{i,j=1,2,\cdots,n}\{c_{ij}\}, \quad \boldsymbol{B}=(b_{ij})_{n\times n}=(m-c_{ij})_{n\times n}$$

则以 $\boldsymbol{B}$ 为系数矩阵的最小化的指派问题和以 $\boldsymbol{C}$ 为系数矩阵的原最大化的指派问题有相同的最优解。

例 5.14　某工厂有 4 名工人 A_1，A_2，A_3，A_4，分别操作 4 台车床 B_1，B_2，B_3，B_4，每小时的单产量如表 5.2 所示，求产值最大的分配方案。

表 5.2

工人	车床			
	B_1	B_2	B_3	B_4
A_1	10	9	8	7
A_2	3	4	5	6
A_3	2	1	1	2
A_4	4	3	5	6

解:

$$C=(c_{ij})_{n\times n}=\begin{pmatrix}10 & 9 & 8 & 7\\ 3 & 4 & 5 & 6\\ 2 & 1 & 1 & 2\\ 4 & 3 & 5 & 6\end{pmatrix}$$

$$m=\max\{10,9,8,7,3,4,5,6,2,1,1,2,4,3,5,6\}=10$$

$$B=(b_{ij})_{n\times n}=(10-c_{ij})_{n\times n}=\begin{pmatrix}0 & 1 & 2 & 3\\ 7 & 6 & 5 & 4\\ 8 & 9 & 9 & 8\\ 6 & 7 & 5 & 4\end{pmatrix}$$

$$B\xrightarrow{\text{行变换}}\begin{pmatrix}0 & 1 & 2 & 3\\ 3 & 2 & 1 & 0\\ 0 & 1 & 1 & 0\\ 2 & 3 & 1 & 0\end{pmatrix}\xrightarrow{\text{列变换}}\begin{pmatrix}0 & 0 & 1 & 3\\ 3 & 1 & 0 & 0\\ 0 & 0 & 0 & 0\\ 2 & 2 & 0 & 0\end{pmatrix}=B'$$

由 B' 就可以得到最优解

$$X^*=\begin{pmatrix}1 & 0 & 0 & 0\\ 0 & 0 & 0 & 1\\ 0 & 1 & 0 & 0\\ 0 & 0 & 1 & 0\end{pmatrix}$$

从而产值最大的分配方案也为 X^*,最大产值为 $z=10+6+1+5=22$。

解毕

2. 人数和事数不等的指派问题

若人数小于事数,添一些虚拟的“人”,此时这些虚拟的“人”做各件事的费用系数取为 0,理解为这些费用实际上不会发生。

若人数大于事数,添一些虚拟的“事”,此时这些虚拟的“事”被各个人做的费用系数同样也取为 0。

例 5.15 现有 4 个人,5 项工作。每人做每项工作所耗时间如表 5.3 所示,问指派哪个人去完成哪项工作,可使总消耗最小?

表 5.3

工人	工作				
	B_1	B_2	B_3	B_4	B_5
A_1	10	11	4	2	8
A_2	7	11	10	14	12
A_3	5	6	9	12	14
A_4	13	15	11	10	7

解:添加虚拟人 A_5,构造标准耗时矩阵

$$\boldsymbol{C}=\begin{pmatrix}10&11&4&2&8\\7&11&10&14&12\\5&6&9&12&14\\13&15&11&10&7\\0&0&0&0&0\end{pmatrix}\xrightarrow{\text{行变换}}\begin{pmatrix}8&9&2&0&6\\0&4&3&7&5\\0&1&4&7&9\\6&8&4&3&0\\0&0&0&0&0\end{pmatrix}=\boldsymbol{C}'$$

可验证 $\boldsymbol{C}'$ 中被括 0 数为 4，需要找出最少覆盖 0 的直线。最少覆盖 0 的直线如下：

$$\boldsymbol{C}'=\begin{pmatrix}8&9&2&0&6\\0&4&3&7&5\\0&1&4&7&9\\6&8&4&3&0\\0&0&0&0&0\end{pmatrix}$$

需要增加零元素，从未划去的元素中找最小者：$\min\{4,3,7,5,1,4,7,9\}=1$。未划去的行减去此最小者 1，划去的列加上此最小者 1，得 $\boldsymbol{C}''$。

$$\boldsymbol{C}''=\begin{pmatrix}9&9&2&0&6\\0&3&2&6&4\\0&0&3&6&8\\7&8&4&3&0\\1&0&0&0&0\end{pmatrix}$$

此时可得最优指派

$$\boldsymbol{X}^*=\begin{pmatrix}0&0&0&1&0\\1&0&0&0&0\\0&1&0&0&0\\0&0&0&0&1\\0&0&1&0&0\end{pmatrix}$$

从而最少耗时为 $z=2+7+6+7=22$。

解毕

3. 一个人可做几件事的指派问题

若某人可做几件事，则可将该人化作相同的几个"人"来接受指派。这几个"人"做同一件事的费用系数当然一样。（但是这种做法要和其他条件结合使用，通常不能单独使用。）

例 5.16　对例 5.13 的指派问题，为了保证工程质量，经研究决定，舍弃建筑公司 A_4 和 A_5，让技术力量较强的建筑公司 A_1，A_2，A_3 来承建。根据实际情况，可以允许每家建筑公司承建一家或两家商店。求使总费用最少的指派方案。

解：此时反映投标费用的系数矩阵为

$$\begin{pmatrix}4&8&7&15&12\\7&9&17&14&10\\6&9&12&8&7\end{pmatrix}$$

由于每家建筑公司最多可承建两家新商店，因此，把每家建筑公司都化作相同的两家建筑公司（A_i 和 $A_i{}'$，$i=1,2,3$）。这样系数矩阵变为

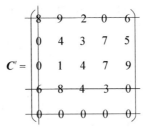

$$\begin{pmatrix} 4 & 8 & 7 & 15 & 12 \\ 4 & 8 & 7 & 15 & 12 \\ 7 & 9 & 17 & 14 & 10 \\ 7 & 9 & 17 & 14 & 10 \\ 6 & 9 & 12 & 8 & 7 \\ 6 & 9 & 12 & 8 & 7 \end{pmatrix}$$

而上面的系数矩阵有 6 行 5 列,为了使“人”和“事”的数目相同,再引入一件虚拟事,使其成为标准的指派问题,其系数矩阵为

$$\boldsymbol{C}=\begin{pmatrix} 4 & 8 & 7 & 15 & 12 & 0 \\ 4 & 8 & 7 & 15 & 12 & 0 \\ 7 & 9 & 17 & 14 & 10 & 0 \\ 7 & 9 & 17 & 14 & 10 & 0 \\ 6 & 9 & 12 & 8 & 7 & 0 \\ 6 & 9 & 12 & 8 & 7 & 0 \end{pmatrix}$$

$$\boldsymbol{C}\xrightarrow{\text{列变换}}\begin{pmatrix} 0 & 0 & 0 & 7 & 5 & 0 \\ 0 & 0 & 0 & 7 & 5 & 0 \\ 3 & 1 & 10 & 6 & 3 & 0 \\ 3 & 1 & 10 & 6 & 3 & 0 \\ 2 & 1 & 5 & 0 & 0 & 0 \\ 2 & 1 & 5 & 0 & 0 & 0 \end{pmatrix}=\boldsymbol{C}'$$

$\boldsymbol{C}'$的被括 0 数为 5,小于 6,找覆盖 0 元素的最少直线数,并增加 0 元素,结果如下:

$$\boldsymbol{C}'=\begin{pmatrix} 0 & 0 & 0 & 7 & 5 & 0 \\ 0 & 0 & 0 & 7 & 5 & 0 \\ 3 & 1 & 10 & 6 & 3 & 0 \\ 3 & 1 & 10 & 6 & 3 & 0 \\ 2 & 1 & 5 & 0 & 0 & 0 \\ 2 & 1 & 5 & 0 & 0 & 0 \end{pmatrix}\longrightarrow\begin{pmatrix} 0 & 0 & 0 & 7 & 5 & 1 \\ 0 & 0 & 0 & 7 & 5 & 1 \\ 2 & 0 & 9 & 5 & 2 & 0 \\ 2 & 0 & 9 & 5 & 2 & 0 \\ 2 & 1 & 5 & 0 & 0 & 1 \\ 2 & 1 & 5 & 0 & 0 & 1 \end{pmatrix}=\boldsymbol{C}''$$

从而得到最优指派

$$\boldsymbol{X}^*=\begin{pmatrix} 0 & 0 & 1 & 0 & 0 & 0 \\ 1 & 0 & 0 & 0 & 0 & 0 \\ 0 & 1 & 0 & 0 & 0 & 0 \\ 0 & 0 & 0 & 0 & 0 & 1 \\ 0 & 0 & 0 & 0 & 1 & 0 \\ 0 & 0 & 0 & 1 & 0 & 0 \end{pmatrix}$$

得到总费用最少的指派方案为:公司 A_1 承建商店 B_1 和 B_3;公司 A_2 承建商店 B_2(其中 B_6 为虚拟工程);公司 A_3 承建商店 B_4 和 B_5。总费用为 $z=7+4+9+7+8=35$ 万元。

解毕

4. 某事不能由某人去做的指派问题

某事不能由某人去做,可将此人做此事的费用取作足够大的 M。

例 5.17 分配甲、乙、丙、丁 4 个人去完成 A、B、C、D、E 5 项任务，每人完成各项任务的时间如表 5.4 所示。由于任务重，人数少，考虑：

① 任务 E 必须完成，其他 4 项任务可选 3 项完成，但甲不能做 A 项任务；

② 其中有一人完成两项，其他人每人完成一项。

试分别确定最优分配方案，使完成任务的总时间最少。

表 5.4

人	任务				
	A	B	C	D	E
甲	25	29	31	42	37
乙	39	38	26	20	33
丙	34	27	28	40	32
丁	24	42	36	23	45

解：这是一人数与任务数不等的指派问题，若用匈牙利算法求解，需作一下处理。

① 首先，由于任务数大于人数，所以需要有一个虚拟的人，设为戊；其次，因为任务 E 必须完成，故设戊完成 E 的时间为 M（M 为非常大的数），即戊不能做任务 E，其余的假想时间为 0，由于甲不能做 A 项任务，所以再将甲完成任务 A 的时间由 25 修改为 M，建立表 5.5。

表 5.5

人	任务				
	A	B	C	D	E
甲	M	29	31	42	37
乙	39	38	26	20	33
丙	34	27	28	40	32
丁	24	42	36	23	45
戊	0	0	0	0	M

用匈牙利算法求解的过程如下：

$$\begin{pmatrix} M & 29 & 31 & 42 & 37 \\ 39 & 38 & 26 & 20 & 33 \\ 34 & 27 & 28 & 40 & 32 \\ 24 & 42 & 36 & 23 & 45 \\ 0 & 0 & 0 & 0 & M \end{pmatrix} \xrightarrow{\text{行、列变换}} \begin{pmatrix} M & 0 & 2 & 13 & 3 \\ 19 & 18 & 6 & 0 & 8 \\ 7 & 0 & 1 & 13 & 0 \\ 1 & 19 & 13 & 0 & 17 \\ 0 & 0 & 0 & 0 & M \end{pmatrix}$$

被括 0 数为 4，小于 5，找最少覆盖 0 的直线，增加 0 元素，可得 $\boldsymbol{C}''$：

$$\boldsymbol{C}' = \begin{pmatrix} M & 0 & 2 & 13 & 3 \\ 19 & 18 & 6 & 0 & 8 \\ 7 & 0 & 1 & 13 & 0 \\ 1 & 19 & 13 & 0 & 17 \\ 0 & 0 & 0 & 0 & M \end{pmatrix}, \quad \boldsymbol{C}'' = \begin{pmatrix} M & 0 & 2 & 13 & 3 \\ 18 & 17 & 5 & 0 & 7 \\ 7 & 0 & 1 & 14 & 0 \\ 0 & 18 & 12 & 0 & 16 \\ 0 & 0 & 0 & 1 & M \end{pmatrix}$$

从而得到最优指派

$$X^* = \begin{pmatrix} 0 & 1 & 0 & 0 & 0 \\ 0 & 0 & 0 & 1 & 0 \\ 0 & 0 & 0 & 0 & 1 \\ 1 & 0 & 0 & 0 & 0 \\ 0 & 0 & 1 & 0 & 0 \end{pmatrix}$$

即甲做任务 B,乙做任务 D,丙做任务 E,丁做任务 A,戊为虚拟人,做任务 C,实际上任务 C 没有人做。最少的耗时数 $z=29+20+32+24=105$。

② 设虚拟人戊,它集五人优势于一身,即戊做每项任务的费用是每人所做的此项任务的最低费用,如表 5.6 所示。

表 5.6

人	任务				
	A	B	C	D	E
甲	25	29	31	42	37
乙	39	38	26	20	33
丙	34	27	28	40	32
丁	24	42	36	23	45
戊	24	27	26	20	32

下面用匈牙利算法求解:

$$C = \begin{pmatrix} 25 & 29 & 31 & 42 & 37 \\ 39 & 38 & 26 & 20 & 33 \\ 34 & 27 & 28 & 40 & 32 \\ 24 & 42 & 36 & 23 & 45 \\ 24 & 27 & 26 & 20 & 32 \end{pmatrix} \xrightarrow{\text{行、列变换}} \begin{pmatrix} 0 & 4 & 5 & 17 & 7 \\ 19 & 18 & 5 & 0 & 8 \\ 7 & 0 & 0 & 13 & 0 \\ 1 & 9 & 12 & 0 & 17 \\ 4 & 7 & 5 & 0 & 7 \end{pmatrix} = C'$$

被括 0 元素的个数为 3,小于 5,作 0 元素的最少直线覆盖:

$$C' = \begin{pmatrix} 0 & 4 & 5 & 17 & 7 \\ 19 & 18 & 5 & 0 & 8 \\ 7 & 0 & 0 & 13 & 0 \\ 1 & 9 & 12 & 0 & 17 \\ 4 & 7 & 5 & 0 & 7 \end{pmatrix}$$

增加 0 元素得

$$C'' = \begin{pmatrix} 0 & 4 & 5 & 18 & 7 \\ 18 & 17 & 4 & 0 & 7 \\ 7 & 0 & 0 & 14 & 0 \\ 0 & 8 & 11 & 0 & 16 \\ 3 & 6 & 4 & 0 & 6 \end{pmatrix}$$

再括 0 且试指派，被括 0 元素的个数为 3，仍小于 5，作 0 元素的最少直线覆盖，并增加 0 元素，得 $\boldsymbol{C}'''$：

$$\boldsymbol{C}'''=\begin{pmatrix}0 & 0 & 1 & 18 & 3\\18 & 13 & 1 & 0 & 3\\11 & 0 & 0 & 18 & 0\\0 & 4 & 7 & 0 & 12\\3 & 2 & 0 & 0 & 2\end{pmatrix}$$

得最优指派

$$\boldsymbol{X}^{*}=\begin{pmatrix}0 & 1 & 0 & 0 & 0\\0 & 0 & 0 & 1 & 0\\0 & 0 & 0 & 0 & 1\\1 & 0 & 0 & 0 & 0\\0 & 0 & 1 & 0 & 0\end{pmatrix}$$

甲做任务 B，乙做任务 D，丙做任务 E，丁做任务 A，戊做任务 C。但其中戊是虚拟人，不能真做任务，为它指派 C 任务是借乙的（此列最小时数 26 是乙所创的业绩）优势，应由乙来做，即乙做两件任务：D、C。故最终结果为：甲做任务 B，乙做任务 C、D，丙做任务 E，丁做任务 A。

解毕

§5.6　用优化软件求解整数规划问题的方法和例子

§5.6.1　用 LINGO 求解整数规划问题的方法和例子

用 LINGO 软件包求解整数规划问题非常方便，就像求解线性规划问题一样，只要把整数规划的数学模型输入页面后，注明变量的取值是整数或只能为 0 或 1，然后求解就可以了。系统会自动识别是整数规划问题，并用求解整数规划问题的方法求解（一般是系统内置的分枝定界法）。

其中 LINGO 对变量的界定函数就是对变量取值范围的附加限制，共 4 种：

- @bin(x)，限制变量 x 为 0 或 1；
- @bnd(L,x,U)，限制变量 x 的最小值为 L，最大值为 U；
- @free(x)，取消对变量 x 的默认下界为 0 的限制，即 x 可以取任意实数；
- @gin(x)，限制变量 x 为整数。

在默认情况下，LINGO 规定变量是非负的，也就是说下界为 0，上界为 $+\infty$。@free 取消了默认的下界为 0 的限制，使变量也可以取负值。@bnd 用于设定一个变量的上下界，它也可以取消默认下界为 0 的约束。

例 5.18　用 LINGO 求解例 5.5 中的旅行售货员问题（又称货郎担问题，Traveling

Salesman Problem,TSP)。

解:

```
! 旅行售货员问题;
model:
sets:
  city / 1.. 5/: u;
  link( city, city):
       dist,  ! 距离矩阵;
          x;
endsets
  n = @size( city);
data:   ! 距离矩阵,它并不需要是对称的;
  dist = @qrand(1);  ! 随机产生,这里可改为要解决的问题的数据;
enddata
  ! 目标函数;
  min = @sum( link: dist * x);

  @FOR( city( K):
    ! 进入城市 K;
    @sum( city( I)| I #ne# K: x( I, K)) = 1;

    ! 离开城市 K;
    @sum( city( J)| J #ne# K: x( K, J)) = 1;
  );

  ! 保证不出现子圈;
  @for(city(I)|I #gt# 1:
    @for( city( J)| J#gt#1 #and# I #ne# J:
      u(I)-u(J)+n*x(I,J)<=n-1);
  );

  ! 限制 u 的范围,以加速模型的求解,保证所加限制并不排除掉 TSP 的最优解;
  @for(city(I) | I #gt# 1: u(I)<=n-2 );
  ! 定义 X 为 0\1 变量;
  @for( link: @bin(x));
  @for( link: @gin(u));
end
```

计算的部分结果如图 5.4 所示。

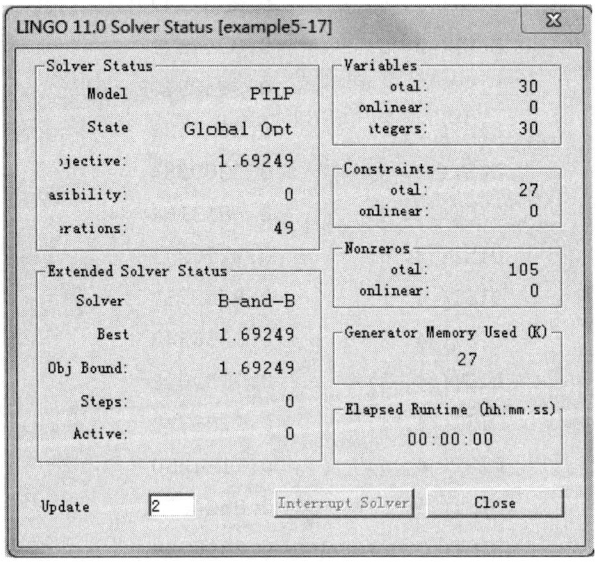

图 5.4

以下是详细结果,图 5.4 是解的状态报告窗口。

Global optimal solution found.

Objective value:	1.692489
Objective bound:	1.692489
Infeasibilities:	0.000000
Extended solver steps:	0
Total solver iterations:	49

Variable	Value	Reduced Cost
N	5.000000	0.000000
U(1)	0.000000	0.000000
U(2)	1.000000	0.000000
U(3)	3.000000	0.000000
U(4)	2.000000	0.000000
U(5)	0.000000	0.000000
DIST(1, 1)	0.4491774	0.000000
DIST(1, 2)	0.2724506	0.000000
DIST(1, 3)	0.1240430	0.000000
DIST(1, 4)	0.9246848	0.000000
DIST(1, 5)	0.4021706	0.000000
DIST(2, 1)	0.7091469	0.000000
DIST(2, 2)	0.1685199	0.000000

```
DIST( 2, 3)      0.8989646           0.000000
DIST( 2, 4)      0.2502747           0.000000
DIST( 2, 5)      0.8947571           0.000000
DIST( 3, 1)      0.8648940E-01       0.000000
DIST( 3, 2)      0.6020591           0.000000
DIST( 3, 3)      0.3380884           0.000000
DIST( 3, 4)      0.6813164           0.000000
DIST( 3, 5)      0.2236271           0.000000
DIST( 4, 1)      0.9762987           0.000000
DIST( 4, 2)      0.8866343           0.000000
DIST( 4, 3)      0.7139008           0.000000
DIST( 4, 4)      0.2288770           0.000000
DIST( 4, 5)      0.7134250           0.000000
DIST( 5, 1)      0.8524679           0.000000
DIST( 5, 2)      0.2396538           0.000000
DIST( 5, 3)      0.5735525           0.000000
DIST( 5, 4)      0.1403314           0.000000
DIST( 5, 5)      0.6919708           0.000000
   X( 1, 1)       0.000000           0.4491774
   X( 1, 2)       0.000000           0.2724506
   X( 1, 3)       0.000000           0.1240430
   X( 1, 4)       0.000000           0.9246848
   X( 1, 5)       1.000000           0.4021706
   X( 2, 1)       0.000000           0.7091469
   X( 2, 2)       0.000000           0.1685199
   X( 2, 3)       0.000000           0.8989646
   X( 2, 4)       1.000000           0.2502747
   X( 2, 5)       0.000000           0.8947571
   X( 3, 1)       1.000000           0.8648940E-01
   X( 3, 2)       0.000000           0.6020591
   X( 3, 3)       0.000000           0.3380884
   X( 3, 4)       0.000000           0.6813164
   X( 3, 5)       0.000000           0.2236271
   X( 4, 1)       0.000000           0.9762987
   X( 4, 2)       0.000000           0.8866343
   X( 4, 3)       1.000000           0.7139008
   X( 4, 4)       0.000000           0.2288770
   X( 4, 5)       0.000000           0.7134250
   X( 5, 1)       0.000000           0.8524679
```

```
X( 5, 2)        1.000000        0.2396538
X( 5, 3)        0.000000        0.5735525
X( 5, 4)        0.000000        0.1403314
X( 5, 5)        0.000000        0.6919708

     Row    Slack or Surplus     Dual Price
       1        0.000000          0.000000
       2        1.692489         -1.000000
       3        0.000000          0.000000
       4        0.000000          0.000000
       5        0.000000          0.000000
       6        0.000000          0.000000
       7        0.000000          0.000000
       8        0.000000          0.000000
       9        0.000000          0.000000
      10        0.000000          0.000000
      11        0.000000          0.000000
      12        0.000000          0.000000
      13        6.000000          0.000000
      14        0.000000          0.000000
      15        3.000000          0.000000
      16        2.000000          0.000000
      17        3.000000          0.000000
      18        1.000000          0.000000
      19        3.000000          0.000000
      20        0.000000          0.000000
      21        2.000000          0.000000
      22        0.000000          0.000000
      23        7.000000          0.000000
      24        6.000000          0.000000
      25        2.000000          0.000000
      26        0.000000          0.000000
      27        1.000000          0.000000
      28        3.000000          0.000000
```

解毕

注 1：对于 TSP，显然，当城市个数较大（大于 50）时，该整数线性规划问题的规模会很大，从而给求解带来很大的问题。TSP 已被证明是 NP-Hard 问题，目前还没有发现多项式时间的算法。对于小规模问题，求解这个整数线性规划问题的方式还是有效的。

注 2：当城市个数为 50 时，用此程序求解该问题仍然可以在 6 s 内（ThinkPad X220i 笔记本计算机)得到全局最优解,如图5.5所示。另外,从图5.5中可以看出,算法用的是分枝定界法,变量个数为50 * 50(X(i,j))+50(U(i))=2550。

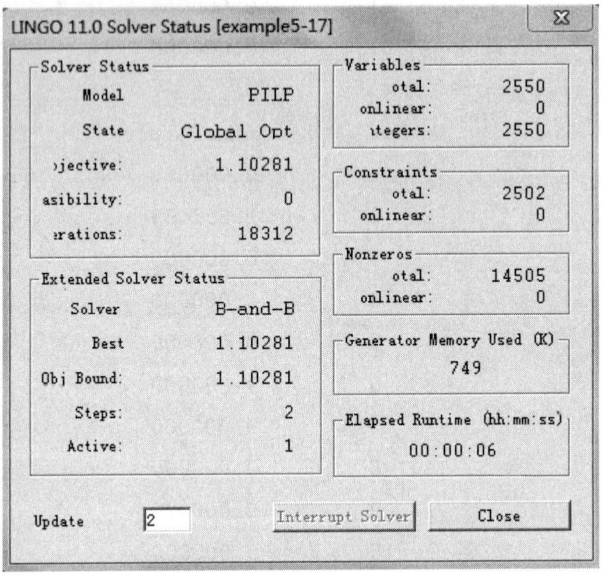

图5.5

例5.19 用LINGO软件求解5.5节所介绍的指派问题(也称**任务分配问题**,assignment problem)。

解:

```
model:
  ! 7个工人、7个工作的分配问题;
sets:
  workers/w1..w7/;
  jobs/j1..j7/;
  links(workers,jobs): cost,volume;
endsets
  ! 目标函数;
  min = @sum(links: cost * volume);
  ! 每个工人只能有一份工作;
  @for(workers(I):
    @sum(jobs(J): volume(I,J)) = 1;
  );
  ! 每份工作只能有一个工人;
  @for(jobs(J):
    @sum(workers(I): volume(I,J)) = 1;
  );
data:
```

```
    cost = 6  2  6  7  4  2  5
           4  9  5  3  8  5  8
           5  2  1  9  7  4  3
           7  6  7  3  9  2  7
           2  3  9  5  7  2  6
           5  5  2  2  8  11 4
           9  2  3  12 4  5  10;
enddata
end
```

计算的部分结果为：

```
  Global optimal solution found.
  Objective value:                          18.00000
  Infeasibilities:                          0.000000
  Total solver iterations:                         9


                  Variable           Value        Reduced Cost
             VOLUME( W1, J1)        0.000000          4.000000
             VOLUME( W1, J2)        1.000000          0.000000
             VOLUME( W1, J3)        0.000000          4.000000
             VOLUME( W1, J4)        0.000000          5.000000
             VOLUME( W1, J5)        0.000000          0.000000
             VOLUME( W1, J6)        0.000000          0.000000
             VOLUME( W1, J7)        0.000000          1.000000
             VOLUME( W2, J1)        0.000000          1.000000
             VOLUME( W2, J2)        0.000000          6.000000
             VOLUME( W2, J3)        0.000000          2.000000
             VOLUME( W2, J4)        1.000000          0.000000
             VOLUME( W2, J5)        0.000000          3.000000
             VOLUME( W2, J6)        0.000000          2.000000
             VOLUME( W2, J7)        0.000000          3.000000
             VOLUME( W3, J1)        0.000000          4.000000
             VOLUME( W3, J2)        0.000000          1.000000
             VOLUME( W3, J3)        1.000000          0.000000
             VOLUME( W3, J4)        0.000000          8.000000
             VOLUME( W3, J5)        0.000000          4.000000
             VOLUME( W3, J6)        0.000000          3.000000
             VOLUME( W3, J7)        0.000000          0.000000
             VOLUME( W4, J1)        0.000000          5.000000
```

```
VOLUME( W4, J2)        0.000000        4.000000
VOLUME( W4, J3)        0.000000        5.000000
VOLUME( W4, J4)        0.000000        1.000000
VOLUME( W4, J5)        0.000000        5.000000
VOLUME( W4, J6)        1.000000        0.000000
VOLUME( W4, J7)        0.000000        3.000000
VOLUME( W5, J1)        1.000000        0.000000
VOLUME( W5, J2)        0.000000        1.000000
VOLUME( W5, J3)        0.000000        7.000000
VOLUME( W5, J4)        0.000000        3.000000
VOLUME( W5, J5)        0.000000        3.000000
VOLUME( W5, J6)        0.000000        0.000000
VOLUME( W5, J7)        0.000000        2.000000
VOLUME( W6, J1)        0.000000        3.000000
VOLUME( W6, J2)        0.000000        3.000000
VOLUME( W6, J3)        0.000000        0.000000
VOLUME( W6, J4)        0.000000        0.000000
VOLUME( W6, J5)        0.000000        4.000000
VOLUME( W6, J6)        0.000000        9.000000
VOLUME( W6, J7)        1.000000        0.000000
VOLUME( W7, J1)        0.000000        7.000000
VOLUME( W7, J2)        0.000000        0.000000
VOLUME( W7, J3)        0.000000        1.000000
VOLUME( W7, J4)        0.000000        10.00000
VOLUME( W7, J5)        1.000000        0.000000
VOLUME( W7, J6)        0.000000        3.000000
VOLUME( W7, J7)        0.000000        6.000000
```

解毕

注:此例用 LINGO 求解指派问题时直接将指派问题看作一个特殊的运输问题,从而将其当成一个线性规划来求解,而没有用匈牙利算法进行求解(LINGO 软件并没有将匈牙利算法作为一个内置的程序)。

例 5.20(飞船装载问题) 设有 4 种不同类型的科学仪器希望装在登月飞船上,4 种科学仪器的质量和预期科学价值分别为 20 kg、30 kg、30 kg、40 kg 和 1 亿元、1.2 亿元、0.9 亿元、1.1 亿元,每种仪器件数不限,但是飞船装载件数只能是整数,飞船总载荷不得超过 60 kg,设计一种方案,使得被装载仪器的科学价值之和最大。

解:这实际上就是例 5.4 中的 0-1 背包问题。用 LINGO 求解的过程如下:记 x_j 为第 j 种仪器的装载数,$a_j>0$ 表示每件第 j 种仪器的质量,则求目标函数 $f=x_1+1.2x_2+0.9x_3+1.1x_4$ 在约束条件 $2x_1+3x_2+3x_3+4x_4\leqslant 6$(其中 x_1,x_2,x_3,x_4 取 0 或正整数)下的最大值即可。

用 LINGO 软件求解此整数规划：

```
Model:
Max = x1 + 1.2 * x2 + 0.9 * x3 + 1.1 * x4;
2 * x1 + 3 * x2 + 3 * x3 + 4 * x4 <= 6;
@gin(x1);
@gin(x2);
@gin(x3);
@gin(x4);
End
```

最优解：

```
  Global optimal solution found.
  Objective value:                              3.000000
  Objective bound:                              3.000000
  Infeasibilities:                              0.000000
  Extended solver steps:                               0
  Total solver iterations:                             0

                      Variable        Value        Reduced Cost
                            X1     3.000000           -1.000000
                            X2     0.000000           -1.200000
                            X3     0.000000           -0.9000000
                            X4     0.000000           -1.100000
```

若每种仪器最多只能装 1 件，则问题变为 0-1 规划问题，只需在上面的程序中将

“@gin(x1);@gin(x2);@gin(x3);@gin(x4);”

变为

“@bin(x1);@bin(x2);@bin(x3);@bin(x4);”

最优解变为

```
  Global optimal solution found.
  Objective value:                              2.200000
  Objective bound:                              2.200000
  Infeasibilities:                              0.000000
  Extended solver steps:                               0
  Total solver iterations:                             0

                      Variable        Value        Reduced Cost
                            X1     1.000000           -1.000000
                            X2     1.000000           -1.200000
                            X3     0.000000           -0.9000000
                            X4     0.000000           -1.100000
```

解毕

§5.6.2 用 MATLAB 求解整数规划问题的方法和例子

对于一般的整数规划问题,通常无法直接利用 MATLAB 的函数进行求解,大多可以利用 MATLAB 编程实现分枝定界解法或割平面解法。但对于指派问题等特殊的 0-1 整数规划问题有时可以直接利用 MATLAB 的函数 linprog。

例 5.21 求解下列指派问题,已知指派矩阵为

$$\begin{pmatrix} 3 & 8 & 2 & 10 & 3 \\ 8 & 7 & 2 & 9 & 7 \\ 6 & 4 & 2 & 7 & 5 \\ 8 & 4 & 2 & 3 & 5 \\ 9 & 10 & 6 & 9 & 10 \end{pmatrix}$$

解:

编写 MATLAB 程序如下:

```
c = [3 8 2 10 3;8 7 2 9 7;6 4 2 7 5 8 4 2 3 5;9 10 6 9 10];
c = c(:);
a = zeros(10,25);
for i = 1:5
   a(i,(i-1) * 5 + 1:5 * i) = 1;
   a(5 + i,i:5:25) = 1;
end
b = ones(10,1);
[x,y] = linprog(c,[],[],a,b,zeros(25,1),ones(25,1))
```

求得最优指派方案为 $x_{15}=x_{23}=x_{32}=x_{44}=x_{51}=1$,最优值为 21。

解毕

注 1:此例用 MATLAB 求解指派问题时也是将指派问题看作了一个特殊的运输问题,从而将其当成一个线性规划来求解,而没有用匈牙利算法进行求解(因为 MATLAB 软件有内置函数 linprog,却并没有将匈牙利算法作为一个内置的程序)。

注 2:可以通过 MATLAB 编程(LINGO 也可以编程)来用匈牙利算法求解指派问题。

第 6 章　动 态 规 划

§6.1　动态规划的发展及研究内容

动态规划(dynamic programming)是运筹学的一个分支,是求解多阶段决策问题的一种常见的最优化方法。

20 世纪 50 年代初,R. E. Bellman 等人在研究多阶段决策过程(multistep decision process)的优化问题时,提出了著名的最优性原理(principle of optimality),把多阶段过程转化为一系列单阶段问题,逐个求解,创立了解决这类过程优化问题的新方法——动态规划。1957 年他的名著 *Dynamic Programming* 出版了,这是该领域的第一本著作。

动态规划问世以来,在经济管理、生产调度、工程技术和最优控制,以及工农业生产和军事等领域都有广泛的应用,并且取得了显著的成果。例如最短路线、库存管理、资源分配、设备更新、生产调度、排序、装载等问题,用动态规划方法比用其他方法求解常常更为方便和有效。

根据过程的时间变量是离散的还是连续的,决策问题可以分为离散时间决策过程(discrete-time decision process)和连续时间决策过程(continuous-time decision process);根据过程的演变是确定的还是随机的,决策问题可以分为确定性决策过程(deterministic decision process)和随机性决策过程(stochastic decision process)。其中应用最广,也最基本的是离散确定性决策过程,本章内容主要介绍离散确定性决策过程。

虽然动态规划主要用于求解以时间划分阶段的动态过程的优化问题,但是一些与时间无关的静态规划(如线性规划、非线性规划),只要人为地引进时间因素,把它视为多阶段决策过程,也可以用动态规划方法方便地求解。

应指出,动态规划是求解某类问题的一种方法,是考察问题的一种途径,而不是一种特殊算法(如求解线性规划的单纯形算法是一种算法)。因而它不像单纯形算法那样有一个标准的数学表达式和明确定义的一组规则,而必须对具体问题进行具体分析处理。因此,在学习时,除了要对基本概念和方法正确理解外,还应以丰富的想象力去建立模型,用创造性的技巧去求解。

§6.2 动态规划的基本概念、基本方程、最优性原理和基本步骤

一个多阶段决策过程最优化问题的动态规划模型通常包含以下要素。

1. 阶段(step)与阶段变量(step variable)

阶段是对整个过程的自然划分。通常根据时间顺序或空间顺序特征来划分阶段,以便按阶段的次序解优化问题。阶段变量一般用 $k=1,2,\cdots,n$ 表示。

2. 状态(state)与状态变量(state variable)

状态表示每个阶段开始时过程所处的自然状况或客观条件。它描述了过程的特征并且无后效性,即当某阶段的状态变量给定时,这个阶段以后过程的演变与该阶段以前各阶段的状态无关。通常还要求状态是直接或间接可以观测的。

描述状态的变量称为状态变量。状态变量允许取值的范围称作允许状态集合(set of admissible states)。用 x_k 表示第 k 阶段的状态变量,它可以是一个数或一个向量。用 X_k 表示第 k 阶段的允许状态集合。n 个阶段的决策过程有 $n+1$ 个状态变量,x_{k+1} 表示 x_k 演变的结果。

根据过程演变的具体情况,状态变量可以是离散的或连续的。为了计算的方便有时将连续变量离散化;为了分析的方便有时又将离散变量视为连续的。

状态变量简称状态。

3. 决策(decision)与决策变量(decision variable)

当一个阶段的状态确定后,可以作出各种选择从而演变到下一阶段的某个状态,这种选择手段称为决策,在最优控制问题中也称为控制(control)。

描述决策的变量称为决策变量,变量允许取值的范围称为允许决策集合(set of admissible decisions)。用 $u_k(x_k)$ 表示第 k 阶段处于状态 x_k 时的决策变量,它是 x_k 的函数,用 $U_k(x_k)$ 表示 x_k 的允许决策集合。

决策变量简称决策。

4. 策略(policy)

由决策组成的序列称为策略。由初始状态 x_1 开始的全过程的策略记作 $p_{1n}(x_1)$,即

$$p_{1n}(x_1)=\{u_1(x_1),u_2(x_2),\cdots,u_n(x_n)\}$$

由第 k 阶段的状态 x_k 开始到终止状态的后部子过程的策略记作 $p_{kn}(x_k)$,即

$$p_{kn}(x_k)=\{u_k(x_k),\cdots,u_n(x_n)\},k=1,2,\cdots,n-1$$

类似地,由第 k 到第 j 阶段的子过程的策略记作

$$p_{kj}(x_k)=\{u_k(x_k),\cdots,u_j(x_j)\}$$

可供选择的策略有一定的范围,称为允许策略集合(set of admissible policies),用 $P_{1n}(x_1)$,$P_{kn}(x_k)$,$P_{kj}(x_k)$表示。

5. 状态转移方程(equation of state transition)

在确定性决策过程中,一旦某阶段的状态和决策已知,下阶段的状态便完全确定。用状

态转移方程表示这种演变规律，写作

$$x_{k+1}=T_k(x_k,u_k),k=1,2,\cdots,n \tag{6.1}$$

6. 指标函数(objective function)和最优值函数(optimal value function)

指标函数是衡量过程优劣的数量指标，它是定义在全过程中所有后部子过程上的数量函数，用 $V_{kn}(x_k,u_k,x_{k+1},\cdots,x_{n+1})$ 表示，$k=1,2,\cdots,n$。指标函数应具有可分离性，并满足递推关系，即 V_{kn} 可表示为 $x_k,u_k,V_{(k+1)\ n}$ 的函数，记为

$$V_{kn}(x_k,u_k,x_{k+1},\cdots,x_{n+1})=\phi_k(x_k,u_k,V_{(k+1)n}(x_{k+1},u_{k+1},x_{k+2},\cdots,x_{n+1}))$$

并且函数 ϕ_k 对于变量 $V_{(k+1)n}$ 是严格单调的。

过程在第 j 阶段的阶段指标取决于状态 x_j 和决策 u_j，用 $v_j(x_j,u_j)$ 表示。指标函数由 $v_j(j=1,2,\cdots,n)$ 组成，常见的形式如下。

阶段指标之和，即

$$V_{kn}(x_k,u_k,x_{k+1},\cdots,x_{n+1})=\sum_{j=k}^{n}v_j(x_j,u_j)$$

阶段指标之积，即

$$V_{kn}(x_k,u_k,x_{k+1},\cdots,x_{n+1})=\prod_{j=k}^{n}v_j(x_j,u_j)$$

阶段指标之极大(或极小)，即

$$V_{kn}(x_k,u_k,x_{k+1},\cdots,x_{n+1})=\max_{k\leqslant j\leqslant n}(\min)v_j(x_j,u_j)$$

这些形式下第 k 到第 j 阶段子过程的指标函数为 $V_{kj}(x_k,u_k,x_{k+1},\cdots,x_{j+1})$。

根据状态转移方程指标函数 V_{kn} 还可以表示为状态 x_k 和策略 p_{kn} 的函数，即 $V_{kn}(x_k,p_{kn})$。在 x_k 给定时指标函数 V_{kn} 对 p_{kn} 的最优值称为最优值函数，记为 $f_k(x_k)$，即

$$f_k(x_k)=\underset{p_{kn}\in P_{kn}(x_k)}{\text{opt}}V_{kn}(x_k,p_{kn})$$

其中 opt 可根据具体情况取 max 或 min。

在不同的问题中，指标函数的含义是不同的，它可能是距离、利润、成本、产品的产量或资源消耗等。

7. 最优策略(optimal policy)和最优轨线(optimal trajectory)

使指标函数 V_{kn} 达到最优值的策略是从 k 开始的后部子过程的最优策略，记作 $p_{kn}^*=\{u_k^*,\cdots,u_n^*\}$。$p_{1n}^*$ 是全过程的最优策略，简称最优策略。从初始状态 $x_1(=x_1^*)$ 出发，过程按照 p_{1n}^* 和状态转移方程演变所经历的状态序列 $\{x_1^*,x_2^*,\cdots,x_{n+1}^*\}$ 称为最优轨线。

8. 递归方程(recursion equation)或基本方程(fundamental equation)

在求解的过程中，各个阶段到下个阶段的最优值函数会有一种递推关系，这种递推关系和边际条件就被称作递归方程或基本方程。

一般如下方程被称为基本方程：

$$\begin{cases}f_{n+1}(x_{n+1})=0\text{ 或 }1\\ f_k(x_k)=\underset{u_k\in U_k(x_k)}{\text{opt}}\{v_k(x_k,u_k)\otimes f_{k+1}(x_{k+1})\},k=n,\cdots,1\end{cases} \tag{6.2}$$

在上述方程中，当⊗为加法时取 $f_{n+1}(x_{k+1})=0$(边际条件)；当⊗为乘法时，取 $f_{n+1}(x_{k+1})=1$(边际条件)。动态规划递归方程是动态规划的最优性原理的基础，即最优策略的子策略构成最优子策略。用状态转移方程(6.1)和递归方程(6.2)求解动态规划的过程，是由 $k=n+1$ 逆推至 $k=1$ 的，故这种解法称为逆序解法。当然，对某些动态规划问题，也可采用顺序解

法。这时状态转移方程和递归方程分别为

$$x_k = T_{k+1}(x_{k+1}, u_{k+1}), k=1,\cdots,n$$

$$\begin{cases} f_1(x_1)=0 \text{ 或 } 1 \\ f_{k+1}(x_{k+1}) = \underset{u_{k+1}\in U_{k+1}(x_{k+1})}{\text{opt}} \{v_{k+1}(x_{k+1}, u_{k+1}) \otimes f_k(x_k)\}, k=1,\cdots,n \end{cases}$$

9. 最优化原理(principle optimality)

1951年,R. E. Bellman提出了最优化原理:作为整个过程的最优策略具有这样的性质,即无论其初始状态和初始决策如何,其以后决策对以第一个决策所形成的状态作为初始状态的过程而言,必须构成最优策略。简而言之,一个最优策略的任一子策略总是最优的。

综上所述,如果一个问题能用动态规划方法求解,那么,我们可以按下列步骤求解。

步骤1,建立起动态规划的数学模型。

① 将过程划分成恰当的阶段。

② 正确选择状态变量 x_k,使它既能描述过程的状态,又满足无后效性,同时确定允许状态集合 X_k。

③ 选择决策变量 u_k,确定允许决策集合 $U_k(x_k)$。

④ 写出状态转移方程。

⑤ 确定阶段指标 $v_k(x_k, u_k)$、指标函数 V_{kn} 的形式(阶段指标之和、阶段指标之积、阶段指标之极大或极小等)和最优值函数 $f_k(x_k)$。

⑥ 写出基本方程即最优值函数满足的递归方程,以及边际条件。

步骤2,按照逆序(通常按照逆序,但也可以按照顺序)逐步分析最优值函数,从而得到最优策略。

步骤3,最终得到最优轨线、整体最优值。

§6.3 动态规划的应用举例

例6.1(最短路线问题,shortest path problem) 图6.1是一个路由网络图,连线上的数字表示两点之间的距离(或花费)。试寻求一条由A到J发送文件包距离最短(或花费最少)的路由路线。

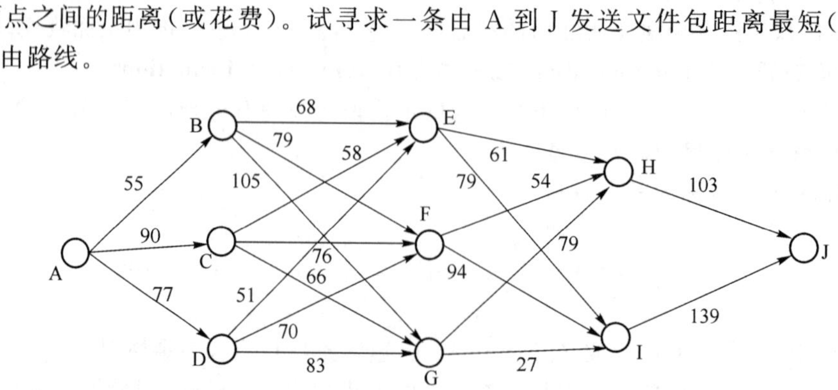

图6.1

解:对此类最短路线问题,距离或花费所需考虑的过程完全一样,我们不妨假设都是考虑距离的情况。

阶段 k:按过程的演变划分,可由前向后分为1,2,3,4四个阶段,也可以理解为从A节点文件包可以1 s到达B,C,D中的某个节点,2 s后到达E,F,G中的某个节点,3 s后到达H,I中的某个节点,4 s后可以到达J节点。这样可以自然地按照时间划分为1,2,3,4四个阶段。

状态变量 x_k:各阶段的初始位置,例如 $X_1=\{A\}$,$X_2=\{B,C,D\}$,…,$X_5=\{J\}$ 。

决策变量 u_k:各阶段由某状态出发的走向,例如 $U_1(A)=\{B,C,D\}$,$U_2(C)=\{E,F,G\}$,…,$U_4(I)=\{J\}$。

状态转移方程:$x_{k+1}=u_k(x_k)$,$k=1,2,3,4$。

阶段指标、指标函数和最优值函数:阶段指标是相邻两阶段状态间的距离,即 $V_k(x_k,u_k)=d_k(x_k,u_k(x_k))$,$k=1,2,3,4$;指标函数为阶段指标之和;最优值(函数)$f_k(x_k)$是由 x_k 出发到终点的最短距离,其中 $f_1(x_1)=f_1(A)$即由A到J的最短路由距离,$f_5(x_5)=0$。

递归方程:$f_k(x_k)=\min\limits_{u_k(x_k)}[d_k(x_k,u_k(x_k))+f_{k+1}(x_{k+1})]$,$k=4,3,2,1$;$f_5(x_5)=0$(边际条件)。

具体分析的过程如下。

第4阶段:两个节点H,I对应着两个状态,每个状态的决策很显然就是直接从各自的节点到终点J的唯一选择,即(H→J),(I→J),各自的最优值函数为

$$f_4(H)=d_k(H,J)+f_{k+1}(J)=103$$

$$f_4(I)=d_k(I,J)+f_{k+1}(J)=139$$

第3阶段:3个节点E,F,G对应着3个状态,每个状态的决策就是直接从各自的节点经过H或I两种选择,而不管是到H还是到I,之后的状态就可以由第4阶段确定。比如,考虑从节点E到J的最短路(即 $f_3(E)$),由于E到J一定是下面两个决策中的最短路:

决策1:从E到H,再利用从H到J的最短路线

决策2:从E到I,再利用从I到J的最短路线

所以从节点E到J的最短路为

$$f_3(E)=\min\begin{cases}d_{EH}+f_4(H)=61+103=164^*\\ d_{EI}+f_4(I)=79+139=218\end{cases}=\mathbf{164}$$

(其中标有*的值所对应的决策就是节点E到J的最短路的取值)节点E到J的最短路线为E→H→J。注意这儿我们利用了第4阶段的结果 $f_4(H)$和 $f_4(I)$,进行了递推。

类似地,从F到J的最短路为

$$f_3(F)=\min\begin{cases}d_{FH}+f_4(H)=54+103=157^*\\ d_{FI}+f_4(I)=94+139=233\end{cases}=\mathbf{157}$$

(其中标有*的值所对应的决策就是节点F到J的最短路的取值)节点F到J的最短路线为F→H→J。

从G到J的最短路为

$$f_3(G)=\min\begin{cases}d_{GH}+f_4(H)=79+103=182\\ d_{GI}+f_4(I)=27+139=166^*\end{cases}=\mathbf{166}$$

(其中标有*的值所对应的决策就是节点G到J的最短路的取值)节点G到J的最短路线为G→I→J。

第2阶段:3个节点B,C,D对应着3个状态,每个状态的决策就是直接从各自的节点经过E,F或G 3种选择,而到E,F或G之后的状态就可以由第3阶段确定。比如,考虑从节点B到J的最短路(即$f_2(B)$),由于B到J一定是下面3个决策中的最短路:

决策1:从B到E,再利用从E到J的最短路线(第3阶段已求出)

决策2:从B到F,再利用从F到J的最短路线(第3阶段已求出)

决策3:从B到G,再利用从G到J的最短路线(第3阶段已求出)

所以从节点B到J的最短路为

$$f_2(B)=\min\begin{cases}d_{BE}+f_3(E)=68+164=232^*\\d_{BF}+f_3(F)=79+157=236\\d_{BG}+f_3(G)=105+166=271\end{cases}=\mathbf{232}$$

(其中标有*的值所对应的决策就是节点B到J的最短路的取值)节点B到J的最短路线为B→E→H→J。这儿我们利用了第3阶段的结果$f_3(E)$,$f_3(F)$和$f_3(G)$。

类似地,从C到J的最短路为

$$f_2(C)=\min\begin{cases}d_{CE}+f_3(E)=58+164=222^*\\d_{CF}+f_3(F)=76+157=233\\d_{CG}+f_3(G)=66+166=232\end{cases}=\mathbf{222}$$

(其中标有*的值所对应的决策就是节点C到J的最短路的取值)节点C到J的最短路线为C→E→H→J。

从D到J的最短路为

$$f_2(D)=\min\begin{cases}d_{DE}+f_3(E)=51+164=215^*\\d_{DF}+f_3(F)=70+157=227\\d_{DG}+f_3(G)=83+166=249\end{cases}=\mathbf{215}$$

(其中标有*的值所对应的决策就是节点D到J的最短路的取值)节点D到J的最短路线为D→E→H→J。

第1阶段:节点A是本阶段唯一的状态,这个状态的决策是从A经过B,C或D 3种选择,而到B,C或D后的状态就可以由第2阶段确定。所以从节点A到J的最短路(即$f_1(A)$,也是我们要求的整体最优解),一定是下面3个决策中的最短路:

决策1:从A到B,再利用从B到J的最短路线(第2阶段已求出)

决策2:从A到C,再利用从C到J的最短路线(第2阶段已求出)

决策3:从A到D,再利用从D到J的最短路线(第2阶段已求出)

所以从节点A到J的最短路为

$$f_1(A)=\min\begin{cases}d_{AB}+f_2(B)=55+232=287^*\\d_{AC}+f_2(C)=90+222=312\\d_{AD}+f_3(D)=77+215=292\end{cases}=\mathbf{287}$$

(其中标有*的值所对应的决策就是节点A到J的最短路的取值)节点A到J的最短路线为A→B→E→H→J,最短路为287。

解毕

注 1:在用动态规划的方法求解本例的过程中,所有的计算量为 20 次加法、11 次比较(n 个数求最小值需 $n-1$ 次比较)。

注 2:对本例中的问题如果用枚举法,也可以很容易得到最短路,因为这个网络较为简单,可以“枚举”出所有的路线:ABEHJ,ABEIJ,…。共 18(3×3×2)条路线,每条路线上的距离和求出后,在 18 个和中取最小值,即得最短路的距离,当然也可以得到最短路线。所有的计算量为 18×3=54 次加法、17 次比较。所需计算量虽然不多,但和动态规划的方法相比还是多一些。但当网络的规模变大(节点个数更多,相应的链路数也更多)之后,枚举法中的总链路数就会快速地变得“非常”多,所需计算量当然也变得“非常”大;但是如果用动态规划的方法求解同样的问题,计算量增加的程度会相对“慢”得多。

路由网络如图 6.2 所示,求节点 1 到节点 27 的最短距离。用枚举法所需的计算量为 $6\times5^5=18\,750$ 次加法、$5^5-1=3\,124$ 次比较;而用动态规划的方法所需的计算量为 $4\times25+5=105$ 次加法、$20\times(5-1)+4=84$ 次比较。

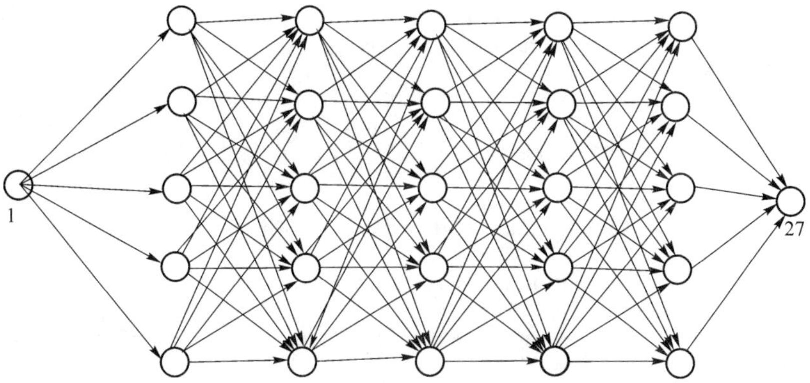

图 6.2

例 6.2(机器负荷分配问题,machine scheduling problem)　某种机器可以在高、低两种负荷下生产。在高负荷生产条件下机器完好率为 0.7,即如果年初有 d 台完好机器投入生产,则年末完好的机器数量为 $0.7d$ 台。系数 0.7 称为完好率。年初投入高负荷运行的 d 台机器的年产量为 $8d$(t)。系数 8 称为单台产量。当低负荷运行时,机器完好率为 0.9,单台产量为 5 t。设开始时有 1 000 台完好机器,要制订五年计划,每年年初将完好的机器一部分分配到高负荷生产,剩下的机器分配到低负荷生产,使五年的总产量为最高。

解:构造动态规划模型如下。

阶段 k:运行年份,共 5 个阶段,$k=1,2,3,4,5$,表示第 k 年年初,增加 $k=6$ 表示第五年年末或第六年年初。

状态变量 x_k:第 k 年年初完好的机器数($k=1,\cdots,6$),其中 x_6 表示第五年年末(即第六年年初)的完好机器数。

决策变量 u_k:第 k 年投入高负荷运行的机器数,决策允许集合为 $U_k(x_k)=\{u_k \mid 0\leqslant u_k\leqslant x_k\}$,$k=1,\cdots,5$。

状态转移方程:$x_{k+1}=0.7u_k+0.9(x_k-u_k)$,$k=1,\cdots,5$。

阶段指标、指标函数和最优值函数:阶段指标是第 k 年的产量,即对于 $k=1,\cdots,5$,

$V_k(x_k,u_k)=8u_k+5(x_k-u_k)$;指标函数为从第 k 年到第5年的各阶段指标(产量)之和;最优值 $f_k(x_k)$ 为从第 k 年到第5年的产品总和的最大值,其中 $f_1(1\,000)$ 即五年总产量的最高值,令 $f_6(x_6)=0$。

递归方程:

$$\begin{aligned} f_k(x_k) &= \max_{u_k \in U_k(x_k)} \{v_k(x_k,u_k)+f_{k+1}(x_{k+1})\} \\ &= \max_{0\leqslant u_k\leqslant x_k} \{8u_k+5(x_k-u_k)+f_{k+1}(0.7u_k+0.9(x_k-u_k))\}, k=1,\cdots,5 \end{aligned}$$

$$f_6(x_6)=0(\text{边际条件})$$

根据题意,本题的决策允许集合应该是一个整数集合,但决策允许集合中可取的决策数量很大,一一列举计算量很大,不妨认为状态变量和决策变量都是连续的,得到最优解后,再作取整处理(可能不再是真正的整数最优解了)。

具体分析的过程如下。

第5阶段:

$$\begin{aligned} f_5(x_5) &= \max_{0\leqslant u_5\leqslant x_5} \{8u_5+5(x_5-u_5)+f_6(x_6)\} \\ &= \max_{0\leqslant u_5\leqslant x_5} \{3u_5+5x_5\} \\ &= 8x_5 \\ u_5^* &= x_5 \end{aligned}$$

第4阶段:

$$\begin{aligned} f_4(x_4) &= \max_{0\leqslant u_4\leqslant x_4} \{8u_4+5(x_4-u_4)+f_5(x_5)\} \\ &= \max_{0\leqslant u_4\leqslant x_4} \{8u_4+5(x_4-u_4)+8x_5\} \\ &= \max_{0\leqslant u_4\leqslant x_4} \{8u_4+5(x_4-u_4)+8[0.7u_4+0.9(x_4-u_4)]\} \\ &= \max_{0\leqslant u_4\leqslant x_4} \{1.4u_4+12.3x_4\} \\ &= 13.7x_4 \\ u_4^* &= x_4 \end{aligned}$$

第3阶段:

$$\begin{aligned} f_3(x_3) &= \max_{0\leqslant u_3\leqslant x_3} \{8u_3+5(x_3-u_3)+f_4(x_4)\} \\ &= \max_{0\leqslant u_3\leqslant x_3} \{8u_3+5(x_3-u_3)+13.7x_4\} \\ &= \max_{0\leqslant u_3\leqslant x_3} \{8u_3+5(x_3-u_3)+13.7[0.7u_3+0.9(x_3-u_3)]\} \\ &= \max_{0\leqslant u_3\leqslant x_3} \{0.28u_3+17.24x_3\} \\ &= 17.52x_3 \\ u_3^* &= x_3 \end{aligned}$$

第2阶段:

$$\begin{aligned} f_2(x_2) &= \max_{0\leqslant u_2\leqslant x_2} \{8u_2+5(x_2-u_2)+f_3(x_3)\} \\ &= \max_{0\leqslant u_2\leqslant x_2} \{8u_2+5(x_2-u_2)+17.52x_3\} \\ &= \max_{0\leqslant u_2\leqslant x_2} \{8u_2+5(x_2-u_2)+17.52[0.7u_2+0.9(x_2-u_2)]\} \end{aligned}$$

$$= \max_{0 \leqslant u_2 \leqslant x_2} \{-0.504u_2 + 20.77x_2\}$$

$$= 20.77x_2$$

$$u_2^* = 0$$

第 1 阶段：

$$f_1(x_1) = \max_{0 \leqslant u_1 \leqslant x_1} \{8u_1 + 5(x_1 - u_1) + f_2(x_2)\}$$

$$= \max_{0 \leqslant u_1 \leqslant x_1} \{8u_1 + 5(x_1 - u_1) + 20.77x_2\}$$

$$= \max_{0 \leqslant u_1 \leqslant x_1} \{8u_1 + 5(x_1 - u_1) + 20.77[0.7u_1 + 0.9(x_1 - u_1)]\}$$

$$= \max_{0 \leqslant u_1 \leqslant x_1} \{-1.154u_1 + 23.69x_1\}$$

$$= 23.69x_1$$

$$u_1^* = 0$$

由此可以得到

$$f_1(x_1) = 23.69x_1, \quad u_1^* = 0$$

$$f_2(x_2) = 20.77x_2, \quad u_2^* = 0$$

$$f_3(x_3) = 17.52x_3, \quad u_3^* = x_3$$

$$f_4(x_4) = 13.70x_4, \quad u_4^* = x_4$$

$$f_5(x_5) = 8x_5, \quad u_5^* = x_5$$

将 $x_1 = 1\,000$ 代入，得到五年最大产量为 $f_1(x_1) = f_1(1\,000) = 23\,690$。每年年初完好的机器数以及每年投入高负荷运行的机器数分别为

$$x_1 = 1\,000, \quad u_1^* = 0$$

$$x_2 = 0.7u_1 + 0.9(x_1 - u_1) = 900, \quad u_2^* = 0$$

$$x_3 = 0.7u_2 + 0.9(x_2 - u_2) = 810, \quad u_3^* = x_3 = 810$$

$$x_4 = 0.7u_3 + 0.9(x_3 - u_3) = 567, \quad u_4^* = x_4 = 567$$

$$x_5 = 0.7u_4 + 0.9(x_4 - u_4) = \lfloor 396.9 \rfloor = 396, \quad u_5^* = x_5 = 396$$

$$x_6 = 0.7u_5 + 0.9(x_5 - u_5) = 276$$

最优的总产值为 23 690－8＝23 682 t(容易判断 23 682 就是最优产值)。

解毕

注 1:在这个例子中,状态变量的边际值 x_6 是未加约束的,如果要求在第五年年末(即第六年年初)完好的机器数不少于 500 台,这时决策变量 u_5 的决策允许集合将成为

$$U_5(x_5) = \{u_5 \mid 0.7u_5 + 0.9(x_5 - u_5) \geqslant 500, \quad u_5 \geqslant 0\}$$

即

$$0.9x_5 - 0.2u_5 \geqslant 500, u_5 \geqslant 0$$

或

$$0 \leqslant u_5 \leqslant 4.5x_5 - 2\,500$$

容易想象,这时的最大产量将比 x_6 是自由的情况下小。

注 2:这个例子还可以推广到一般情况。设高负荷生产时机器的完好率为 k_1,单台产量为 p_1;低负荷生产时机器的完好率为 k_2,单台产量为 p_2。若有 t 满足

$$\sum_{i=0}^{n-(t+1)} k_1^i \leqslant \frac{p_1 - p_2}{p_1(k_1 - k_2)} \leqslant \sum_{i=0}^{n-t} k_1^i$$

则从第 1 到 $t-1$ 年,年初将全部完好机器投入低负荷运行,从第 t 到 n 年,年初将全部完好机器投入高负荷运行,这样的决策将使总产量达到最大。

例 6.3(资源分配问题,resource allocation problem) 有资金 4 万元,投资 A,B,C 3 个项目,每个项目的投资效益与投入该项目的资金有关。3 个项目 A,B,C 的投资效益(10^4 t)和投入资金(万元)的关系见表 6.1。求对 3 个项目的最优投资分配,使总投资效益最大(假设不考虑重复投资,即不考虑对同一个项目同样的投入资金进行两次以上的投资)。

表 6.1

投入资金	项目投资效益/(10^4 t)		
	A	B	C
1 万元	15	13	11
2 万元	28	29	30
3 万元	40	43	45
4 万元	51	55	58

解:构造动态规划模型如下。

阶段 k:对 A,B,C 3 个投资项目依次进行考虑,每投资一个项目作为一个阶段,具体地,$k=1$,表示第一个阶段,考虑对 A 项目是否进行投资的阶段;$k=2$,表示第二个阶段,考虑对 B 项目是否进行投资的阶段;$k=3$,表示第三个阶段,考虑对 C 项目是否进行投资的阶段;$k=4$,则表示投资结束的阶段。

状态变量 x_k:投资第 k 个项目时剩余的资金数,$k=1,2,3$,$x_1=4$,$x_4=0$。

决策变量 u_k:第 k 个项目的投资资金数,$k=1,2,3$,决策允许集合 $U_k(x_k)=\{u_k \mid 0 \leqslant u_k \leqslant x_k\}$,$u_4=0$。

状态转移方程:$x_{k+1}=x_k-u_k$,$k=1,2,3$。

阶段指标、指标函数和最优值函数:阶段指标 $V_k(x_k,u_k)$(其中 $k=1,2,3$)如表 6.1 所示;指标函数为从第 k 阶段到第 3 阶段的各阶段指标(投资效益)之和;最优值 $f_k(x_k)$ 为从第 k 阶段到第 3 阶段的投资效益总和的最大值,其中 $f_1(4)$ 即 3 个项目总投资效益的最高值,令 $f_4(x_4)=0$。

递归方程:$f_k(x_k)=\max\{v_k(x_k,u_k)+f_{k+1}(x_{k+1})\}$,$k=1,2,3$;$f_4(x_4)=0$(边际条件)。

具体分析如下。

第 3 阶段:$0 \leqslant u_3 \leqslant x_3$,$x_4=x_3-u_3$,我们用表 6.2 来表示。

表 6.2

x_3	$U_3(x_3)$	x_4	$V_3(x_3,u_3)$	$v_3(x_3,u_3)+f_4(x_4)$	$f_3(x_3)$	u_3^*
0	0	0	0	0+0=0	0	0
1	0	1	0	0+0=0	11	1
	1	0	11	11+0=11*		

续表

x_3	$U_3(x_3)$	x_4	$V_3(x_3,u_3)$	$v_3(x_3,u_3)+f_4(x_4)$	$f_3(x_3)$	u_3^*
2	0	2	0	0+0=0	30	2
	1	1	11	11+0=11		
	2	0	30	30+0=30*		
3	0	3	0	0+0=0	45	3
	1	2	11	11+0=11		
	2	1	30	30+0=30		
	3	0	45	45+0=45*		
4	0	4	0	0+0=0	58	4
	1	3	11	11+0=11		
	2	2	30	30+0=30		
	3	1	45	45+0=45		
	4	0	58	58+0=58*		

第 2 阶段：$0\leqslant u_2\leqslant x_2$，$x_3=x_2-u_2$，我们用表 6.3 来表示。

表 6.3

x_2	$U_2(x_2)$	x_3	$V_2(x_2,u_2)$	$v_2(x_2,u_2)+f_3(x_3)$	$f_2(x_2)$	u_2^*
0	0	0	0	0+0=0	0	0
1	0	1	0	0+11=11	13	1
	1	0	13	13+0=13*		
2	0	2	0	0+30=30*	30	0
	1	1	13	13+11=24		
	2	0	29	29+0=29		
3	0	3	0	0+45=45*	45	0
	1	2	13	13+30=43		
	2	1	29	29+11=40		
	3	0	43	43+0=43		
4	0	4	0	0+58=58	59	2
	1	3	13	13+45=58		
	2	2	29	29+30=59*		
	3	1	43	43+11=54		
	4	0	55	55+0=55		

第 1 阶段：$0\leqslant u_1\leqslant x_1$，$x_2=x_1-u_1$，我们用表 6.4 来表示。

表 6.4

x_1	$U_1(x_1)$	x_2	$V_1(x_1,u_1)$	$v_1(x_1,u_1)+f_2(x_2)$	$f_1(x_1)$	u_1^*
4	0	4	0	0+59=59	60	1
	1	3	15	15+45=60*		
	2	2	28	28+30=58		
	3	1	40	40+13=53		
	4	0	51	51+0=51		

所以,最后得到的结果为

$$x_1=4(\text{当然}),\quad u_1^*=1$$

$$x_2=x_1-u_1=4-1=3,\quad u_2^*=0$$

$$x_3=x_2-u_2=3-0=3,\quad u_3^*=3$$

$$x_4=x_3-u_3=3-3=0$$

即项目 A 投资 1 万元,项目 B 投资 0 万元,项目 C 投资 3 万元,最大效益为 600 000 t。

解毕

例 6.4(生产库存问题,production and inventory problem) 一个工厂生产某种产品,1~7月份生产成本和产品需求量的变化情况如表 6.5 所示。

表 6.5

月份(k)	1	2	3	4	5	6	7
生产成本(c_k)	11	18	13	17	20	10	15
需求量(r_k)	0	8	5	3	2	7	4

为了调节生产和需求,工厂设有一个产品仓库,库容量为 $H=9$。已知期初库存量为 2,要求期末(七月底)库存量为 0。每个月生产的产品在月末入库,月初根据当月需求发货。求 7 个月的生产量,能满足各月的需求,并使生产成本最低。

解:构造动态规划模型如下。

阶段 k:月份,$k=1,\cdots,7$,并定义 $k=8$ 表示 7 月底或 8 月初。

状态变量 x_k:$k(k=1,\cdots,7)$月初(发货以前)的库存量,$x_1=2,x_8=0$。

决策变量 u_k:$k(k=1,\cdots,7)$月的生产量,决策允许集合为

$$U_k(x_k)=\{u_k\,|\,u_k\geqslant 0,r_{k+1}\leqslant x_{k+1}\leqslant H\}$$

$$=\{u_k\,|\,u_k\geqslant 0,r_{k+1}\leqslant x_k-r_k+u_k\leqslant H\},k=1,\cdots,7$$

$$u_8=0$$

状态转移方程:$x_{k+1}=x_k-r_k+u_k,k=1,2,3$。

阶段指标、指标函数和最优值函数:阶段指标 $v_k(x_k,u_k)=c_ku_k$ 表示第 k 阶段的总生产成本,其中 $k=1,\cdots,7$;指标函数为从第 k 阶段到第 7 阶段的各阶段指标(总生产成本)之和,最优值 $f_k(x_k)$为从第 k 阶段到第 7 阶段的总生产成本之和的最小值,其中 $f_1(2)$即 7 个月总生产成本之和的最小值,令 $f_8(x_8)=0$。

递归方程:对于 $k=1,\cdots,7$,有

$$f_k(x_k)=\min_{u_k\in U_k(x_k)}\{v_k(x_k,u_k)+f_{k+1}(x_{k+1})\}$$
$$=\min_{u_k\in U_k(x_k)}\{c_kx_k+f_{k+1}(x_k-r_k+u_k)\}$$
$$f_8(x_8)=0\text{（边际条件）}$$

具体分析如下。

第 7 阶段：因为 $x_8=0$，所以 $u_7=0$（7 月初将 7 月所需产品已发出，所以 7 月不用生产），从 $x_8=x_7-r_7+u_7$ 中解出 $x_7=r_7=4$，故有

$$f_7(x_7)=\min_{u_7\in U_7(x_7)}\{v_7(x_7,u_7)+f_8(x_8)\}=\min\{c_7u_7+f_8(x_8)\}=0$$
$$u_7^*=0$$

第 6 阶段：因为 $x_7=4$，所以从 $x_7=x_6-r_6+u_6$ 中得到 $u_6=11-x_6$，这是唯一的决策，当然也是最优决策，所以

$$f_6(x_6)=\min_{u_6=11-x_6}\{c_6u_6+f_7(x_7)\}=\min_{u_6=11-x_6}\{c_6u_6\}=10\times(11-x_6)=110-10x_6$$
$$u_6^*=11-x_6$$

第 5 阶段：

$$f_5(x_5)=\min_{u_5\in U_5(x_5)}\{c_5u_5+f_6(x_6)\}$$
$$=\min_{u_5\in U_5(x_5)}\{20u_5+110-10x_6\}$$
$$=\min_{u_5\in U_5(x_5)}\{20u_5+110-10(x_5-r_5+u_5)\}$$
$$=\min_{u_5\in U_5(x_5)}\{20u_5+110-10(x_5-2+u_5)\}$$
$$=\min_{u_5\in U_5(x_5)}\{10u_5-10x_5+130\}$$

其中：

$$U_5(x_5)=\{u_5\mid u_5\geqslant 0,r_6\leqslant x_5-r_5+u_5\leqslant H\}$$
$$=\{u_5\mid u_5\geqslant 0,r_6+r_5-x_5\leqslant u_5\leqslant H+r_5-x_5\}$$
$$=\{u_5\mid u_5\geqslant 0,9-x_5\leqslant u_5\leqslant 11-x_5\}$$

因为 $x_5\leqslant H=9$，$9-x_5\geqslant 0$，因此决策允许集合可以简化为

$$U_5(x_5)=\{u_5\mid 9-x_5\leqslant u_5\leqslant 11-x_5\}$$

所以递推方程成为

$$f_5(x_5)=\min_{9-x_5\leqslant u_5\leqslant 11-x_5}\{10u_5-10x_5+130\}$$
$$=10(9-x_5)-10x_5+130$$
$$=220-20x_5$$
$$u_5^*=9-x_5$$

第 4 阶段：

$$f_4(x_4)=\min_{u_4\in U_4(x_4)}\{c_4u_4+f_5(x_5)\}$$
$$=\min_{u_4\in U_4(x_4)}\{17u_4+220-20x_5\}$$
$$=\min_{u_4\in U_4(x_4)}\{17u_4+220-20(x_4-r_4+u_4)\}$$
$$=\min_{u_4\in U_4(x_4)}\{17u_4+220-20(x_4-3+u_4)\}$$
$$=\min_{u_4\in U_4(x_4)}\{-3u_4-20x_4+280\}$$

其中

$$\begin{aligned}U_4(x_4)&=\{u_4\mid u_4\geqslant 0, r_5\leqslant x_4-r_4+u_4\leqslant H\}\\&=\{u_4\mid u_4\geqslant 0, r_5+r_4-x_4\leqslant u_4\leqslant H+r_4-x_4\}\\&=\{u_4\mid u_4\geqslant 0, 5-x_4\leqslant u_4\leqslant 12-x_4\}\\&=\{u_4\mid \max[0,5-x_4]\leqslant u_4\leqslant 12-x_4\}\end{aligned}$$

由于在 $f_4(x_4)$的表达式中 u_4 的系数为-3,因此

$$\begin{aligned}f_4(x_4)&=\min_{\max[0,5-x_4]\leqslant u_4\leqslant 12-x_4}\{-3u_4-20x_4+280\}\\&=-3\times(12-x_4)-20x_4+280\\&=-17x_4+244\end{aligned}$$

$$u_4^*=12-x_4$$

第 3 阶段:

$$\begin{aligned}f_3(x_3)&=\min_{u_3\in U_3(x_3)}\{c_3u_3+f_4(x_4)\}\\&=\min_{u_3\in U_3(x_3)}\{13u_3+244-17x_4\}\\&=\min_{u_3\in U_3(x_3)}\{13u_3+244-17(x_3-r_3+u_3)\}\\&=\min_{u_3\in U_3(x_3)}\{-4u_3-17x_3+329\}\end{aligned}$$

其中

$$\begin{aligned}U_3(x_3)&=\{u_3\mid u_3\geqslant 0, r_4\leqslant x_3-r_3+u_3\leqslant H\}\\&=\{u_3\mid u_3\geqslant 0, r_4+r_3-x_3\leqslant u_3\leqslant H+r_3-x_3\}\\&=\{u_3\mid u_3\geqslant 0, 8-x_3\leqslant u_3\leqslant 14-x_3\}\\&=\{u_3\mid \max[0,8-x_3]\leqslant u_3\leqslant 14-x_3\}\end{aligned}$$

因此

$$\begin{aligned}f_3(x_3)&=\min_{\max[0,8-x_3]\leqslant u_3\leqslant 14-x_3}\{-4u_3-17x_3+329\}\\&=-4\times(14-x_3)-17x_3+329\\&=-13x_3+273\end{aligned}$$

$$u_3^*=14-x_3$$

第 2 阶段:

$$\begin{aligned}f_2(x_2)&=\min_{u_2\in U_2(x_2)}\{c_2u_2+f_3(x_3)\}\\&=\min_{u_2\in U_2(x_2)}\{18u_2-13x_3+273\}\\&=\min_{u_2\in U_2(x_2)}\{18u_2-13(x_2-r_2+u_2)+273\}\\&=\min_{u_2\in U_2(x_2)}\{18u_2-13(x_2-8+u_2)+273\}\\&=\min_{u_2\in U_2(x_2)}\{5u_2-13x_2+377\}\end{aligned}$$

其中

$$\begin{aligned}U_2(x_2)&=\{u_2\mid u_2\geqslant 0, r_3\leqslant x_2-r_2+u_2\leqslant H\}\\&=\{u_2\mid u_2\geqslant 0, r_3+r_2-x_2\leqslant u_2\leqslant H+r_2-x_2\}\\&=\{u_2\mid u_2\geqslant 0, 13-x_2\leqslant u_2\leqslant 17-x_2\}\end{aligned}$$

因为 $13-x_2\geqslant 0$,所以

$$U_2(x_2)=\{u_2\mid 13-x_2\leqslant u_2\leqslant 17-x_2\}$$

所以

$$f_2(x_2)=\min_{13-x_2\leqslant u_2\leqslant 17-x_2}\{5u_2-13x_2+377\}$$
$$=5\times(13-x_2)-13x_2+377$$
$$=-18x_2+442$$
$$u_2^*=13-x_2$$

第 1 阶段：

$$f_1(x_1)=\min_{u_1\in U_1(x_1)}\{c_1u_1+f_2(x_2)\}$$
$$=\min_{u_1\in U_1(x_1)}\{11u_1-18x_2+442\}$$
$$=\min_{u_1\in U_1(x_1)}\{11u_1-18(x_1-r_1+u_1)+442\}$$
$$=\min_{u_1\in U_1(x_1)}\{11u_1-18(x_1-0+u_1)+442\}$$
$$=\min_{u_1\in U_1(x_1)}\{-7u_1-18x_1+442\}$$

其中

$$U_1(x_1)=\{u_1\,|\,u_1\geqslant 0,r_2\leqslant x_1-r_1+u_1\leqslant H\}$$
$$=\{u_1\,|\,u_1\geqslant 0,r_2+r_1-x_1\leqslant u_1\leqslant H+r_1-x_1\}$$
$$=\{u_1\,|\,u_1\geqslant 0,8-x_1\leqslant u_1\leqslant 9-x_1\}$$

根据题意，因为 $x_1=2$，所以

$$U_1(x_1)=\{u_1\,|\,6\leqslant u_1\leqslant 7\}$$
$$f_2(x_2)=\min_{6\leqslant u_1\leqslant 7}\{-7u_1-18x_1+442\}$$
$$=-7\times 7-18\times 2+442$$
$$=357$$
$$u_1^*=7$$

将以上结果总结成表 6.6。

表 6.6

k	1	2	3	4	5	6	7
c_k	11	18	13	17	20	10	15
r_k	0	8	5	3	2	7	4
x_k	2	9	5	9	9	7	4
u_k	7	$13-x_2=4$	$14-x_3=9$	$12-x_4=3$	$9-x_5=0$	$11-x_6=4$	0

解毕

例 6.5(设备更新问题，equipment renewal problem)　一台设备的价格为 50 万元，运行寿命为 5 年，每年的维修费用是设备役龄 t(新设备的役龄为 $t=0$)的函数，记为 $c(t)$(万元)，旧设备出售的价格也是设备役龄 t 的函数，记为 $s(t)$(万元)。在第 t 年年末，役龄为 t 的设备残值为 $r(t)$(万元)。现有一台役龄为 2 的设备，在使用过程中，使用者每年年初都面临“继续使用”或“更新”的策略，设具体数据如表 6.7 所示(单位：万元)，试确定今后五年的更新策略，使支出的总费用最少(第 5 年年底设备保留)。

表 6.7

t	0	1	2	3	4	5	6	7
$c(t)$	10	13	20	40	70	100	100	—
$s(t)$	—	32	21	11	5	0	0	0
$r(t)$	—	25	17	8	0	0	0	0

解:构造动态规划模型如下。

阶段 k:年份,$k=1,\cdots,5$,并定义 $k=6$ 表示第 5 年年底或第 6 年年初。

状态变量 x_k:设备的役龄 t,$X_k=\{0,1,2,3,4,5,6,7\}$,$k=1,\cdots,5$。

决策变量 u_k:$u_k=\begin{cases}\text{R,更新(replace)}\\ \text{K,继续使用(keep)}\end{cases}$,$k=1,\cdots,5$。

状态转移方程:$x_{k+1}=\begin{cases}1,u_k=\mathrm{R}\\ x_k+1,u_k=\mathrm{K}\end{cases}$,$k=1,\cdots,5$。

阶段指标、指标函数和最优值函数:阶段指标为每年的总支出,即对于 $k=1,\cdots,5$,$v_k(x_k)=\begin{cases}60-s(x_k),u_k=\mathrm{R}\\ c(x_k),u_k=\mathrm{K}\end{cases}$;指标函数为从第 k 年到第 5 年的各年总支出之和,最优值 $f_k(x_k)$为从第 k 年到第 5 年的总支出之和的最小值,其中 $f_1(2)$即 5 年总支出之和的最小值,令 $f_6(x_6)=-r(x_k)$。

递归方程:对于 $k=1,\cdots,5$,有

$$f_k(x_k)=\min\begin{cases}60-s(x_k)+f_{k+1}(1),u_k=\mathrm{R}\\ c(x_k)+f_{k+1}(x_{k+1}),u_k=\mathrm{K}\end{cases}$$

$$f_6(x_6)=-r(x_k)\text{(边际条件)}$$

具体分析如下。

第 5 阶段:

$$f_5(x_k)=\min\begin{cases}60-s(x_k)+f_6(1),u_5=\mathrm{R}\\ c(x_k)+f_6(x_k+1),u_5=\mathrm{K}\end{cases}$$

$$\begin{aligned}f_5(1)&=\min\begin{cases}60-s(1)+f_6(1),u_5=\mathrm{R}\\ c(1)+f_6(2),u_5=\mathrm{K}\end{cases}\\ &=\min\begin{cases}60-32+(-25),u_5=\mathrm{R}\\ 13+(-17),u_5=\mathrm{K}\end{cases}\\ &=\min\begin{cases}3,u_5=\mathrm{R}\\ -4,u_5=\mathrm{K}\end{cases}=\mathbf{-4}\end{aligned}$$

$$u_5^*=\mathrm{K}$$

$$\begin{aligned}f_5(2)&=\min\begin{cases}60-s(2)+f_6(1),u_5=\mathrm{R}\\ c(2)+f_6(3),u_5=\mathrm{K}\end{cases}\\ &=\min\begin{cases}60-21+(-25),u_5=\mathrm{R}\\ 20+(-8),u_5=\mathrm{K}\end{cases}\\ &=\min\begin{cases}14,u_5=\mathrm{R}\\ 12,u_5=\mathrm{K}\end{cases}=\mathbf{12}\end{aligned}$$

$$u_5^*=\mathrm{K}$$

$$f_5(3)=\min\begin{cases}60-s(3)+f_6(1),u_5=R\\c(3)+f_6(4),u_5=K\end{cases}$$

$$=\min\begin{cases}60-11+(-25),u_5=R\\40+0,u_5=K\end{cases}$$

$$=\min\begin{cases}24,u_5=R\\40,u_5=K\end{cases}=\mathbf{24}$$

$$u_5^*=R$$

$$f_5(4)=\min\begin{cases}60-s(4)+f_6(1),u_5=R\\c(4)+f_6(5),u_5=K\end{cases}$$

$$=\min\begin{cases}60-5+(-25),u_5=R\\70+0,u_5=K\end{cases}$$

$$=\min\begin{cases}30,u_5=R\\70,u_5=K\end{cases}=\mathbf{30}$$

$$u_5^*=R$$

$$f_5(5)=\min\begin{cases}60-s(5)+f_6(1),u_5=R\\c(5)+f_6(6),u_5=K\end{cases}$$

$$=\min\begin{cases}60-0+(-25),u_5=R\\100+0,u_5=K\end{cases}$$

$$=\min\begin{cases}35,u_5=R\\100,u_5=K\end{cases}=\mathbf{35}$$

$$u_5^*=R$$

$$f_5(6)=\min\begin{cases}60-s(6)+f_6(1),u_5=R\\c(6)+f_6(7),u_5=K\end{cases}$$

$$=\min\begin{cases}60-0+(-25),u_5=R\\100+0,u_5=K\end{cases}$$

$$=\min\begin{cases}35,u_5=R\\100,u_5=K\end{cases}=\mathbf{35}$$

$$u_5^*=R$$

第 4 阶段：

$$f_4(x_k)=\min\begin{cases}60-s(x_k)+f_5(1),u_4=R\\c(x_k)+f_5(x_k+1),u_4=K\end{cases}$$

$$f_4(1)=\min\begin{cases}60-s(1)+f_5(1),u_4=R\\c(1)+f_5(2),u_4=K\end{cases}$$

$$=\min\begin{cases}60-32+(-4),u_4=R\\13+12,u_4=K\end{cases}$$

$$=\min\begin{cases}24,u_4=R\\25,u_4=K\end{cases}=\mathbf{24}$$

$$u_4^*=R$$

$$f_4(2)=\min\begin{cases}60-s(2)+f_5(1),u_4=\text{R}\\c(2)+f_5(3),u_4=\text{K}\end{cases}$$

$$=\min\begin{cases}60-21+(-4),u_4=\text{R}\\20+24,u_4=\text{K}\end{cases}$$

$$=\min\begin{cases}35,u_4=\text{R}\\44,u_4=\text{K}\end{cases}=\mathbf{35}$$

$$d_4^*=\text{R}$$

$$f_4(3)=\min\begin{cases}60-s(3)+f_5(1),u_4=\text{R}\\c(3)+f_5(4),u_4=\text{K}\end{cases}$$

$$=\min\begin{cases}60-11+(-4),u_4=\text{R}\\40+30,u_4=\text{K}\end{cases}$$

$$=\min\begin{cases}45,u_4=\text{R}\\70,u_4=\text{K}\end{cases}=\mathbf{45}$$

$$u_4^*=\text{R}$$

$$f_4(4)=\min\begin{cases}60-s(4)+f_5(1),u_4=\text{R}\\c(4)+f_5(5),u_4=\text{K}\end{cases}$$

$$=\min\begin{cases}60-5+(-4),u_4=\text{R}\\70+35,u_4=\text{K}\end{cases}$$

$$=\min\begin{cases}51,u_4=\text{R}\\105,u_4=\text{K}\end{cases}=\mathbf{51}$$

$$u_4^*=\text{R}$$

$$f_4(5)=\min\begin{cases}60-s(5)+f_5(1),u_4=\text{R}\\c(5)+f_5(6),u_4=\text{K}\end{cases}$$

$$=\min\begin{cases}60-0+(-4),u_4=\text{R}\\100+35,u_4=\text{K}\end{cases}$$

$$=\min\begin{cases}56,u_4=\text{R}\\135,u_4=\text{K}\end{cases}=\mathbf{56}$$

$$u_4^*=\text{R}$$

第 3 阶段:

$$f_3(x_k)=\min\begin{cases}60-s(x_k)+f_4(1),u_3=\text{R}\\c(x_k)+f_4(x_k+1),u_3=\text{K}\end{cases}$$

$$f_3(1)=\min\begin{cases}60-s(1)+f_4(1),u_3=\text{R}\\c(1)+f_4(2),u_3=\text{K}\end{cases}$$

$$=\min\begin{cases}60-32+24,u_3=\text{R}\\13+35,u_3=\text{K}\end{cases}$$

$$=\min\begin{cases}52,u_3=\text{R}\\48,u_3=\text{K}\end{cases}=\mathbf{48}$$

$$u_3^*=\text{K}$$

$$f_3(2)=\min\begin{cases}60-s(2)+f_4(1), u_3=\text{R}\\c(2)+f_4(3), u_3=\text{K}\end{cases}$$

$$=\min\begin{cases}60-21+24, u_3=\text{R}\\20+45, u_3=\text{K}\end{cases}$$

$$=\min\begin{cases}63, u_3=\text{R}\\65, u_3=\text{K}\end{cases}=\mathbf{63}$$

$u_3^*=\text{R}$

$$f_3(3)=\min\begin{cases}60-s(3)+f_4(1), u_3=\text{R}\\c(3)+f_4(4), u_3=\text{K}\end{cases}$$

$$=\min\begin{cases}60-11+24, u_3=\text{R}\\40+51, u_3=\text{K}\end{cases}$$

$$=\min\begin{cases}73, u_3=\text{R}\\91, u_3=\text{K}\end{cases}=\mathbf{73}$$

$u_3^*=\text{R}$

$$f_3(4)=\min\begin{cases}60-s(4)+f_4(1), u_3=\text{R}\\c(4)+f_4(5), u_3=\text{K}\end{cases}$$

$$=\min\begin{cases}60-5+24, u_3=\text{R}\\70+56, u_3=\text{K}\end{cases}$$

$$=\min\begin{cases}79, u_3=\text{R}\\126, u_3=\text{K}\end{cases}=\mathbf{79}$$

$u_3^*=\text{R}$

第2阶段：

$$f_2(x_k)=\min\begin{cases}60-s(x_k)+f_3(1), u_2=\text{R}\\c(x_k)+f_3(x_k+1), u_2=\text{K}\end{cases}$$

$$f_2(1)=\min\begin{cases}60-s(1)+f_3(1), u_2=\text{R}\\c(1)+f_3(2), u_2=\text{K}\end{cases}$$

$$=\min\begin{cases}60-32+48, u_2=\text{R}\\13+63, u_2=\text{K}\end{cases}$$

$$=\min\begin{cases}76, u_2=\text{R}\\76, u_2=\text{K}\end{cases}=\mathbf{76}$$

$u_2^*=\text{K}$ 或 $u_2^*=\text{R}$

$$f_2(2)=\min\begin{cases}60-s(2)+f_3(1), u_2=\text{R}\\c(2)+f_3(3), u_2=\text{K}\end{cases}$$

$$=\min\begin{cases}60-21+48, u_2=\text{R}\\20+73, u_2=\text{K}\end{cases}$$

$$=\min\begin{cases}87, u_2=\text{R}\\93, u_2=\text{K}\end{cases}=\mathbf{87}$$

$u_2^*=\text{R}$

$$f_2(3)=\min\begin{cases}60-s(3)+f_3(1), u_2=\text{R}\\ c(3)+f_3(4), u_2=\text{K}\end{cases}$$

$$=\min\begin{cases}60-11+48, u_2=\text{R}\\ 40+79, u_2=\text{K}\end{cases}$$

$$=\min\begin{cases}97, u_2=\text{R}\\ 119, u_2=\text{K}\end{cases}=\mathbf{97}$$

$$u_2^*=\text{R}$$

第 1 阶段:

$$f_3(x_k)=\min\begin{cases}60-s(x_k)+f_2(1), u_1=\text{R}\\ c(x_k)+f_2(x_k+1), u_1=\text{K}\end{cases}$$

$$f_1(2)=\min\begin{cases}60-s(2)+f_2(1), u_1=\text{R}\\ c(2)+f_2(3), u_1=\text{K}\end{cases}$$

$$=\min\begin{cases}60-21+76, u_1=\text{R}\\ 20+97, u_1=\text{K}\end{cases}$$

$$=\min\begin{cases}115, u_1=\text{R}\\ 117, u_1=\text{K}\end{cases}=\mathbf{115}$$

$$u_1^*=\text{R}$$

由以上计算可知,本问题有两个决策,它们对应的最少费用都是 115。这两个决策见表 6.8。

表 6.8

年份	1	2	3	4	5
决策 1	更新	更新	继续	更新	继续
决策 2	更新	继续	更新	更新	继续

解毕

注 1: 设备更新问题也可以在例 6.5 的基础上再多考虑设备的收益,比如,设收益为役龄 t 的函数,记为 $v(t)$(万元),则可以求出 5 年结束时总收益最多的更新策略。

注 2: 设备更新问题也可以在例 6.5 的基础上考虑第 5 年结束时设备卖出的情况,此时,设备残值 $r(t)$ 则可以不用考虑,问题变得更简单,只需要 $c(t)$ 和 $s(t)$ 两个参数就可以求出 5 年结束时总支出最少的最优策略。

例 6.6 (具有转向费用的最短路径问题,shortest path problem with turn expenses) 设城市的道路结构如图 6.3 所示。两个路口之间标的数字表示通过这一段道路所需的费用(单位:元),该城市有一项奇怪的交通规则:车辆经过每个路口时,向左或向右转弯一次,要收取“转弯费”3 元。现有一辆汽车从点 A 出发到点 P,求包括转弯费用在内,费用最少的行驶路线。

解: 与本章前面介绍的最短路线问题不同,由于考虑转弯费用,从任一路口出发到达终点的最优路线不仅取决于当前的位置,而且与如何到达当前位置有关。如果仍旧用当前所在位置作为状态变量,用行进的方向作为决策变量,这样,从某一状态出发的最优决策,不仅与当前状态有关,还与这一状态以前的决策有关。这样就不满足动态规划“状态的无后效性”的要求。

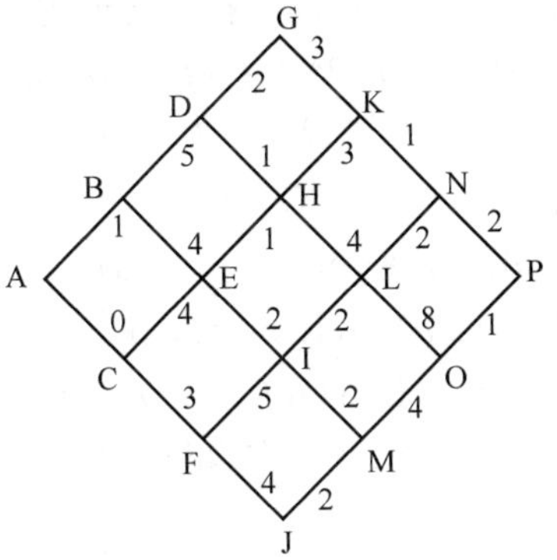

图 6.3

为了满足动态规划的这一要求,必须重新构造状态变量。现将这个问题的动态规划模型构造如下。

阶段 k:设起点 A 为第一阶段,到达点 B 或 C 为第二阶段,…,到达终点 P 为第七阶段。

状态变量(x_k,r_k):其中 x_k 为第 k 阶段所在位置,r_k 为从 x_k 出发行进的方向,即 $r_k=\begin{cases}\text{u,up(上行)}\\ \text{d,down(下行)}\end{cases}$,$k=1,2,\cdots,6$。终点 P 的状态变量为$(x_7,r_7)=(P,\varnothing)$,$\varnothing$表示行进方向为空集。由图 6.3 可见,点 G,J,K,M,N,O,P 只有一个状态,其余的点都有两个状态。

决策变量 u_k:$u_k(x_k,r_k)=(x_{k+1},r_{k+1})$,$k=1,2,\cdots,6$。

状态转移方程:$(x_{k+1},r_{k+1})=u_k(x_k,r_k)$,$k=1,2,\cdots,6$。

阶段指标、指标函数和最优值函数:对于 $k=1,2,\cdots,6$,阶段指标表示从 x_k 出发,按 r_k 方向前进一步的路程费用(不包括转弯费用),即 $v_k(x_k,r_k)=l(x_k,x_{k+1})$,其中 $l(\cdot)$表示通过相邻两路口间道路所需费用;指标函数表示从 x_k 出发,最终到达点 P 的总费用(包括转弯费用);最优值函数 $f_k(x_k,r_k)$表示从 x_k 出发,最终到达点 P 的最少总费用(包括转弯费用)。令 $f_7(P,\varnothing)=0$。

递归方程:对于 $k=1,\cdots,6$,有

$$f_k(x_k,\text{u})=\min\begin{cases}v_k(x_k,\text{u})+f_{k+1}(x_{k+1},\text{u})\\ v_k(x_k,\text{u})+f_{k+1}(x_{k+1},\text{d})+3\end{cases}$$
$$=l(x_k,x_{k+1})+\min\begin{cases}f_{k+1}(x_{k+1},\text{u})\\ f_{k+1}(x_{k+1},\text{d})+3\end{cases}$$
$$f_k(x_k,\text{d})=\min\begin{cases}v_k(x_k,\text{d})+f_{k+1}(x_{k+1},\text{u})+3\\ v_k(x_k,\text{d})+f_{k+1}(x_{k+1},\text{d})\end{cases}$$
$$=l(x_k,x_{k+1})+\min\begin{cases}f_{k+1}(x_{k+1},\text{u})+3\\ f_{k+1}(x_{k+1},\text{d})\end{cases}$$
$$f_7(P,\varnothing)=0\text{(边际条件)}$$

具体分析如下。

第 6 阶段:对于点 N,只有一个状态$(x_6,r_6)=(\text{N,d})$,相应的最优指标为

$$f_6(\mathrm{N},\mathrm{d})=l(\mathrm{N},P)+f_7(P,\varnothing)=2+0=2$$

$$u_6^*(\mathrm{N},\mathrm{d})=(P,\varnothing)$$

对于点O,只有一个状态$(x_6,r_6)=(\mathrm{O},\mathrm{u})$,相应的最优指标为

$$f_6(\mathrm{O},\mathrm{u})=l(\mathrm{O},P)+f_7(P,\varnothing)=1+0=1$$

$$u_6^*(\mathrm{O},\mathrm{u})=(P,\varnothing)$$

第5阶段:对于点K,只有一个状态$(x_5,r_5)=(\mathrm{K},\mathrm{d})$,相应的最优指标为

$$f_5(\mathrm{K},\mathrm{d})=l(\mathrm{K},\mathrm{N})+f_6(\mathrm{N},\mathrm{d})=1+2=3$$

$$u_5^*(\mathrm{K},\mathrm{d})=(\mathrm{N},\mathrm{d})$$

对于点L,有两个状态$(x_5,r_5)=(\mathrm{L},\mathrm{u})$和$(x_5,r_5)=(\mathrm{L},\mathrm{d})$,相应的最优指标分别为

$$f_5(\mathrm{L},\mathrm{u})=l(\mathrm{L},\mathrm{N})+f_6(\mathrm{N},\mathrm{d})+3=2+2+3=7$$

最优路线上的下一状态为$(x_6^*,r_6^*)=(\mathrm{N},\mathrm{d})$。

$$f_5(\mathrm{L},\mathrm{d})=l(\mathrm{L},\mathrm{O})+f_6(\mathrm{O},\mathrm{u})+3=8+1+3=12$$

最优路线上的下一状态为$(x_6^*,r_6^*)=(\mathrm{O},\mathrm{u})$。

对于点M,只有一个状态$(x_5,r_5)=(\mathrm{M},\mathrm{u})$,相应的最优指标为

$$f_5(\mathrm{M},\mathrm{u})=l(\mathrm{M},\mathrm{O})+f_6(\mathrm{O},\mathrm{u})=4+1=5$$

最优路线上的下一状态为$(x_6^*,r_6^*)=(\mathrm{O},\mathrm{u})$。

第4阶段:对于点G,只有一个状态$(x_4,r_4)=(\mathrm{G},\mathrm{d})$,相应的最优指标为

$$f_4(\mathrm{G},\mathrm{d})=l(\mathrm{G},\mathrm{K})+f_5(\mathrm{K},\mathrm{d})=3+3=6$$

最优路线上的下一状态为$(x_5^*,r_5^*)=(\mathrm{K},\mathrm{d})$。

对于点H,有两个状态$(x_4,r_4)=(\mathrm{H},\mathrm{u})$和$(x_4,r_4)=(\mathrm{H},\mathrm{d})$,相应的最优指标分别为

$$f_4(\mathrm{H},\mathrm{u})=l(\mathrm{H},\mathrm{K})+f_5(\mathrm{K},\mathrm{d})+3=3+3+3=9$$

最优路线上的下一状态为$(x_5^*,r_5^*)=(\mathrm{K},\mathrm{d})$。

$$f_4(\mathrm{H},\mathrm{d})=l(\mathrm{H},\mathrm{L})+\min\begin{cases}f_5(\mathrm{L},\mathrm{u})+3\\ f_5(\mathrm{L},\mathrm{d})\end{cases}=4+\min\begin{cases}7+3\\ 12\end{cases}=14$$

最优路线上的下一状态为$(x_5^*,r_5^*)=(\mathrm{L},\mathrm{u})$。

对于点I,有两个状态$(x_4,r_4)=(\mathrm{I},\mathrm{u})$和$(x_4,r_4)=(\mathrm{I},\mathrm{d})$,相应的最优指标分别为

$$\begin{aligned}f_4(\mathrm{I},\mathrm{u})&=l(\mathrm{I},\mathrm{L})+\min\begin{cases}f_5(\mathrm{L},\mathrm{u})\\ f_5(\mathrm{L},\mathrm{d})+3\end{cases}\\&=2+\min\begin{cases}7\\ 12+3\end{cases}\\&=2+7\\&=9\end{aligned}$$

最优路线上的下一状态为$(x_5^*,r_5^*)=(\mathrm{L},\mathrm{u})$。

$$f_4(\mathrm{I},\mathrm{d})=l(\mathrm{I},\mathrm{M})+f_5(\mathrm{M},\mathrm{u})+3=2+5+3=10$$

最优路线上的下一状态为$(x_5^*,r_5^*)=(\mathrm{M},\mathrm{u})$。

对于点J,只有一个状态$(x_4,r_4)=(\mathrm{J},\mathrm{u})$,相应的最优指标为

$$f_4(\mathrm{J},\mathrm{u})=l(\mathrm{J},\mathrm{M})+f_5(\mathrm{M},\mathrm{u})=2+5=7$$

最优路线上的下一状态为$(x_5^*,r_5^*)=(\mathrm{M},\mathrm{u})$。

第3阶段:对于点D,有两个状态$(x_3,r_3)=(\mathrm{D},\mathrm{u})$和$(x_3,r_3)=(\mathrm{D},\mathrm{d})$,相应的最优指标

分别为

$$f_3(\mathrm{D},\mathrm{u})=l(\mathrm{D},\mathrm{G})+f_4(\mathrm{G},\mathrm{d})+3=2+6+3=11$$

最优路线上的下一状态为$(x_4^*,r_4^*)=(\mathrm{G},\mathrm{d})$。

$$\begin{aligned}f_3(\mathrm{D},\mathrm{d})&=l(\mathrm{D},\mathrm{H})+\min\begin{cases}f_4(\mathrm{H},\mathrm{u})+3\\f_4(\mathrm{H},\mathrm{d})\end{cases}\\&=1+\min\begin{cases}9+3\\14\end{cases}\\&=1+12\\&=13\end{aligned}$$

最优路线上的下一状态为$(x_4^*,r_4^*)=(\mathrm{H},\mathrm{u})$。

对于点 E,有两个状态$(x_3,r_3)=(\mathrm{E},\mathrm{u})$和$(x_3,r_3)=(\mathrm{E},\mathrm{d})$,相应的最优指标分别为

$$\begin{aligned}f_3(\mathrm{E},\mathrm{u})&=l(\mathrm{E},\mathrm{H})+\min\begin{cases}f_4(\mathrm{H},\mathrm{u})\\f_4(\mathrm{H},\mathrm{d})+3\end{cases}\\&=1+\min\begin{cases}9\\14+3\end{cases}\\&=1+9\\&=10\end{aligned}$$

最优路线上的下一状态为$(x_4^*,r_4^*)=(\mathrm{H},\mathrm{u})$。

$$\begin{aligned}f_3(\mathrm{E},\mathrm{d})&=l(\mathrm{E},\mathrm{I})+\min\begin{cases}f_4(\mathrm{I},\mathrm{u})+3\\f_4(\mathrm{I},\mathrm{d})\end{cases}\\&=2+\min\begin{cases}9+3\\10\end{cases}\\&=2+10\\&=12\end{aligned}$$

最优路线上的下一状态为$(x_4^*,r_4^*)=(\mathrm{I},\mathrm{d})$。

对于点 F,有两个状态$(x_3,r_3)=(\mathrm{F},\mathrm{u})$和$(x_3,r_3)=(\mathrm{F},\mathrm{d})$,相应的最优指标分别为

$$\begin{aligned}f_3(\mathrm{F},\mathrm{u})&=l(\mathrm{F},\mathrm{I})+\min\begin{cases}f_4(\mathrm{I},\mathrm{u})\\f_4(\mathrm{I},\mathrm{d})+3\end{cases}\\&=5+\min\begin{cases}9\\10+3\end{cases}\\&=5+9\\&=14\end{aligned}$$

最优路线上的下一状态为$(x_4^*,r_4^*)=(\mathrm{I},\mathrm{u})$。

$$f_3(\mathrm{F},\mathrm{d})=l(\mathrm{F},\mathrm{J})+f_4(\mathrm{J},\mathrm{u})+3=4+7+3=14$$

最优路线上的下一状态为$(x_4^*,r_4^*)=(\mathrm{J},\mathrm{u})$。

第 2 阶段:对于点 B,有两个状态$(x_2,r_2)=(\mathrm{B},\mathrm{u})$和$(x_2,r_2)=(\mathrm{B},\mathrm{d})$,相应的最优指标分别为

$$f_2(B,u)=l(B,D)+\min\begin{cases}f_3(D,u)\\f_3(D,d)+3\end{cases}$$

$$=5+\min\begin{cases}11\\13+3\end{cases}$$

$$=5+11$$

$$=16$$

最优路线上的下一状态为$(x_3^*,r_3^*)=(D,u)$。

$$f_2(B,d)=l(B,E)+\min\begin{cases}f_3(E,u)+3\\f_3(E,d)\end{cases}$$

$$=4+\min\begin{cases}10+3\\12\end{cases}$$

$$=4+12$$

$$=16$$

最优路线上的下一状态为$(x_3^*,r_3^*)=(E,d)$。

对于点 C,有两个状态$(x_2,r_2)=(C,u)$和$(x_2,r_2)=(C,d)$,相应的最优指标分别为

$$f_2(C,u)=l(C,E)+\min\begin{cases}f_3(E,u)\\f_3(E,d)+3\end{cases}$$

$$=4+\min\begin{cases}10\\12+3\end{cases}$$

$$=4+10$$

$$=14$$

最优路线上的下一状态为$(x_3^*,r_3^*)=(E,u)$。

$$f_2(C,d)=l(C,F)+\min\begin{cases}f_3(F,u)+3\\f_3(F,d)\end{cases}$$

$$=3+\min\begin{cases}14+3\\14\end{cases}$$

$$=3+14$$

$$=17$$

最优路线上的下一状态为$(x_3^*,r_3^*)=(F,d)$。

第 1 阶段:对于点 A,有两个状态$(x_1,r_1)=(A,u)$和$(x_1,r_1)=(A,d)$,相应的最优指标分别为

$$f_1(A,u)=l(A,B)+\min\begin{cases}f_2(B,u)\\f_2(B,d)+3\end{cases}$$

$$=1+\min\begin{cases}16\\16+3\end{cases}$$

$$=1+16$$

$$=17$$

最优路线上的下一状态为$(x_2^*,r_2^*)=(B,u)$。

$$f_1(\mathrm{A},\mathrm{d})=l(\mathrm{A},\mathrm{C})+\min\begin{cases}f_2(\mathrm{C},\mathrm{u})+3\\ f_2(\mathrm{C},\mathrm{d})\end{cases}$$

$$=0+\min\begin{cases}14+3\\ 17\end{cases}$$

$$=0+17$$

$$=17$$

最优路线上的下一状态为$(x_2^*,r_2^*)=(\mathrm{C},\mathrm{u})$或$(x_2^*,r_2^*)=(\mathrm{C},\mathrm{d})$。

由于 $f_1(\mathrm{A},\mathrm{u})=f_1(\mathrm{A},\mathrm{d})=17$，因此从点 A 出发有两条最优路线，第一条从点 A 出发上行，通过对最优指标相应的下一状态的回溯，得到相应的最优路线：

$$(\mathrm{A},\mathrm{u})\to(\mathrm{B},\mathrm{u})\to(\mathrm{D},\mathrm{u})\to(\mathrm{G},\mathrm{d})\to(\mathrm{K},\mathrm{d})\to(\mathrm{N},\mathrm{d})\to(P,\varnothing)$$

路程费用为 14，转弯费用为 3，总费用为 17。

第二条为从点 A 出发下行的最优路线，由于从点 A 出发下行一步到达点 C 后，有两个后续最优状态(C，u)和(C，d)，因此从点 A 出发下行的最优路线有两条，它们是：

$$(\mathrm{A},\mathrm{d})\to(\mathrm{C},\mathrm{u})\to(\mathrm{E},\mathrm{u})\to(\mathrm{H},\mathrm{u})\to(\mathrm{K},\mathrm{d})\to(\mathrm{N},\mathrm{d})\to(P,\varnothing)$$

(路程费用为 11，转弯费用为 6，总费用为 17)和

$$(\mathrm{A},\mathrm{d})\to(\mathrm{C},\mathrm{d})\to(\mathrm{F},\mathrm{d})\to(\mathrm{J},\mathrm{u})\to(\mathrm{M},\mathrm{u})\to(\mathrm{O},\mathrm{u})\to(P,\varnothing)$$

(路程费用为 14，转弯费用为 3，总费用为 17)。

解毕

注：例 6.6 实际上是考虑的有向图，车辆行进方向只能是从左往右。

例 6.7(背包问题，knapsack problem)　设有 n 种物品，每一种物品都数量无限。第 i 种物品每件的质量为 w_i(kg)，每件的价值为 c_i(元)。现有一个可装载质量为 W 的背包，求各种物品应各取多少件放入背包，使背包中物品的价值最高。

解：这个问题可以用整数规划模型来描述。设第 i 种物品取 x_i(件)($i=1,2,\cdots,n$，x_i 为非负整数)，背包中物品的价值为 z，则下面整数规划问题的解就是背包问题的最优解：

$$\max z=c_1x_1+c_2x_2+\cdots+c_nx_n$$

$$\text{s. t.}\begin{cases}w_1x_1+w_2x_2+\cdots+w_nx_n\leqslant W\\ x_1,x_2,\cdots,x_n \text{ 为非负整数}\end{cases}$$

背包问题用动态规划的方法求解的过程如下。

动态规划模型构造如下。

阶段 k：第 k 次装载第 k 种物品($k=1,2,\cdots,n$)。

状态变量 x_k：第 k 次装载时背包还可以装载的质量，$k=1,2,\cdots,n$，定义 $x_{n+1}=W-\sum\limits_{k=1}^{n}x_n$。

决策变量 u_k：第 k 次装载第 k 种物品的件数；决策允许集为 $U_k(x_k)=\left\{u_k\,\middle|\,0\leqslant u_k\leqslant\dfrac{x_k}{w_k},u_k \text{ 为整数}\right\}$。

状态转移方程：对于 $k=1,2,\cdots,n$，$x_{k+1}=x_k-w_ku_k$。

阶段指标、指标函数和最优值函数：对于 $k=1,2,\cdots,n$，阶段指标为 $v_k=c_ku_k$；指标函数表示当背包还可以装载的质量为 x_k 时，能装进背包中的第 $k,\cdots,n$ 种物品的总价值；最优值

函数 $f_k(x_k)$表示当背包还可以装载的质量为 x_k 时,能装进背包中的第 $k,\cdots,n$ 种物品的最高总价值,定义 $f_{n+1}(x_{n+1})=0$。

递归方程:对于 $k=1,\cdots,n$,有

$$f_k(x_k)=\max\{c_k u_k+f_{k+1}(x_{k+1})\}=\max\{c_k u_k+f_{k+1}(x_k-w_k u_k)\}$$

$$f_{n+1}(x_{n+1})=0(\text{边际条件})$$

对一个具体问题,即 $c_1=65,c_2=80,c_3=30,w_1=2,w_2=3,w_3=1,W=5$,用动态规划求解的过程如下。

第 3 阶段:

$$f_3(x_3)=\max_{0\leqslant u_3\leqslant x_3/w_3}\{c_3 u_3+f_4(x_4)\}=\max_{0\leqslant u_3\leqslant x_3/w_3}\{30u_3\}$$

列出 $f_3(x_3)$的数值表,见表 6.9。

表 6.9

x_3	$U_3(x_3)$	x_4	$30u_3+f_4(x_4)$	$f_3(x_3)$	u_3^*
0	0	0	0+0=0	0	0
1	0	1	0+0=0	30	1
	1	0	30+0=30*		
2	0	2	0+0=0	60	2
	1	1	30+0=30		
	2	0	60+0=60*		
3	0	3	0+0=0	90	3
	1	2	30+0=30		
	2	1	60+0=60		
	3	0	90+0=90*		
4	0	4	0+0=0	120	4
	1	3	30+0=30		
	2	2	60+0=60		
	3	1	90+0=90		
	4	0	120+0=120*		
5	0	5	0+0=0	150	5
	1	4	30+0=30		
	2	3	60+0=60		
	3	2	90+0=90		
	4	1	120+0=120		
	5	0	150+0=150*		

第 2 阶段:

$$f_2(x_2)=\max_{0\leqslant u_2\leqslant x_2/w_2}\{c_2 u_2+f_3(x_3)\}=\max_{0\leqslant u_2\leqslant x_2/w_2}\{80u_2+f_3(x_2-3u_2)\}$$

列出 $f_2(x_2)$的数值表,见表 6.10。

表 6.10

x_2	$U_2(x_2)$	x_3	$80u_2+f_3(x_3)$	$f_2(x_2)$	u_2^*
0	0	0	0+0=0*	0	0
1	0	1	0+30=30*	30	0
2	0	2	0+60=60*	60	0
3	0	3	0+90=90*	90	0
	1	0	80+0=80		
4	0	4	0+120=120*	120	0
	1	1	80+30=110		
5	0	5	0+150=150*	150	0
	1	2	80+60=140		

第 1 阶段：

$$f_1(x_1)=\max_{0\leqslant u_1\leqslant x_1/w_1}\{c_1u_1+f_2(x_2)\}=\max_{0\leqslant u_1\leqslant x_1/w_1}\{65u_1+f_2(x_1-2u_2)\}$$

列出 $f_1(x_1)$的数值表，见表 6.11。

表 6.11

x_1	$U_1(x_1)$	x_2	$65u_1+f_2(x_2)$	$f_1(x_1)$	u_1^*
0	0	0	0+0=0*	0	0
1	0	1	0+30=30*	30	0
2	0	2	0+60=60	65	1
	1	0	65+0=65*		
3	0	3	0+90=90	95	1
	1	1	65+30=95*		
4	0	4	0+120=120	130	2
	1	2	65+60=125		
	2	0	130+0=130*		
5	0	5	0+150=150	160	2
	1	3	65+90=155		
	2	1	130+30=160*		

由题意知，$x_1=5$，由 $f_1(x_1)$，$f_2(x_2)$，$f_3(x_3)$的列表，经回溯可得

$$u_1^*=2,\quad x_2=x_1-2u_1=1,\quad u_2^*=0,x_3=x_2-3u_2=1$$

$$u_3^*=1,\quad x_4=x_2-u_3=0$$

即应取第一种物品 2 件、第三种物品 1 件，最高价值为 160 元，背包没有余量。

由 $f_1(x_1)$的列表可以看出，如果背包的容量为 $W=4$，$W=3$，$W=2$ 和 $W=1$，相应的最优解立即可以得到。

解毕

例 6.8(旅行售货员问题，traveling salesman problem)　设有 n 个城市，其中任意两个城

市之间都有道路相连,城市 i 和城市 j 之间的距离为 C_{ij}。从某城市出发周游所有城市,经过每个城市一次且仅一次,最后回到出发地,求总行程最短的周游路线。设往返距离相等,即 $C_{ij}=C_{ji}$。

解:这个问题与最短路径问题不同,最短路径问题以当前所在的位置作为状态变量,而在旅行售货员问题中,状态变量除了要指明当前所在位置外,还要指明已经过哪几个城市。

由于货郎担问题经过的路线是一条经过所有城市的闭合回路,因此从哪一点出发是无所谓的,不妨设从城市1出发。问题的动态规划模型构造如下。

阶段 k:已经历过的城市个数,包括当前所在的城市。$k=1,2,\cdots,n,n+1$,其中 $k=1$ 表示出发时位于起点,$k=n+1$ 表示结束时回到终点。

状态变量 x_k:$x_k=(i,S_k)$,其中 i 表示当前所在的城市,S_k 表示尚未访问过的城市的集合。很明显:$S_1=\{2,3,\cdots,n\},\cdots,S_n=S_{n+1}=\varnothing$,其中 $\varnothing$ 表示空集。并且有:$x_n=(i,\varnothing)$,$i=2,\cdots,n$,$x_{n+1}=(1,\varnothing)$。

决策变量 u_k:$u_k=(i,j)$,其中 i 为当前所在的城市,j 为下一站将要到达的城市。

状态转移方程:若当前状态为 $x_k=(i,S_k)$,采取的决策为 $u_k=(i,j)$,则下一步到达的状态为 $x_{k+1}=T(x_k,u_k)=(j,S_k\backslash\{j\})$。

阶段指标、指标函数和最优值函数:若当前状态为 $x_k=(i,S_k)$,采取的决策为 $u_k=(i,j)$,阶段指标为 $v_k(x_k,u_k)=c_{ij}$;指标函数为从城市 i 出发,经过 S_k 中每个城市一次且仅一次,最后返回城市1的总距离;最优值函数 $f_k(x_k)=f_k(i,S_k)$ 表示从城市 i 出发,经过 S_k 中每个城市一次且仅一次,最后返回城市1的最短距离,其中 $f_{n+1}(x_{n+1})=f_{n+1}(1,\varnothing)=0$。

递归方程:对于 $k=1,\cdots,n-1$,$f_k(i,S_k)=\min\limits_{j\in S_k}\{C_{ij}+f_{k+1}(j,S_{k+1})\}$,$f_{n+1}(x_{n+1})=0$(边际条件)。

对于图6.4所示的一个5个城市的旅行售货员问题,求解步骤如下。

第5阶段:$f_5(i,\varnothing)=\min\limits_{u_5\in(i,1)}\{C_{i1}+f_6(1,\varnothing)\}=C_{i1}$,$f_5(i,\varnothing)$ 的值如表6.12所示。

表6.12

i	$f_5(i,\varnothing)$
2	2
3	7
4	2
5	5

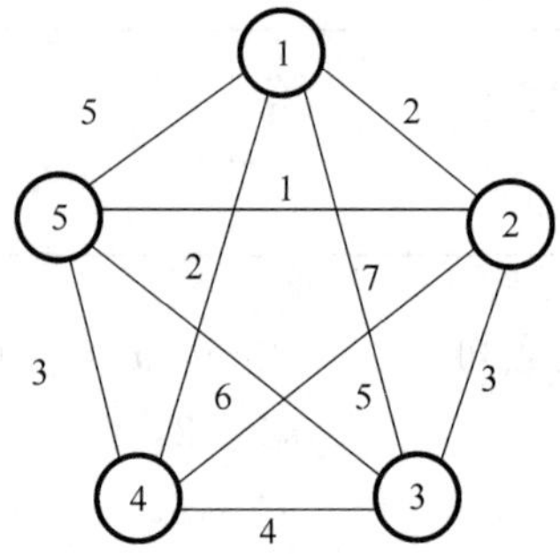

图6.4

第4阶段:$f_4(i,S_4)=\min\limits_{j\in S_4}\{C_{ij}+f_5(j,\varnothing)\}$。$f_4(i,S_4)$ 的值见表6.13。

表 6.13

(i,S_4)	j	C_{ij}	$C_{ij}+f_5(j,\varnothing)$	$f_4(i,S_4)$	j^*
(2,{3})	{3}	3	3+7=10	10	3
(2,{4})	{4}	5	5+2=7	7	4
(2,{5})	{5}	1	1+5=6	6	5
(3,{2})	{2}	3	3+2=5	5	2
(3,{4})	{4}	4	4+2=6	6	4
(3,{5})	{5}	6	6+5=11	11	5
(4,{2})	{2}	5	5+2=7	7	2
(4,{3})	{3}	4	4+7=11	11	3
(4,{5})	{5}	3	3+5=8	8	5
(5,{2})	{2}	1	1+2=3	3	2
(5,{3})	{3}	6	6+7=13	13	3
(5,{4})	{4}	3	3+2=5	5	4

第 3 阶段：$f_3(i,S_3)=\min\limits_{j\in S_3}\{C_{ij}+f_4(j,S_4)\}$。$f_3(i,S_3)$的值见表 6.14。

表 6.14

(i,S_3)	j	C_{ij}	S_4	$C_{ij}+f_4(j,S_4)$	$f_3(i,S_3)$	j^*
(2,{3,4})	{3}	3	{4}	3+6=9*	9	3
	{4}	5	{3}	5+11=16		
(2,{3,5})	{3}	3	{5}	3+11=14*	14	3,5
	{5}	1	{3}	1+13=14*		
(2,{4,5})	{4}	5	{5}	5+8=13	6	5
	{5}	1	{4}	1+5=6*		
(3,{2,4})	{2}	3	{4}	3+7=10*	10	2
	{4}	4	{2}	4+7=11		
(3,{2,5})	{2}	3	{5}	3+6=9*	9	2,5
	{5}	6	{2}	6+3=9*		
(3,{4,5})	{4}	4	{5}	4+8=12	11	5
	{5}	6	{4}	6+5=11*		
(4,{2,3})	{2}	5	{3}	5+10=15	9	3
	{3}	4	{2}	4+5=9*		
(4,{2,5})	{2}	5	{5}	5+6=11	6	5
	{5}	3	{2}	3+3=6*		
(4,{3,5})	{3}	4	{5}	4+11=15*	15	3
	{5}	3	{3}	3+13=16		

续 表

(i,S_3)	j	C_{ij}	S_4	$C_{ij}+f_4(j,S_4)$	$f_3(i,S_3)$	j^*
(5,{2,3})	{2}	1	{3}	1+10=11*	11	2,3
	{3}	6	{2}	6+5=11*		
(5,{2,4})	{2}	1	{4}	1+7=8*	8	2
	{4}	3	{2}	3+7=10		
(5,{3,4})	{3}	6	{4}	6+6=12*	12	3
	{4}	3	{3}	3+11=14		

第 2 阶段:$f_2(i,S_2)=\min\limits_{j\in S_2}\{C_{ij}+f_3(j,S_3)\}$,$f_2(i,S_2)$的值见表 6.15。

表 6.15

(i,S_2)	j	C_{ij}	S_3	$C_{ij}+f_3(j,S_3)$	$f_2(i,S_2)$	j^*
(2,{3,4,5})	{3}	3	{4,5}	3+11=14	13	5
	{4}	5	{3,5}	5+15=20		
	{5}	1	{3,4}	1+12=13*		
(3,{2,4,5})	{2}	3	{4,5}	3+6=9*	9	2
	{4}	4	{3,5}	4+6=10		
	{5}	6	{2,4}	6+8=14		
(4,{2,3,5})	{2}	5	{3,5}	5+14=19	13	3
	{3}	4	{2,5}	4+9=13*		
	{5}	3	{2,3}	3+11=14		
(5,{2,3,4})	{2}	1	{3,4}	1+9=10*	10	2
	{3}	6	{2,4}	6+10=16		
	{4}	3	{2,3}	3+9=12		

第 1 阶段:$f_1(1,S_1)=\min\limits_{j\in S_{12}}\{C_{1j}+f_2(j,S_2)\}$,$f_1(1,S_1)$的值见表 6.16。

表 6.16

$(1,S_1)$	j	C_{ij}	S_2	$C_{1j}+f_2(j,S_2)$	$f_1(1,S_1)$	j^*
(1,{2,3,4,5})	{2}	2	{3,4,5}	2+13=15*	15	2,4,5
	{3}	7	{2,4,5}	7+9=16		
	{4}	2	{2,3,5}	2+13=15*		
	{5}	5	{2,3,4}	5+10=15*		

由状态 $x_1=(1,\{2,3,4,5\})$得到图 6.5,即可以得到以下 4 条回路:

(1) ①→②→⑤→③→④→①

(2) ①→⑤→②→③→④→①

(3) ①→④→③→②→⑤→①

(4) ①→④→③→⑤→②→①

其中(1)和(4)是同一条回路,(2)和(3)是同一条回路,这两条回路的图示分别如图 6.6 和图 6.7 所示。

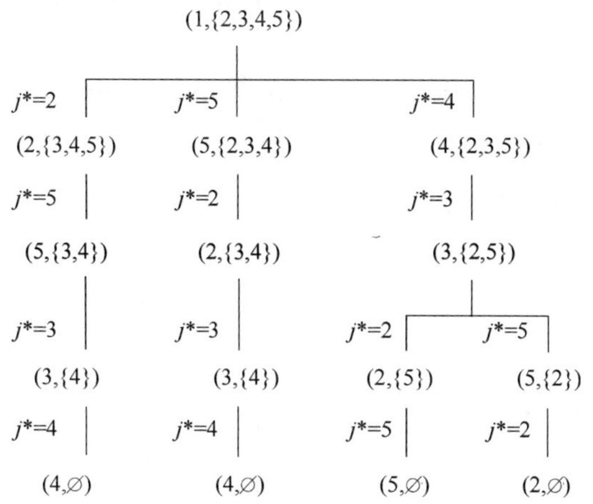

图 6.5

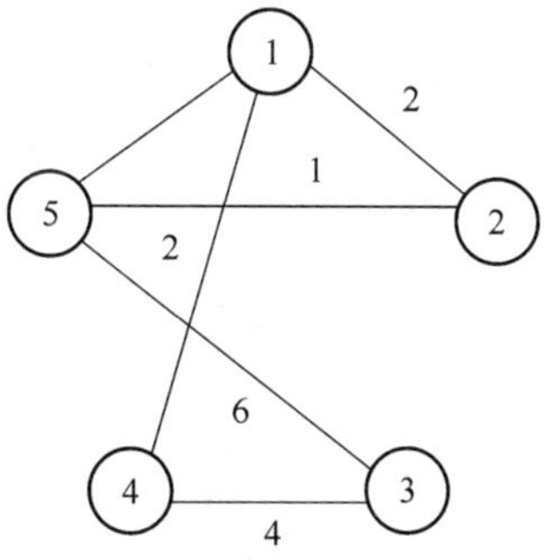

图 6.6

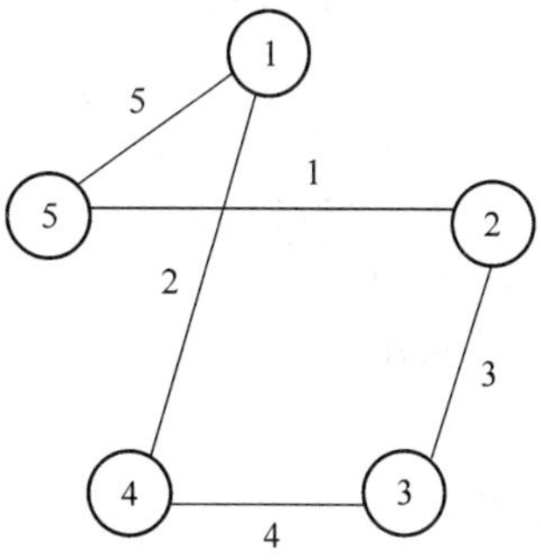

图 6.7

容易验证,两条回路的长度都是 15。

解毕

§6.4　用优化软件求解动态规划问题的方法和例子

由于动态规划解决问题的思路主要是递归的思想,所以很容易用各种语言编程实现,当然各种计算机语言都有其各自的特点,所以在编程实现上也有一些区别。但是 LINGO 软件和 MATLAB 软件都没有内置的程序直接可以用来求解动态规划的问题,都必须用各自的语言对具体的问题进行编程求解。下面的例子是用 LINGO 软件对最短路问题利用动态规划的思想进行编程。

例 6.9(最短路问题)　给定 N 个点 $P_i(i=1,2,\cdots,N)$,它们组成集合 $\{p_i\}$,集合中任一

点 p_i 到另一点 p_j 的距离用 c_{ij} 表示,如果 p_i 到 p_j 没有弧联结,则规定 $c_{ij}=\infty$,又规定 $c_{ii}=0$ $(i=1,2,\cdots,N)$,指定一个终点 P_N,求从点 p_i 出发到 P_N 的最短路线。这里我们用动态规划方法来求解。用所在的点 p_i 表示状态,决策集合就是除 p_i 以外的点,选定一个点 p_j 以后,得到效益 c_{ij} 并转入新状态 p_j,当状态是 P_N 时,过程停止。显然这是一个不定期多阶段决策过程。

解:定义 $f(i)$ 是由点 p_i 出发至终点 P_N 的最短路程,由最优化原理可得

$$\begin{cases} f(i)=\min\limits_{j}\{c_{ij}+f(j)\}, i=1,2,\cdots,N-1 \\ f(N)=0 \end{cases}$$

用 LINGO 编程:

```
! 最短路问题;
model:
data:
  n = 10;
enddata
sets:
  cities/1..n/: F;! 10 个城市;
  roads(cities,cities)/
    1,2  1,3
    2,4  2,5  2,6
    3,4  3,5  3,6
    4,7  4,8
    5,7  5,8  5,9
    6,8  6,9
    7,10
    8,10
    9,10
  /: D, P;
endsets
data:
  D =
    6  5
    3  6  9
    7  5  11
    9  1
    8  7  5
    4  10
    5
    7
    9;
enddata
```

```
  F(n)=0;
  @for(cities(i) | i #lt# n:
    F(i)=@min(roads(i,j): D(i,j)+F(j));
  );
  ! 显然,如果P(i,j)=1,则点Pi到点Pn的最短路径的第一步是Pi→Pj,否则就不是;
  ! 由此,我们就可方便地确定最短路径;
  @for(roads(i,j):
    P(i,j)=@if(F(i) #eq# D(i,j)+F(j),1,0)
  );
end
```

计算的部分结果为：

```
Feasible solution found at iteration:          0

                        Variable        Value
                               N     10.00000
                           F( 1)     17.00000
                           F( 2)     11.00000
                           F( 3)     15.00000
                           F( 4)     8.000000
                           F( 5)     13.00000
                           F( 6)     11.00000
                           F( 7)     5.000000
                           F( 8)     7.000000
                           F( 9)     9.000000
                          F( 10)     0.000000
                        P( 1, 2)     1.000000
                        P( 1, 3)     0.000000
                        P( 2, 4)     1.000000
                        P( 2, 5)     0.000000
                        P( 2, 6)     0.000000
                        P( 3, 4)     1.000000
                        P( 3, 5)     0.000000
                        P( 3, 6)     0.000000
                        P( 4, 7)     0.000000
                        P( 4, 8)     1.000000
                        P( 5, 7)     1.000000
                        P( 5, 8)     0.000000
                        P( 5, 9)     0.000000
                        P( 6, 8)     1.000000
                        P( 6, 9)     0.000000
```

```
P( 7, 10)        1.000000
P( 8, 10)        1.000000
P( 9, 10)        1.000000
```

解毕

例 6.10 对例 6.8 用 LINGO 编程。

解:

```
! 旅行售货员问题;
model:
sets:
    city / 1.. 5/: u;
    link( city, city):
        dist, ! 距离矩阵;
        x;
endsets
    n = @size( city);
data:  ! 距离矩阵,它并不需要是对称的;
    dist = @qrand(1);  ! 随机产生,这里可改为要解决问题的数据;
enddata
! 目标函数;
    min = @sum( link: dist * x);

@FOR( city( K):
    ! 进入城市 K;
    @sum( city( I)| I #ne# K: x( I, K)) = 1;
        ! 离开城市 K;
        @sum( city( J)| J #ne# K: x( K, J)) = 1;
    );

    ! 保证不出现子圈;
    @for(city(I)|I #gt# 1:
        @for( city( J)| J#gt#1 #and# I #ne# J:
            u(I) - u(J) + n * x(I,J)<= n - 1);
        );

    ! 限制 u 的范围以加速模型的求解,保证所加限制并不排除掉 TSP 问题的
    ! 最优解;
    @for(city(I) | I #gt# 1: u(I)<= n - 2 );
    ! 定义 X 为 0\1 变量;
    @for( link: @bin( x));
    End
```

例如，用 LINGO 程序解例 6.8。

令 n 表示由某点至终点 A_6 之间的阶段数。例如从 A_0 至 A_6 是 6 个阶段，从 A_1 至 A_6 是 5 个阶段。

令 s 表示在任一阶段所处的状态，s 称为状态变量。例如，在第三阶段的开始点是 A_2，则称所处的状态为 A_2。

令 $x_n(s)$ 为决策变量，它表示当状态处于 s，还有 n 个阶段时所选择的一个决策。在各个阶段上选择的决策组成的总体称为一个策略。

令 $f_n(s)$ 表示现在处在状态 s（即在 s 点上），还有 n 个阶段时，由 s 至终点 A_6 的最短距离。

令 $d(s,x_n)$ 表示点 s 到点 x_n 的距离，则可构造 n 阶段的最优值与 $n-1$ 阶段的最优值之间的递推关系如下：

$$f_n(s)=\min_{x_n(s)}\{d(s,x_n(s))+f_{n-1}(x_n(s))\},n=2,3,\cdots,6$$

$$f_1(s)=d(s,A_6)$$

设：A_0→顶点 1，A_1→顶点 2，B_1→顶点 3，A_2→顶点 4，B_2→顶点 5，C_2→顶点 6，D_2→顶点 7，A_3→顶点 8，B_3→顶点 9，C_3→顶点 10，A_4→顶点 11，B_4→顶点 12，C_4→顶点 13，A_5→顶点 14，B_5→顶点 15，A_6→顶点 16。

1. 模型输入

使用 LINGO 求解此动态规划问题，LINGO 程序如下（参见图 6.8）。

```
MODEL:
SETS:
  CITIES/1..16/:F;
  ROADS(CITIES,CITIES)/
  1,2 1,3
  2,4 2,5 2,6
  3,5 3,6 3,7
  4,8 4,9
  5,8 5,9
  6,9 6,10
  7,9 7,10
  8,11 8,12
  9,12 9,13
  10,12 10,13
  11,14 11,15
  12,14 12,15
  13,14 13,15
  14,16
  15,16/:D;
 ENDSETS
 DATA:
  D =
     3    4
```

```
    2   3   6
    8   7   16
    5   8
    3   5
    3   3
    8   4
    2   2
    1   2
    3   3
    3   5
    5   2
    6   6
    3
    5;
ENDDATA
F(@SIZE(CITIES)) = 0;
@FOR(CITIES(i)|i #LT# @SIZE(CITIES):
 F(i) = @MIN(ROADS(i,j):D(i,j) + F(j))
);
END
```

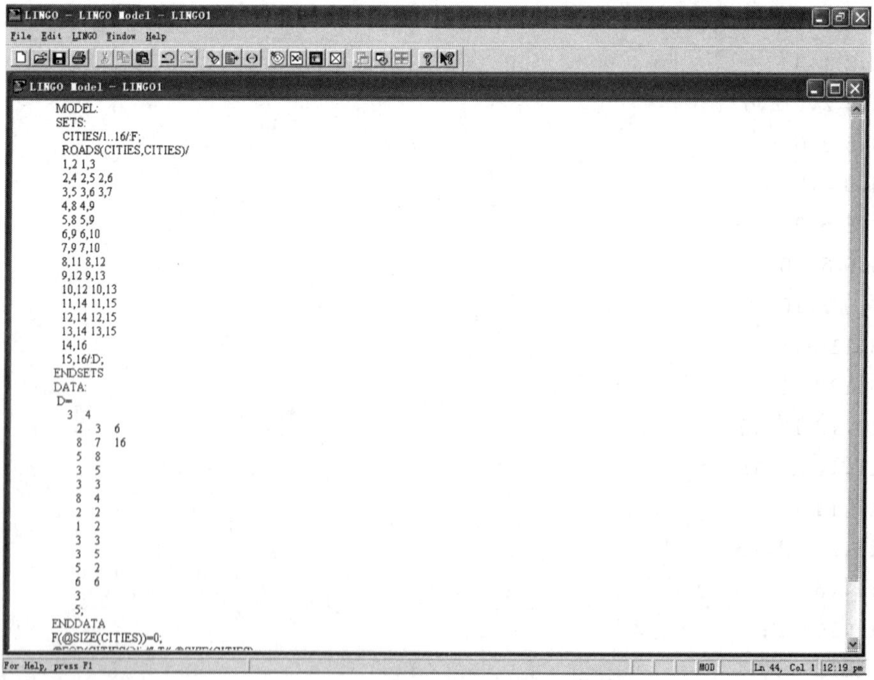

图 6.8

2. 执行

单击 LINGO 菜单下的“SOLVE”键，或按“Ctrl+S”键，即可求得问题的解。此问题的最优值为 17。

当运用 LINGO 求解此问题后，系统会弹出一个名为 Solution Report 的文本框，该文本框包含求解的详细信息，如下(参见图 6.9)：

```
Feasible solution found.
Total solver iterations:                          0

                              Variable           Value
                                 F( 1)        17.00000
                                 F( 2)        14.00000
                                 F( 3)        18.00000
                                 F( 4)        13.00000
                                 F( 5)        11.00000
                                 F( 6)        11.00000
                                 F( 7)        14.00000
                                 F( 8)        8.000000
                                 F( 9)        8.000000
                                F( 10)        10.00000
                                F( 11)        6.000000
                                F( 12)        7.000000
                                F( 13)        9.000000
                                F( 14)        3.000000
                                F( 15)        5.000000
                                F( 16)        0.000000
                              D( 1, 2)        3.000000
                              D( 1, 3)        4.000000
                              D( 2, 4)        2.000000
                              D( 2, 5)        3.000000
                              D( 2, 6)        6.000000
                              D( 3, 5)        8.000000
                              D( 3, 6)        7.000000
                              D( 3, 7)        16.00000
                              D( 4, 8)        5.000000
                              D( 4, 9)        8.000000
                              D( 5, 8)        3.000000
                              D( 5, 9)        5.000000
```

D(6, 9)	3.000000
D(6, 10)	3.000000
D(7, 9)	8.000000
D(7, 10)	4.000000
D(8, 11)	2.000000
D(8, 12)	2.000000
D(9, 12)	1.000000
D(9, 13)	2.000000
D(10, 12)	3.000000
D(10, 13)	3.000000
D(11, 14)	3.000000
D(11, 15)	5.000000
D(12, 14)	5.000000
D(12, 15)	2.000000
D(13, 14)	6.000000
D(13, 15)	6.000000
D(14, 16)	3.000000
D(15, 16)	5.000000

Row	Slack or Surplus
1	0.000000
2	0.000000
3	0.000000
4	0.000000
5	0.000000
6	0.000000
7	0.000000
8	0.000000
9	0.000000
10	0.000000
11	0.000000
12	0.000000
13	0.000000
14	0.000000
15	0.000000
16	0.000000

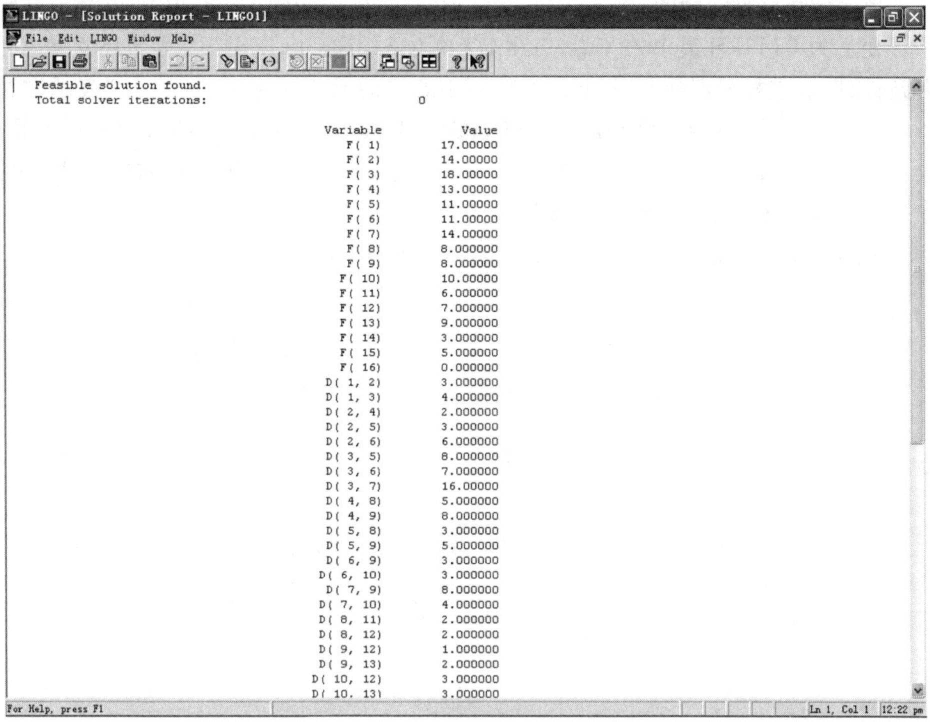

Variable	Value
F(1)	17.00000
F(2)	14.00000
F(3)	18.00000
F(4)	13.00000
F(5)	11.00000
F(6)	11.00000
F(7)	14.00000
F(8)	8.000000
F(9)	8.000000
F(10)	10.00000
F(11)	6.000000
F(12)	7.000000
F(13)	9.000000
F(14)	3.000000
F(15)	5.000000
F(16)	0.000000
D(1, 2)	3.000000
D(1, 3)	4.000000
D(2, 4)	2.000000
D(2, 5)	3.000000
D(2, 6)	6.000000
D(3, 5)	8.000000
D(3, 6)	7.000000
D(3, 7)	16.00000
D(4, 8)	5.000000
D(4, 9)	8.000000
D(5, 8)	3.000000
D(5, 9)	5.000000
D(6, 9)	3.000000
D(6, 10)	3.000000
D(7, 9)	8.000000
D(7, 10)	4.000000
D(8, 11)	2.000000
D(8, 12)	2.000000
D(9, 12)	1.000000
D(9, 13)	2.000000
D(10, 12)	3.000000
D(10, 13)	3.000000

图 6.9

3. LINGO 程序注解

MODEL:LINGO 模型程序的开始标志。

END:LINGO 模型程序的结束标志。

SETS:表示集部分的开始(定义了两个集,分别为 CITIES 和 ROADS(CITIES,CITIES))。

ENDSETS:表示集部分的结束。

CITIES/1..16/:F:集 CITIES 有 16 个节点;":F"表示对每个节点定义一个属性,该属性表示这些节点到第 16 个节点的距离。

ROADS(CITIES,CITIES)/:集 ROADS(CITIES,CITIES)是由 CITIES 集生成的,(CITIES, CITIES)表示集合中的元素是由 CITIES 集中元素所生成的点对。

1,2 与 1,3:表示网络中存在的弧,其余类似。

:D:表示对每条弧定义一个属性,该属性表示弧长。

DATA:表示数据部分的开始。

5 与 3:表示对应于弧 1,2 和 1,3 的长度,其余类似。

ENDDATA:表示数据部分的结束。

F(@SIZE(CITIES))=0:用于对 CITIES 集中的最后一个节点(即节点 16)赋初值,其中@SIZE(CITIES)表示 CITIES 集中的元素个数。

```
@FOR(CITIES(i)|i #LT# @SIZE(CITIES):
 F(i) = @MIN(ROADS(i,j):D(i,j) + F(j))
);
```

这一部分循环求解问题的解。其中,“@FOR()”是循环函数;在FOR语句中“CITIES(i)”表示循环变量为CITIES集中的节点;“i ＃LT＃ @SIZE(CITIES)”表示循环变量必须满足的约束条件,即节点标号必须严格小于CITIES集中的元素个数,“＃LT＃”表示左边的运算数严格小于右边的运算数;“F(i)＝@MIN(ROADS(i,j):D(i,j)＋F(j))”表示求从节点i到节点16最短的距离,“@MIN(ROADS(i,j):D(i,j)＋F(j))”表示求解将表达式“D(i,j)＋F(j)”作用于集合ROADS(i,j)的最小值。

关于LINGO的详细使用方法,参见《LINGO使用手册》。

解毕

第7章　非线性规划的概念和原理

非线性规划是具有非线性约束条件或目标函数的数学规划，是在线性规划的基础上发展起来的，是运筹学的一个重要分支。1951年，库恩(H. W. Kuhn)和塔克(A. W. Tucker)等人提出了非线性规划的最优性条件，为它的发展奠定了基础，是非线性规划正式诞生的一个重要标志。之后随着电子计算机的普遍使用，非线性规划的理论和方法快速发展，其应用的领域也越来越广泛，特别是在军事、经济、管理、生产过程自动化、工程设计和产品优化设计等方面都有着重要的应用。

一般来说，解非线性规划问题要比解线性规划问题困难得多，前面我们介绍的整数规划问题其实也是特殊的非线性规划问题，很多都是经典的比较困难的问题。非线性规划问题不像线性规划问题那样有统一的数学模型及如单纯形算法这一通用解法，非线性规划问题的各种算法大都有自己特定的适用范围，都有一定的局限性，到目前为止还没有适合于各种非线性规划问题的一般算法。

在微积分出现以前，已有许多学者开始研究用数学方法解决最优化问题。例如阿基米德证明：给定周长，圆所包围的面积为最大。这就是欧洲古代城堡几乎都建成圆形的原因。

最优化方法真正成为科学方法是在17世纪以后。17世纪，I. 牛顿和G. W. 莱布尼茨在他们所创建的微积分中，提出了求解具有多个自变量的实值函数的最大值和最小值的方法。之后他们又进一步讨论了具有未知函数的函数极值，从而形成了变分法。这一时期的最优化方法可以称为古典最优化方法。

在20世纪50年代人们还得出了可分离规划和二次规划的n种解法，它们大都是以G. B. 丹兹格提出的解线性规划问题的单纯形算法为基础的。

20世纪50年代末到60年代末许多解非线性规划问题的有效算法出现了。

20世纪70年代非线性规划又得到了进一步的发展。非线性规划在工程、管理、经济、科研、军事等方面都有广泛的应用，为最优设计提供了有力的工具。

20世纪80年代以来，随着计算机技术的快速发展，非线性规划方法取得了长足的进步，在信赖域法、稀疏拟牛顿法、并行计算、内点法和有限存储法等领域取得了丰硕的成果。

§7.1　非线性规划的实例及数学模型

例7.1(厂址选择问题)　设有n个市场，第j个市场的位置为(p_j,q_j)，它对某种货物的

需要量为 $b_j(j=1,2,\cdots,n)$。现计划建立 m 个仓库,第 i 个仓库的存储容量为 $a_i(i=1,2,\cdots,m)$。试确定仓库的位置,使各仓库对各市场的运输量与路程乘积之和最小。

分析:设第 i 个仓库的位置为$(x_i,y_i)(i=1,2,\cdots,m)$,第 i 个仓库到第 j 个市场的货物供应量为 $z_{ij}(i=1,2,\cdots,m;j=1,2,\cdots,n)$,则第 i 个仓库到第 j 个市场的距离为

$$d_{ij}=\sqrt{(x_i-p_j)^2+(y_i-q_j)^2}$$

目标函数为

$$\sum_{i=1}^{m}\sum_{j=1}^{n}z_{ij}d_{ij}=\sum_{i=1}^{m}\sum_{j=1}^{n}z_{ij}\sqrt{(x_i-p_j)^2+(y_i-q_j)^2}$$

约束条件为:每个仓库向各市场提供的货物量之和不能超过它的存储容量;每个市场从各仓库得到的货物量之和应等于它的需要量;运输量不能为负数。因此,问题的数学模型为

$$\min\sum_{i=1}^{m}\sum_{j=1}^{n}z_{ij}\sqrt{(x_i-p_j)^2+(y_i-q_j)^2}$$

$$\text{s. t.}\begin{cases}\sum_{j=1}^{n}z_{ij}\leqslant a_i(i=1,2,\cdots,m)\\ \sum_{i=1}^{m}z_{ij}=b_j(j=1,2,\cdots,n)\\ z_{ij}\geqslant 0(i=1,2,\cdots,m;j=1,2,\cdots,n)\end{cases}$$

一般非线性规划的数学模型可表示为

$$\min f(Z)$$
$$\text{s. t.}\begin{cases}g_i(\boldsymbol{X})\geqslant 0(i=1,2,\cdots,m)\\ h_j(\boldsymbol{X})=0(j=1,2,\cdots,l)\end{cases}\tag{7.1}$$

式中 $\boldsymbol{X}=(x_1,x_2,\cdots,x_n)^{\mathrm{T}}\in\mathbf{R}^n$ 是 n 维向量,$f,g_i(i=1,2,\cdots,m),h_j(j=1,2,\cdots,l)$都是 $\mathbf{R}^n\to\mathbf{R}^1$ 的映射(即自变量是 n 维向量,因变量是实数的函数关系),且其中至少存在一个非线性映射。

与线性规划类似,把满足约束条件的解称为可行解。若记

$$\boldsymbol{\chi}=\{\boldsymbol{X}\,|\,g_i(\boldsymbol{X})\geqslant 0,i=1,2,\cdots,m,h_j(\boldsymbol{X})=0,j=1,2,\cdots,l\}$$

则称 $\boldsymbol{\chi}$ 为可行域。因此上述模型可简记为

$$\min f(\boldsymbol{X})$$
$$\text{s. t.}\ \boldsymbol{X}\in\boldsymbol{\chi}$$

当一个非线性规划问题的自变量 $\boldsymbol{X}$ 没有任何约束,或说可行域即整个 n 维向量空间,即 $\boldsymbol{\chi}=\mathbf{R}^n$ 时,则称这样的非线性规划问题为无约束问题:

$$\min f(\boldsymbol{X})\ 或\ \min_{\boldsymbol{X}\in\mathbf{R}^n}f(\boldsymbol{X})\tag{7.2}$$

有约束问题与无约束问题是非线性规划的两大类问题,它们在处理方法上有明显的不同。

§7.2　无约束非线性规划问题

§7.2.1　无约束极值条件

对于二阶可微的一元函数 $f(x)$，如果 x^* 是局部极小点，则 $f'(x^*)=0$，并且 $f''(x^*)\geqslant 0$；反之，如果 $f'(x^*)=0$，$f''(x^*)<0$，则 x^* 是局部极大点。关于多元函数，其也有与此类似的结果，这就是下述的各定理。

考虑无约束极值问题式(7.2)。

定理 7.2.1(必要条件)　设 $f(\boldsymbol{x})$ 是 n 元可微实函数，如果 $\boldsymbol{x}^*$ 是无约束极值问题式(7.2)的局部极小解，则 $\nabla f(\boldsymbol{x}^*)=0$。

定理 7.2.2(充分条件)　设 $f(\boldsymbol{x})$ 是 n 元二次可微实函数，如果 $\boldsymbol{x}^*$ 是无约束极值问题式(7.2)的局部最小解，则 $\nabla f(\boldsymbol{x}^*)=0$，$\nabla^2 f(\boldsymbol{x}^*)$ 半正定；反之，如果在 $\boldsymbol{x}^*$ 点有 $\nabla f(\boldsymbol{x}^*)=0$，$\nabla^2 f(\boldsymbol{x}^*)$ 正定，则 $\boldsymbol{x}^*$ 为严格局部最小解。

定理 7.2.3　设 $f(\boldsymbol{x})$ 是 n 元可微凸函数，如果 $\nabla f(\boldsymbol{x}^*)=0$，则 $\boldsymbol{x}^*$ 是无约束极值问题式(7.2)的最小解。

例 7.2　试求二次函数 $f(x_1,x_2)=2x_1^2-8x_1+2x_2^2-4x_2+20$ 的极小点。

解：由极值存在的必要条件求出稳定点，则有

$$\frac{\partial f}{\partial x_1}=4x_1-8,\quad \frac{\partial f}{\partial x_2}=4x_2-4$$

则由 $\nabla f(x)=0$ 得 $x_1=2$，$x_2=1$。

再用充分条件进行检验：

$$\frac{\partial^2 f}{\partial x_1^2}=4,\quad \frac{\partial^2 f}{\partial x_2^2}=4,\quad \frac{\partial^2 f}{\partial x_1\partial x_2}=\frac{\partial^2 f}{\partial x_2\partial x_1}=0$$

则由 $\nabla^2 f=\begin{pmatrix}4 & 0\\ 0 & 4\end{pmatrix}$ 为正定矩阵得极小点为 $\boldsymbol{x}^*=(2,1)^{\mathrm{T}}$。

解毕

§7.2.2　无约束极值问题的解法

1. 梯度法

① 给定初始点 $\boldsymbol{X}^{(0)}$，$\varepsilon>0$。

② 计算 $f(\boldsymbol{X}^{(k)})$ 和 $\nabla f(\boldsymbol{X}^{(k)})$，若 $\|\nabla f(\boldsymbol{X}^{(k)})\|^2\leqslant\varepsilon$，迭代停止，得近似极小点 $\boldsymbol{X}^{(k)}$ 和近似极小值 $f(\boldsymbol{X}^{(k)})$；否则，进行下一步。

③ 做一维搜索或取 $\lambda_k=\dfrac{\nabla f(\boldsymbol{X}^{(k)})^{\mathrm{T}}\nabla f(\boldsymbol{X}^{(k)})}{\nabla f(\boldsymbol{X}^{(k)})^{\mathrm{T}}\nabla^2 f(\boldsymbol{X}^{(k)})\nabla f(\boldsymbol{X}^{(k)})}$ 作为近似最佳步长，并计算 $\boldsymbol{X}^{(k+1)}=\boldsymbol{X}^{(k)}-\lambda_k\nabla f(\boldsymbol{X}^{(k)})$，令 $k=k+1$，转向第二步。

例 7.3 求解无约束极值问题：

$$\min f(\boldsymbol{X})=(x_1-2)^2+(x_2-1)^2$$

解:取 $\boldsymbol{X}^{(0)}=(0,0)^{\mathrm{T}}$,$\nabla f(\boldsymbol{X})=(2(x_1-2),2(x_2-1))^{\mathrm{T}}$,则

$$\nabla f(\boldsymbol{X}^{(0)})=(-4,-2)^{\mathrm{T}},\nabla^2 f(\boldsymbol{X}^{(0)})=\begin{pmatrix}2&0\\0&2\end{pmatrix}$$

$$\lambda_0=\frac{\nabla f(\boldsymbol{X}^{(0)})^{\mathrm{T}}\ \nabla f(\boldsymbol{X}^{(0)})}{\nabla f(\boldsymbol{X}^{(0)})^{\mathrm{T}}\ \nabla^2 f(\boldsymbol{X}^{(0)})\nabla f(\boldsymbol{X}^{(0)})}=\frac{1}{2}$$

$$\boldsymbol{X}^{(1)}=\boldsymbol{X}^{(0)}-\lambda_0\nabla f(\boldsymbol{X}^{(0)})=(2,1)^{\mathrm{T}}$$

$$\nabla f(\boldsymbol{X}^{(1)})=(0,0)^{\mathrm{T}}$$

故 $\boldsymbol{X}^{(1)}$ 为极值点,极小值为 $f(\boldsymbol{X}^{(1)})=0$。

解毕

2. 牛顿法

对正定二次函数,$f(\boldsymbol{X})=\frac{1}{2}\boldsymbol{X}^{\mathrm{T}}\boldsymbol{A}\boldsymbol{X}+\boldsymbol{B}^{\mathrm{T}}\boldsymbol{X}+c$,其中 $\boldsymbol{A}$ 为 n 阶方阵,$\boldsymbol{B}$ 为 n 维列向量,c 为常数,设 $\boldsymbol{X}^*$ 为其极小点,则 $\nabla f(\boldsymbol{X}^*)=\boldsymbol{A}\boldsymbol{X}^*+\boldsymbol{B}=\boldsymbol{0}$,所以 $\boldsymbol{A}\boldsymbol{X}^*=-\boldsymbol{B}$;任给 $\boldsymbol{X}^{(0)}\in\mathbf{R}^n$,$\nabla f(\boldsymbol{X}^{(0)})=\boldsymbol{A}\boldsymbol{X}^{(0)}+\boldsymbol{B}$,消去 $\boldsymbol{B}$,得

$$\nabla f(\boldsymbol{X}^{(0)})=\boldsymbol{A}\boldsymbol{X}^{(0)}-\boldsymbol{A}\boldsymbol{X}^*$$

所以

$$\boldsymbol{X}^*=\boldsymbol{X}^{(0)}-\boldsymbol{A}^{-1}\nabla f(\boldsymbol{X}^{(0)})$$

这说明,从任意近似点出发,沿 $-\boldsymbol{A}^{-1}\nabla f(\boldsymbol{X}^{(0)})$ 方向搜索,步长为1,一步即可达极小点。

例 7.4 求解无约束极值问题 $\min f(\boldsymbol{X})=x_1^2+5x_2^2$。

解:任取 $\boldsymbol{X}^{(0)}=(2,1)^{\mathrm{T}}$,有

$$\nabla f(\boldsymbol{X}^{(0)})=(4,10)^{\mathrm{T}},\quad \boldsymbol{A}=\begin{pmatrix}2&0\\0&10\end{pmatrix},\quad \boldsymbol{A}^{-1}=\begin{pmatrix}\frac{1}{2}&0\\0&\frac{1}{10}\end{pmatrix}$$

$$\boldsymbol{X}^*=\boldsymbol{X}^{(0)}-\boldsymbol{A}^{-1}\nabla f(\boldsymbol{X}^{(0)})=(0,0)^{\mathrm{T}}$$

由 $\nabla f(\boldsymbol{X}^*)=(0,0)^{\mathrm{T}}$ 可知,x^* 确实为极小点。

解毕

牛顿法与梯度法的搜索方向不同,优点是收敛速度快,但有时不好用而需采取改进措施,当维数较高时,$\boldsymbol{A}^{-1}$ 的计算量很大。

§7.3 约束非线性规划问题

前面我们介绍了无约束问题的最优化方法,但实际问题大多数都是有约束条件的问题。求解带有约束条件的问题比起无约束问题要困难得多,也复杂得多。在每次迭代时,不仅要使目标函数值有所下降,而且要使迭代点都落在可行域内(个别算法除外)。求解带有约束的极值问题常用的方法是:将约束问题转化为一个或一系列的无约束极值问题,将非线性规划转化为近似的线性规划,将复杂问题变为较简单问题,等等。

§7.3.1　凸规划问题

约束问题的情况较为复杂，先讨论其中一种较为特殊的情况，即凸规划问题。

一般来说，非线性规划的局部最优解和全局最优解是不同的，但是，对凸规划问题，局部最优解就是全局最优解。

定义 7.3.1　设 $f(\boldsymbol{X})$ 为定义在非空凸集 $\boldsymbol{S}\subseteq\mathbf{R}^n$ 上的函数，如果对于任意的两点 $\boldsymbol{X}^{(1)}\in\boldsymbol{S}$，$\boldsymbol{X}^{(2)}\in\boldsymbol{S}$ 和任意实数 $\lambda\in(0,1)$，恒有

$$f(\lambda\boldsymbol{X}^{(1)}+(1-\lambda)\boldsymbol{X}^{(2)})\leqslant\lambda f(\boldsymbol{X}^{(1)})+(1-\lambda)f(\boldsymbol{X}^{(2)})$$

则称 $f(\boldsymbol{X})$ 为 $\boldsymbol{S}$ 上的凸函数。

定理 7.3.1　设 $\boldsymbol{S}$ 是 n 维欧氏空间 $\mathbf{R}^n$ 上的一个开凸集，$f(\boldsymbol{X})$ 是定义在 $\boldsymbol{S}$ 上的具有二阶连续导数的函数，那么，$f(\boldsymbol{X})$ 在 $\boldsymbol{S}$ 上为凸函数的充要条件是：对所有 $\boldsymbol{X}\in\boldsymbol{S}$，海森矩阵 $\nabla^2 f(\boldsymbol{X})$ 都是半正定的；如果对所有的 $\boldsymbol{X}\in\boldsymbol{S}$，$\nabla^2 f(\boldsymbol{X})$ 都是正定的，则 $f(\boldsymbol{X})$ 在 $\boldsymbol{S}$ 上为严格凸函数。

定义 7.3.2　非线性规划问题

$$\min f(\boldsymbol{X})$$
$$\text{s.t.}\begin{cases}g_i(\boldsymbol{X})\leqslant 0, i=1,2,\cdots,m\\ h_j(\boldsymbol{X})=0, j=1,2,\cdots,p\\ \boldsymbol{X}\in\mathbf{R}^n\end{cases}\tag{7.3}$$

中，如果 $f(\boldsymbol{X})$ 和 $g_i(\boldsymbol{X})(i=1,2,\cdots,m)$ 为 $\boldsymbol{X}$ 的凸函数，$h_j(\boldsymbol{X})(j=1,2,\cdots,p)$ 为 $\boldsymbol{X}$ 的线性函数，则称此问题为凸规划问题。

凸规划问题式(7.3)具有两个重要性质。

定理 7.3.2　凸规划问题式(7.3)的可行集是凸集。

证明：设凸规划问题的可行集为 $\boldsymbol{S}$，即

$$\boldsymbol{S}=\{\boldsymbol{X}\,|\,g_i(\boldsymbol{X})\leqslant 0, i=1,2,\cdots,m; h_j(\boldsymbol{X})=0, j=1,2,\cdots,p; \boldsymbol{X}\in\boldsymbol{E}_n\}$$

其中 $g_i(\boldsymbol{X})(i=1,2,\cdots,m)$ 为 $\boldsymbol{X}$ 的凸函数，$h_j(\boldsymbol{X})(j=1,2,\cdots,p)$ 为 $\boldsymbol{X}$ 的线性函数。

对于任意的 $\boldsymbol{X}^{(1)}\in\boldsymbol{S}$，$\boldsymbol{X}^{(2)}\in\boldsymbol{S}$ 和任意实数 $\lambda\in(0,1)$，利用 $g_i(\boldsymbol{X})(i=1,2,\cdots,m)$ 的凸性，对 $\boldsymbol{X}=\lambda\boldsymbol{X}^{(1)}+(1-\lambda)\boldsymbol{X}^{(2)}$，有

$$g_i(\boldsymbol{X})=g_i(\lambda\boldsymbol{X}^{(1)}+(1-\lambda)\boldsymbol{X}^{(2)})\leqslant\lambda g_i(\boldsymbol{X}^{(1)})+(1-\lambda)g(\boldsymbol{X}^{(2)})$$

但

$$g_i(\boldsymbol{X}^{(1)})\leqslant 0,\quad g_i(\boldsymbol{X}^{(2)})\leqslant 0$$

所以

$$g_i(\boldsymbol{X})\leqslant 0$$

同理

$$h_j(\boldsymbol{X})=0$$

因此，$\boldsymbol{X}=\lambda\boldsymbol{X}^{(1)}+(1-\lambda)\boldsymbol{X}^{(2)}\in\boldsymbol{S}$，故 $\boldsymbol{S}$ 为凸集。

证毕

定理 7.3.3　凸规划问题式(7.3)的局部最小解就是它的全局最小解。

证明：用反证法。

设 $\boldsymbol{X}^*$ 是凸规划问题的一个局部最小解，$\bar{\boldsymbol{X}}$ 是它的全局最小解，但 $\bar{\boldsymbol{X}}\neq\boldsymbol{X}^*$。因为

$$\boldsymbol{X}^*\in\boldsymbol{S},\quad \bar{\boldsymbol{X}}\in\boldsymbol{S}$$

所以

$$\forall\lambda\in(0,1),\boldsymbol{X}=\lambda\boldsymbol{X}^*+(1-\lambda)\bar{\boldsymbol{X}}\in\boldsymbol{S}$$

由 $f(\boldsymbol{X})$ 为凸函数得

$$f(\boldsymbol{X})=f(\lambda\boldsymbol{X}^*+(1-\lambda)\bar{\boldsymbol{X}})\leqslant\lambda f(\boldsymbol{X}^*)+(1-\lambda)f(\bar{\boldsymbol{X}})$$

因为 $\bar{\boldsymbol{X}}$ 是全局最小解，所以

$$f(\boldsymbol{X})\leqslant\lambda f(\boldsymbol{X}^*)+(1-\lambda)f(\bar{\boldsymbol{X}})<\lambda f(\boldsymbol{X}^*)+(1-\lambda)f(\boldsymbol{X}^*)=f(\boldsymbol{X}^*)$$

此式对一切 $\lambda\in(0,1)$ 都成立。当 $\lambda\to1$ 时，则 $\boldsymbol{X}\to\boldsymbol{X}^*$，即在 $\boldsymbol{X}^*$ 的邻域内还有比 $f(\boldsymbol{X}^*)$ 小的值，与 $\boldsymbol{X}^*$ 为局部最小解的假设矛盾。

因此，凸规划问题的局部最小解就是它的全局最小解。

证毕

例 7.5 验证下述非线性规划为凸规划，并求出最优解。

$$\min f(\boldsymbol{X})=x_1^2+x_2^2-4x_1+4$$

$$\text{s. t.}\begin{cases}g_1(\boldsymbol{X})=x_1-x_2+2\geqslant0\\g_2(\boldsymbol{X})=-x_1^2+x_2-1\geqslant0\\g_3(\boldsymbol{X})=x_1\geqslant0\\g_4(\boldsymbol{X})=x_2\geqslant0\end{cases}$$

解：第1,3,4三个约束条件为线性函数，因此也是凸函数；第2个约束条件可以写成

$$g_2(\boldsymbol{X})=x_1^2-x_2+1\leqslant0$$

可得

$$\frac{\partial g_2(\boldsymbol{X})}{\partial x_1}=2x_1,\quad\frac{\partial g_2(\boldsymbol{X})}{\partial x_2}=-1$$

$$\frac{\partial^2 g_2(\boldsymbol{X})}{\partial x_1^2}=2,\quad\frac{\partial^2 g_2(\boldsymbol{X})}{\partial x_2^2}=0,\quad\frac{\partial^2 g_2(\boldsymbol{X})}{\partial x_1\partial x_2}=0$$

因此海森矩阵为 $\nabla^2 g_2(\boldsymbol{X})=\begin{pmatrix}2&0\\0&0\end{pmatrix}$，半正定，$g_2(\boldsymbol{X})$ 为凸函数。同理，$\nabla^2 f(\boldsymbol{X})=\begin{pmatrix}2&0\\0&2\end{pmatrix}$，正定，$f(\boldsymbol{X})$ 也为凸函数。所以，该非线性规划为凸规划。

图解法如图 7.1 所示。

$\boldsymbol{X}^*=(0.58,1.34)^{\mathrm{T}}$ 为其唯一极小点，$f(\boldsymbol{X}^*)=3.8$。

解毕

§7.3.2 其他类型的约束非线性规划问题

考虑只含不等式约束条件下求极小值问题的数学模型：

$$\min f(\boldsymbol{X})$$

$$\text{s. t.}\begin{cases}g_i(\boldsymbol{X})\geqslant0,i=1,2,\cdots,m\\\boldsymbol{X}\in\mathbf{R}^n\end{cases}\tag{7.4}$$

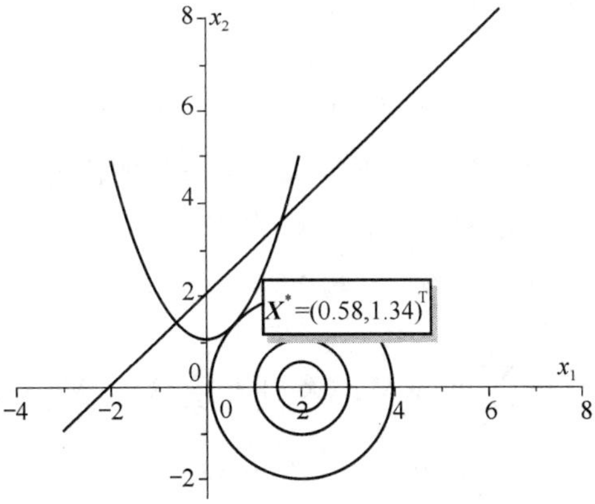

图 7.1

或写成

$$\min_{X\in\chi} f(X)$$

其中可行域 $\chi=\{X \mid X\in \mathbf{R}^n, g_i(X)\geqslant 0, i=1,2,\cdots,m\}$。

定义 7.3.3　对于上述非线性规划问题式(7.4)，设 $\bar{X}\in\chi$，若有 $g_i(\bar{X})=0(1\leqslant i\leqslant m)$，则称不等式约束 $g_i(X)\geqslant 0$ 为点 $\bar{X}$ 处的起作用约束；若有 $g_i(\bar{X})>0(1\leqslant i\leqslant m)$，则称不等式约束 $g_i(X)\geqslant 0$ 为点 $\bar{X}$ 处的不起作用约束。

定义 7.3.4　对于上述非线性规划问题式(7.4)，如果在可行点 $\bar{X}$ 处，各起作用约束的梯度向量线性无关，则称 $\bar{X}$ 是约束条件的一个正则点。

库恩-塔克(K-T)条件是非线性规划领域中的重要理论成果之一，是确定某点为局部最优解的一阶必要条件，只要是最优点就必满足这个条件。但一般来说它不是充分条件，即满足这个条件的点不一定是最优点。但对于凸规划，库恩-塔克条件既是必要条件，也是充分条件。

对于只含有不等式约束的非线性规划问题，有如下定理。

定理 7.3.4　设 X^* 是非线性规划问题

$$\min_{X\in\chi} f(X)$$

$$\chi=\{X \mid X\in E^n, g_i(X)\geqslant 0, i=1,2,\cdots,m\}$$

的极小点，若 X^* 处起作用约束的梯度 $\nabla g_i(X^*)$ 线性无关(即 X^* 是一个正则点)，则存在 $\Gamma^*=(\gamma_1^*,\gamma_2^*,\cdots,\gamma_m^*)^{\mathrm{T}}$，使下式成立：

$$\begin{cases}\nabla f(X^*)-\sum\limits_{i=1}^{m}\gamma_i^*\cdot\nabla g_i(X^*)=0\\ \gamma_i^*\cdot\nabla g_i(X^*)=0, i=1,2,\cdots,m\\ \gamma_i^*\geqslant 0, i=1,2,\cdots,m\end{cases}\tag{7.5}$$

对同时含有等式与不等式约束的问题

$$\min f(Z)$$
$$\text{s.t.}\begin{cases}g_i(X)\geqslant 0, i=1,2,\cdots,m\\ h_j(X)=0, j=1,2,\cdots,l\end{cases}\tag{7.6}$$

为了利用以上定理,将 $h_j(\boldsymbol{X})=0$ 用

$$\begin{cases}h_j(\boldsymbol{X})\geqslant 0\\ -h_j(\boldsymbol{X})\geqslant 0\end{cases}$$

来代替。这样即可得到同时含有等式与不等式约束条件的库恩-塔克条件,如下。

设 $\boldsymbol{X}^*$ 为上述问题式(7.5)的极小点,若 $\boldsymbol{X}^*$ 处起作用约束的梯度 $\nabla g_i(\boldsymbol{X}^*)$ 和 $\nabla h_j(\boldsymbol{X}^*)$ 线性无关,则存在 $\boldsymbol{\Gamma}^*=(\gamma_1^*,\gamma_2^*,\cdots,\gamma_m^*)^{\mathrm{T}}$ 和 $\boldsymbol{\lambda}^*=(\lambda_1^*,\lambda_2^*,\cdots,\lambda_m^*)^{\mathrm{T}}$,使下式成立:

$$\begin{cases}\nabla f(\boldsymbol{X}^*)-\sum\limits_{i=1}^{m}\gamma_i^*\cdot\nabla g_i(\boldsymbol{X}^*)-\sum\limits_{j=1}^{m}\lambda_j^*\cdot\nabla h_j(\boldsymbol{X}^*)=0\\ \gamma_i^*\cdot\nabla g_i(\boldsymbol{X}^*)=0,i=1,2,\cdots,m\\ \gamma_i^*\geqslant 0,i=1,2,\cdots,m\end{cases}\tag{7.7}$$

式(7.5)和式(7.7)就是著名的库恩-塔克条件,简称 K-T 条件,满足 K-T 条件的点称为 K-T 点。

例 7.6 求下列非线性规划问题的 K-T 点:

$$\min f(\boldsymbol{X})=2x_1^2+2x_1x_2+x_2^2-10x_1-10x_2$$

$$\text{s. t.}\begin{cases}x_1^2+x_2^2\leqslant 5\\ 3x_1+x_2\leqslant 6\end{cases}$$

解:将上述问题的约束条件改写为 $g_i(\boldsymbol{X})\geqslant 0$ 的形式,即

$$\begin{cases}g_1(\boldsymbol{X})=-x_1^2-x_2^2+5\geqslant 0\\ g_2(\boldsymbol{X})=-3x_1-x_2+6\geqslant 0\end{cases}$$

设 K-T 点为 $\boldsymbol{X}^*=(x_1,x_2)^{\mathrm{T}}$,有

$$\nabla f(\boldsymbol{X}^*)=\begin{pmatrix}4x_1+2x_2-10\\ 2x_1+2x_2-10\end{pmatrix}$$

$$\nabla g_1(\boldsymbol{X}^*)=\begin{pmatrix}-2x_1\\ -2x_2\end{pmatrix}$$

$$\nabla g_2(\boldsymbol{X}^*)=\begin{pmatrix}-3\\ -1\end{pmatrix}$$

由定理 7.3.4 得

$$\begin{cases}4x_1+2x_2-10+2\gamma_1x_1+3\gamma_2=0\\ 2x_1+2x_2-10+2\gamma_1x_2+\gamma_2=0\\ \gamma_1(5-x_1^2-x_2^2)=0\\ \gamma_2(6-3x_1-x_2)=0\\ \gamma_1\geqslant 0\\ \gamma_2\geqslant 0\end{cases}$$

求解上述方程组,即可求出 $\gamma_1,\gamma_2,x_1,x_2$,则可得到满足 K-T 条件的点。上述方程组是非线性方程组,求解时一般都要利用松紧条件(即上述方程组中的第 3,4 个方程),其实质是分析 $\boldsymbol{X}^*$ 点处,哪些是不起作用约束,以便得到 $\gamma_i=0$,这样分情况讨论求解较为容易。

① 假设两个约束均是 $\boldsymbol{X}^*$ 点处的不起作用约束，即有 $\gamma_1=0,\gamma_2=0$，则有

$$\begin{cases}4x_1+2x_2-10=0\\2x_1+2x_2-10=0\end{cases}$$

解得

$$\begin{cases}x_1=0\\x_2=5\end{cases}$$

将该点代入约束条件，不满足 $g_i(\boldsymbol{X})\geqslant 0$，因此该点不是可行点。

② 若 $g_1(\boldsymbol{X})\geqslant 0$ 是起作用约束，$g_2(X)\geqslant 0$ 是不起作用约束，有 $\gamma_2=0$，则

$$\begin{cases}4x_1+2x_2-10+2\gamma_1x_1=0\\2x_1+2x_2-10+2\gamma_1x_2=0\\\gamma_1(5-x_1^2-x_2^2)=0\\\gamma_1\geqslant 0\end{cases}$$

解得

$$\begin{cases}x_1=1\\x_2=2\\\gamma_1=1\\\gamma_2=0\end{cases}$$

代入原问题约束条件中进行检验，可知该点 $\boldsymbol{X}^*=(1,2)^{\mathrm{T}}$ 是可行点，且满足定理 7.3.4 的条件，又是一个正则点，故它是一个 K-T 点。因为 $g_1(\boldsymbol{X})\geqslant 0$ 是起作用约束，此时 $\gamma_1\geqslant 0$，可以是 $\gamma_1>0$，也可以是 $\gamma_1=0$，若 $\gamma_1=0$ 也成立，则结果同①，已知求出的解不是可行点。

③ 若 $g_1(\boldsymbol{X})\geqslant 0$ 是不起作用约束，$g_2(\boldsymbol{X})\geqslant 0$ 是起作用约束，即有 $\gamma_1=0$，代入方程组，有

$$\begin{cases}4x_1+2x_2-10+3\gamma_2=0\\2x_1+2x_2-10+\gamma_2=0\\\gamma_2(6-3x_1-x_2)=0\\\gamma_2\geqslant 0\end{cases}$$

解上述方程组，可得 $\gamma_2=0$ 或 $\gamma_2=-\dfrac{2}{5}$，而 $\gamma_2=-\dfrac{2}{5}$ 不满足 $\gamma_2\geqslant 0$ 的条件，$\gamma_2=0$ 及 $\gamma_1=0$ 同情形①的结果。

④ 假设两个约束均起作用，这时 $\gamma_1>0,\gamma_2>0$。故有

$$\begin{cases}4x_1+2x_2-10+2\gamma_1x_1+3\gamma_2=0\\2x_1+2x_2-10+2\gamma_1x_2+\gamma_2=0\\5-x_1^2-x_2^2=0\\6-3x_1-x_2=0\end{cases}$$

求解上述方程组，得到的解不满足 $\gamma_1\geqslant 0$ 与 $\gamma_2\geqslant 0$，故舍去。

因此本题的 K-T 点为 $\boldsymbol{X}^*=(1,2)^{\mathrm{T}}$。

同时本题中 $f(\boldsymbol{X})$ 为凸函数，而 $g_1(\boldsymbol{X})\geqslant 0$ 为凸函数，$g_2(\boldsymbol{X})\geqslant 0$ 为线性函数，也为凸函数，所以本题是凸规划。对凸规划 K-T 条件也是充分条件。因此 $\boldsymbol{X}^*=(1,2)^{\mathrm{T}}$ 也是本题的全局最小点。

解毕

§7.4 用优化软件求解非线性规划的方法和例子

§7.4.1 用 LINGO 求解非线性规划的方法和例子

用 LINGO 软件包求解非线性规划问题非常方便,就像求解线性规划问题一样,只需直接在模型窗口键入要解决的问题即可(无约束或有约束的非线性规划均可)。系统会自动识别是否为非线性规划问题,并用求解非线性规划问题的方法求解〔一般是系统内置的非线性规划求解器(nonlinear solver)和扩展的求解器(extended solver)〕。

例 7.7 用 LINGO 求解如下的非线性规划问题:

$$\min f = -x_1 x_2 x_3$$
$$\text{s.t.}\quad 0 \leqslant x_1 + 2x_2 + 2x_3 \leqslant 72$$

解:在模型命令窗口键入以下内容,即

```
min =- x1 * x2 * x3;
x1 + 2 * x2 + 2 * x3>= 0;
x1 + 2 * x2 + 2 * x3<= 72;
```

单击"Solve"按钮则弹出 Solver Status 窗口,如图 7.2 所示。

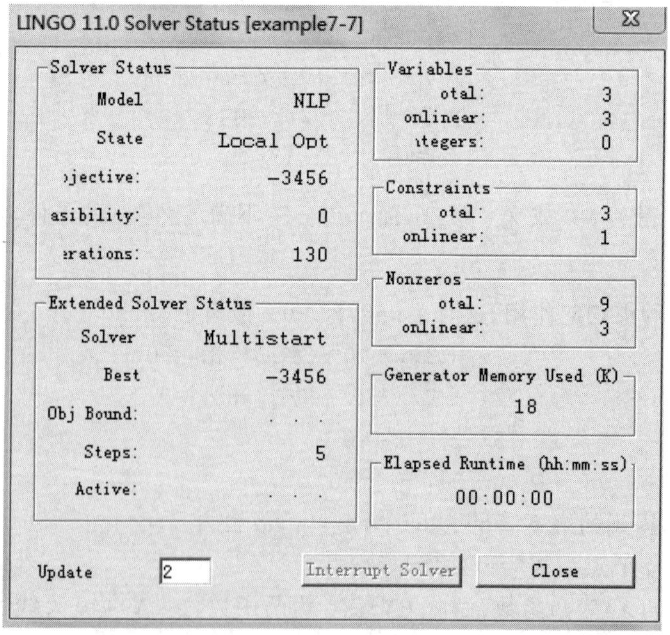

图 7.2

同时弹出 Solution Report 窗口并得到以下结果：

```
Local optimal solution found.
Objective value:                    -3456.000
Infeasibilities:                     0.000000
Extended solver steps:                      5
Total solver iterations:                  126


          Variable          Value        Reduced Cost
                X1       24.00000            0.000000
                X2       12.00000       -0.2073307E-07
                X3       12.00000       -0.2280689E-07

               Row    Slack or Surplus      Dual Price
                 1       -3456.000          -1.000000
                 2        72.00000           0.000000
                 3        0.000000           144.0000
```

解毕

可以看出得到的解是局部最优解，不能保证为全局最优解。算法则是 Multistart（多初始点）方法。

可以从 LINGO 菜单中选用“Options...”命令、单击“Options...”按钮或直接按“Ctrl＋I”组合键改变一些影响 LINGO 模型求解的参数。比如“Nonlinear Solver”中的 Initial Nonlinear Feasibility Tol.（控制模型中约束满足的初始误差限）、Final Nonlinear Feasibility Tol.（控制模型中约束满足的最后误差限），以及 Strategies（策略）选择等。

LINGO 可以调用其固定的一些函数解决工程中较为复杂的问题，也可以为其他软件提供接口，甚至可以与数据库接口解决问题，LINGO 还提供了全局最优和局部最优的选择以及光滑优化和非光滑优化的选择。

§7.4.2　用 MATLAB 求解非线性规划的方法和例子

MATLAB 有很多的专门求解非线性规划的函数，可以很方便地调用这些函数，直接求解相应类型的非线性规划问题。

1. 无约束问题

MATLAB-Optimazation Toolbox 有两个解不带约束条件的非线性规划问题的函数 fminunc 和 fminsearch，fminunc 利用拟牛顿法的原理，而 fminsearch 利用单纯形算法（Nelder-Mead simplex algorithm）的原理，直接搜索，没有利用数值或梯度进行计算。其格式分别如下。

(1) fminunc 函数

调用格式:

```
x = fminunc(fun,x0)
x = fminunc(fun,x0,options)
x = fminunc(problem)
[x,fval] = fminunc(...)
[x,fval,exitflag] = fminunc(...)
[x,fval,exitflag,output] = fminunc(...)
[x,fval,exitflag,output,grad] = fminunc(...)
[x,fval,exitflag,output,grad,hessian] = fminunc(...)
```

说明:fun 为需最小化的目标函数;x0 为给定的搜索初始点;options 指定优化参数;返回的 x 为最优解向量;fval 为 x 处的目标函数值;exitflag 描述函数的输出条件;output 返回优化信息;grad 返回目标函数在 x 处的梯度;hessian 返回在 x 处目标函数的海森矩阵信息。

(2) fminsearch 函数

调用格式:

```
x = fminsearch(fun,x0)
x = fminsearch(fun,x0,options)
[x,fval] = fminsearch(...)
[x,fval,exitflag] = fminsearch(...)
[x,fval,exitflag,output] = fminsearch(...)
```

说明:参数及返回变量同上一函数。对求解两次以上的问题,fminsearch 函数比 fminunc 函数更有效。

此外,求解一元非线性无约束规划问题的函数为 fminbnd,其格式为

```
x = fminbnd(fun,x1,x2)
x = fminbnd(fun,x1,x2,options)
[x,fval] = fminbnd(...)
[x,fval,exitflag] = fminbnd(...)
[x,fval,exitflag,output] = fminbnd(...)
```

例 7.8 求 $\min z=8x_1-4x_2+x_1^2+3x_2^2$。

解:创造一个文件名为 myfun. m 的文件,内容为

```
function f = myfun(x)
f = 8 * x(1) - 4 * x(2)  + x(1)^2 + 3 * x(2)^2;
```

以[0,0]为初始点,调用 fminunc 函数:

```
x0 = [0,0];
[x,fval,exitflag] = fminunc(@myfun,x0)
```

经过计算,返回一些信息(由于没有提供梯度,所以没用缺省的信赖域算法,而是用的线搜索算法;得到的是局部最小值;最优化过程结束是因为收敛到局部最优解)并给出结果:

```
x =
   -4.0000     0.6667


fval =
  -17.3333


exitflag =
     1
```

解毕

例 7.9　求 min $z=4x_1^2+5x_1x_2+2x_2^2$，并且提供目标函数的梯度向量。

解：创造一个文件名为 myfun1.m 的文件，内容为

```
function [f,g] = myfun1 (x)
f = 4 * x(1)^2 + 5 * x(1) * x(2) + 2 * x(2)^2;
if nargout >1
        g(1) = 8 * x(1) + 5 * x(2);
        g(2) = 5 * x(1) + 4 * x(2);
end
```

通过将优化选项结构 options.GradObj 设置为'on'来得到梯度值。

```
options = optimset('GradObj','on');
x0 = [1,1];
```

以[1,1]为初始点，并调用 fminunc 函数：

```
[x,fval,exitflag] = fminunc(@myfun1,x0,options)
```

经过计算，返回一些信息（得到的是局部最小值）并给出结果：

```
x =
  1.0e-014 *
    0.1332   -0.2220


fval =
  2.1694e-030


exitflag =
     1
```

解毕

2. 约束问题

MATLAB-Optimazation Toolbox 中解带约束条件的非线性规划问题的函数为 fmincon。首先要注意，MATLAB 中带约束条件的非线性规划问题的数学模型要写成以下的标准形式：

$$\min f(\boldsymbol{x})$$

$$\text{s. t.}\begin{cases} c(\boldsymbol{x})\leqslant 0 \\ \text{ceq}(\boldsymbol{x})=0 \\ \boldsymbol{Ax}\leqslant \boldsymbol{b} \\ \mathbf{Aeq}\cdot \boldsymbol{x}=\mathbf{beq} \\ \mathbf{lb}\leqslant \boldsymbol{x}\leqslant \mathbf{ub} \end{cases}$$

其中 $f(\boldsymbol{x})$是标量函数,$\boldsymbol{x}$,$\boldsymbol{b}$,**beq**,**lb**,**ub** 是向量,$\boldsymbol{A}$,**Aeq** 是相应维数的矩阵,$c(\boldsymbol{x})$,ceq($\boldsymbol{x}$)是非线性向量函数。

MATLAB 中的 fmincon 函数的基本格式如下:

```
x = fmincon(fun,x0,A,b)
x = fmincon(fun,x0,A,b,Aeq,beq)
x = fmincon(fun,x0,A,b,Aeq,beq,lb,ub)
x = fmincon(fun,x0,A,b,Aeq,beq,lb,ub,nonlcon)
x = fmincon(fun,x0,A,b,Aeq,beq,lb,ub,nonlcon,options)
x = fmincon(problem)
[x,fval] = fmincon(...)
[x,fval,exitflag] = fmincon(...)
[x,fval,exitflag,output] = fmincon(...)
[x,fval,exitflag,output,lambda] = fmincon(...)
[x,fval,exitflag,output,lambda,grad] = fmincon(...)
[x,fval,exitflag,output,lambda,grad,hessian] = fmincon(...)
```

说明:返回的 x 为最优解向量;fun 为需最小化的目标函数;x0 为给定的搜索初始点;A,b 为不等式约束的系数矩阵和右端列向量;若没有不等式约束,则令 A=[],b=[];Aeq,beq 定义了线性约束 $\boldsymbol{A}\cdot\boldsymbol{x}\leqslant\boldsymbol{b}$,**Aeq** · $\boldsymbol{x}$=**beq**,如果没有等式约束,则 A=[],b=[],Aeq=[],beq=[];lb ,ub 为变量 x 的下界和上界,如果上界和下界没有约束,则 lb=[],ub=[];options 指定优化参数;fval 为 x 处的目标函数值;exitflag 描述函数的输出条件;output 返回优化信息;lambda 是 Lagrange 乘子,表示哪个约束有效;grad 返回目标函数在 x 处的梯度;hessian 返回在 x 处目标函数的海森矩阵信息。

注意:

① fmincon 函数提供了大型优化算法和中型优化算法。在默认情况下,若在 fun 函数中提供了梯度(options 参数的 GradObj 设置为'on'),并且只有上下界存在或只有等式约束,fmincon 函数将选择大型优化算法。当既有等式约束又有梯度约束时,fmincon 函数使用中型优化算法。

② fmincon 函数的中型优化算法使用的是序列二次规划法。在每一步迭代中求解二次规划子问题,并用 BFGS 法更新拉格朗日海森矩阵。

③ fmincon 函数可能会给出局部最优解,这与初值 x0 的选取有关。

例 7.10 求下列非线性规划问题:

$$\min f(\boldsymbol{x})=x_1^2+x_2^2+8$$

$$\text{s. t.}\begin{cases} x_1^2-x_2\geqslant 0 \\ -x_1-x_2^2+2=0 \\ x_1,x_2\geqslant 0 \end{cases}$$

解：

① 编写 M 文件 fcon1.m：

```
function f = fcon1(x);
f = x(1)^2 + x(2)^2 + 8;
```

编写 M 文件 fcon2.m：

```
function [g,h] = fcon2(x);
g =- x(1)^2 + x(2);
h =- x(1) - x(2)^2 + 2; % 等式约束
```

② 在 MATLAB 的命令窗口依次输入：

```
options = optimset;
[x,y] = fmincon('fcon1',rand(2,1),[],[],[],[],zeros(2,1),[],'fcon2',options)
```

经过计算，返回一些信息(得到的是满足约束条件的局部最小值等)并给出结果：

```
x =
    1.0000
    1.0000


y =
   10.0000
```

解毕

例 7.11　求解

$$\min f=-x_1-2x_2+\frac{1}{2}x_1^2+\frac{1}{2}x_2^2$$

$$\text{s.t.}\begin{cases}2x_1+3x_2\leqslant 6\\ x_1+x_2\leqslant 5\\ x_1,x_2\geqslant 0\end{cases}$$

解：首先将上述问题写成 MATLAB 的标准形式，即

$$\min f=-x_1-2x_2+\frac{1}{2}x_1^2+\frac{1}{2}x_2^2$$

$$\text{s.t.}\begin{cases}\begin{pmatrix}2x_1+3x_2-6\\ x_1+4x_2-5\end{pmatrix}\leqslant\begin{pmatrix}0\\0\end{pmatrix}\\ \begin{pmatrix}0\\0\end{pmatrix}\leqslant\begin{pmatrix}x_1\\x_2\end{pmatrix}\end{cases}$$

编写 M 文件 fcon3.m：

```
function f = fcon3(x);
f =- x(1) - 2 * x(2) + (1/2) * x(1)^2 + (1/2) * x(2)^2
```

编写 M 文件 fcon4.m：

```
x0 = [1;1];
A = [2 3 ;1 4];b = [6;5];
Aeq = [];beq = [];
```

```
lb = [0;0];ub = [];
[x,fval] = fmincon('fcon3',x0,A,b,Aeq,beq,lb,ub)
```

直接运行 fcon4. m,经过计算,返回一些信息(得到的是满足约束条件的局部最小值等)并给出结果:

```
x =

    0.7647
    1.0588


fval =

   - 2.0294
```

解毕

3. 二次规划问题

MATLAB-Optimazation Toolbox 中解二次规划问题的函数为 quadprog,MATLAB 中所求解的二次规划问题要写成以下的标准形式:

$$\min \frac{1}{2}\boldsymbol{x}^{\mathrm{T}}\boldsymbol{H}\boldsymbol{x}+\boldsymbol{f}^{\mathrm{T}}\boldsymbol{x}$$

$$\text{s. t.}\begin{cases}\boldsymbol{A}\boldsymbol{x}\leqslant\boldsymbol{b}\\ \mathbf{Aeq}\cdot\boldsymbol{x}=\mathbf{beq}\\ \mathbf{lb}\leqslant\boldsymbol{x}\leqslant\mathbf{ub}\end{cases}$$

其中 $\boldsymbol{x}$,$\boldsymbol{f}$,$\boldsymbol{b}$,**beq**,**lb**,**ub** 是向量,$\boldsymbol{H}$,$\boldsymbol{A}$,**Aeq** 是相应维数的矩阵。

MATLAB 中的 quadprog 函数的基本格式如下:

```
x = quadprog(H,f,A,b)
x = quadprog(H,f,A,b,Aeq,beq)
x = quadprog(H,f,A,b,Aeq,beq,lb,ub)
x = quadprog(H,f,A,b,Aeq,beq,lb,ub,x0)
x = quadprog(H,f,A,b,Aeq,beq,lb,ub,x0,options)
x = quadprog(problem)
[x,fval] = quadprog(...)
[x,fval,exitflag] = quadprog(...)
[x,fval,exitflag,output] = quadprog(...)
[x,fval,exitflag,output,lambda] = quadprog(...)
```

说明:在输入参数中,x0 为初始点;A,b 为不等式约束的系数矩阵和右端列向量;若没有不等式约束,则令 A=[],b=[];Aeq,beq 定义了线性等式约束 $\mathbf{Aeq}\cdot\boldsymbol{x}=\mathbf{beq}$,如果没有等式约束,则 Aeq=[],beq=[];lb ,ub 为变量 x 的下界和上界,如果上界和下界没有约束,则 lb=[],ub=[];options 指定优化参数。在输出参数中,x 是返回的最优解向量;fval 是返回解所对应的目标函数值;exitflag 描述搜索是否收敛;output 返回包含优化信息的结构;lambda 是返回解 x 中 Lagrange 乘子的参数,表示哪个约束有效。

例 7.12　求解二次规划问题：

$$\min z=\frac{1}{2}x_1^2+x_2^2-x_1x_2-2x_1-6x_2$$

$$\text{s. t.}\begin{cases}x_1+x_2\leqslant 2\\-x_1+2x_2\leqslant 2\\2x_1+x_2\leqslant 3\\x_1,x_2\geqslant 0\end{cases}$$

解：首先将此问题写成 MATLAB 中二次规划问题的标准形式，即

$$\min z=\frac{1}{2}\begin{pmatrix}x_1\\x_2\end{pmatrix}^{\mathrm{T}}\begin{pmatrix}1&-1\\-1&2\end{pmatrix}\begin{pmatrix}x_1\\x_2\end{pmatrix}+\begin{pmatrix}-2\\-6\end{pmatrix}^{\mathrm{T}}\begin{pmatrix}x_1\\x_2\end{pmatrix}$$

$$\text{s. t.}\begin{cases}\begin{pmatrix}1&1\\-1&2\\2&1\end{pmatrix}\begin{pmatrix}x_1\\x_2\end{pmatrix}\leqslant\begin{pmatrix}2\\2\\3\end{pmatrix}\\\begin{pmatrix}0\\0\end{pmatrix}\leqslant\begin{pmatrix}x_1\\x_2\end{pmatrix}\end{cases}$$

编写 M 文件 fquad1. m：

```
H = [1 -1; -1 2];
f = [-2; -6];
A = [1 1; -1 2;2 1];
b = [2;2;3];
lb = [0;0];
[x,fval,exitflag,output,lambda] = quadprog(H,f,A,b,[],[],lb,[])
```

直接运行 fquad1. m，经过计算，返回一些信息（得到的是满足约束条件的局部最小值等）并给出结果：

```
x =
     0.6667
     1.3333

fval =
    -8.2222

exitflag =
     1

output =
          iterations: 3
     constrviolation: 1.1102e-016
           algorithm: 'medium-scale: active-set'
       firstorderopt: []
```

```
     cgiterations: []
          message: 'Optimization terminated.'

lambda =
      lower: [2x1 double]
      upper: [2x1 double]
      eqlin: [0x1 double]
    ineqlin: [3x1 double]
```

解毕

第 8 章　图与网络优化

在自然界和人类社会中，用图形来描述和表示某些事物之间的关系既方便又直观。例如，用工艺流程图来描述某项工程中各工序之间的先后关系，用网络图来描述某通信系统中各通信站之间的信息传递关系，用开关电路图来描述电网中各元件之间的连接关系，等等。一个图中的顶点表示事物，两点之间的连线表示两事物之间具有某种特定关系（先后关系、胜负关系、传递关系和连接关系等）。事实上，任何一个包含了某种二元关系的系统都可以用图形来模拟。由于我们感兴趣的是两事物之间是否有某种特定关系，所以图形中两点之间连接与否最重要，而连接线的曲直长短无关紧要。由此，经数学抽象产生了图的概念。

图的基本概念和性质、图的理论及其应用构成了图论的主要内容。

图与网络理论发展简史如下。

1736，著名数学家 L. Euler 发表了“哥尼斯堡七桥问题”的文章，这篇论文被公认为图论历史上的第一篇论文，Euler 也因此被誉为图论之父。

1852 年，四色问题由英国伦敦的一个中学生首先提出。

1856 年，Hamilton 提出环游世界问题。

19 世纪中叶到 1936 年，人们对一些游戏问题（如迷宫问题、博弈问题、棋盘上马的行走线路问题等）以图与网络的形式进行了大量的研究。

1847 年，德国的 Kirchoff 将图论中圈的理论应用于工程技术的电网络方程组的研究。

1857 年，英国的 Cayley 提出了树的概念，并将其应用于有机化合物的分子结构的研究中。

1936 年，匈牙利的数学家 Konig 写出了第一本图论专著《有限图与无限图的理论》，标志着图论作为一门独立学科正式形成。

1936 年以后，生产管理、军事、交通运输、计算机和通信网络等方面的大量问题出现，大大促进了图论的发展。特别是电子计算机的大量应用，使大规模问题的求解成为可能。实际问题如电网络、交通网络、电路设计、数据结构以及社会科学中的问题所涉及的图形都是很复杂的，需要计算机的帮助才有可能进行分析和解决。

目前，图论在物理、化学、运筹学、计算机科学、电子学、信息论、控制论、网络理论、社会科学及经济管理等学科领域都有应用。图论已经发展成一门内容广泛的学科。本章只介绍图论中的一些基本概念和几个有广泛应用背景的基本问题：最短路问题、最优生成树问题、最大流问题以及最小费用流问题。

§8.1 图与网络的基本概念

1. 图

图(graph)是一个二元组(V,E),其中集合V称为顶点集,集合E是$V\times V$的一个子集(无序对,元素可重复),称为边集。注意:任何一个图都有$V\neq\varnothing$。

例 8.1 $G=(V,E)$,其中:

$$V=\{v_1,v_2,v_3,v_4,v_5\}$$

$$E=\{(v_1,v_2),(v_2,v_3),(v_3,v_4),(v_3,v_5),(v_1,v_5),(v_1,v_5),(v_5,v_5)\}$$

便定义出一个图。

2. 图的表示

通常,图的顶点可用平面上的一个点来表示,边可用平面上的线段来表示(直的或曲的)。这样的画在平面上的图形称为**图的表示**。

显然,由于表示顶点的平面点的位置的任意性,同一个图可以画出形状迥异的很多图的表示。由于图的表示直观易懂,因此以后说到一个图,我们总是画出它的一个表示来描述这个图。

例如,例8.1中图的一个表示如图8.1所示。

3. 一些概念和术语

对于一个如图8.2所示的图$G=(V,E)$,其中:

$$V=\{a,b,\cdots,f\},\quad E=\{k,p,q,ae,af,\cdots,ce,cf\}$$

图G的顶点数(图的阶)和边数分别用$v(G)$和$\varepsilon(G)$表示。

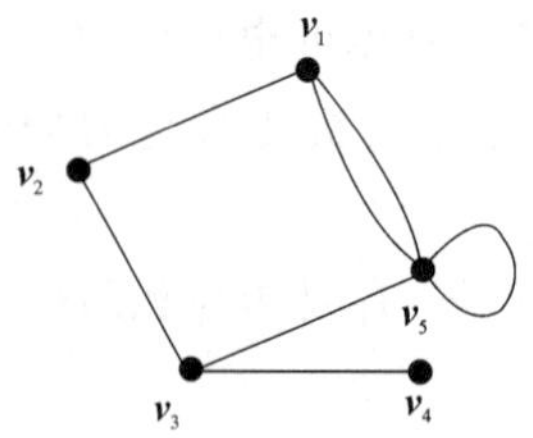

图 8.1

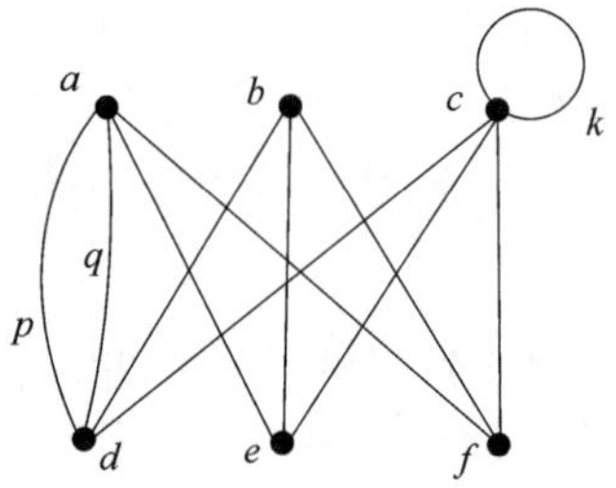

图 8.2

称边ad与顶点a(及d)**相关联**(incident),也称顶点b(及f)与边bf相关联。

称顶点a与e**相邻**(adjacent),也称有公共端点的一些边,如p与af彼此**相邻**。

称一条边的两个顶点为它的两个**端点**(end vertices)。

环(loop,selfloop):如边k,它的两个端点相同。

棱(link):如边ae,它的两个端点不相同。

孤立点(isolated vertice):不与任何顶点邻接的顶点;

重边(multiedge):如边p及边q,重边也称为平行边。

简单图(simple graph):无环,无重边的图。

平凡图(trival graph):仅有一个顶点的图(可有多条环)。

有限图(finite graph):顶点数和边数都有限的图。

顶点 v 的度(degree):$d(v)$=顶点 v 所关联的边的数目(环边计两次)。

图 G 的**最大度**:$\Delta(G)=\max\{d_G(v)\mid v\in V(G)\}$

图 G 的**最小度**:$\delta(G)=\min\{d_G(v)\mid v\in V(G)\}$

完全图(complete graph):任意两个顶点都相邻的简单图。

正则图(regular graph):每个顶点的度都相等的图。

图的**补图**(complement):设 G 是一个简单图,以 $V(G)$ 为顶点集,以 $\{(x,y)\mid(x,y)\notin E(G)\}$ 为边集的简单图称为 G 的补图,记为 $\bar{G}$。

4. 图的同构

如图 8.3 中 G_1 和 G_2 的顶点及边之间都一一对应,且连接关系完全相同,只是顶点和边的名称不同而已。这样的两个图是**同构**的(isomorphic)。

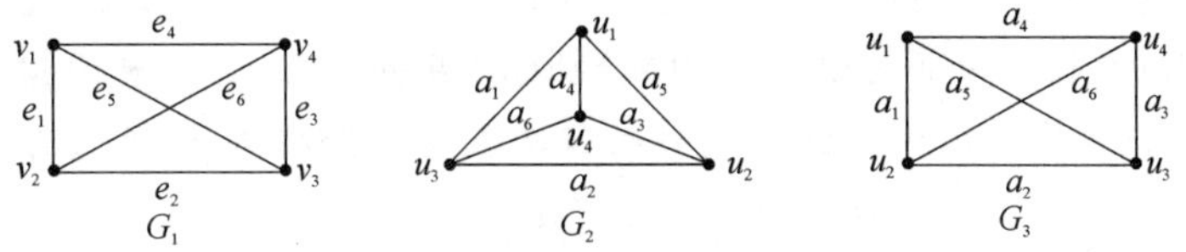

图 8.3

两个图 $G=(V(G),E(G))$ 与 $H=(V(H),E(H))$,如果存在两个一一映射,即 $\Psi:V(G)\to V(H)$ 和 $\Phi:E(G)\to E(H)$,使得对任意 $e=uv\in E(G)$,都有 $\Phi(e)=\Psi(u)\Psi(v)\in E(H)$,则称图 G 与 H **同构**,记为 $G\cong H$。

两个图同构,是指它们有相同的结构,仅在顶点及边的标号上或两个图的画法上有所不同而已。所以在同构的意义下,一个图的表示也可以看作"唯一"的。在图 8.3 中,$G_1\cong G_2\cong G_3$,所以这种图可以看作是唯一的,被定义成 K_4。

注:判定两个图是否同构是个未解决的困难问题(open problem)。

定理 8.1.1　对任意图 G,$\sum\limits_{v\in V(G)} d(v)=2\varepsilon$,其中 $\varepsilon=|E(G)|$。

证明:按每个顶点的度来计数边,每条边恰数了两次。

证毕

推论 8.1.1　任何图中,奇度顶点的个数总是偶数(包括 0)。

5. 子图

子图(subgraph):如果 $V(H)\subseteq V(G)$ 且 $E(H)\subseteq E(G)$,则称图 H 是 G 的子图,记为 $H\subseteq G$。

生成子图(spanning subgraph):若 H 是 G 的子图且 $V(H)=V(G)$,则称 H 是 G 的生成子图。

点导出子图(induced subgraph):设 $V'\subseteq V(G)$,以 V' 为顶点集,以两端点均在 V' 中的边的全体为边集所组成的子图,称为 G 的由顶点集 V' 导出的子图,简称为 G 的点导出子图,记为 $G[V']$。

边导出子图(edge-induced subgraph):设 $E'\subseteq E(G)$,以 E' 为边集,以 E' 中的边的全体端点为点集所组成的子图,称为 G 的由边集 E' 导出的子图,简称为 G 的边导出子图,记为 $G[E']$。

6. 路和圈

途径(walk):图 G 中一个点边交替出现的序列 $w=v_{i_0}e_{i_1}v_{i_1}e_{i_2}\cdots e_{i_k}v_{i_k}$,其中 $e_{i_j}=v_{i_{j-1}}v_{i_j}$,$j=1,2,\cdots,k$。

迹(trail):边不重复的途径。

路(path):顶点不重复的迹。

注意:简单图中的路完全可以用顶点来表示,$P=v_{i_0}v_{i_1}\cdots v_{i_k}$。

闭途径(closed walk):起点和终点相同的途径。

闭迹(closed trail):起点和终点相同的迹,也称为回路(circuit)。

圈(cycle):起点和终点相同的路。

注:

① 途径(闭途径)、迹(闭迹)、路(圈)上所含的边的个数称为它的长度。

② 简单图 G 中,长度为奇数和偶数的圈分别称为**奇圈**(odd cycle)和**偶圈**(even cycle)。

③ 对任意 $x,y\in V(G)$,从 x 到 y 的具有最小长度的路称为 x 到 y 的**最短路**(shortest path),其长度称为 x 到 y 的**距离**(distance),记为 $d_G(x,y)$。

④ 图 G 的直径(diameter):$D=\max\{d_G(x,y)\mid \forall x,y\in V(G)\}$。

⑤ 简单图 G 中最短圈的长度称为图 G 的**围长**(girth),最长圈的长度称为图 G 的周长(circumference)。

定理 8.1.2 设 G 是一个简单图,若 $\delta(G)\geqslant 2$,则 G 中必含有圈。

证明 设 G 中的最长路为 $P=v_0v_1\cdots v_k$。因 $d(v_0)\geqslant 2$,故存在与 v_1 相异的顶点 v 与 v_0 相邻。若 $v\notin P$,则得到比 P 更长的路,这与 P 的取法矛盾。因此必定有 $v\in P$,从而 G 中有圈。

证毕

7. 连通性

若图 G 中的 u、v 两点间有路相通,则称顶点 u、v 在图 G 中**连通**。若图 G 中任二顶点都连通,则称图 G 为**连通图**(connected graph)。若图 G 的顶点集 $V(G)$ 可划分为若干非空子集 $V_1,V_2,\cdots,V_\omega$,使得两顶点属于同一子集当且仅当它们在 G 中连通,则称每个子图 $G[V_i]$ $(i=1,2,\cdots,\omega)$ 为图 G 的一个**连通分支**(connected component)。图 G 连通当且仅当 $\omega=1$。

例 8.2 设有 $2n$ 个电话交换台,每个台与至少 n 个台有直通线路,则该交换系统中任二台均可实现通话。

证明:构造图 G 如下:以交换台作为顶点,两顶点间连边当且仅当对应的两台间有直通线路。问题化为:已知图 G 有 $2n$ 个顶点的简单图,且 $\delta(G)\geqslant n$,求证 G 连通。

事实上,假如 G 不连通,则至少有一个连通分支的顶点数不超过 n。在此连通分支中,顶点的度至多是 $n-1$。这与 $\delta(G)\geqslant n$ 矛盾。

证毕

8. 二部图

二部图(bipartite graph):若图 G 的顶点集可划分为两个非空子集 X 和 Y,使得任一条边都有一个端点在 X 中,另一个端点在 Y 中,则称 G 为二部图(或偶图),记为 $G=(X\cup Y,$

$E)$,(X,Y)称为 G 的一个划分。

完全二部图(complete bipartite graph):在二部图 $G=(X\cup Y,E)$中,若 X 的每个顶点与 Y 的每个顶点之间有边连接,则称 G 为完全二部图;若$|X|=m$,$|Y|=n$,则记此完全二部图为 $K_{m,n}$。

定理 8.1.3　一个图是二部图当且仅当它不含奇圈。

证明:(必要性)设 $C=v_0v_1\cdots v_kv_0$ 是二部图 $G=(X\cup Y,E)$的一个圈。不妨设 $v_0\in X$,由二部图的定义知,$v_1\in Y$,$v_2\in X$,…,一般地,$v_{2i}\in X$,$v_{2i+1}\in Y(i=0,1,\cdots)$。又因 $v_0\in X$,故 $v_k\in Y$,因而 k 是奇数。注意到圈 C 上共有 $k+1$ 条边,因此是偶圈。

(充分性)不妨设 G 为连通的,且不含奇圈。任取 $u\in V(G)$,令 $X=\{v\in V(G)\,|\,d(u,v)=奇数\}$,$Y=\{v\in V(G)\,|\,d(u,v)=偶数\}$。易见,$(X,Y)$为 V 的 2-划分,只要再证 X(和 Y)都是 G 的独立集(即 X 或 Y 中任二顶点 v、w 都不相邻)即可。令 P 与 Q 分别为最短(u,v)-路与最短(u,w)-路。

如图 8.4 所示,设 u'为 P 与 Q 的最后一个公共顶点,而 P'与 Q'分别为 P 的(u',v)-节与 Q 的(u',w)-节,则 P'与 Q'只有一公共顶点。又由于 P 与 Q 的(u,u')-节的长相等,所以 P'与 Q'的长有相同的奇偶性,因此 v 与 w 不能相邻;否则,$v(P')^{-1}Q'wv$ 将是一奇圈,矛盾。

证毕

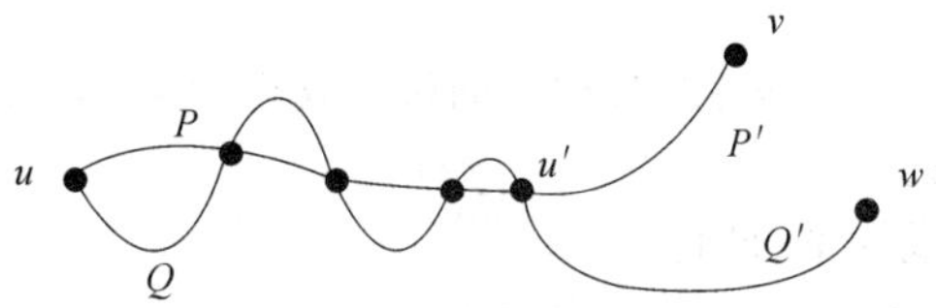

图 8.4

§8.2　最短路问题

对图 G 的每条边 e 赋一个实数 $w(e)$,称为边 e 的权。每个边都赋有权的图称为赋权图。

权在不同的问题中会有不同的含义。例如,在交通网络中,权可能表示运费、里程或道路的造价等。

设 H 是赋权图 G 的一个子图,H 的权定义为 $W(H)=\sum\limits_{e\in E(H)}w(e)$。特别地,对 G 中一条路 P,P 的权为 $W(P)=\sum\limits_{e\in E(P)}w(e)$。

给定赋权图 G 及 G 中两点 u 和 v,求 u 到 v 的具有最小权的路(称为 u 到 v 的最短路)的问题称作最短路问题。最短路问题是现实生活和各种工作中常见的一个优化问题,也有很多的问题可以转化为最短路问题。

一般的最短路问题是很难的问题,本节只考虑权重全是正数的情况,而且只考虑简单图或严格有向图。在这些前提下,有很多算法可以求解最短路问题,其中一个最基本的算法是

Dijkstra(狄克斯特洛)算法。Dijkstra 算法是 1959 年由 Dijkstra 提出的(以后经过一些改进),是目前被公认的最好的求解最短路问题的方法。

Dijkstra 算法思想:若路 $P=u_0u_1\cdots u_{k-1}u_k$ 是从 u_0 到 u_k 的最短路,则 $P'=u_0u_1\cdots u_{k-1}$ 必是 u_0 到 u_{k-1} 的最短路。基于这一思想,该算法由近及远地逐次求出 u_0 到其他各点的最短路。

下面通过图 8.5 所示的例子说明具体做法。

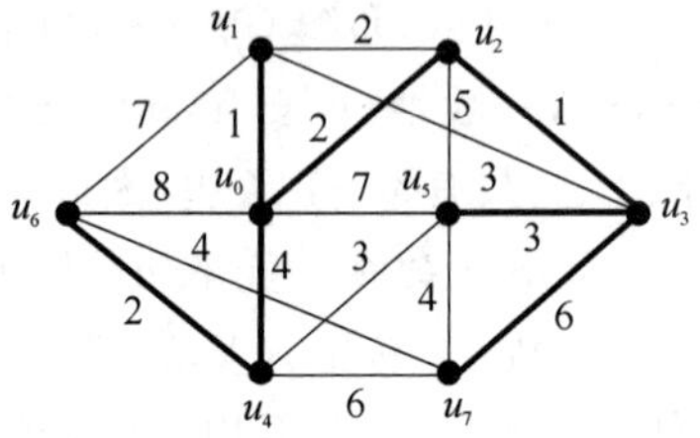

图 8.5

(1) 令 $S_0=u_0$,$\bar{S}_0=V\backslash S_0$,求 u_0 到 $\bar{S}_0$ 中最近点的最短路,结果找到 u_1。

(2) 令 $S_0:=S_0\cup\{u_1\}$,$\bar{S}_0=V\backslash S_0$,求 u_0 到 $\bar{S}_0$ 中最近点的最短路。此时,除了考虑 u_0 到 $\bar{S}_0$ 的直接连边外,还要考虑 u_0 通过 u_1 向 $\bar{S}_0$ 的连边,即选取 $\bar{S}_0$ 中一点 u' 使得

$$d(u_0,u')=\min_{u\in S_0,v\in \bar{S}_0}\{d(u_0,u)+w(u,v)\} \tag{8.1}$$

结果找到 u_2。

一般地,若 $S_k=\{u_0,u_1,\cdots,u_k\}$ 以及相应的最短路已找到,则可应用(8.1)式来选取新的 u',获得 u_0 到 u' 的最短路。

Dijkstra 算法实现一标号法如下。

① 令 $l(u_0):=0,l(v):=\infty(v\neq u_0)$,$S_0:=\{u_0\}$,$i:=0$。

② 对 $v\in \bar{S}_i$,$l(v):=\min\{l(v),l(u_i)+w(u_iv)\}$。$l(v_0)=\min\limits_{v\in \bar{S}_i}\{l(v)\}$,记 $u_{i+1}=v_0$,令 $S_{i+1}=S_i\cup\{u_{i+1}\}$。

③ 如果 $i=v-2$,则结束(已求出 u_0 到其他所有顶点的最短路),否则令 $i:=i+1$,返回②。

算法分析:Dijkstra 算法实现全部迭代的过程需要做 $\frac{v(v-1)}{2}$ 次加法和 $v(v-1)$ 次比较。②中第 1 式需要做 $v-i-1$ 次加法、$v-i-1$ 次比较,第 2 式需要做 $v-i-1$ 次比较,而 $\sum\limits_{i=0}^{v-1}(v-i-1)=(v-1)+(v-2)+\cdots+1=\frac{v(v-1)}{2}$。所以,其计算量为 $O(v^2)$。因此,Dijkstra 算法是好算法。

§8.3 最优生成树问题

1. 树

不含圈的图称为森林,不含圈的连通图称为树(tree)。树中度为 1 的顶点称作叶(leave)。

定理 8.3.1　下列命题等价：

① G 是树；

② G 中无环边且任两顶点之间有且仅有一条路；

③ G 中无圈且 $\varepsilon=v-1$；

④ G 连通且 $\varepsilon=v-1$；

⑤ G 连通且对任何 $e\in E(G)$，$G-e$ 不连通；

⑥ G 无圈且对任何 $e\in E(\bar{G})$，$G+e$ 恰有一个圈。

证明：①⇒②

G 是树⇒G 连通⇒$\forall u,v\in V(G)$，存在路 $P(u,v)$。若还存在一条路 $P'(u,v)\neq P(u,v)$，则必存在 w，w 是路 P 与 P' 除了 v 之外的最后一个公共顶点。P 的 (w,v) 段与 P' 的 (w,v) 段构成圈，这与 G 是树矛盾。故只存在唯一的 (u,v) 路。

②⇒③

若 G 有圈，则此圈上任两顶点间有两条不同的路，与前提条件矛盾。

下面用归纳法证明 $\varepsilon=v-1$。$v=1$ 时，$\varepsilon=0$，结论为真。假设 $v\leqslant k$ 时结论为真，则证明当 $v=k+1$ 时，也有 $\varepsilon=v-1$ 成立。当 $v=k+1$ 时，任取 $u,v\in V(G)$。考虑图 $G'=G-uv$，因 G 中 u、v 间只有一条路，即边 uv，故 G' 不连通且只有两个连通分支，设为 G_1、G_2。注意到 G_1、G_2 分别都连通且任二顶点间只有一条路，由归纳法假设，$\varepsilon(G_1)=v(G_1)-1$，$\varepsilon(G_2)=v(G_2)-1$。因此：

$$\varepsilon(G)=\varepsilon(G_1)+\varepsilon(G_2)+1=(v(G_1)-1)+(v(G_2)-1)+1=v(G)-1。$$

所以结论成立。

③⇒④

用反证法。若 G 不连通，设 $G_1,G_2,\cdots,G_w$ 是其连通分支($w\geqslant 2$)，则 $\varepsilon_i=v_i-1$(因 G_i 是连通无圈图，由已证明的①和②知，对每个 G_i，③成立)。这样，$\varepsilon=\sum_{i=1}^{w}\varepsilon_i=\sum_{i=1}^{w}v_i-w=v-w$，这与 $\varepsilon=v-1$ 矛盾。

④⇒⑤

$\varepsilon(G-e)=\varepsilon(G)-1=v-2$，但每个连通图必满足 $\varepsilon\geqslant v-1$(见下列命题)，故图 $G-e$ 不连通。

命题　若图 H 连通，则 $\varepsilon(H)\geqslant v(H)-1$。

证明：对 v 做数学归纳法。$v=1,2$ 时，$\varepsilon\geqslant v-1$ 显然成立。假设 $v\leqslant k$ 的连通图都满足 $\varepsilon\geqslant v-1$。对于 $v=k+1$ 的连通图 H，任取 $v\in V(H)$，考虑 $H-v$。若 $H-v$ 连通，则由归纳假设，$\varepsilon(H-v)\geqslant v(H-v)-1=k-1$，而

$$\varepsilon(H)\geqslant\varepsilon(H-v)+1\geqslant(k-1)+1=(k+1)-1=v(H)-1$$

若 $H-v$ 不连通，则设 $H_1,H_2,\cdots,H_w$ 是其连通分支($w\geqslant 2$)。由归纳假设，$\varepsilon(H_i)\geqslant v(H_i)-1$ $(i=1,2,\cdots,w)$。故：

$$\varepsilon(H-v)=\sum_{i=1}^{w}\varepsilon(H_i)\geqslant\sum_{i=1}^{w}v(H_i)-w=v(H-v)-w=k-w$$

而

$$\varepsilon(H)\geqslant\varepsilon(H-v)+w\geqslant(k-w)+w=(k+1)-1=v(H)-1$$

归纳法完成。

⑤⇒⑥

先证 G 中无圈:若 G 中有圈,删去圈上任一边仍连通,矛盾。

再证对任何 $e\in E(\bar{G})$,$G+e$ 恰含一个圈:因 G 连通且已证 G 无圈,故 G 是树。由②,任二不相邻顶点间都有一条路相连,故 $G+e$ 中必有一个含有 e 的圈;另外,若 $G+e$ 中有两个圈含有 e,则 $(G+e)-e=G$ 中仍含有一个圈,矛盾。

⑥⇒①

只需证 G 连通。任取 $u,v\in V(G)$,若 u、v 相邻,则 u 与 v 连通。否则,$G+uv$ 恰含一个圈,故 u 与 v 在 G 中连通。由 u、v 的任意性,图 G 连通。

证毕

2. 生成树

设 T 是图 G 的 ·个子图,如果 T 是树,且 $v(T)=v(G)$,则称 T 是 G 的一个生成树(spanning tree)。

定理 8.3.2 每个连通图都有生成树。

证明:设 G 是一个连通图。令 $A=\{G'|G'$ 是 G 的连通子图且 $v(G')=v(G)\}$。易见 A 非空。从 A 中取边数最少的一个,记为 T。

下证 T 是 G 的生成树。显然,只需证明 T 是树。

事实上,已知 T 连通,下证 T 无圈。若 T 有圈 C,则去掉 C 上任一条边 e,$T-e$ 仍连通。从而 $T-e\subseteq A$。但 $T-e$ 比 T 少一条边,这与 T 的取法矛盾。

证毕

推论 8.3.1 若 G 连通,则 $\varepsilon\geqslant v-1$。

证明:取 G 的生成树 T,则 $\varepsilon(G)\geqslant\varepsilon(T)\geqslant v(T)-1=v(G)-1$。

证毕

3. 最小生成树问题

设城市 $v_1,v_2,\cdots,v_\nu$ 中任意两城市间都建设有通信线路,某公司希望通过租用一些线路的方式在这些城市间建立一个连接这 ν 个城市的通讯网,租用城市 v_i 与 v_j 间的线路的费用为 c_{ij}($c_{ij}\geqslant0$,也可以为∞,若为∞,则可以理解为实际上这条线路就不存在),问这个公司应该租用哪些线路,从而建立起一个总租用费用最小的连接这 ν 个城市的通信网?

这个问题显然等价于在一个赋权图(如果允许权重为∞,则为赋权完全图)G 中求一最小权连通生成子图。而一个最小权连通生成子图显然就是这个赋权图的最小权生成树(也称为最小生成树、最优树)。

Kruskal 算法可用于解决上述最小生成树问题,它是在非赋权图中求生成树的"极大无圈子图"算法的改进,是一种贪心算法(greedy algorithm)。Kruskal 算法通常对问题的描述为:在赋权图 G 中,求权最小的生成树,即求 G 的一棵生成树 T,使得

$$w(T)=\min_{T}\sum_{e\in T}w(e)$$

Kruskal 算法步骤如下。

① 选棱(link)e_1 使 $w(e_1)$最小。

② 若已选定 $e_1,e_2,\cdots,e_i$,则从 $E\backslash\{e_1,e_2,\cdots,e_i\}$中选取 e_{i+1}使:

a. $G[\{e_1,e_2,\cdots,e_i\}\cup\{e_{i+1}\}]$无圈;

b. $w(e_{i+1})$是满足 a 之权重最小者。

③ 当②不能再进行下去时，停止；否则，回到②。

定理 8.3.3　设 $e_1, e_2, \cdots, e_{v(G)-1}$ 是 Kruskal 算法获得的边，则边导出子图 $G[\{e_1, e_2, \cdots, e_{v(G)-1}\}]$ 是 G 的最小生成树。

证明：记 $T^* = G[\{e_1, e_2, \cdots, e_{v(G)-1}\}]$，首先，$T^*$ 显然是 G 的一棵生成树。反证，假设 T^* 不是 G 的最小权生成树（下称最优树）。取 G 的一最优树 T。令 e_k 为 $\{e_1, e_2, \cdots, e_{v-1}\}$ 中（按顺序）第一个不属于 T 的边，且令 T 为最优树中 k 最大者。则 $T+e_k$ 中唯一的圈 C 包含 e_k，且 C 中必含一条边 $e'_k \notin T^*$（不然，$C \subseteq T^*$，矛盾）但

$$T' = T + e_k - e'_k$$

也是 G 的生成树。因 e'_k 不是 $T+e_k$ 的割边（定理 8.3.1），从而 T' 连通，且其边数 $=v-1$。又由于 T 的子图 $G[\{e_1, e_2, \cdots, e_{k-1}\} \cup \{e'_k\}]$ 也不含圈，由 Kruskal 算法知 $w(e_k) \leqslant w(e'_k)$，所以 $w(T') \leqslant w(T)$，即 T' 也是 G 的最优树，且 $\{e_1, e_2, \cdots, e_{v-1}\}$ 中第一个不属于 T' 的边的下标 $>k$。这与 k 的取法相矛盾。

证毕

实现 Kruskal 算法时，先按权的不减顺序将边集重排成 $a_1, a_2, \cdots, a_\varepsilon$。关于算法中无圈性的判定，有一简单的办法，即当 $S=\{e_1, e_2, \cdots, e_i\}$ 已取定时，对候选边 a_j 有 $G[S \cup \{a_j\}]$ 无圈 $\Leftrightarrow a_j$ 的两端点在林 $G[S]$（此处当作生成子图）的不同分支中。从而，求最优树的**标记法**的步骤如下。

① 按权重的不减顺序将边集重新排序成 $a_1, a_2, \cdots, a_\varepsilon$；并将 v_k 标以 k，$k=1,2,\cdots,v$；令 $S=\varnothing$；取 a_1 为候选边；令 $j=1$；$i=0$。

② 若 $S=\{e_1, e_2, \cdots, e_i\}$ 已取定，当候选边 a_j 的两端点有相同标号时，丢掉 a_j 永不再考虑，并改取 a_{j+1} 为新候选边；否则，选定 e_{i+1} 为候选边，并将 $G[S]$ 中候选边两端点所在的二分支的顶点重新标号，标以两者中的最小者。令 $j=j+1$，转②。

Kruskal 算法复杂性分析：对边按照权重从小到大排序，需要 $O(\varepsilon \cdot \log_2 \varepsilon)$ 次比较（用快速排序法）；比较边两端的标号，至多需要 ε 次；重新标号，至多需要 $O(v(v-1))$ 次比较。故该算法为好算法（对简单图，其复杂性 $\leqslant O(v^3)$）。

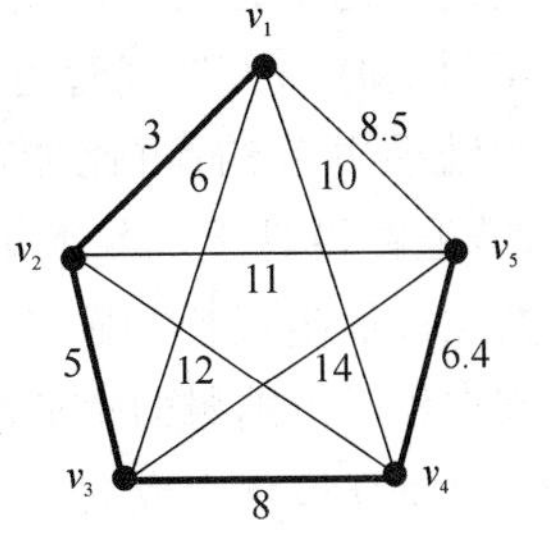

图 8.6

例 8.3　欲建设一个连接 5 个城市的光纤通信网络。各城市间线路的造价如图 8.6 所示，求一个使总造价最少的线路建设方案。（详细求解过程略，结果如图 8.6 中粗边所成的子图）

树不仅在各种领域内被广泛地应用，而且是图论的基础，许多结论可由它引出。

4. 斯坦纳树问题（Steiner tree problem）

假设在北京、上海、西安 3 个城市之间架设电话线，一种办法是分别联通北京—上海和北京—西安（即上面的最优树）；另一种办法是选第 4 个点，假设为郑州，由此分别向 3 个城市架线。第二种办法所用的电话线可能比第一种办法节省。第二种方法所用的就是 20 世纪 40 年代提出的著名的斯坦纳树的最简单的一个模型。

实际上早在 1638 年，法国数学家费马在他所写的一本关于求极值的书中就提出了这种问题，称为费马问题；17 世纪初，解析几何开始出现，求极值问题刚刚萌芽，费马问题在当时竟成了难题，据说一时无人能解。梅森（M. Mersenne，1588—1648）将它带到意大利，后被

托里拆利(M. Torricelli,1608—1647)所解决。后来,卡瓦列里(B. F. Cavalieri,1598—1647)指出:若 O 点为所求之点,则过 O 点的 3 条线段 OA、OB 和 OC 两两交成 120°的角。由于都是利用圆规和直尺作图,他们所考虑的都是三角形的 3 个内角皆小于或等于 120°的情况,否则无法作图。直到 1834 年,海嫩(Heinen)才考虑其中有一个角(设为∠B)大于或等于 120°的情况。他证明:此时连接三角形 3 个顶点 A、B、C 的最小网络就是连接三点的折线 $AB+BC$。此种情况称为退化,因为 O 点已经退化到 B 点。

费马问题很容易就可以被推广到若干个点的情况。瑞士数学家斯坦纳(J. Steiner, 1796—1863)将问题推广成:在平面上求一点,使得这一点到平面上给定的若干个点(称为所与点)的距离之和最小。这可看作斯坦纳树问题的雏形。然而,斯坦纳在这个问题上未曾作过什么贡献。

其后,德国的两位数学家韦伯(H. Weber,1842—1913)和维斯菲尔德(E. Wieszfeld)分别在 1909 年和 1937 年将该问题作为工厂选址问题提出来:某地有给定的若干个仓库,每个仓库的其他相关因素可以换算成一个权重,求一个建造工厂的合适地点,使工厂到每个仓库的距离与权重乘积的总和最小,则这个工厂的地址是最经济、便利的。维斯菲尔德给出了一个算法,用以求出工厂地址的近似值。我国在 1950 年代末期也曾提出类似的选址问题。

使斯坦纳树问题得到进一步发展的事件是库朗(R. Courant)和罗宾斯(H. Robbins)在 1941 年的一本科普性读物《什么是数学》中提到了费马问题。书中说,斯坦纳对此问题的推广是一种平庸的推广。要得到一个有意义的推广,需要考虑的不是引进一个点,而是引进若干个点,使引进的点与原来给定的点连成的网络最小。他们将此新问题称为斯坦纳树问题,并给出了这一新网络的一些基本性质。

由于斯坦纳树在运输、通信和计算机等现代经济与科技中的重要作用,近几十年来它的研究进展越来越快。围绕斯坦纳树问题有很多有意思的推广和应用。比如修建一条从西伯利亚到上海的天然气管道,沿途向许多城市输送天然气,用斯坦纳树的结果就会比最优生成树的结果更节约;再比如计算机的微型集成电路芯片,由于同一线路布局的芯片需要量很大,若能在设计上尽量缩短线路总长,也会极大节约成本。据说,美国的贝尔电话公司最开始是按照最优生成树的距离数据对用户收费的,直到 1967 年,一家精明的航空公司向他们提出应该按照斯坦纳树的距离数据进行收费,从而减少了收费。无论这一说法是否真实,贝尔电话公司对研究最优生成树与斯坦纳树方面确实是很重视的,而且得到了很多有价值的成果。

如何寻找到一个最优权重的斯坦纳树实际上是一个非常困难的问题,目前已经证明这个问题是 NP-Hard 问题,这意味着基本没有所谓的多项式时间算法能处理这一问题。但这一问题仍值得探索。

§8.4 网络最大流问题

1. 网络与流的定义

如果一个图的所有的边都有了方向(称一个带有方向的边为**弧**),则这个带有方向的图就被称为**有向图**(directed graph;digraph)。一个有向图通常用 $D=(V(D),A(D))$ 表示,其中，$V(D)$为顶点集，$A(D)$为弧集。如图 8.7 所示的弧 $a=(u,v)$，其头为 v，其尾为 u；弧 a 从 u 连到(join to)v。

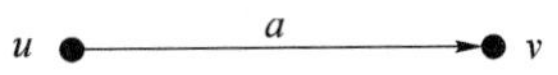

图 8.7

一个**网络**(Network)$N=(X,Y,I,A,c)$是由一个有向图 I〔称为**基础有向图**(underlying digraph)〕、两个特定的不相交顶点子集 X 和 Y 以及弧集 A 上定义的非负整数值函数 $c(\cdot)$(称为**容量函数**)组成的。其中，X 的每个顶点称为**发点**(source)；Y 的每个顶点称为**收点**(sink)；$I=V\backslash(X\cup Y)$中每个顶点称为**中间顶点**(intermediate vertex)；每个弧 a 上 $c(a)$的值称为 a 的**容量**(capacity)。

图 8.8 所示就是一个网络，其中，$N=(X,Y,I,A,c)$，$X=\{x_1,x_2\}$，$Y=\{y_1,y_2,y_3\}$，$I=\{v_1,v_2,v_3,v_4\}$，A 是弧集，c 是容量(弧旁数字表示这条弧的容量)。

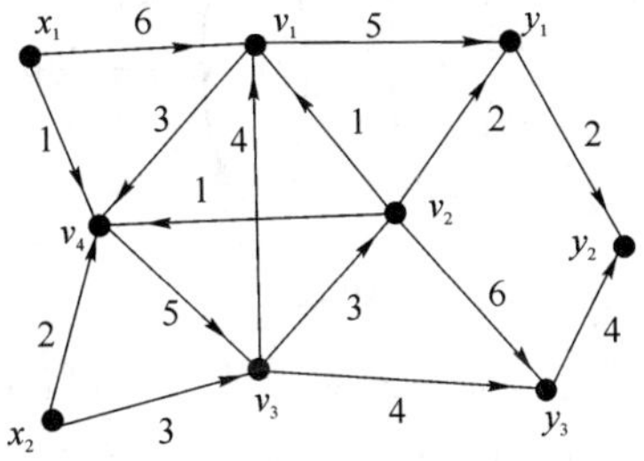

图 8.8

设 $f(\cdot)$为定义弧集 A 上的实函数，有以下记号：对任一弧子集 K，记：

$$f(K)=\sum_{a\in K}f(a)$$

当 $K=(S,\bar{S})$时，记

$$f^{+}(S)=f(S,\bar{S})$$

类似地，记

$$f^{-}(S)=f(\bar{S},S)$$

由此，特别地，记

$$f^{+}(v)=(\{v\},V\backslash\{v\})$$

$$f^{-}(v)=(V\backslash\{v\},\{v\})$$

定义在 $A(N)$上的整数值函数 $f(\cdot)$若满足以下条件，就称为网络 N 上的**流**(flow)：

① $0\leqslant f(a)\leqslant c(a)$，$\forall a\in A(N)$，称为**容量约束**(capacity constraint)；

② $f^{+}(v)=f^{-}(v)$，$\forall v\in I$，称为**守恒条件**(conservation condition)。

零流(zero flow)，即 $f\Leftrightarrow f(a)=0$，$\forall a\in A(D)$。

设 f 是网络 N 上的流，而 S 是 N 的任一顶点子集。称：

① $f^{+}(S)-f^{-}(S)$为**流出 S 的合成流量**(resultant flow out of S)；

② $f^{-}(S)-f^{+}(S)$为**流入 S 的合成流量**(resultant flow into S)。

容易证明：

$$f^{+}(S)-f^{-}(S)=\sum_{v\in S}(f^{+}(v)-f^{-}(v))$$

所以

$$f^{+}(X)-f^{-}(X)=f^{-}(Y)-f^{+}(Y)$$

称之为流 f 的**值**,用 val f 表示。

对于流 f,若不存在流 f'使 val $f'>$val f,则称 f 为**最大流**(maximum flow)。

求解最大流问题时,为简化计算,可将多收多发点问题转化为单收单发点问题。如图 8.9 所示,往 N 中加两顶点 x 和 y 作为新网络 N'的发点和收点;并用容量为∞的新弧将 x 与 X 中每个顶点相连接;用容量为∞的新弧将 Y 中每个顶点与 y 相连接。

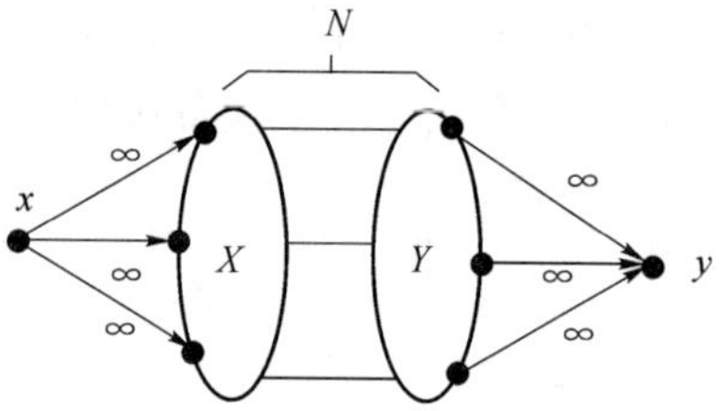

图 8.9

N 和 N'中的流 f 和 f'之间有一简单的对应关系,即当 f 满足

$$\begin{cases} f^{+}(x_i)-f^{-}(x_i)\geqslant 0, & \forall x_i\in X \\ f^{-}(y_j)-f^{+}(y_j)\geqslant 0, & \forall y_j\in Y \end{cases}$$

时(不难证明,求解最大流问题时只要考虑这种情形就够了),可定义：

$$f'(a)=\begin{cases} f(a), & a\in A(N) \\ f^{+}(x_i)-f^{-}(x_i), & a=(x,x_i) \\ f^{-}(y_j)-f^{+}(y_j), & a=(y_j,y) \end{cases}$$

易见,f'确实是 N'上的流,且

$$\text{val } f'=\text{val } f$$

反之,易见 N'上的任一流 f'在 N 的弧集上的**限制**(restriction)f 是 N 上的流,且

$$\text{val } f=\text{val } f'$$

由上述知,网络 N 和 N'有相同的最大流值。为简单起见,本节以后将只讨论单收单发点情形。

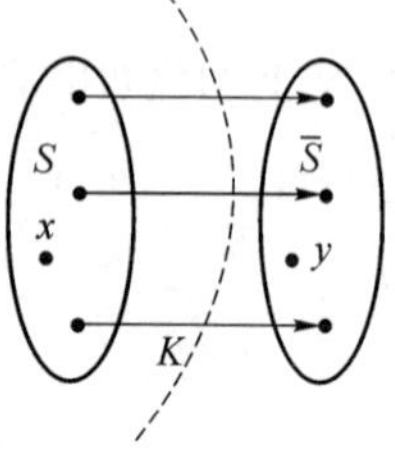

图 8.10

2. 网络的割的定义

设网络 N 只有一个收点 x 及一个发点 y,对于 $V(N)$的一个顶点子集 S,如果 $x\in S$, $y\in\bar{S}$,则称 $K=(S,\bar{S})$为 N 中的**割**(cut),并称 cap $K=\sum_{a\in K}c(a)$ 为割 $K=(S,\bar{S})$的**容量**,如图 8.10 所示。

引理 8.4.1 对网络 N 中任一流 f 及任一割$(S,\bar{S})$,有

$$\text{val } f = f^+(S) - f^-(S)$$

证明　注意到

$$f^+(v) - f^-(v) = \begin{cases} \text{val } f, & v = x \\ 0, & v \in S \setminus \{x\} \end{cases}$$

因此,有

$$\text{val } f = \sum_{v \in S} (f^+(v) - f^-(v)) = f^+(S) - f^-(S)$$

证毕

对网络 N 中任一流 f,如果弧 a 上的 f 值 $f(a)=0$,则称弧 a 为 **f-零的**。类似地,若弧 a 上的 f 值 $f(a)>0$,则称弧 a 为 **f-正**的;若弧 a 上的 f 值 $f(a)<c(a)$($c(a)$为弧 a 的容量),则称弧 a 为 **f-不饱和的**;若弧 a 上的 f 值 $f(a)=c(a)$,则称弧 a 为 **f-饱和的**。

定理 8.4.1　对 N 中任一流 f 及任一割 $K=(S,\bar{S})$,有 $\text{val } f \leqslant \text{cap } K$,式中等号成立的充分必要条件为:$(S,\bar{S})$中每条弧都为 f-饱和的,且$(\bar{S},S)$中每弧为 f-零的。

证明:由容量约束知:

$$f^+(S) \leqslant \text{cap } K \tag{8.2}$$

$$f^-(S) \geqslant 0 \tag{8.3}$$

再由引理 8.4.1 知,定理 8.4.1 的第一个结论成立。

又因为式(8.2)中等号成立$\Leftrightarrow(S,\bar{S})$中每弧为 f-饱和的,式(8.3)中等号成立$\Leftrightarrow(\bar{S},S)$中每弧为 f-零的,从而定理 8.4.1 的第二个结论也成立。

证毕

对网络 N,称容量最小的割 $\tilde{K}$ 为 N 的**最小割**(minimum cut)。显然,由定理 8.4.1,若 f^* 为最大流,$\tilde{K}$ 为最小割,则 $\text{val } f^* \leqslant \text{cap } \tilde{K}$。反之,若流 f 及割 K 满足 $\text{val } f = \text{cap } K$,则 f 为最大流,K 为最小割。

3. 最大流最小割定理

设 f 为网络 N 中的流,P 为 N 中一条路(不一定为有向路),令

$$\iota(a) = \begin{cases} c(a) - f(a), & a \text{ 为 } P \text{ 的顺向弧} \\ f(a), & a \text{ 为 } P \text{ 的反向弧} \end{cases}$$

$$\iota(P) = \min_{a \in A(P)} \iota(a)$$

如果 $\iota(P)=0$,称路 P 为 **f-饱和的**;如果 $\iota(P)>0$,称路 P 为 **f-不饱和的**;如果路 P 是以发点 x 为起点,以收点 y 为终点的 f-不饱和路,则称路 P 为 **f-可增路**(f-incrementing path)。

若 N 中有一 f-可增路 P,则 f 不是最大流,因为这时可沿 P 输送一附加流从而得一新流 f':

$$f'(a) = \begin{cases} f(a) + \iota(P), & a \text{ 为 } P \text{ 的顺向弧} \\ f(a) - \iota(P), & a \text{ 为 } P \text{ 的反向弧} \\ f(a), & \text{其他} \end{cases}$$

显然有

$$\text{val } f' = \text{val } f + \iota(P)$$

称 f' 为**基于 P 的修改流**(revised flow based on P)。

定理 8.4.2 N 中的流 f 为最大流的充分必要条件为 N 不含 f-可增路。

证明:(必要性)反证,若 N 中含一 f-可增路 P,则 f 不是最大流,因为基于 P 的修改流 f' 的值更大。

(充分性)令 $S=\{v|\exists f\text{-不饱和}(x,v)\text{-路}\}$,则显然有 $x\in S$,$y\in\bar{S}$,所以 $K=(S,\bar{S})$ 为割。因此有以下结论。

① $(S,\bar{S})$ 的任一弧 $a=(u,v)$ 一定是 f-饱和的。〔否则,由于 $u\in S$,存在 f-不饱和 (x,u)-路 Q。因此,Q 可通过 a 延伸为 f-不饱和 (x,v)-路,从而 $v\in S$,矛盾。〕

② $(\bar{S},S)$ 中任一弧一定是 f-零的。

因此,由定理 8.4.1 知,$\text{val}\ f=\text{cap}\ K$。从而可知,$f$ 为最大流。

证毕

由定理 8.4.2 可得定理 8.4.3。

定理 8.4.3 (max-flow min-cut theorem,Ford & Fulkerson,1956)在任一网络中,最大流的值等于最小割的容量。

定理 8.4.3 不仅在实际中有很广泛的应用,而且是图论的一重要结果,有许多图论结果可利用它通过适当选取网络来导出。

4. 求最大流的算法

(1) 原理

① 以一已知流 f(如零流)作为开始;

② 系统搜索 f-可增路 P,若 P 不存在,停止(f-为最大流);

③ 若 P 存在,求出基于 P 的修改流 f',令 $f\leftarrow f'$,并转到②。

(2) 系统搜索 f-可增路 P 标号法(通过标号"生长"f-不饱和树 T)

开始,标 x 以 $l(x)=\infty$。此后,在 T 的生长过程中,T 中每个顶点将标以 $l(v)=\iota(P_v)$,其中 P_v 是 T 中(唯一)的 (x,v)-路。

① 若 $a=(u,v)$ 为 f-不饱和弧,且 u 已标号而 v 未曾标号,则标 v 以 $l(v)=\min\{l(u),c(a)-f(a)\}$。

② 若 $a=(v,u)$ 为 f-正的,且 u 已标号而 v 未曾标号,则标 v 以 $l(v)=\min\{l(u),f(a)\}$。

上述标号过程一直进行到:或者 y 已标号("breakthrough",找到了 f-可增路);或者所有已标号顶点都已扫描,但无顶点可再标号(f 为最大流)。

(3) 标号程序(labelling method,Ford & Fulkerson,1957)

① 以已给流 f(如零流)作为开始,标 x 以 $l(x)=\infty$,扫描(scan)x。

② 对正在扫描的(已标号)顶点 u 进行以下操作:

a. 检查每条以 u 为尾的弧 $a=(u,v)$。如果 a 为 f-不饱和的,且顶点 v 未标号,则标 v 以 $l(v)=\min\{l(u),c(a)-f(a)\}$。

b. 检查每条以 u 为头的弧 $a=(v,u)$。如果 a 为 f-正的,且顶点 v 未标号,则标 v 以 $l(v)=\min\{l(u),f(a)\}$。

③ 若 y 已标号("break through",找到了一条 f-可增路),则转到④;否则,选一未曾扫

描的已标号顶点进行扫描，并回到②。如果已标号顶点都已扫描过，停止〔得最大流，且由已标号顶点集 S，得最小割 $(S,\bar{S})$〕。

④ 找一 f-可增路 P，令

$$\tilde{f}(a)=\begin{cases} f(a)+l(y), & a\text{ 为 }P\text{ 上的顺向弧} \\ f(a)-l(y), & a\text{ 为 }P\text{ 上的逆向弧} \\ f(a), & \text{其他} \end{cases} \tag{8.4}$$

$$f \leftarrow \tilde{f}$$

去掉全部标号，并回到①。

注意：上述算法还不是“好”算法，例如，图 8.11 中的网络，其最大流的值为 $2m$。但若标号程序从零流开始，且反复地选取 $xuvy$ 及 $xvuy$ 为 f-可增路，则总共要进行 $2m+1$ 次标号程序，因此其计算量为输入长$(=O(\log_2 m))$的指数函数。

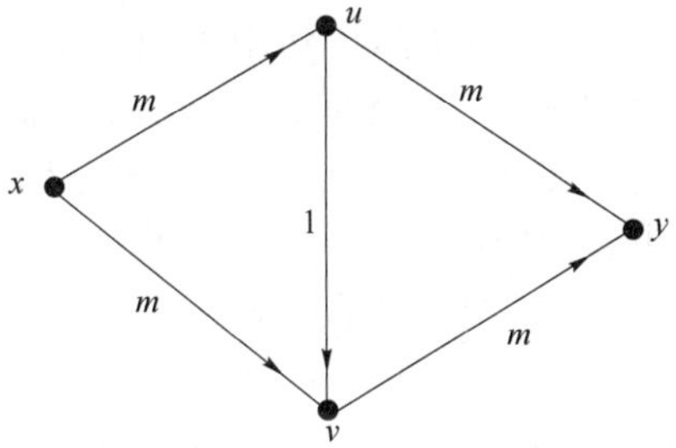

图 8.11

1970 年，Edmonds 和 Karp 证明，若在上述标号程序中采用广度优先(first labelled first scan)法则，则可使该算法成为好算法(复杂性为 $O(v\varepsilon^2)$)。

5. 最大流在信息传输中的应用

在上面的最大流问题中，要求网络中运输的是物质，而且这些物质在运输的过程中不可分割、变形、拼接，也不考虑物质之间的引力，以及空气动力学、流体力学等，只考虑以某单位衡量的数量，并且物质没有个体差别。但有时，网络还可以做一些别的事情，比如可以利用通信网络传输信息。但信息可以复制，甚至可以通过编码改变，被传输之后再通过解码恢复。信息和前面的物质在利用网络传输的时候，有不一样的性质，那么网络与流的理论对于信息传输是否还适用呢？

香农(Claude Elwood Shannon，1916—2001，信息论创始人)认识到，如果一个单源单汇(可以看作前面所说的单发点和单收点)的网络上传输的是信息，而且信息可以复制，但不可以改变内容，则任一时刻(假设信息的传输是无时延的)从源点到汇点传输的最大信息量等于这个网络的最大流的流值(即最小割的容量)。但是，如果一个网络中有一个信源 s 和多个汇点 $t_1,t_2,\cdots,t_n$，设 s 到 $t_i(i=1,2,\cdots,n)$ 的最大流的流值为 $\mathrm{val}\, f_i(i=1,2,\cdots,n)$，且 $\mathrm{val}\, f_i$ 为正。设 $\mathrm{val}\, f=\min\{\mathrm{val}\, f_1,\mathrm{val}\, f_2,\cdots,\mathrm{val}\, f_n\}$，则从 s 往 $t_1,t_2,\cdots,t_n$ 发送信息，$t_1,t_2,\cdots,t_n$ 同时接收到的消息数量可能达不到 $\mathrm{val}\, f$，正如图 8.12(蝴蝶图)所示的那样。这是信息领域中的

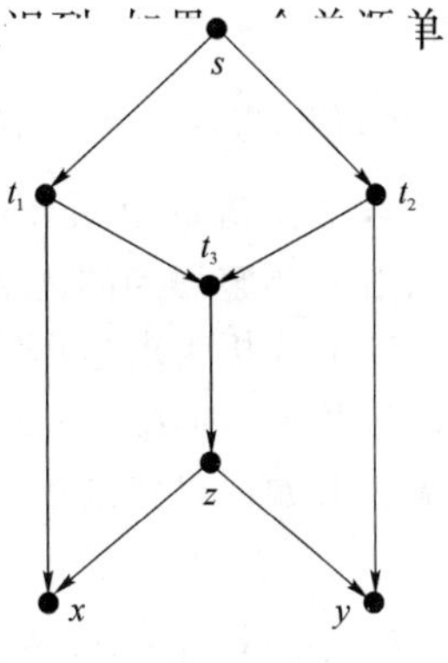

图 8.12

一个普遍存在的问题。

然而,2000 年,R. Ahlswede、N. Cai、S. Y. R. Li 等人在 *Network information flow*① 一文中证明了:设任意一个网络中有一个信源 s 和多个汇点 $t_1, t_2, \cdots, t_n$,设 s 到 $t_i(i=1,2,\cdots,n)$的最大流的流值为 $\text{val } f_i(i=1,2,\cdots,n)$,且 $\text{val } f_i$ 为正,设 $\text{val } f=\min\{\text{val } f_1, \text{val } f_2, \cdots, \text{val } f_n\}$,则从 s 往 $t_1, t_2, \cdots, t_n$ 发送信息,如果允许在网络的节点上进行编码(这就是**网络编码**的概念),则一定会存在某种编码方式,使得 $t_1, t_2, \cdots, t_n$ 同时接收到的消息数量之和达到 $\text{val } f$(可以通过"解码"的方式获得 $\text{val } f$ 个详细信息)。

§8.5 最小费用最大流问题

8.4 节讨论了网络最大流问题。在实际生活中人们不仅关心流量问题,还关心费用问题,即满足流量到达最大使总费用最小,这就是最小费用最大流问题。

设 $N=(X,Y,I,A,c,b)$为一给定网络,其中 X,Y,I 分别为 $V(N)$的 3 个不相交的子集,分别表示发点集合、收点集合和中间点集合;A 为弧集;c 为容量函数;b 为费用函数,对任意的弧 $a=(u,v)\in A$,网络 N 除了给出其容量 $c(a)=c(u,v)$外,还给出了这段弧的单位流量的费用 $b(a)=b(u,v)$。对 N 上的一个流 $f=\{f(a)\mid a\in A(N)\}$,称 $B(f)=\sum_{a\in A(N)} b(a)f(a)$ 称为流 f 的费用。所谓最小费用最大流问题,就是当最大流不唯一时,在这些最大流中求一个流,使该流的总费用最小。

与求解最大流问题类似,可以将多收多发点问题转化为单收单发点问题(只需多考虑新引入的弧上的单位费用为 0 的情况),所以本节以后只考虑单收单发点网络(设 x 为唯一的发点,y 为唯一的收点)的最小费用最大流问题。

下面介绍解决最小费用最大流问题的方法,其基本思想是在寻求最大流的算法过程中考虑费用最小的流。

首先,考虑一条关于流 f 的增广链 u,以 θ 调整 f,得到新的流 f',$b(f')$比 $b(f)$增加多少?显然有

$$\begin{aligned} b(f')-b(f) &= \sum_{u+} b(a)(f'(a)-f(a)) - \sum_{u-} b(a)(f(a)-f'(a)) \\ &= \theta\Big[\sum_{u+} b(a) - \sum_{u-} b(a)\Big] \end{aligned}$$

我们把 $\theta\Big[\sum_{u+} b(a) - \sum_{u-} b(a)\Big]$ 称为这条增广链 u 的费用。

若 f 是流量为 $\text{val}(f)$的所有流中的费用最小者,而 u 是关于 f 的费用最小的增广链,那么沿 u 调整得到的流 f',显然就是流量为 $\text{vaf}(f')$的所有流中费用最小的流。

以上分析为求最小费用最大流找到了方法,即先取一个最小费用流,然后找出最小费用增广链并进行调整,一直这样调整下去,直到找不出增广链为止,这时的流即为最小费用最大流。那如何寻找最小费用增广链呢?

---

① AHLSWEDE R, CAI N, LI S Y R, et al. Network information flow[J]. IEEE Trans. Inform. Theory. 2000, 46(04): 1204-1206.

为了寻找最小费用增广链，需要构造一个有向赋权图 $w(f)$。$w(f)$ 的顶点为原网络 N 的顶点，把 N 中的每条弧 (u,v) 变为两条相反方向的弧 (u,v) 和 (v,u)；规定 $w(f)$ 中弧 (u,v) 的权 $w(uv)$ 为

$$w(uv)=\begin{cases} b(uv), & 若\ f(uv)<c(uv) \\ +\infty, & 若\ f(uv)=c(uv) \end{cases} \tag{8.5}$$

$$w(vu)=\begin{cases} -b(uv), & 若\ f(uv)>0 \\ +\infty, & 若\ f(uv)=0 \end{cases} \tag{8.6}$$

长度为 $+\infty$ 的弧可以略去。于是，求最小费用增广链等价于在 $w(f)$ 中求从 x 到 y 的最短路。

由以上讨论可知，求最小费用最大流的算法步骤如下。

① 第一步取零流为初始最小费用流，记为 $f^{(0)}$。

② 若第 k 步得到最小费用流 $f^{(k)}$，构造一个有向赋权图 $w(f^{(k)})$，在 $w(f^{(k)})$ 中寻求从 x 到 y 的最短路。若不存在最短路，则 $f^{(k)}$ 为网络 D 的最小费用最大流；若存在最短路，则在原网络 N 中得到了相应的最小费用增广链 u，对 $f^{(k)}$ 做调整，调整量为

$$\theta=\min\{\min_{a\in u^+}(c(a)-f(a)^{(k)}),\min_{a\in u^-}(f(a)^{(k)})\}。$$

③ 令

$$f(a)^{(k+1)}=\begin{cases} f(a)^{(k)}+\theta, & a\in u^+ \\ f(a)^{(k)}-\theta, & a\in u^- \\ f(a)^{(k)}, & a\notin u \end{cases}$$

得到新的流

$$f^{(k+1)}=\{f(a)^{(k+1)}\mid a\in A(N)\}$$

令 $k=k+1$，返回②。

例 8.4　求图 8.13 所示网络的最小费用最大流。弧旁的数字为单位费用 $b(a)$ 和容量 $c(a)$。

解：(1) 取 $f^{(0)}=0$ 为初始流。

(2) 构造 $w(f^{(0)})$，见图 8.14，最短路 $u=(x,v_2,v_3,v_4,v_t)$。

(3) 在 u 上进行调整，$\theta=\min\{4,8,4,8\}=4$，得到新的流 $f^{(1)}$，见图 8.15。

(4) 构造相应的赋权有向图 $w(f^{(1)})$，见图 8.16，最短路 $u=(v_s,v_2,v_1,v_3,v_t)$。

(5) 按上述方法依次得 $f^{(2)}$、$w(f^{(2)})$、$f^{(3)}$、$w(f^{(3)})$，见图 8.17～图 8.20。

(6) 可以看到 $w(f^{(3)})$ 中已不存在从 v_s 到 v_t 的路，所以 $f^{(3)}$ 为最小费用最大流，$f^*=f^{(3)}$，$V(f^*)=12$，$B(f^{(2)})=240$。

解毕

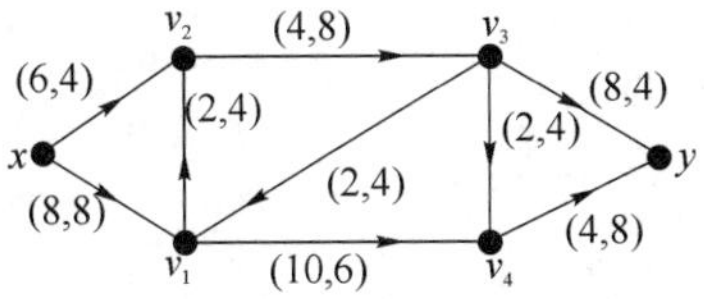

图 8.13

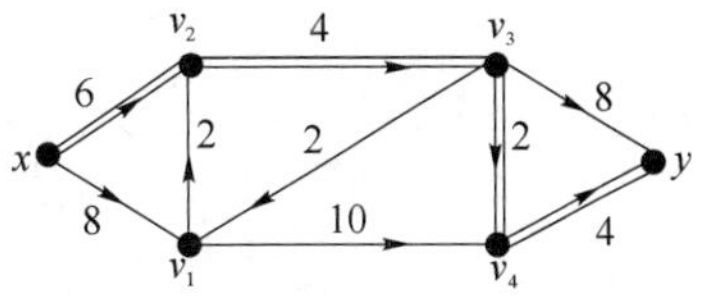

图 8.14

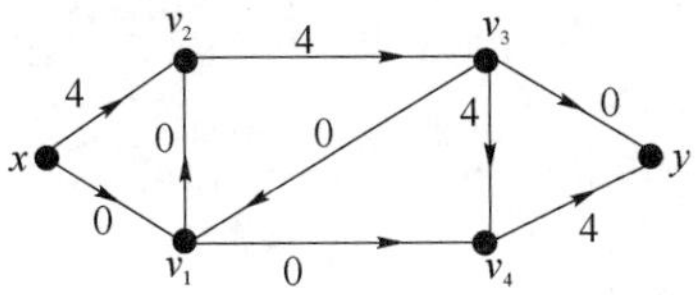

图 8.15

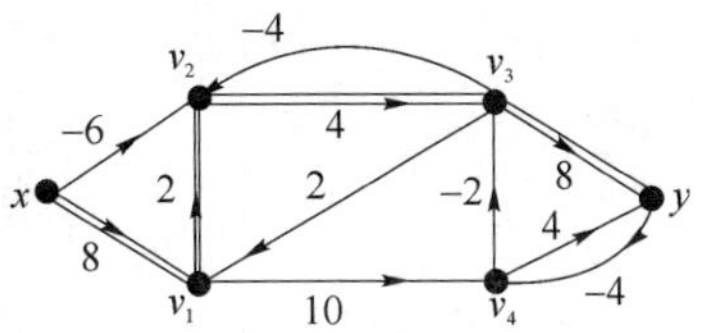

图 8.16

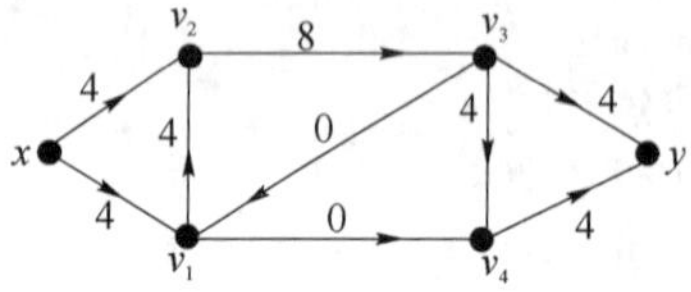

图 8.17

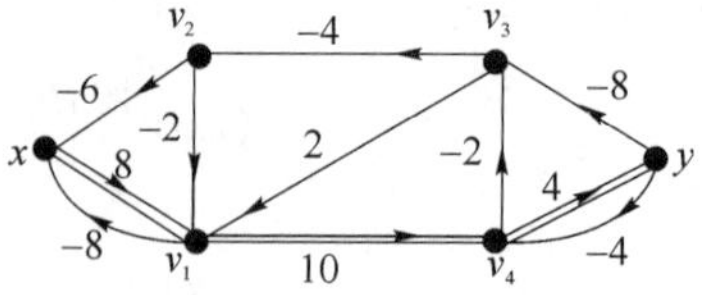

图 8.18

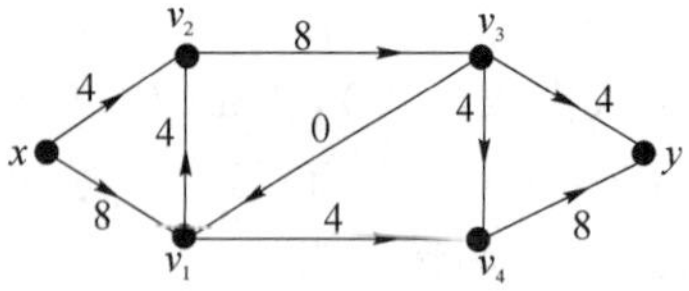

图 8.19

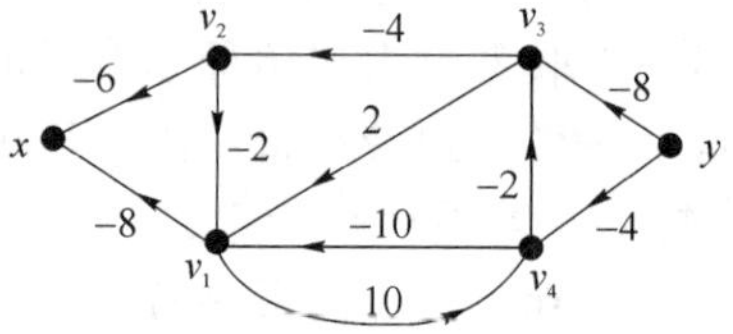

图 8.20

知 识 拓 展

因最短路问题而获得图灵奖的科学家如下。

艾兹格·迪科斯彻
(Edsger W. Dijkstra,
1930—2002)于1972年
获得图灵奖

罗伯特·弗洛伊德
(Robert W. Floyd,
1936—2001)于1978年
获得图灵奖

理查德·卡普
(Richard M. Karp,
1935—)于1985年
获得图灵奖

罗伯特·塔扬
(Robert Tarjan,
1948—)于1986年
获得图灵奖

第9章　排队论

排队论(Queuing Theory),又称随机服务系统理论(Random Service System Theory),是一门研究拥挤现象(排队、等待)的科学,为运筹学的一个分支。具体地说,它是在研究各种排队系统概率规律性的基础上,解决相应排队系统的最优设计和最优控制问题。

排队论的基本思想是在1910年丹麦电话工程师A. K. 埃尔朗(A. K. Erlang)解决自动电话设计问题时开始形成的,当时称为话务理论。他在热力学统计平衡理论的启发下,成功地建立了电话统计平衡模型,并由此得到一组递推状态方程,从而导出著名的埃尔朗电话损失率公式。自20世纪初以来,电话系统的设计一直在应用这个公式。20世纪30年代,苏联数学家A. Я. 欣钦把处于统计平衡的电话呼叫流称为最简单流;瑞典数学家巴尔姆引入有限后效流等概念和定义;费勒(W. Feller)引进了生灭过程。他们用数学方法深入地分析了电话呼叫的本征特性,促进了排队论的研究。20世纪50年代初,美国数学家关于生灭过程的研究和英国数学家肯德尔(D. G. Kendall)提出的嵌入马尔可夫链理论以及对排队队形的分类方法(他首先于1951年用3个字母组成的符号$A/B/C$表示排队系统)为排队论奠定了理论基础。在这以后,L. 塔卡奇等人又将组合方法引进排队论,使它更能适应各种类型的排队问题。20世纪70年代以来,人们开始研究排队网络和复杂排队问题的渐近解等,成为研究现代排队论的新趋势。近几十年来,排队论的应用领域越来越广泛,理论也日渐完善。特别是自20世纪60年代以来,计算机的飞速发展,为排队论的应用开拓了广阔的前景。

排队论的应用非常广泛,在通信系统、交通运输系统、港口泊位设计、机器维修、医疗卫生系统、库存控制系统、计算机及计算机网络、存储系统、生产管理系统、军事作战系统等方面都有着重要的应用,并已成为工程技术人员、管理人员在系统分析与设计中的重要数学工具之一。排队论的产生与发展来自实际的需要,实际的需要也必将影响它今后的发展方向。

排队是我们在日常生活和生产中经常遇到的现象。例如,上下班搭乘公共汽车、顾客到商店购买物品、病员到医院看病、旅客到售票处购买车票、学生去食堂就餐等情况下就常常发生排队和等待现象。除了上述有形的排队之外,还有大量的"无形"排队现象,如电话占线、进入雷达接收机的信号等待处理、通信系统的报文在缓冲器上等候传送、通信卫星与地面若干待传递的信息、多微机系统的处理机等候访问公共内存、计算机网的用户等候使用某资源、生产线上的原料或半成品等待加工、因故障停止运转的机器等待工人修理、码头的船只等待装卸货物、要降落的飞机因跑道不空而在空中盘旋、进入水库的流水等待开闸泄放等,都可看作服务系统在运行过程中所产生的排队等候现象。

显然,上述各种排队问题虽互不相同,但都有要求得到某种服务的人或物和提供服务的人或机构。排队论里把要求服务的对象统称为"顾客",而把提供服务的人或机构称为"服务台”或“服务员”。不同的顾客与服务台组成了各式各样的服务系统。顾客为了得到某种服务而到达系统,若不能立即获得服务而又愿意排队等待,则加入等待队伍,待获得服务后离开系统,如图 9.1～图 9.5 所示。

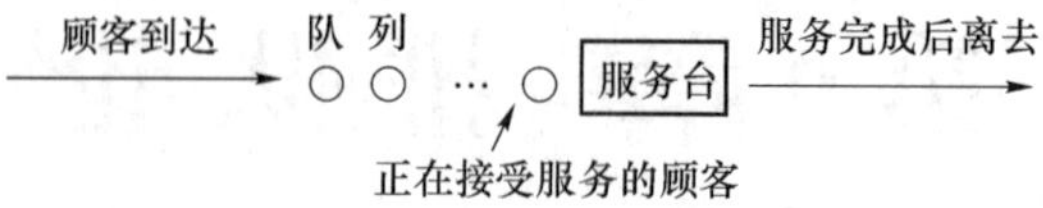

图 9.1　单队-单服务台排队系统

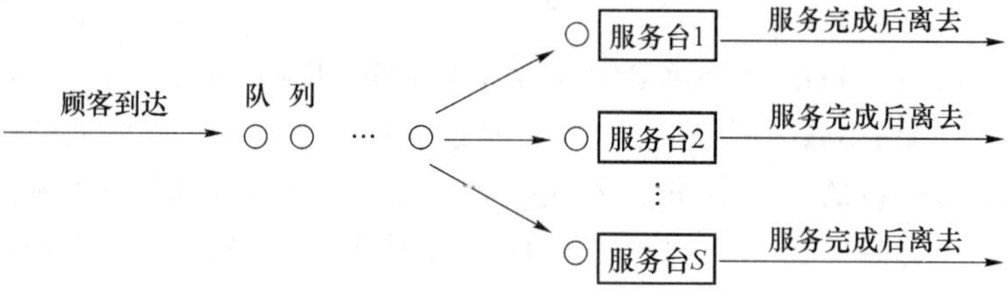

图 9.2　单队-S 个服务台的并联排队系统

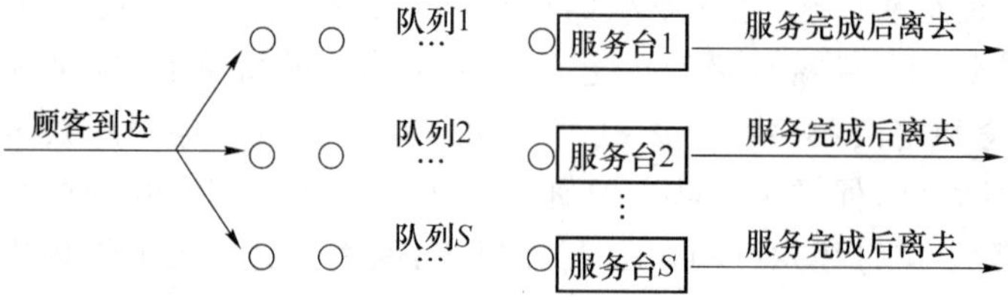

图 9.3　S 个队-S 个服务台的并联排队系统

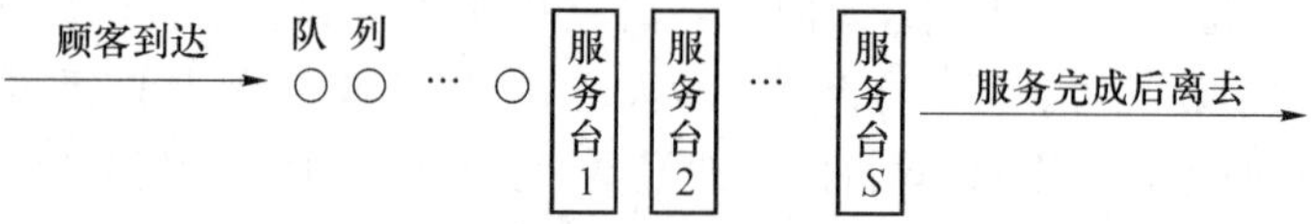

图 9.4　单队-S 个服务台的串联排队系统

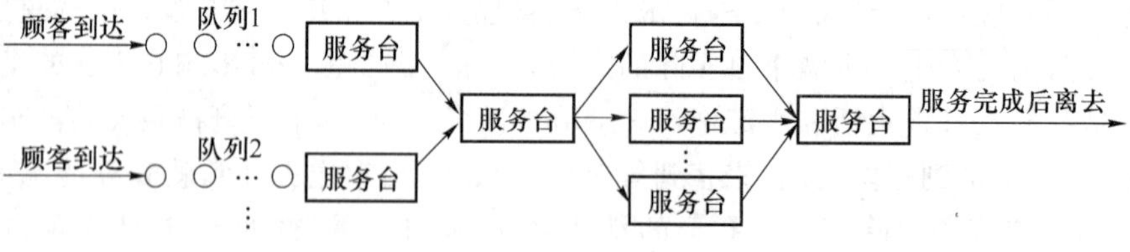

图 9.5　多队-多服务台的混联、网络系统

一般的随机服务系统,都可由图 9.6 加以描述。通常称由图 9.6 表示的系统为随机服务系统,任一排队系统都是一个随机服务系统。随机性是排队系统的普遍特点,是指顾客的到达情况(如相继到达时间间隔)与每个顾客接受服务的时间往往是事先无法确切知道的,即随机的。一般来说,排队论所研究的排队系统中,顾客到来的时刻和服务台提供服务的时间长短都是随机的,因此这样的服务系统被称为随机服务系统。

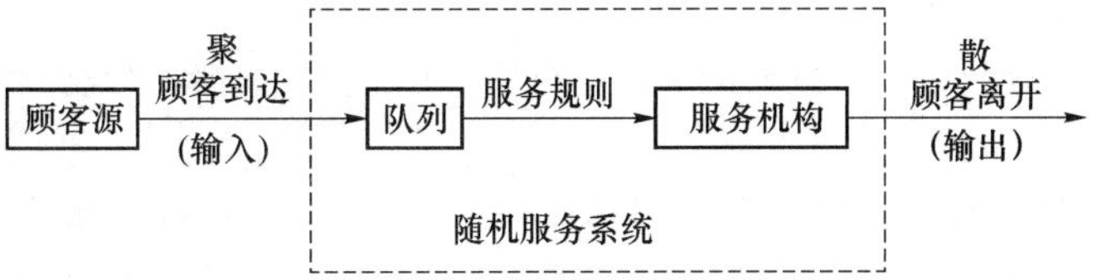

图 9.6　随机服务系统

面对拥挤现象,人们总是希望尽量设法减少排队,通常的做法是增加服务设施。但是增加服务设施的数量越多,人力、物力的支出就越大,甚至会出现空闲浪费,如果服务设施太少,顾客排队等待的时间就会很长,这样会对顾客带来不良影响。于是,顾客排队时间的长短与服务设施规模的大小,就构成了随机服务系统中的一对矛盾。如何做到既保证一定的服务质量指标,又使服务设施费用经济合理,恰当地解决顾客排队时间与服务设施费用大小这对矛盾,这就是随机服务系统理论——排队论——所要研究解决的问题。

§9.1　基 本 概 念

§9.1.1　排队系统的描述

排队系统的特征和基本排队过程:虽然实际的排队系统千差万别,但是它们有以下的共同特征:

① 有请求服务的人或物——顾客;

② 有为顾客服务的人或物,即服务员或服务台;

③ 顾客到达系统的时刻是随机的,为每一位顾客提供服务的时间是随机的,因而整个排队系统的状态也是随机的。

通常,排队系统都有输入过程、服务规则和服务台等 3 个组成部分。

1. 输入过程

输入过程是要求服务的顾客按怎样的规律到达排队系统的过程,有时也把它称为顾客流。一般可以从 3 个方面来描述一个输入过程。

(1) 顾客总体数,又称顾客源、输入源,是指顾客的来源。顾客源可以是有限的,也可以是无限的。例如,到售票处购票的顾客总数可以认为是无限的,而某个工厂因故障待修的机床数则是有限的。

(2) 顾客到达方式,是描述顾客是怎样来到系统的,即他们是单个到达,还是成批到达的。例如,病人到医院看病是顾客单个到达的例子;而在库存问题中若将生产器材进货或产品入库看作顾客,那么这种顾客是成批到达的。

(3) 顾客流的概率分布,或称顾客相继到达的时间间隔的分布。这是求解排队系统有关运行指标问题时,首先需要确定的指标。这也可以理解为在一定的时间间隔内到达 K 个顾客($K=1,2,\cdots$)的概率大小。顾客流的概率分布一般有定长分布、二项分布、普阿松(Poisson)流(最简单流)、埃尔朗分布等若干种。

2. 服务规则

服务规则是服务台从队列中选取顾客进行服务的顺序,一般可以分为损失制、等待制和混合制 3 大类。

(1) 损失制。这是指如果顾客到达排队系统时,所有服务台都已被先来的顾客占用,那么他们就自动离开系统永不再来。典型例子是,如电话拨号后出现忙音,顾客不愿等待而自动挂断电话,如要再打,就需重新拨号,这种服务规则即为损失制。

(2) 等待制。这是指当顾客来到系统时,所有服务台都不空,顾客加入排队行列等待服务。例如,排队等待售票、故障设备等待维修等。等待制中,服务台在选择顾客进行服务时,常有如下 4 种规则:①先到先服务,即按顾客到达的先后顺序对顾客进行服务,这是最普遍的情形;②后到先服务,如仓库中叠放的钢材,后叠放上去的都先被领走,就属于这种情况;③随机服务,即当服务台空闲时,不按照排队序列而随意指定某个顾客接受服务,如电话交换台接通呼叫电话就是 例;④优先权服务,如老人、儿童先进车站,危重病员先就诊,遇到重要数据需要处理时计算机立即中断其他数据的处理等,均采用此种服务规则。

(3) 混合制。这是等待制与损失制相结合的一种服务规则,一般是指允许排队,但又不允许队列无限长排下去。具体说来,大致有以下 3 种规则。

① 队长有限,即系统的等待空间是有限的。当排队等待服务的顾客人数超过规定数量时,后来的顾客就自动离去,另求服务。例如,系统中最多只能容纳 K 个顾客,当新顾客到达时,若系统中的顾客数(又称为队长)小于 K,则其可进入系统排队或接受服务;否则,便离开系统,并不再回来。又如,水库的库容是有限的,旅馆的床位是有限的等。

② 等待时间有限,即顾客在系统中的等待时间不超过某一给定的长度 T,当等待时间超过 T 时,顾客将自动离去,并不再回来。如易损坏的电子元器件的库存问题,超过一定存储时间的元器件被自动认为失效;又如顾客到饭馆就餐,等了一定时间后不愿再等而自动离去另找饭店用餐。

③ 逗留时间(等待时间与服务时间之和)有限。例如,用高射炮射击敌机,当敌机飞出高射炮射击有效区域的时间为 t 时,若在这个时间内未击落,也就不可能再击落了。

不难发现,损失制和等待制可看成混合制的特殊情形,如果记 S 为系统中服务台的个数,则当 $K=S$ 时,混合制变为损失制;当 $K=\infty$ 时,混合制变为等待制。

3. 服务机制

服务机制可以从以下 3 方面来描述。

(1) 服务台数量及构成形式。从数量上说,服务台有单服务台和多服务台之分。从构成形式上看,服务台有(见图 9.1～图 9.5):

① 单队-单服务台式;

② 单队-多服务台并联式;

③ 多队-多服务台并联式;

④ 单队-多服务台串联式;

⑤ 单队-多服务台并串联混合式,;

⑥ 多队-多服务台并串联混合式。

(2) 服务方式。这是指在某一时刻接受服务的顾客数,它有单个服务和成批服务两种。如公共汽车一次就可装载一批乘客属于成批服务。

(3) 服务时间的分布。一般来说,在多数情况下,对每一个顾客的服务时间是一随机变量，其概率分布有定长分布、负指数分布、K 阶埃尔朗分布、一般分布（所有顾客的服务时间都是独立同分布的）等。

§9.1.2　排队系统的描述符号与分类

为了区别各种排队系统，根据输入过程、排队规则和服务机制的变化对排队模型进行描述或分类，可给出很多排队模型。为了方便对众多模型的描述，肯道尔（D. G. Kendall）提出了一种目前在排队论中被广泛采用的“Kendall 记号”，其完整的表达方式通常用到 6 个符号并取如下固定格式：

$$A/B/C/D/E/F$$

各符号的意义如下。

(1) A 表示顾客相继到达间隔时间分布，常用下列符号表示：

① M 表示到达过程为普阿松过程或负指数分布；

② D 表示定长输入；

③ E_k 表示 k 阶埃尔朗分布；

④ G 表示一般相互独立的随机分布。

(2) B 表示服务时间分布，所用符号与表示顾客到达间隔时间分布相同，即：

① M 表示服务过程为普阿松过程或负指数分布；

② D 表示定长分布；

③ E_k 表示 k 阶埃尔朗分布；

④ G 表示一般相互独立的随机分布。

(3) C 表示服务台（员）个数：

① 1 表示单个服务台；

② $S(S>1)$表示多个服务台。

(4) D 表示系统中顾客容量限额，或称等待空间容量：

① $0<K<\infty$，表示系统有 K 个等待位子；

② $K=0$ 时，说明系统不允许等待，即为损失制；

③ $K=\infty$时为等待制系统，此时∞可以省略不写；

(5) E 表示顾客源限额，分有限与无限两种：

① 有限时，E 用具体数字表示；

② 无限顾客源时，E 用∞表示，此时∞也可省略不写。

(6) F 表示服务规则，常用下列符号：

① FCFS 表示先到先服务的排队规则；

② LCFS 表示后到先服务的排队规则；

③ PR 表示优先权服务的排队规则。

例如，某排队问题为 $M/M/S/\infty/\infty/FCFS$，表示顾客到达间隔时间为负指数分布（普阿松流）；服务时间为负指数分布；有 $S(S>1)$个服务台；系统等待空间容量无限（等待制）；顾客源无限，采用先到先服务规则。

某些情况下，排队问题仅用上述表达形式中的前 3 个、4 个或 5 个符号。如不特别说明,则均理解为系统等待空间容量无限;顾客源无限,先到先服务,单个服务的等待制系统。

§9.1.3 排队系统的主要数量指标

研究排队系统的目的是通过了解系统运行的状况,对系统进行调整和控制,使系统处于最优运行状态。因此,首先需要弄清系统的运行状况,然后根据这些规律来改进服务系统的结构或重新组织被服务对象,使服务系统既能满足服务对象的需要,又能使机构的费用最经济或某些指标最优。下面介绍描述一个排队系统运行状况的主要数量指标。

1. 队长和排队长(队列长)

队长是指系统中的平均顾客数(排队等待的顾客数与正在接受服务的顾客数之和);排队长是指系统中正在排队等待服务的平均顾客数。

队长和排队长都是随机变量。一般希望能确定它们的分布,或至少能确定它们的平均值(即平均队长和平均排队长)及有关的矩(如方差等)。队长的分布是顾客和服务员都关心的,特别是对系统设计人员来说,如果能知道队长的分布,就能确定队长超过某个数的概率,从而确定合理的等待空间。

2. 等待时间和逗留时间

从顾客到达到他开始接受服务这段时间称为等待时间,是随机变量,也是顾客最关心的指标,因为顾客通常希望等待时间短。从顾客到达到他接受服务完成这段时间称为逗留时间,也是随机变量,同样为顾客非常关心的指标。对这两个指标的研究也是希望能确定它们的分布,或至少能知道顾客的平均等待时间和平均逗留时间。

3. 忙期和闲期

忙期是指从顾客到达空闲着的服务机构,到服务机构再次空闲的这段时间,即服务机构连续忙的时间。这是个随机变量,是服务员最为关心的指标,因为它关系到服务员的服务强度。与忙期相对的是闲期,即服务机构连续保持空闲的时间。在排队系统中,忙期和闲期总是交替出现的。

除了上述几个基本数量指标外,排队系统还会用到其他一些重要的指标,如在损失制或系统容量有限的情况下,用于描述顾客被拒绝而使服务系统受到损失的顾客损失率及服务强度等,也都是十分重要的数量指标。

4. 一些数量指标的常用记号

(1) 主要数量指标

① $N(t)$:时刻 t 系统中的顾客数(又称为系统的状态),即队长。

② $N_q(t)$:时刻 t 系统中排队的顾客数,即排队长。

③ $W(t)$:时刻 t 到达系统的顾客在系统中的逗留时间。

④ $W_q(t)$:时刻 t 到达系统的顾客在系统中的等待时间。

上面给出的这些数量指标都是和系统运行的时间有关的随机变量,求这些随机变量的瞬时分布一般是很困难的。注意到相当一部分排队系统在运行了一定时间后,都会趋于一个平衡状态(或称平稳状态)。在平衡状态下,队长的分布、等待时间的分布和忙期的分布都和系统所处的时刻无关,而且系统的初始状态的影响也会消失。因此,本章主要讨论与系统所处时刻无关的性质,即统计平衡性质。

① L_s：平均队长，即稳态系统任一时刻的所有顾客数的期望值。

② L_q：平均等待队长或队列长，即稳态系统任一时刻等待服务的顾客数的期望值。

③ W_s：平均逗留时间，即（在任意时刻）进入稳态系统的顾客逗留时间的期望值。

④ W_q：平均等待时间，即（在任意时刻）进入稳态系统的顾客等待时间的期望值。

这 4 项主要性能指标（又称主要工作指标）的值越小，说明系统排队越少，等待时间越少，因而系统性能越好。显然，它们是顾客与服务系统的管理者都很关注的。

（2）其他常用数量指标

① S——系统中并联的服务台数目。

② λ——平均到达率。

③ $1/\lambda$——相邻两顾客的平均到达间隔时间。

④ μ——每个服务台的平均服务率。

⑤ $1/\mu$——每位顾客的平均服务时间。

⑥ ρ——服务强度，即每个服务台单位时间内的平均服务时间；一般有 $\rho=\frac{\lambda}{S\mu}$。在通信企业中，通常把$\frac{\lambda}{\mu}$称为业务量（traffic）或话务量，为了纪念排队论的奠基人埃尔朗（A. k. Erlang），常常在通信业务中用埃尔朗（Erl）作为$\frac{\lambda}{\mu}$的单位。$\frac{\lambda}{\mu}$可以理解为一个平均服务时长（$1/\mu$）之内到达的顾客数；而在电信话务理论中其为一个平均占用时长（$1/\mu$）之内到达的呼叫数。

⑦ N——稳态系统任一时刻的状态（即系统中所有顾客数），是随机变量；

⑧ $P_n=P\{N=n\}$——稳态系统任一时刻状态为 n 的概率；特别地，当 $n=0$ 时，即 P_0，表示稳态系统中所有服务台全部空闲（因系统中顾客数为 0）的概率；

⑨ λ_e——有效平均到达率，即每单位时间内进入系统的平均顾客数（期望值）。对于损失制和混合制的排队系统，顾客在到达服务系统时，若系统容量已满，则自行离去。这就是说，到达的顾客不一定全部进入系统，为此引入有效平均到达率，这时 λ_e 就是每单位时间内来到系统（包括未进入系统）的平均顾客数（期望值）；对于等待制的排队系统，有 $\lambda_e=\lambda$。

当系统达到稳态时，假定平均到达率为常数 λ，平均服务时间为常数 $1/\mu$，则有下面的李特尔（John D. C. Little）公式：

$$L_s=\lambda W_s \tag{9.1}$$

$$L_q=\lambda W_q \tag{9.2}$$

由式（9.1）和式（9.2）可得

$$L_s=\lambda W_s=\lambda\left(W_q+\frac{1}{\mu}\right)=L_q+L_n$$

其中，$L_n=\frac{\lambda}{\mu}$（这里，$\frac{\lambda}{\mu}$又可以表示为平均服务台占用数）。

对于李特尔公式（9.1），可以作如下直观的解释：当某一新顾客到达等待制随机服务系统时，他先排队等待，直到有空闲服务台，他才开始接受服务，服务结束后离开服务系统。在该新顾客离开服务系统的瞬间，他回头看一下系统中正在排队和接受服务的顾客。从平均角度来说,正在排队和接受服务的顾客就是 L_s,而这些正在排队和接受服务的顾客就是该新顾客在系统中逗留时间(排队时间+服务时间)内到达的顾客,即 λW_s,故有 $L_s=\lambda W_s$。

对于李特尔公式(9.2),可以作类似的解释:当某一新顾客到达等待制随机服务系统时,他先排队等待,直到有空闲服务台,他才开始接受服务。在该新顾客开始接受服务的瞬间,他回头看一下系统中正在排队的顾客。从平均角度来说,正在排队的顾客数就是 L_q,而这些正在排队的顾客就是该新顾客在系统中排队时间内到达的顾客,即为 λW_q,故有 $L_q=\lambda W_q$。

因此,只要知道 L_s、L_q、W_s、W_q 四者之一,则其余三者就可由公式(9.1)和公式(9.2)求得。另外还有:

$$L_s = \sum_{n=0}^{\infty} nP_n \tag{9.3}$$

$$L_q = \sum_{n=S+1}^{\infty} (n-S)P_n = \sum_{n=0}^{\infty} nP_{S+n} \tag{9.4}$$

因此,只要知道 $P_n(n=0,1,2,\cdots)$,则 L_s 或 L_q 就可由式(9.3)或式(9.4)求得,从而再由公式(9.1)和公式(9.2)就能求得 4 项主要工作指标。

评价一个排队系统的好坏要以顾客与服务机构两方面的利益为标准。就顾客来说,总希望等待时间或逗留时间越短越好,从而希望服务台个数尽可能多些,但是,就服务机构来说,增加服务台数就意味着增加投资,增加多了会造成浪费,增加少了要引起顾客的抱怨甚至失去顾客,增加多少比较好呢?顾客与服务机构为了照顾自己的利益对排队系统中的 3 个指标——队长、等待时间、服务台的忙期(简称忙期)——都很关心。因此,这 3 个指标也就成了排队论的主要研究内容。

§9.2 输入过程和服务时间分布

§9.2.1 排队系统的输入过程

排队系统的输入过程是描述各种类型的顾客以怎样的规律到达系统,一般用两顾客相继到达时间间隔 ξ 来描述系统的输入特征。主要输入过程如下。

1. 定长输入

定长输入是指顾客有规则地等距到达,每隔时间 α 到达一个顾客。这时,顾客相继到达间隔 ξ 的分布函数 $F(t)$ 为

$$F(t)=P\{\xi\leqslant t\}=\begin{cases}1, & t\geqslant\alpha\\ 0, & t<\alpha\end{cases} \tag{9.5}$$

2. 普阿松(Poisson)输入

普阿松输入又称普阿松流或最简单流。满足下面 3 个条件的流就称为普阿松流或最简单流。

(1) 平稳性。又称作输入过程是平稳的，指在长度为 t 的时段内恰好到达 k 个顾客的概率仅与时段长度有关，而与时段起点无关。即，对任意 $\alpha\in(0,\infty)$，在 $(\alpha,\alpha+t)$ 或 $(0,t)$ 内恰好到达 $k(k=0,1,2,\cdots)$ 个顾客的概率相等。

$$P\{\xi(\alpha+t)-\xi(\alpha)=k\}=P\{\xi(t)-\xi(0)=k\}=P_k(t)$$

(2) 无后效性。指在任意几个不相交的时间区间内，各自到达的顾客数是相互独立的。通俗地说，就是以前到达的顾客情况，对以后顾客的到来没有影响。

(3) 单个性又称普通性。对充分小的 Δt，在时间区间 $[t,t+\Delta t)$ 内有 1 个顾客到达的概率与 t 无关，而约与区间长 Δt 成正比，即

$$P_1(t,t+\Delta t)=\lambda\Delta t+o(\Delta t) \tag{9.6}$$

其中，$o(\Delta t)$ 是关于 Δt 的高阶无穷小(当 $\Delta t\to 0$ 时)，$\lambda>0$ 是常数，它表示单位时间有 1 个顾客到达的概率，称为概率强度。对于充分小的 Δt，在时间区间 $[t,t+\Delta t)$ 内有 2 个或 2 个以上顾客到达的概率极小，可以忽略，即：

$$\sum_{n=2}^{\infty}P_n(t,t+\Delta t)=o(\Delta t) \tag{9.7}$$

在上述 3 个条件下，可以推出：

$$P_k(t)=\frac{(\lambda t)^k}{k!}e^{-\lambda t},\quad k=0,1,2,\cdots \tag{9.8}$$

其中，参数 $\lambda>0$ 为一常数，表示单位时间内到达的顾客平均数，又称为顾客的平均到达率。式(9.8)所描述的就是普阿松流的分布。

对于普阿松流，不难证明其顾客相继到达时间间隔 $\xi_i(i=1,2,\cdots)$ 是相互独立同分布的，其分布函数为负指数分布：

$$F_{\xi_i}(t)=\begin{cases}1-e^{-\lambda t}, & t\geqslant 0\\ 0, & t<0\end{cases}\quad (i=1,2,\cdots) \tag{9.9}$$

普阿松流在现实生活中常遇到，如车站候车的乘客数、上下班高峰过后通过路口的车流、人流等都是或近似是普阿松流。

多个独立的普阿松流的叠加仍是普阿松流。即：有限个相互独立的普阿松分布变量之和仍为普阿松分布，且总到达率为各个独立的普阿松分布的到达率之和。

3. 埃尔朗(Erlang)输入

由 k 个相互独立且均服从参数 λ 的负指数分布的随机变量之和组成的随机变量所服从的分布为 k 阶埃尔朗(Erlang)分布，其密度为

$$p(t)=\begin{cases}\dfrac{\lambda(\lambda t)^{k-1}}{(k-1)!}e^{-\lambda t}, & t\geqslant 0\\ 0, & t<0\end{cases} \tag{9.10}$$

其中，k 为非负整数，k 阶埃尔朗分布的分布函数为

$$F(t)=\begin{cases}1-e^{-\lambda t}\left(1+\lambda t+\cdots+\dfrac{(\lambda t)^{k-1}}{(k-1)!}\right), & t\geqslant 0\\ 0, & t<0\end{cases} \tag{9.11}$$

数学期望与方差分别为 $\dfrac{k}{\lambda}$ 与 $\dfrac{k}{\lambda^2}$。

例如,某排队系统有并联的 k 个服务台,顾客流为普阿松流,规定第 $i,k+i,2k+i,\cdots$ 个顾客排入第 i 号台($i=1,2,\cdots,k$),则第 k 个服务台所获得的顾客流为埃尔朗输入流,其他各台,从它的第一个顾客到达以后开始所获得的流也为埃尔朗输入流。

此外,当 $k=1$ 时,埃尔朗分布将化为负指数分布。

4. 一般独立输入

一般独立输入指顾客相继到达时间间隔相互独立、同分布,分布函数 $F(t)$ 是任意分布。因此,上述所有输入都是一般独立输入的特例。

5. 成批到达输入

成批到达输入时,排队系统每次到达的顾客不一定是一个,而可能是一批,每批顾客的数目 n 是一个随机变量,其分布为

$$P\{n=k\}=a_k,\quad k=0,1,2,\cdots \tag{9.12}$$

到达时间间隔可能是上述几类输入中的一种。

§9.2.2 排队系统的服务时间分布

1. 定长分布

每一个顾客的服务时间都是常数 β,此时服务时间 t 的分布函数为

$$B(x)=P(t\leqslant x)=\begin{cases}1, & x\geqslant\beta\\ 0, & x<\beta\end{cases} \tag{9.13}$$

2. 负指数分布

负指数分布是指各个顾客的服务时间相互独立,具有相同的负指数分布:

$$B(x)=P(t\leqslant x)=\begin{cases}1-\mathrm{e}^{-\mu x}, & x\geqslant 0\\ 0, & x<0\end{cases} \tag{9.14}$$

其中,$\mu>0$ 为一常数,服务时间 t 的数学期望称为平均服务时间。显然,对于负指数分布,有

$$E(t)=\int_0^\infty x\mathrm{d}B(x)=\mu\int x\mathrm{e}^{-mx}\mathrm{d}x=\frac{1}{\mu} \tag{9.15}$$

负指数分布是一类最常用的分布,如上述通话时长、故障间隔时间等均服从负指数分布。负指数分布之所以常用,是因为它有很好的特性,使数学分析变得方便。负指数分布有如下明显特点:

① 无记忆性,指的是不管一次服务已经过去了多长时间,该次服务所剩的服务时间仍服从原负指数分布;

② $\{N(t),t>0\}$ 是服从式(9.8)的普阿松流,等价于 $\{T_n\}$ 相互独立并且服从参数为 λ 的负指数分布。其中,$N(t)$ 表示在 $[0,t)$ 内到达系统的顾客数,T_n 表示第 n 位顾客与上一位顾客的到达时间间隔。

应用负指数分布的无记忆性特点,可以推得,一个正在服务的服务台在 Δt 时间内服务终结的概率为 $\mu\Delta t+o(\Delta t)$。其中,μ 为单位时间内服务的顾客数,$o(\Delta t)$ 为关于 Δt 的高阶无穷小;当有 n 个服务台同时被占用时,假设这 n 个服务台的服务时间均服从参数为 μ 的负指

数分布，则在 Δt 内只有一个服务台终结的概率为

$$C_n^1(\mu\Delta t+o(\Delta t))(1-\mu\Delta t+o(\Delta t))^{n-1}=n\mu\Delta t+o(\Delta t) \tag{9.16}$$

即在 Δt 内只有一个服务台终结的概率为每台终结概率的 n 倍；在 Δt 内有 $k>1$ 个服务台终结的概率为

$$C_n^k(\mu t+o(\Delta t))^k(1-\mu t+o(\Delta t))^{n-k}=o(\Delta t) \tag{9.17}$$

这说明在很短的时间 Δt 内，有 2 个或 2 个以上服务台同时终结的可能性很小。

3. 埃尔朗分布

若每个顾客的服务时间相互独立，则他们具有相同的埃尔朗分布。其密度函数为

$$b(x)=\frac{k\mu(k\mu x)^{k-1}}{(k-1)!}\mathrm{e}^{-k\mu x},\quad x\geqslant 0 \tag{9.18}$$

其中，$\mu>0$ 为一常数，此种分布的平均服务时间为

$$E(t)=\int_0^{\infty}xb(x)\mathrm{d}x=\frac{1}{\mu} \tag{9.19}$$

当 $k=1$ 时，埃尔朗分布化归为负指数分布；当 $k\to\infty$ 时，得到长度为 $1/\mu$ 的定长服务。

4. 一般服务分布

所有顾客的服务时间都是相互独立且具有相同分布的随机变量，其分布函数记为 $B(x)$，前面所述的各种服务分布都是一般服务分布的特例。

5. 多个服务台的服务分布

可以假定各个服务台的服务分布参数不同或分布类型不同。

6. 服务时间依赖于队长的情况

该情况指服务台排队的人愈多，服务的速度也就愈快。

§9.3　生灭过程及其稳态概率

生灭过程是排队论中常用的一类随机过程，某一地区人口的自然增减、细菌的繁殖与死亡、排队系统中的顾客数量的变化都可视作一个生灭过程。

生灭过程一般采用马氏链描述。令 $\{N(t),t\geqslant 0\}$ 表示系统在时刻 t 某排队系统内的顾客数，若“生”表示到达一个顾客，“灭”表示离去一个顾客，$N(t)$ 的取值集为有限集 $I=\{0,1,2,\cdots,m\}$ 或无限集 $I=\{0,1,2,3,\cdots\}$（称为状态集），若经过长度为 Δt 的一小段时间后满足下列特性，则称 $\{N(t),t\geqslant 0\}$ 为生灭过程：

① $P\{N(t+\Delta t)=j+1|N(t)=j\}=\lambda_j\Delta t+o(\Delta t),\quad \lambda_j>0,\quad j,j+1\in I$

② $P\{N(t+\Delta t)=j-1|N(t)=j\}=\mu_j\Delta t+o(\Delta t),\quad \mu_j>0,\quad j\geqslant 1$

③ $P\{N(t+\Delta t)=k|N(t)=j\}=o(\Delta t),\quad k\in I-\{j-1,j,j+1\},\quad j\in I$

其中，λ_j 为 j 状态的增长率，μ_j 为 j 状态的消亡率。

忽略掉高阶无穷小后，可以近似地认为：若 t 时刻，系统内顾客数为 j，在充分短的时间 Δt 后，也就是 $t+\Delta t$ 时刻，系统的状态要么加 1（概率为 $\lambda_j\Delta t$），要么减 1（概率为 $\mu_j\Delta t$），要么

不变(概率为 $1-\lambda_j\Delta t-\mu_j\Delta t$)。所以,生灭过程的系统状态变化情况可以用图 9.7 表示。

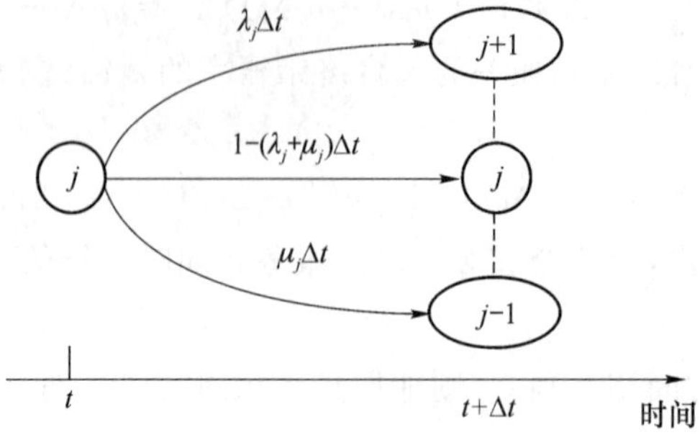

图 9.7 生灭过程的系统状态变化情况

一般地,对于生灭过程$\{N(t),t\geqslant 0\}$,设时刻 t 处于状态 j 的概率为

$$P_j(t)=P\{N(t)=j\},\quad j\in I$$

则当 $j>0$ 时:

$$P_j(t+\Delta t)=P_{j-1}(t)\lambda_{j-1}\Delta t+P_j(t)[1-(\lambda_j+\mu_j)\Delta t]+P_{j+1}(t)\mu_{j+1}\Delta t+o(\Delta t)$$

当 $j=0$ 时:

$$P_0(t+\Delta t)=P_0(t)(1-\lambda_0\Delta t)+P_1(t)\mu_1\Delta t+o(\Delta t)$$

如果 $N(t)$的取值集为有限集 $I=\{0,1,2,\cdots,m\}$,还可以得到当 $j=m$ 时:

$$P_m(t+\Delta t)=P_{m-1}(t)\lambda_{m-1}\Delta t+P_m(t)(1-\mu_m\Delta t)+o(\Delta t)$$

进一步得

$$\frac{P_j(t+\Delta t)-P_j(t)}{\Delta t}=P_{j-1}(t)\lambda_{j-1}-P_j(t)(\lambda_j+\mu_j)+P_{j+1}(t)\mu_{j+1}+\frac{o(\Delta t)}{\Delta t}$$

$$\frac{P_0(t+\Delta t)-P_0(t)}{\Delta t}=-P_0(t)\lambda_0+P_1(t)\mu_1+\frac{o(\Delta t)}{\Delta t}$$

当 $I=\{0,1,2,\cdots,m\}$时:

$$\frac{P_m(t+\Delta t)-P_m(t)}{\Delta t}=P_{m-1}(t)\lambda_{m-1}-P_m(t)\mu_m+\frac{o(\Delta t)}{\Delta t}$$

令 $\Delta t\to 0$,得

$$\begin{cases}\dfrac{\mathrm{d}P_j(t)}{\mathrm{d}t}=\lambda_{j-1}P_{j-1}(t)-(\lambda_j+\mu_j)P_j(t)+\mu_{j+1}P_{j+1}(t), & j>0\\ \dfrac{\mathrm{d}P_0(t)}{\mathrm{d}t}=-\lambda_0P_0(t)+\mu_1P_1(t) & \\ \dfrac{\mathrm{d}P_m(t)}{\mathrm{d}t}=\lambda_{m-1}P_{m-1}(t)-\mu_mP_m(t), & I=\{0,1,\cdots,m\}\end{cases}\tag{9.20}$$

方程组(9.20)的解称为生灭过程的瞬时概率,但这是一个差分微分方程组,一般很难解。假设存在极限:

$$\lim_{t\to\infty}P_j(t)=P_j,\quad \lim_{t\to\infty}\frac{\mathrm{d}P_j(t)}{\mathrm{d}t}=0,\quad j\in I$$

在方程组(9.20)中,令$\dfrac{\mathrm{d}P_j(t)}{\mathrm{d}t}=0$($j\geqslant 0$ 或 $j\in\{0,1,2,\cdots,m\}$),并令 $t\to\infty$,得线性方程组:

$$\begin{cases}\lambda_{j-1}P_{j-1}-(\lambda_j+\mu_j)P_j+\mu_{j+1}P_{j+1}=0, \quad j>0 & (9.21)\\ \lambda_0P_0-\mu_1P_1=0 & (9.22)\\ \lambda_{m-1}P_{m-1}-\mu_mP_m=0, \quad I=\{0,1,\cdots,m\} & (9.23)\end{cases}$$

上述方程(9.21)、方程(9.22)、方程(9.23)可以用图 9.8(或图 9.9)所示的稳态状态转移图来表示。

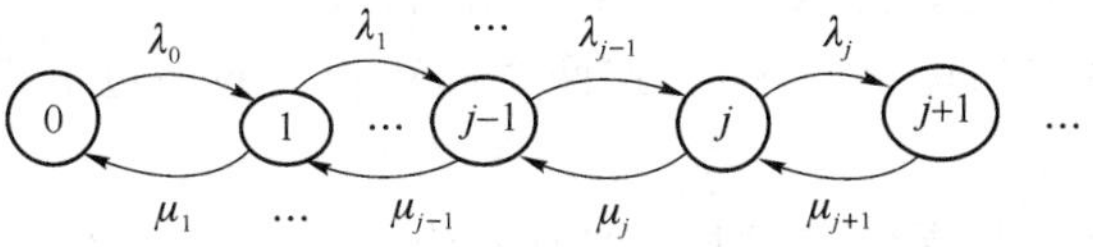

图 9.8　无限集稳态状态转移图

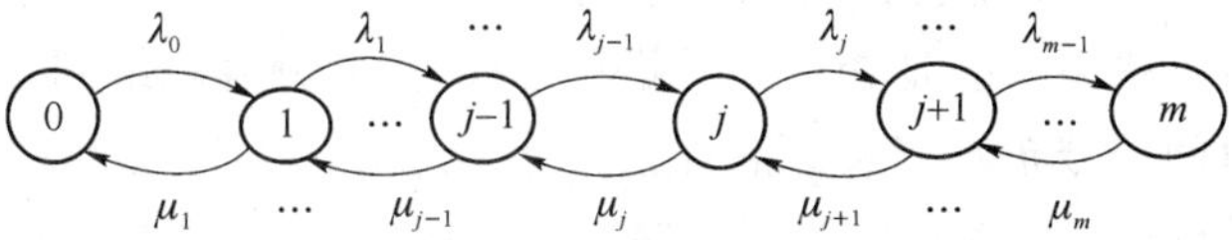

图 9.9　有限集稳态状态转移图

由方程(9.21)、方程(9.22)、方程(9.23)可得

$$\mu_{j+1}P_{j+1}-\lambda_jP_j=\mu_jP_j-\lambda_{j-1}P_{j-1}=\cdots=\mu_1P_1-\lambda_0P_0=0$$

$$\lambda_{m-1}P_{m-1}-\mu_mP_m=0, \quad I=\{0,1,\cdots,m\}$$

这是一个递推公式,从而可得

$$P_j=\frac{\lambda_{j-1}}{\mu_j}P_{j-1}=\frac{\lambda_{j-1}\cdots\lambda_1\lambda_0}{\mu_j\cdots\mu_2\mu_1}P_0 \tag{9.24}$$

记

$$c_0=1, \quad c_j=\frac{\lambda_{j-1}\cdots\lambda_1\lambda_0}{\mu_j\cdots\mu_2\mu_1}, \quad j>0$$

则

$$P_j=c_jP_0$$

对于概率分布,要求 $\sum_{j\in I}P_j=1$,从而得 $P_0=\frac{1}{\sum_{j\in I}c_j}$。综上,得

$$P_0=\frac{1}{\sum_{j\in I}c_j}, \quad P_j=c_jP_0, \quad j>1 \tag{9.25}$$

当 I 是无穷集时,要求 $\sum_{j\in I}c_j$ 收敛。

按式(9.24)和式(9.25)计算得到的概率称为生灭过程的稳态概率。对大多数实际问题,当 t 较大时,可以认为系统近似于统计平衡状态,即稳态。

生灭过程是一个非常简单实用的随机过程。对于一个随机服务系统,当系统的输入过程是普阿松输入,服务台是独立的、相同的、并联的,且服务时长服从负指数分布时,才可看成生灭过程。可以看成生灭过程的随机服务系统称为生灭服务系统,又称为标准服务系统,如 M/M/S。求解标准服务系统的关键是找出 λ_j 和 μ_j 的不同表达式,并将它们代入生灭过程的稳态解式(9.24)和式(9.25)。

§9.4 排队论研究的基本问题

排队论研究的首要问题是排队系统主要数量指标的概率规律,即先研究系统的整体性质,然后进一步研究系统的优化问题,与这两个问题相关的还包括排队系统的统计推断问题,具体如下。

(1) 通过研究主要数量指标在瞬时或平稳状态下的概率分布及其数字特征,了解系统运行的基本特征;

(2) 统计推断问题,建立适当的排队模型是排队论研究的第一步,建立模型的过程中经常会碰到如下问题:①检验系统是否达到平稳状态;②检验顾客相继到达时间间隔的相互独立性;③确定服务时间的分布及有关参数等。

(3) 系统优化问题,又称为系统控制问题或系统运营问题,其基本目的是使系统处于最优或最合理的状态。系统优化问题包括最优设计问题和最优运营问题,其内容很多,有最少费用问题、服务率的控制问题、服务台的开关策略、顾客(或服务)根据优先权的最优排序等方面的问题。

对于一般的排队系统运行情况的分析,通常是在给定的输入与服务条件下,通过求解系统状态为n(有n个顾客)的概率P_n,再计算其主要的运行指标:

① 系统中顾客数(队长)的期望值L_s;

② 排队等待的顾客数(排队长)的期望值L_q;

③ 顾客在系统中全部时间(逗留时间)的期望值W_s;

④ 顾客排队等待时间的期望值W_q。

排队系统中,由于顾客到达分布和服务时间分布是多种多样的,加之服务台数有限或无限、顾客数有限或无限、排队容量有限或无限等的不同组合,就会有不胜枚举的不同排队模型。若对所有排队模型都进行分析与计算,不但十分繁杂而且也没有必要。下面拟分析几种常见的排队系统模型。

§9.4.1 M/M/S/∞/∞/FCFS 模型

假定排队系统容量无限、客源也无限,S个服务台并联排列,各自独立地为每个顾客服务。顾客的到达流为普阿松流,到达率为λ。若某一顾客到达时有空闲服务台,则该顾客立即接受服务,服务结束后就离开系统,服务时间与到达间隔时间相互独立,服务时间服从参数为μ的负指数分布(即每个服务台的服务率均为μ);若某一顾客到达时,所有S个服务台都在进行服务,则排队等待,排在队伍最前面的顾客一旦看到有空闲服务台就立刻接受该服务台的服务(先到先服务),这样的随机服务系统称为M/M/S等待制,无限源随机服务系统,用符号M/M/S/∞/∞/FCFS(或简单地用M/M/S)表示。如图9.2所示。

假设系统中有j个顾客,则称系统的状态为j。若$j \leqslant S$,则表示有j个服务台正在进行服务,而其他$S-j$个服务台空着;若$j>S$,则表示所有S个服务台都正在进行服务,并且有

$j-S$ 个顾客正在排队等待。为了确定系统状态为 j 的概率 P_j，需要先确定系统的增长率 λ_j 和消亡率 μ_j。

由已知条件可知，顾客的到达流为普阿松流，到达率为 λ，即系统的增长率 λ_j 与系统的状态无关，所以有

$$\lambda_j=\lambda,\quad j=0,1,\cdots$$

当 $j\leqslant S$ 时：

$$\mu_j=j\mu,\quad j=0,1,\cdots,S$$

而当 $j>S$ 时，系统中所有 S 个服务台都正在进行服务，所以系统的消亡率为

$$\mu_j=S\mu,\quad j=S+1,S+2,\cdots$$

将 λ_j、μ_j 代入生灭方程稳态解公式(9.24)和式(9.25)，可得

$$c_j=\begin{cases}\dfrac{s^j}{j\,!}\rho^j, & 1\leqslant j\leqslant S\\[2mm] \dfrac{S^S}{S\,!}\rho^j, & j>S\end{cases}$$

$$\rho=\frac{\lambda}{S\mu} \tag{9.26}$$

$$\sum_{j=0}^{\infty}c_j=\sum_{j=0}^{S}c_j+\frac{S^S}{S\,!}\sum_{j=S+1}^{\infty}\rho^j$$

故当 $\rho<1$ 时，$\sum\limits_{j=0}^{\infty}c_j$ 收敛。从而，由式(9.26)有稳态概率：

$$P_0=\left[\sum_{j=0}^{S-1}\frac{(S\rho)^j}{j\,!}+\frac{(S\rho)^s}{S\,!}\frac{1}{1-\rho}\right]^{-1} \tag{9.27}$$

$$P_j=\begin{cases}\dfrac{(S\rho)^j}{j\,!}P_0, & 1\leqslant j\leqslant S\\[2mm] \dfrac{S^S\rho^j}{S\,!}P_0, & j>S\end{cases} \tag{9.28}$$

$$P_{S+j}=\rho^jP_S,\quad j=1,2,\cdots$$

M/M/S/∞/∞/FCFS 系统的各种指标如下。

① 平均队长

$$L_s=\sum_{j=0}^{\infty}jP_j=S\rho+\frac{\rho}{(1-\rho)^2}P_S=S\rho+\frac{\rho}{(1-\rho)^2}\frac{(S\rho)^S}{S\,!}P_0 \tag{9.29}$$

② 平均等待队长

$$L_q=\sum_{j=0}^{\infty}jP_{S+j}=\frac{\rho}{(1-\rho)^2}P_S=\frac{\rho}{(1-\rho)^2}\frac{(S\rho)^S}{S\,!}P_0 \tag{9.30}$$

利用李特尔公式得到如下指标(此时是等待制 $\lambda_e=\lambda$)：

③ 平均逗留时间

$$W_s=\frac{1}{\mu}+\frac{\rho}{\lambda(1-\rho)^2}P_S \tag{9.31}$$

④ 平均等待时间

$$W_q=\frac{\rho}{\lambda(1-\rho)^2}P_S \tag{9.32}$$

可见,上述指标满足李特尔公式:

$$L_s=\frac{\lambda}{\mu}+L_q,\quad W_s=\frac{1}{\mu}+W_q \tag{9.33}$$

其中,$\frac{\lambda}{\mu}$为正在接受服务的顾客平均数。

特别地,当 $S=1$ 时:

$$\rho=\frac{\lambda}{\mu},\quad P_0=1-\rho,\quad P_j=(1-\rho)\rho^j,\quad j=1,2,\cdots \tag{9.34}$$

$$L_q=\frac{\lambda^2}{\mu(\mu-\lambda)} \tag{9.35}$$

$$L_s=\frac{\lambda}{\mu-\lambda} \tag{9.36}$$

$$W_q=\frac{\lambda}{\mu(\mu-\lambda)} \tag{9.37}$$

$$W_s=\frac{1}{\mu-\lambda} \tag{9.38}$$

对于无限容量等待制随机服务系统,每个顾客早晚都会得到服务,因此系统完成的业务量也是 ρ。

当系统中的所有服务台均被占用时,新到的顾客就必须排队等待。设顾客等待时间为 W,顾客进入系统必须排队等待的概率为 D,可得

$$\begin{aligned}D &= p\{w>0\}=\sum_{j=S+1}^{\infty}P_j=\sum_{j=1}^{\infty}\rho^jP_S=\frac{(S\rho)^S}{(1-\rho)S!}P_0\\ &=\frac{\dfrac{(S\rho)^S}{(1-\rho)S!}}{\sum\limits_{j=0}^{S-1}\dfrac{(S\rho)^j}{j!}+\dfrac{(S\rho)^S}{S!}\left(\dfrac{1}{1-\rho}\right)}\end{aligned} \tag{9.39}$$

式(9.39)被称为埃尔朗等待公式。排队等待的概率是等待制系统的重要指标之一。例如,顾客到银行办理业务时需要等待的概率是衡量银行服务质量的重要指标。

例 9.1 某邮局只有一个服务台,通过统计某天到达某邮局的顾客数和对顾客的服务时间,得到每分钟平均到达率为 0.394 人/min,平均服务率为 $\mu=100/52.87=1.89$ 人/min。假设此服务系统是一个 M/M/1 排队模型,试求顾客到达邮局后,不需要等待的概率 P_0、需要排队等待服务的概率 $1-P_0$ 以及其他数量指标。

解:利用公式(9.34)～式(9.39)可得

$$\text{服务强度 } \rho=\frac{\lambda}{\mu}=\frac{0.394}{1.89}\approx 0.208\ \text{Erl}$$

$$P_0=1-\rho=0.792,\quad 1-P_0=\rho=0.208$$

$$L_s=\frac{\lambda}{\mu-\lambda}\approx 0.263\ \text{人},\quad L_q=\frac{\lambda^2}{\mu(\mu-\lambda)}\approx 0.055\ \text{人}$$

$$W=\frac{1}{\mu-\lambda}\approx 0.668\ \text{min},\quad W_q=\frac{\lambda}{\mu(\mu-\lambda)}\approx 0.139\ \text{min}$$

由此可见,该邮局不太繁忙,平均每个顾客只需等待 0.139 min,即 8.34 s。

解毕

例 9.2 汽车按普阿松流到达某高速公路收费口(仅有一个),平均每小时 90 辆,每辆

车通过收费口平均需时 35 s，服从负指数分布。司机抱怨等待时间太长，管理部门拟采用自动收款装置使每辆车的收费时间缩短到 30 s，但条件是原收费口平均等待车辆超过 5 辆，且新装置的利用率不低于 75%时才采用，问在上述条件下新装置能否被采用？若采用新装置，求此时的平均等待队长与平均等待时间。

解：此系统属于 M/M/1 排队模型。车辆平均到达率为

$$\lambda=90/3\,600=1/40 \text{ 辆/s}$$

对于原有系统，平均服务率为 $\mu=1/35$ 辆/秒，平均等待队长为

$$L_q=\frac{\lambda^2}{\mu(\mu-\lambda)}=6.125 \text{ 辆}>5 \text{ 辆}$$

平均等待时间为

$$W_q=\frac{L_q}{\lambda}=\frac{6.125}{1/40}=245 \text{ s}$$

若采用新装置，则平均服务率为 $\mu^*=1/30$ 辆/s，利用率为

$$\rho^*=\frac{\lambda}{\mu^*}=\frac{30}{40}=0.75=75\%$$

符合条件，应该采用新装置，此时的平均等待队长为

$$L_q^*=\frac{\lambda^2}{\mu^*(\mu^*-\lambda)}=\frac{36}{16}=2.25 \text{ 辆}$$

平均等待时间为

$$W_q^*=\frac{L_q^*}{\lambda}=\frac{2.25}{1/40}=90 \text{ s}$$

解毕

例 9.3　某两个城市之间相互传送电报，每一城市发往对方城市的电报都可看成普阿松流，强度都是每小时 240 份。每份电报占用电路的传送时间服从负指数分布，平均传送时间为 0.5 分钟。

(1) 当来去电报分路传送，各用 3 条电路时，求：

① 电报局内没有电报传送的概率；

② 电报等待传送的概率；

③ 等待传送电报的平均数；

④ 电报平均等待传送时间；

⑤ 电路利用率。

(2) 如果不分来去电报，合组共用 6 条电路，求上述指标，并进行比较。

解：根据已知条件可知，该系统可看成 M/M/S 等待制、无限源随机服务系统。

(1) 当来去电报分路传送时，根据已知条件可知：

$$\lambda=240/60=4 \text{ 份/分钟},\quad \mu=1/0.5=2 \text{ 份/分钟},\quad S=3,\quad \rho=\frac{\lambda}{S\mu}=\frac{4}{3\times 2}=\frac{2}{3}$$

① 没有电报传送的概率〔式(9.27)〕：

$$P_0=\left[\sum_{j=0}^{S-1}\frac{(S\rho)^j}{j\,!}+\frac{(S\rho)^S}{S\,!}\frac{1}{1-\rho}\right]^{-1}=\left[1+2+2+\frac{8}{2}\right]^{-1}=\frac{1}{9}\approx 0.111$$

② 电报等待传送的概率〔式(9.39)〕:

$$D=P\{W>0\}=\frac{(S\rho)^S}{(1-\rho)S!}P_0=\frac{4}{9}\approx 0.444$$

③ 等待传送电报的平均数〔式(9.30)〕:

$$L_q=\frac{\rho}{(1-\rho)^2}\frac{(S\rho)^S}{S!}P_0=8\times\frac{1}{9}\approx 0.889\text{ 份}$$

④ 电报平均等待传送时间〔式(9.2)〕:

$$W_q=L_q/\lambda=\frac{8}{9}\times\frac{1}{4}\approx 0.222\text{ 分钟}$$〔用式(9.32)计算较为复杂〕

⑤ 电路利用率:

$$\eta=\rho=\frac{2}{3}\approx 0.667$$

(2) 不分来去电报,合组共用 6 条电路时:

$$\lambda=4\times 2=8\text{ 份/分钟},\quad \mu=1/0.5=2\text{ 份/分钟},\quad S=6,\quad \rho=\frac{\lambda}{S\mu}=\frac{8}{6\times 2}=\frac{2}{3}$$

① $P_0=\left[\sum_{j=0}^{S-1}\frac{(S\rho)^j}{j!}+\frac{(S\rho)^S}{S!}\frac{1}{1-\rho}\right]^{-1}=[42.866+17.067]^{-1}\approx 0.017$

② $D=P\{W>0\}=\frac{(S\rho)^S}{(1-\rho)S!}P_0=17.067\times 0.017\approx 0.285$

③ $L_q=\frac{\rho}{(1-\rho)^2}\frac{(S\rho)^S}{S!}P_0\approx 0.58$ 份

④ $W_q=L_q/\lambda\approx 0.07$ 分钟

⑤ $\eta=\rho\approx 0.667$

解毕

比较两种传送方式的有关系统指标的计算结果可知,不分来去电报,合组共用 6 条电路时,系统的电报等待传送的概率、等待传送电报的平均数和电报平均等待传送时间都比分开传送时大大缩小。这说明合组使用时,可改进系统的服务质量指标,提高顾客的满意度。但是合组使用时,电路的利用率不变。这是由于系统是等待制,电报不会因被拒绝而损失,两种传送方式下,服务台所承担的业务量是相同的,因此电路利用率相同。

§9.4.2 M/M/S/K/∞/FCFS 模型

与 M/M/S/∞/∞/FCFS 模型相比,M/M/S/K/∞/FCFS 模型中系统的空间容量为 K。此时排队系统中有 S 个服务台,系统容量为 K,顾客到达间隔和接受服务时间都服从负指数分布,顾客源无限。

显然,$K\geqslant S$。当 $K>S$ 时,系统为混合制,即当顾客到达时,如果系统中的顾客数量小于 K,则顾客被允许进入系统;如有空闲服务台,则直接接受服务,服务结束后就离开系统;如没有空闲服务台,则排队等候,但如果系统中的顾客已有 K 个,则顾客离去,离去的顾客被称作损失的顾客。$K=S$ 时,当顾客到达时,如有空闲服务台,则直接接受服务;如没有空闲服务台,则顾客离去,不允许排队。所以,这种模型也称作损失制。

假设顾客的到达流仍为普阿松流，到达率为 λ；服务时间与到达间隔时间相互独立，服务时间服从参数为 μ 的负指数分布(即每个服务台的服务率均为 μ)。为了确定系统状态为 j 的概率 P_j，同样需要先确定系统的增长率 λ_j 和消亡率 μ_j，然后用式(9.24)和式(9.25)计算稳态概率 P_j。

$$\begin{cases}\lambda_j=\lambda, & j=0,1,2,\cdots,K-1\\ \lambda_j=0, & j\geqslant K\end{cases}$$

$$\mu_j=\begin{cases}j\mu, & 1\leqslant j\leqslant S\\ S\mu, & S<j\leqslant K\end{cases}$$

其中，λ 和 μ 分别是平均到达率与平均服务率。

$$P_0=\left[\sum_{j=0}^{S-1}\frac{(S\rho)^j}{j\,!}+\sum_{i=S}^{K}\frac{S^S\rho^i}{S\,!}\right]^{-1} \tag{9.40}$$

$$P_j=\begin{cases}\dfrac{(S\rho)^j}{j\,!}P_0, & 1\leqslant j\leqslant S\\[2mm] \dfrac{S^S\rho^j}{S\,!}P_0, & S<j\leqslant K\end{cases} \tag{9.41}$$

其中，$\rho=\dfrac{\lambda}{S\mu}$。而

$$L_s=\sum_{j=0}^{K}jP_j,\quad L_q=\sum_{j=0}^{K-S}jP_{S+j} \tag{9.42}$$

这里 L_s 与 L_q 只是有限项之和，P_K 表示系统客满的概率，此时到达的顾客都将走掉，故 P_K 称为顾客损失率。

可进一步证明：

$$L=L_q+S\rho(1-P_K)$$

其中，$S\rho(1-P_K)$为正在接受服务的顾客平均数，即

$$\bar{S}=\sum_{j=0}^{S-1}jP_j+S\sum_{j=S}^{K}P_j=S\rho(1-P_K)$$

由于系统容量为 K，因此只有当系统内的顾客数不到 K 时，刚到达的顾客才能进入，从而系统的有效到达率为 $\lambda_e=\lambda(1-P_K)$，再根据李特尔公式便可求得 W_s 和 W_q。

当 $K=S$ 时，得

$$P_0=\left[\sum_{j=0}^{S}\frac{(S\rho)^j}{j\,!}\right]^{-1},\quad P_j=\frac{(S\rho)^j}{j\,!}P_0,\quad j=1,2,\cdots,S \tag{9.43}$$

$$L_q=0,\quad W_q=0,\quad L_s=S\rho(1-P_S),\quad W=1/\mu \tag{9.44}$$

当 $S=1$ 时，得相应的结果：

$$P_0=\begin{cases}\dfrac{1-\rho}{1-\rho^{K+1}}, & \rho\neq 1\\[2mm] \dfrac{1}{K+1}, & \rho=1\end{cases} \tag{9.45}$$

$$P_j=\begin{cases}\dfrac{\rho^j(1-\rho)}{1-\rho^{K+1}}, & \rho\neq 1\\[2mm] \dfrac{1}{K+1}, & \rho=1\end{cases} \tag{9.46}$$

$$L_s=\begin{cases}\dfrac{\rho[1-(K+1)\rho^K+K\rho^{K+1}]}{(1-\rho)(1-\rho^{K+1})}, & \rho\neq 1\\ \dfrac{K}{2}, & \rho=1\end{cases} \tag{9.47}$$

$$L_q=\begin{cases}\dfrac{\rho^2}{1-\rho}-\dfrac{(K+\rho)\rho^{K+1}}{(1-\rho^{K+1})}, & \rho\neq 1\\ \dfrac{K(K-1)}{2(K+1)}, & \rho=1\end{cases} \tag{9.48}$$

例 9.4 某小型加油站只有一个加油机,且最多容纳 4 辆汽车。设汽车到达间隔和加油时间都服从负指数分布,平均每 2 min 到达一辆汽车,每辆汽车加油平均需要 2 min。试问:来加油的汽车到达加油站时能立即加油的概率为多少?加油站有空车位的概率为多少?加油的汽车在加油站的平均逗留时间为多少?

解:这是一个 M/M/1/4 排队模型,按题意有

$$S=1,\quad K=4,\quad \lambda=\mu=\frac{1}{2},\quad \rho=\frac{\lambda}{S\mu}=1$$

根据式(9.45)和式(9.46)可知,系统的稳态概率为

$$P_0=P_1=P_2=P_3=P_4=\frac{1}{5}=0.2$$

由式(9.47),得

$$L_s=\frac{K}{2}=\frac{4}{2}=2$$

系统的有效到达率为

$$\lambda_e=\lambda(1-p_K)=0.4\ 辆/\text{min}$$

再由李特尔公式得

$$W_s=\frac{L_s}{\lambda_e}=\frac{2}{0.4}=5\ \text{min}$$

因此,来加油的汽车到达加油站时能立即加油的概率为 $P_0=0.2$;加油站有空车位的概率为 $1-P_4=0.8$;来加油的汽车在加油站的平均逗留时间为 $W_s=5$ min。

解毕

例 9.5 考虑一个 M/M/S 损失制无限源系统,已知 $S=3$,$\lambda=5$ 人/小时,平均服务时长 30 分钟/人。试求:(1)系统中没有顾客的概率;(2)只有一个服务台被占用的概率;(3)系统的损失率。

解:由题意可知,$\mu=\frac{60}{30}=2$ 人/小时,所以 $\rho=\frac{\lambda}{S\mu}=\frac{5}{6}$,代入式(9.43)得

(1) 系统中没有顾客的概率 $P_0=\left[1+\dfrac{\frac{5}{2}}{1}+\dfrac{\left(\frac{5}{2}\right)^2}{2}+\dfrac{\left(\frac{5}{2}\right)^3}{6}\right]^{-1}\approx 0.108$;

(2) 只有一个服务台被占用的概率 $P_1=(S\rho)P_0=2.5\times 0.108=0.27$;

(3) 系统的损失率 $P_3=\dfrac{(S\rho)^3}{S!}P_0=\dfrac{2.5^3}{6}\times 0.108\approx 0.28$。

解毕

例 9.6　设某电话咨询台设有 3 架电话，可假设为一个 M/M/3/3 系统，平均每隔 2 min 有一次咨询电话(包括接通的和未接通的)，每次通话的平均时间为 3 min。试问：打到咨询台的电话能接通的概率为多少？平均队长是多少？

解：按题意可知 $S=3,K=3,\lambda=\frac{1}{2}=0.5,\mu=\frac{1}{3},\rho=\frac{\lambda}{S\mu}=0.5$，代入式(9.43)得

$$P_0=\left[1+\frac{3}{2}+\frac{9}{8}+\frac{9}{16}\right]^{-1}=\frac{16}{67}$$

$$P_3=\frac{3^3}{3!}\left(\frac{1}{2}\right)^3\frac{16}{67}=\frac{9}{67}\approx 0.134$$

因此，能接通(即已接通电话数小于 3)的概率为 $1-P_3=0.866$。

由式(9.44)，平均队长是

$$L_s=S\rho(1-P_3)=3\times\frac{1}{2}\times 0.866\approx 1.3 \text{ 人}$$

解毕

§9.4.3　M/M/S/K/G/FCFS 模型

与 M/M/S/K/∞/FCFS 模型相比，M/M/S/K/G/FCFS 模型中系统的顾客源为有限数 $G(G\geqslant K)$。此时，排队系统中有 S 个服务台，系统容量为 $K(K\geqslant S)$，顾客到达间隔和接受服务时间都服从负指数分布，顾客源为 G。这种模型简称为有限源排队论模型。在这种情况下，如果有顾客进入系统，则潜在的顾客数目减少，使系统的顾客到达率受到影响(一般情况下，系统的顾客到达率会减小)。

当 $G>K$ 时，系统为混合制。当顾客到达时，如果系统中的顾客数量小于 K，则顾客被允许进入系统；如有空闲服务台，则直接接受服务，服务结束后就离开系统；如没有空闲服务台，则排队等候，但如果系统中的顾客已有 K 个，则顾客离去，离去的顾客被称为损失的顾客。

当 $G=K$ 时，不会出现上面最后一种情况。我们只讨论这种最简单的情况。

描述这种模型的一个典型例子是维修机器的模型：假设有 S 个维修工人(服务台)要共同负责 $G(G\geqslant S)$台机器(客源)。机器有故障就去修理，修好后继续运转。当出故障的机器数量多于 S 时，这些机器就要等待修理。假设每台机器连续正常运转的时间都服从参数为 λ 的负指数分布，即一台机器单位运转时间内出故障的平均次数是 λ；维修工人修好一台机器的时间服从参数为 μ 的负指数分布，平均时间为$\frac{1}{\mu}$。各台机器的连续正常运转时间与维修工的修复时间相互独立。

仍然使用 $N(t)$表示 t 时刻的有故障机器数，则$\{N(t),t\geqslant 0\}$仍是一生灭过程，对应的状态集是 $I=\{0,1,2,\cdots,G\}$。当系统中有 j 台机器出故障时，能正常运转的机器有 $m-j$ 台，单位时间内出故障的平均次数为$(m-j)\lambda$。从而，此系统的到达率和服务率分别为

$$\lambda_j=(G-j)\lambda,\quad j=0,1,2,\cdots,G-1$$

$$\mu_j=\begin{cases} j\mu, & 1\leqslant j\leqslant S \\ S\mu, & S+1\leqslant j\leqslant G \end{cases} \tag{9.49}$$

此时的稳态概率为

$$P_0=\left[\sum_{j=0}^{S-1}C_G^j\left(\frac{\lambda}{\mu}\right)^j+\sum_{j=S}^{G}C_G^j\frac{j\,!}{S!S^{j-S}}\left(\frac{\lambda}{\mu}\right)^j\right]^{-1} \tag{9.50}$$

$$P_j=\begin{cases} C_G^j\left(\dfrac{\lambda}{\mu}\right)^jP_0, & 1\leqslant j\leqslant S \\ C_G^j\dfrac{j\,!}{S\,!S^{j-S}}\left(\dfrac{\lambda}{\mu}\right)^jP_0, & S+1\leqslant j\leqslant G \end{cases} \tag{9.51}$$

计算 L_s 与 L_q 的公式是

$$L_s=\sum_{j=0}^{G}jP_j,\quad L_q=\sum_{j=0}^{G-S}jP_{S+j} \tag{9.52}$$

平均运行的机器数是

$$\sum_{j=0}^{G}(G-j)P_j=G\sum_{j=0}^{G}P_j-\sum_{j=0}^{G}jP_j=G-L_s$$

从而,单位时间内平均出故障次数为

$$\lambda_e=(G-L)\lambda \tag{9.53}$$

由李特尔公式可求出

$$W_s=L_s/\lambda_e,\quad W_q=L_q/\lambda_e \tag{9.54}$$

特别是当 $S=1$ 时:

$$P_0=\left[\sum_{j=0}^{G}\frac{G!}{(G-j)!}\left(\frac{\lambda}{\mu}\right)^j\right]^{-1},\quad P_j=\frac{G!}{(G-j)!}\left(\frac{\lambda}{\mu}\right)^jP_0 \tag{9.55}$$

$$L_s=G-\frac{\mu}{\lambda}(1-P_0),\quad L_q=L_s+P_0-1 \tag{9.56}$$

例 9.7 设某工厂有同型号的自动机床若干台,它们连续正常运转的时间服从参数为 $1/\lambda$ 的负指数分布,工人排除故障的时间都服从参数为 $1/\mu$ 的负指数分布。现设 $\frac{\lambda}{\mu}=0.1$,试比较如下两个方案的优劣:

方案一 3 个工人各自独立地看管 6 台机床;

方案二 3 个工人共同看管 20 台机床。

解:方案一是 M/M/1/6/6 排队模型,由 $\frac{\lambda}{\mu}=0.1$,$S=1$,$G=6$,由式(9.55)和式(9.56)得

$$P_0=0.4845,\quad P_1=0.2907,\quad P_2=0.1454,\quad P_3=0.0581$$

$$P_4=0.0174,\quad P_5=0.0035,\quad P_6=0.0003$$

$$L_s=0.8451,\quad L_q=0.3297$$

$$\lambda_e=(G-L)\lambda=(6-0.8451)\lambda=5.1549\lambda$$

$$W_q=L_q/\lambda_e=0.3297/5.1549\lambda=0.06396/\lambda$$

方案二是 M/M/3/20/20 排队模型,由 $\frac{\lambda}{\mu}=0.1$,$S=3$,$G=20$,由式(9.50)~式(9.54)得

$$P_0=0.1363,\quad P_1=0.2725,\quad P_2=0.2589,\quad P_3=0.1553,\quad P_4=0.0880$$

$$P_5=0.0469,\quad P_6=0.0235,\quad P_7=0.0110,\quad P_8=0.0047,\quad P_9=0.0019$$

$$P_{10}=0.0007,\quad P_{11}=0.0002,\quad P_{12}=0.0001,\quad \text{其余几乎为 } 0$$

$$L_s=2.1262,\quad L_q=0.3389$$

$$\lambda_e=(m-L)\lambda=(20-2.1262)\lambda=17.8738\lambda$$

$$W_q=L_q/\lambda_e=0.3389/17.8738\lambda=0.0190/\lambda$$

可见方案二的平均等待时间不及方案一的1/3,故方案二比方案一好得多。

解毕

第 10 章　博 弈 论

博弈论是研究理性的个体之间的冲突与合作的理论，具体讲就是研究当个体的行为在发生直接的相互作用时，个体(们)如何进行决策以及这种决策的均衡问题；博弈论研究的是竞争型决策问题，它不是站在某个个体的立场上去找针对其他方的决策，而是从广义的角度分析在决策过程中个体之间相互制约、相互作用的规律，用以指导各决策方的合理决策。此外，博弈论研究的决策问题包括开始、过程和结果的整个决策过程，在博弈论中也将这一过程称为"博弈"。所以，博弈就是个人、团队或其他组织，面对一定的环境条件，在一定的规则约束下，依据所掌握的信息同时或先后、一次或多次，从各自允许选择的行为或策略进行选择并加以实施，并从中各自取得相应结果或收益的过程。

1928 年，冯·诺伊曼(Von Neumann)证明了博弈论的基本原理，从而宣告了博弈论的诞生；1944 年，冯·诺伊曼和奥斯卡·摩根斯特恩(Oskar Morgenstern)出版了《博弈论与经济行为》，奠定了博弈论的基础和理论体系，并且将博弈论应用于经济领域；1951 年，约翰·福布斯·纳什(John Forbes Nash Jr)利用不动点定理证明了均衡点的存在，提出了"纳什均衡"的概念，将博弈论发展到非合作博弈论，为博弈论广泛应用于经济学、管理学、社会学、政治学、军事学等领域奠定了基础。1994 年，纳什和另两位博弈论学家约翰·C·海萨尼和莱因哈德·泽尔腾共同获得了诺贝尔经济学奖。

§ 10.1　博弈论及其分类

为了对博弈有更清晰的理解和认识，先介绍两个典型的博弈问题实例，并对它们作初步的分析。其实，博弈本身就如这些实例一样，并不像人们通常理解的那样深奥、复杂。博弈现象是普遍存在的，小到下棋、打牌，大到企业之间的市场竞争、国家之间的贸易倾销、反倾销等，都可以归结为博弈问题。

例 10.1　囚徒困境

"囚徒困境"博弈是博弈理论中的典型实例。警方在拘捕两个同案犯罪嫌疑人(囚徒)后，为防其相互间串供而将两人分别拘押、隔离审问，此时两疑犯所面临的认罪选择策略的问题就是"囚徒困境"问题。

摆在两犯罪嫌疑人面前的有两种选择：坦白或不坦白。按照通常的政策，坦白从宽，抗拒从严。所以,若两人均坦白,则可从轻处理,分别判刑5年;若两人中有一人坦白而另一人拒不坦白,则坦白者可免于处罚,而拒不坦白者将从重惩处被判10年;当然,若两人均不交代,而警方手中又无足够的证据可以指控犯罪嫌疑人,那么他们只能按妨碍公务罪被判1年。

如果用－1、－5、－10分别表示犯罪嫌疑人被判刑1年、5年、10年的收益,用0表示犯罪嫌疑人被释放(免于处理)的收益,则可以用一个特殊的矩阵将这个博弈问题表示出来,如图10.1所示。其中,“囚徒1”“囚徒2”代表本博弈中的两个博弈参与者,他们各自都有坦白和不坦白两种可选择的策略;因为这两个囚徒被隔离开,其中任何一人在选择策略时都不可能知道另一人的选择,因此不管他们的决策在时间上是否相同,都可以看作同时进行的;矩阵中的每个元素都是由两个数字组成的数组,表示在所处行、列代表的两个博弈方所选策略的组合下双方各自的收益,其中第一个数字为囚徒1的收益,第二个数字为囚徒2的收益。因此,这是一个两博弈方各有两种相同的可选策略、策略和收益都对称的两博弈方之间的博弈。对两个博弈方来讲,各自都有两种可选择的策略,但各方的收益不仅取决于自己的策略,也取决于另一方的对应选择。因此,各博弈方虽然无法知道另一方的选择,但是必须先权衡对方的不同选择对自己利益的不同影响,然后做出自己的最佳选择。

		囚徒2	
		坦白	不坦白
囚徒1	坦白	-5, -5	0, -10
	不坦白	-10, 0	-1, -1

图10.1　囚徒困境博弈矩阵

下面,简单地分析一下这个问题:对于囚徒1来说,囚徒2有“坦白”和“不坦白”两种可能的选择:如果囚徒2选择“坦白”,则囚徒1坦白的收益为－5,不坦白的收益为－10,他应选择“坦白”;如果囚徒2选择“不坦白”,则囚徒1坦白的收益为0,不坦白的收益为－1,他还应选择“坦白”。因此,对于追求自身利益最大化的囚徒1来说,无论囚徒2选择何种策略,他的最佳选择都是“坦白”;同样,对于囚徒2来说,它的最佳选择也是“坦白”。所以,该博弈问题的最终结果必然是两博弈方都选择“坦白”,收益均为－5。当然这里有个前提,即两人均没有条件串供,否则无论是对这两个囚徒构成的集体来讲,还是对他们个人来讲,最佳的结果都不是同时坦白得到－5,而是都不坦白所得到的－1。

可以看出:两囚徒决策时都以自己的最大利益为目标,结果是无法实现最大利益甚至较大利益。因此,囚徒困境反映了一个很深刻的问题,即个体理性与集体理性之间的矛盾,即从个体利益出发的行为往往不能实现集体的最大利益。同时,它揭示了个体理性本身的内在矛盾,即从个体利益出发的行为最终也不一定能真正实现个体的最大利益。用经济学的术语讲,该博弈中存在帕累托改进的机会,而个体理性选择的结果并非帕累托最优,不符合集体理性的要求,囚徒因此陷入了理性的困境。这个问题在社会经济活动中具有普遍性,比如,在市场经济体制下,每个人或组织仅考虑自身利益最大化的结果不一定是资源配置效果的帕累托最优,此时存在着参与者利益都改进的可能性却无法利用,通常称这种情况为“市场失灵”。

例 10.2 齐威王与田忌赛马

“齐威王与田忌赛马”是一个巧用计谋取胜的广为流传的典故,它讲的是田忌的谋士孙膑运用计谋帮助田忌以弱胜强战胜齐威王的故事。如果对这个故事中的比赛规则稍加限制,就可以引出一个很好的博弈问题。

这个故事说,春秋战国时期齐威王经常约手下大将田忌与他赛马。赛马的规则如下:每次双方各出 3 匹马,一对一比赛 3 场,每一场的败者要输一千金给胜者。齐威王的 3 匹马和田忌的 3 匹马按实力都可分为上、中、下三等,但由于齐威王的上、中、下 3 匹马都分别比田忌的上、中、下 3 匹马略胜一筹,因此田忌每次都是连输 3 场,要输掉三千金。实际上,田忌的上等马虽不如齐威王的上等马,却比齐威王的中等马和下等马都要好;同样,田忌的中等马比齐威王的下等马要好一些,因此田忌每次都连输 3 场是有些吃亏的。后来,田忌的谋士孙膑知道这一情况后,给田忌出了个主意,即让田忌不要用自己的上等马去对抗齐威王的上等马,而是用下等马去对抗齐威王的上等马,上等马则去对抗齐威王的中等马,中等马去对抗齐威王的下等马。这样,虽然第一场田忌必败无疑,但后两场田忌却都能取胜,二胜一负,田忌反而能赢齐威王一千金。

这个故事生动地告诉我们,巧妙地运用策略是多么的重要,在实力和条件一定的情况下,对己方力量和有利条件的巧妙调度和运用常会起到意想不到的效果。但是,如果这个故事到这里就结束了,那它只是一个单方面运用策略的较为简单的问题,因为在齐威王和田忌两方中,只有田忌一方意识到了策略的重要性,在安排马的出场次序方面运用策略,而齐威王一方却没有充分运用策略来应对田忌的策略,显然还构不成一个双人博弈的问题。为了说明问题,不妨假设齐威王发觉了田忌在使用计谋,明白了自己输金的原因而及时地调整了自己的对策,这样,“齐威王与田忌赛马”也就成了一个具有策略依存特征的决策较量,构成了一个典型的博弈问题。这个重新设定的“齐威王与田忌赛马”的博弈问题可以用博弈的术语表示如下:

① 该博弈中有两个博弈参与者,即齐威王和田忌;

② 两博弈参与者可选择的策略即为各自马的出场次序,因为 3 匹马的排列次序共有 6 种,因此双方各有 6 种可选择的策略,如图 10.2 所示。

③ 根据前面的讨论,假设双方在决策之前都不能预先知道对方的决策,因此可以看作同时选择策略,而且决策没有先后次序的关系。

④ 如果把赢一千金记为收益 1,输一千金记为收益 -1,则两博弈参与者在各种策略组合下的收益如图 10.2 收益矩阵中的数组元素所示,每个数组表示两博弈参与者在对应行、列代表的双方策略下各自的收益,其中前一个数字表示齐威王的收益,后一个数字表示田忌的收益。

由图 10.2 可知,如果按照严格的博弈问题的假设来重新安排这一游戏的话,齐威王只要不断改动从策略集合中选择策略的顺序(随机产生选择),不让田忌掌握策略规律,齐威王的胜率(统计事件)显然高于田忌。

田忌

	上中下	上下中	中上下	中下上	下上中	下中上
齐威王 上中下	3, −3	1, −1	1, −1	1, −1	−1, 1	1, −1
上下中	1, −1	3, −3	1, −1	1, −1	1, −1	−1, 1
中上下	1, −1	−1, 1	3, −3	1, −1	1, −1	1, −1
中下上	−1, 1	1, −1	1, −1	3, −3	1, −1	1, −1
下上中	1, −1	1, −1	1, −1	−1, 1	3, −3	1, −1
下中上	1, −1	1, −1	−1, 1	1, −1	1, −1	3, −3

图 10.2　齐威王与田忌赛马博弈矩阵

§10.1.1　博弈的要素

从以上两个博弈的例子可以看出，一个正式的博弈包括以下几个要素：博弈的参与者、各博弈方的策略集合、博弈的支付、博弈方的信息、博弈的次序、博弈结果和博弈均衡等。其中，博弈的参与者、各博弈方的策略集合和博弈的支付是博弈必不可少的3个基本要素。

1. 博弈的参与者

博弈的参与者又称博弈方或局中人，是指博弈中独立决策、独立承担结果的主体，他们可能是自然人，也可能是各种社会组织，如企业、政府、国家，甚至由某些国家组成的联合国等。参与者的划分标准是参与者是否统一决策、统一行动、统一承担结果等，即通常将利益一致的参与者作为一个博弈方，而不是看数量的多寡抑或规模的大小。一般地，假设有 n 个博弈方，通常记博弈方为 $i(i=1,2,\cdots,n)$。

2. 博弈方的策略集合

每个博弈方在进行决策时（同时或先后，一次或多次）可以有多个选择的方法、做法，每个可供选择的方法、做法就叫作博弈方的策略，每个博弈方所有的策略就构成了这个博弈方的策略集合。策略有纯策略和混合策略之分：纯策略是策略的一个最直接的概念，是指每个博弈方在博弈中可以选择采用的行动方案；混合策略则是指纯策略组成的策略空间上存在某种概率分布，博弈方实际博弈时根据这种概率分布在纯策略空间随机选择并加以实施的策略。记博弈方 i 的策略为 s_i，S_i 为博弈方 i 可选择的策略组成的策略集合，又称策略空间，则 $s_i \in S_i$。如囚徒困境中，两博弈方的策略空间均为 $S_1=S_2=\{$坦白，不坦白$\}$。n 个局中人各选择一个策略形成的向量 $\boldsymbol{s}=(s_1,s_2,\cdots,s_n)$，称为策略组合，如囚徒困境中，$\boldsymbol{s}=$(坦白，不坦白)为囚徒1、2的一个策略组合。

3. 博弈方的支付

博弈方的支付，即每个博弈方从各种策略组合中获得的收益或效用，它是策略组合 $\boldsymbol{s}$ 的函数，所以也被称为支付函数，记博弈方 i 的支付函数为 $u_i(\boldsymbol{s})$。如囚徒困境中，囚徒1、2对应 $\boldsymbol{s}=$(坦白，不坦白)的支付分别为 $u_1=0$、$u_2=-10$。

4. 博弈方的信息

信息是博弈方有关博弈的知识,如有关其他博弈方的策略、收益等。博弈中,博弈方掌握信息的多少是影响其策略选择的一个重要因素,直接关系到策略选择的准确性。博弈方应尽可能多地收集有关博弈的信息,从而在采取策略时掌握主动权。

5. 博弈的次序

在现实的各种决策活动中,往往存在多个独立博弈方进行决策,有时候这些博弈方必须同时做出选择,因为这样能保证公平合理。而很多时候各博弈方的决策又必须有先后之分,并且,在一些博弈中每个博弈方还要做不止一次地博弈策略选择,这就免不了有一个次序问题。因此,规定一个博弈就必须规定其中的次序,不同的次序必然是不同的博弈,即使其他要素都相同。

6. 博弈结果和博弈均衡

博弈结果指博弈中博弈方的行动所产生的每一可能情形,而博弈均衡是指所有博弈方的最优策略的组合,记为 $\boldsymbol{s}^*=(s_1^*,s_2^*,\cdots,s_i^*,\cdots,s_n^*)$,其中,$\boldsymbol{s}_i^*$ 为第 i 个博弈方在均衡情况下的最优策略,即第 i 个博弈方在考虑其他博弈方策略选择的情况下,有针对性地选择最大化自己支付的策略。囚徒困境中有 4 种可能的结果,如(坦白,不坦白)、(坦白,坦白)等,而均衡只有一个 $\boldsymbol{s}^*=$(坦白,坦白)。

§10.1.2 博弈的分类

为了便于分析博弈问题,结合博弈的构成要素,可以对博弈进行分类。

1. 单人博弈、两人博弈和多人博弈

按博弈中参与人数的多少,将博弈分为单人博弈、两人博弈和多人博弈。单人博弈即只存在一个博弈方的博弈。由于不存在与其他博弈方之间的作用与反作用,这种博弈的求解其实是前面所讲的最优化问题,因此不再将其列为博弈论研究的对象。

两人博弈就是存在两个独立博弈,但策略和利益具有相互依存与制约关系的博弈方的决策问题。两人博弈是博弈问题中最常见,也是研究得最多的博弈类型。前面介绍的囚徒困境、齐威王与田忌赛马都是两人博弈问题。日常生活中的棋牌、球类比赛,以及经济活动中两个厂商之间的竞争、谈判、兼并收购、劳资纠纷等都是两人博弈问题。两人博弈应注意以下 3 点问题。

① 两人博弈中的两个博弈方之间并不总是相互对抗的,有时候也会出现两博弈方利益一致的情形。如一家生产电视机的公司和一家生产放像机的公司在采用制式问题上的博弈就是一种非对抗性的博弈。因为如果两公司采用相同的制式,各自的机器可以相互匹配,就会给双方带来产品互补性的利益;而如果两公司采用的制式不同,则双方都无法享有这些利益。因此,这两个公司在这种博弈关系中的利益是一致的而不是对立的。

② 在两人博弈中,掌握的信息较多并不能保证利益也一定较多。例如,信息较多的博弈方常常更清楚过度竞争的危险,因此为了避免不理智的恶性过度竞争,避免两败俱伤,只能采取较为保守的策略,从而也只能得到较少的利益。相反,那些信息较少、对危险了解较少的博弈方却可能因为不会顾忌后果而掌握了主动权,从而得到更多的利益。这与现实生活中的许多现象是非常吻合的。

③ 个人追求最大自身利益的行为，常常并不能实现社会的最大利益，也不能真正实现个人自身的最大利益。今后遇到的许多博弈也都能说明这一点。

实际上，以上3个特性都不仅仅在两人博弈问题中存在，在两人以上的多人博弈中，这些特性一般也是存在的。

多人博弈是指有3个或3个以上博弈方参加的博弈。多人博弈也是博弈方在意识到其他博弈方的存在，意识到其他博弈方对自己决策的反应和反作用存在的情况下，寻求自身最大利益的博弈活动，只是现在其他博弈方不是一个，而是有两个或更多。因而，它们的基本性质和特征与两人博弈是相似的，我们常常可以用与研究两人博弈同样的思路和方法来研究它们，或将两人博弈分析中得到的若干结论直接推广到多人博弈。

当然，由于多人博弈中有更多追求自身利益的独立主体，因此多人博弈中策略和利益的相互依存关系也更为复杂，任一博弈方的策略选择及其所引起的反应通常比两人博弈复杂得多。

2. 有限博弈和无限博弈

根据各博弈方可选策略数量的多少，将博弈分为有限博弈和无限博弈。

有限博弈是指各个博弈方的可选策略都有限的博弈。如囚徒困境、齐威王与田忌赛马，都是有限博弈。有限博弈只有有限种可能的结果，可用支付矩阵法、扩展型法或简单罗列的方法，将所有的策略、结果及对应的支付列出。

无限博弈是指至少有某些博弈方的可选策略是无限多个的博弈。这种博弈的全部策略、结果或支付一般只能用数集或函数加以表示。

3. 零和博弈、常和博弈和变和博弈

按参加博弈的各个博弈方从博弈中所获得的利益的总和，可将博弈划分为零和博弈、常和博弈和变和博弈。

零和博弈是所有博弈方的得益总和始终为0的博弈，是常见的博弈类型，同时也是被研究得最早、最多的博弈问题。在这种博弈问题中，博弈方之间的利益始终是对立的，一方收益时另一方必定损失，某些博弈方的赢来源于其他博弈方的输。前面所介绍的“齐威王与田忌赛马”就是这样的博弈。

常和博弈是所有博弈方的得益总和始终为某一非零常数的博弈，也是很普遍的博弈类型。如在几个人或几个方面之间分配固定数额的奖金、财产或利润时的讨价还价，就是这种博弈类型。常和博弈也是一类有特殊意义的博弈。常和博弈可以看作零和博弈的扩展，零和博弈则可以看作常和博弈的特例。与零和博弈一样，常和博弈中各博弈方之间利益关系也是对立的，博弈方之间的基本关系也是竞争关系。不过，由于常和博弈中利益的对立性体现在各自得到利益的多少，结果可能出现大家都分得合理或满意的一份，因此也比较容易相互妥协。

零和博弈和常和博弈以外的所有博弈称为变和博弈。在不同策略组合(结果)下变和博弈各博弈方的利益之和往往是不相同的。如前面介绍的囚徒困境就是变和博弈。变和博弈是最一般的博弈类型，其结果存在社会总得益大小的区别。这也就意味若在博弈方之间存在相互配合(不是指串通，而是指各博弈方在利益驱动下各自自觉、独立采取的合作态度和行为)，争取较大社会总利益和个人利益的可能性。因此，这种博弈的结果可以从社会总得益的角度分为“有效率的”“无效率的”或“低效率的”，即可以站在社会利益的立场上对它们做效率方面的评价。

4. 静态博弈和动态博弈

按参与人行动的先后顺序,博弈可以分为静态博弈和动态博弈。

静态博弈是指所有博弈方同时或可看作同时选择策略的博弈。即,各博弈方是同时决策的,或者虽然各博弈方决策的时间不一定真正一致,但在他们做出选择之前不允许知道其他博弈方的策略,在知道其他博弈方的策略之后不能改变自己的选择,从而各博弈方的选择仍然可以看作同时做出。囚徒困境就是静态博弈。

动态博弈指的是参与人的行动有先后顺序,而且后行动者能够观察到先行动者所选择的行动的博弈。除了各博弈方同时决策的静态博弈以外,在大量现实决策活动构成的博弈中,各博弈方的选择和行动不仅有先后次序,而且后选择、后行动的博弈方在自己选择或行动之前,可以看到其他博弈方的选择、行动,甚至还包括自己的选择和行动。这种博弈无论在哪种意义上都无法看作同时决策的静态博弈,因此称为"动态博弈",也称"多阶段博弈"。经济活动中有大量的动态博弈问题,如经常见到的商业大战,常常是各家轮流出新招,所以是动态博弈问题;又如各种商业谈判、讨价还价,也常常是双方或者多方之间你来我往很多回合的较量,因此也属于动态博弈问题。

齐威王与田忌赛马本来应该属于静态博弈,齐威王和田忌应该同时做出自己的选择,但是由于齐威王的骄傲自大,自己选择的策略完全被田忌提前获悉,所以实际上形成了田忌单方面动态博弈的形势。

5. 完全信息博弈和不完全信息博弈

根据参与人所掌握的信息可以把博弈分为完全信息博弈和不完全信息博弈。

完全信息博弈是指每个参与人对其他参与人的策略空间及支付函数有准确认识的博弈。如囚徒困境中每个囚徒都很清楚双方的支付组合,因此囚徒困境博弈是完全信息博弈。

不完全信息博弈是指少部分博弈方不完全了解其他博弈方支付情况的博弈。现实中很多博弈都属于这种博弈类型,因为很多竞争对手都想方设法隐藏自己的行为,以防止对手针对自己的策略采取相应的竞争策略而取胜,如投标拍卖活动等。

6. 混合划分

把参与人行动顺序和掌握的信息结合起来划分,可以得到4种类型的博弈,即:完全信息静态博弈、完全信息动态博弈、不完全信息静态博弈、不完全信息动态博弈。与它们相对应的4种均衡是:纳什均衡、子博弈完美纳什均衡、贝叶斯纳什均衡及完美贝叶斯纳什均衡。4种博弈及其对应的均衡如表10.1所示。

表10.1 博弈的综合分类及其对应的均衡

信息	博弈次序	
	同时	先后
完全信息	完全信息静态博弈 纳什均衡	完全信息动态博弈 子博弈完美纳什均衡
不完全信息	不完全信息静态博弈 贝叶斯纳什均衡	不完全信息动态博弈 完美贝叶斯纳什均衡

需要指出的是,这4种综合的博弈类型都属于非合作性质的博弈,即博弈主体完全根据自己的利益来决定自己的选择,违背自己利益的任何表示都是不可信的,如"如果你和我合作,我将把收益的一半分给你"。这样的许诺在非合作博弈中是没有效力的,原因是没有任

何机制保证博弈结束后局中人会按照自己的承诺支付收益的一半给对方。而在合作博弈中，博弈主体间达成了可强制执行的合作协议，也就是说合作是必然成立的，合作者总会从整体的利益出发选择使收益之和最大的策略组合，然后按照协议进行利益分配。因此，可将合作博弈的多个博弈方看成具有单一利益的决策主体。

本章主要结合 4 种综合的博弈类型分析非合作博弈的求解方法，对于合作博弈不再涉及。

§10.1.3　博弈的标准形表述

为了对各种各样的博弈现象进行规范的分析，就必须从博弈中抽象出最基本的组成要素，构成有利于分析的简单类型，然后再逐步加入更复杂的要素，使模型更能反映现实，分析结论更具有现实意义。

在博弈论中，从静态博弈中抽象出的最基本要素构成的模型描述就是标准型。在博弈的标准形表述中，一般包括如下基本要素：①博弈的参与者；②博弈方可选择的全部行为或策略的集合；③针对所有参与者可能选择的策略组合，每一个参与者获得的收益。为了便于分析，通常要对各博弈方从 1 到 n 排序，设其中任一个参与者的序号为 i，令 S_i 代表参与者 i 的策略空间，其中任一个特定的策略记为 s_i，则 $s_i \in S_i$。令 $s=(s_1,s_2,\cdots,s_n)$ 表示每一个参与者选定一个策略形成的策略组合，令 u_i 表示第 i 个参与者的收益函数，$u_i(s_1,s_2,\cdots,s_n)$ 表示参与者选择策略 $(s_1,s_2,\cdots,s_n)$ 时第 i 个参与者的收益。将上述内容综合起来，可以对博弈进行如下定义。

定义 10.1　在一个 n 人博弈的标准形表述中，参与者的策略空间分别为 $S_1,S_2,\cdots,S_n$，收益函数分别为 $u_1,u_2,\cdots,u_n$，则 $G=\{S_1,S_2,\cdots,S_n;u_1,u_2,\cdots,u_n\}$ 表示此博弈。

标准形表述的静态博弈常常利用矩阵形式作为一种清晰的表现手段，如前面谈到的囚徒困境、齐威王与田忌赛马都可以转化为矩阵形式以便于分析。我们借用囚徒困境博弈问题说明矩阵形式的表示方法。这个博弈问题可用图 10.1 所示的双变量矩阵来表示，双变量指的是博弈中有两个参与者，每个单元格有两个数字分别表示参与者的收益。此博弈中的两个囚徒及其可选策略的表示如图 10.1 所示。在一组特定的策略组合被选定后，两人的收益由图 10.1 中相应单元格的数据表示。习惯上，行代表的参与者(此例为囚徒 1)的收益在两个数字中放前面，列代表的参与者(此例为囚徒 2)的收益在两个数字中放后面。

需要说明的是，矩阵形式能够很清晰地表示只有两个博弈方且每个博弈方可选策略数目不多的博弈局势，有时也用来表示 3 个局中人策略有限的局势，但它不能表示局中人可选策略数目无限的情形，也很少用于表示有 4 个或更多个局中人的情形。在不易使用矩阵形式表示的情况下，只能用语言表述或使用数学公式进行描述。

在对博弈问题进行简化之后，就可进行博弈的求解，这就要用到非合作博弈理论的核心概念——纳什均衡。

§10.1.4　纳什均衡

纳什(Nash)于 1950 年提出了后来被称为纳什均衡的概念。纳什均衡概念是现代博弈论中的核心内容和重要基础，许多理论研究和应用都是围绕这一基本概念展开或与此密切相关的。所以，要想很好地理解和掌握博弈均衡思想和理论体系，必须以纳什均衡为起点。

纳什均衡的思想很简单,博弈的理性结局是这样的一种策略组合,其中每一个博弈方均不能单方面改变自己的策略而获利,即每个博弈方选择的策略是对其他博弈方所选策略的最佳反应。假设有 n 个人参与博弈,在其他人策略给定的条件下,每个人选择自己的最优策略(个人最优策略可能依赖于其他人的策略,也可能不依赖于其他人的策略),所有参与人选择的策略一起构成一个策略组合。纳什均衡指的是这样一种策略组合,这种策略组合由所有参与人的最优策略组成。也就是说,在别人策略给定的情况下,没有任何单个参与人有积极性选择其他策略,从而没有任何人有积极性打破这种均衡。

定义 10.2 在博弈 $G=\{S_1,S_2,\cdots,S_n;u_1,u_2,\cdots,u_n\}$ 中,如果策略组合 $(s_1^*,s_2^*,\cdots,s_n^*)$ 中任一博弈方 i 的策略 s_i^* 都是对其余博弈方的策略组合 $(s_1^*,\cdots,s_{i-1}^*,s_i^*,s_{i+1}^*,\cdots,s_n^*)$ 的最佳对策,也即

$$u_i(s_1^*,\cdots,s_{i-1}^*,s_i^*,s_{i+1}^*,\cdots,s_n^*)\geqslant u_i(s_1^*,\cdots,s_{i-1}^*,s_i,s_{i+1}^*,\cdots,s_n^*)$$

对任意 $i,s_i\in S_i$ 都成立,则称 $(s_1^*,s_2^*,\cdots,s_n^*)$ 为 G 的一个"纳什均衡"。

纳什均衡有强弱之分,以上是弱纳什均衡,也是最常用的纳什均衡概念。强纳什均衡是指每个博弈方对于对手的策略都有唯一的最佳反应,即 s_i^* 为严格纳什均衡,当且仅当对所有 i,所有 $s_i\in S_i$ 且 $s_i\neq s_i^*$,均有

$$u_i(s_1^*,\cdots,s_{i-1}^*,s_i^*,s_{i+1}^*,\cdots,s_n^*)>u_i(s_1^*,\cdots,s_{i-1}^*,s_i,s_{i+1}^*,\cdots,s_n^*)$$

原则上,强纳什均衡是一个更具有说服力的均衡概念,它具有稳定性,即使收益中出现微小的扰动,强纳什均衡仍保持不变,而且由于博弈方改变策略会使其利益受损,所以博弈方有维持均衡策略的动力,而弱纳什均衡中可能存在博弈方认为均衡策略与其他策略之间是无差异的,所以弱纳什均衡并不能保证博弈方一定会选择均衡策略。强纳什均衡的弱点是,即使在混合策略的意义下也不能保证存在性,相当多的博弈局势中没有强纳什均衡。

纳什均衡的意义在于,它是关于博弈结局的一致性预测,如果所有博弈方预测一个特定的纳什均衡会出现,那么这种均衡就会出现。预测之间没有矛盾,不会因为有博弈方认为不符合自己的利益要求而失败,只有纳什均衡才能使每个博弈方均认可这种结局,而且他们均知道其他博弈方也认可这种结局,而非纳什均衡的结局并非一致性预测。如果博弈方预测会出现非纳什均衡,那么或者是博弈方的预测相互不统一,或者是博弈方在估计别人的策略或极大化自己的收益时犯了错误。

§10.2 完全信息静态博弈

完全信息静态博弈是非合作博弈最基本的类型,它是指各博弈方同时决策,且所有博弈方对各方支付都了解的博弈。囚徒困境、齐威王与田忌赛马两个博弈问题都属于这类博弈。

§10.2.1 两人有限零和博弈

1. 两人有限零和博弈模型

在完全信息静态博弈中,研究最早、最成熟的是两人有限零和博弈。两人有限零和博弈

是一种最简单、最常见的博弈现象，它只有两个局中人，每个局中人都有有限个可选择的策略，而且在任一局势中两个局中人得失之和总是等于零。如果用 α 和 β 表示两人有限零和博弈的两个局中人，并设他们的策略集合分别为 $S_\alpha=\{\alpha_1,\alpha_2,\cdots,\alpha_m\}$，$S_\beta=\{\beta_1,\beta_2,\cdots,\beta_n\}$。由于在任一局势中两个局中人得失之和总是等于零，也就是说如果对于局势(α_i,β_j)，局中人 α 的收益为 α_{ij}，则局中人 β 的收益为 $\beta_{ij}=-\alpha_{ij}$，局中人 α 的支付矩阵可记为

$$\boldsymbol{A}=\begin{pmatrix}\alpha_{11} & \cdots & \alpha_{1n}\\ \vdots & & \vdots\\ \alpha_{m1} & \cdots & \alpha_{mn}\end{pmatrix}$$

根据局中人 α 的支付矩阵 $\boldsymbol{A}$，结合博弈的一般式表述 $G=\{S_1,S_2,\cdots,S_n;u_1,u_2,\cdots,u_n\}$，两人有限零和博弈记为 $G=\{S_\alpha,S_\beta;\boldsymbol{A}\}$。两人有限零和博弈也称作矩阵博弈。

2. 最优纯策略与纳什均衡

例 10.3　设有两人有限零和博弈 $G=\{S_\alpha,S_\beta;A\}$，其中局中人 α 的支付如表 10.2 所示，试分析其博弈均衡。

解：从表 10.2 上看，α 的最大收益是 8，但是如果 α 采取策略 α_2，而 β 采取 β_1，则 α 非但没有得到 8，反而损失 5；如果 β 采取 β_1，但 α 采取 α_1，则 β 损失 4；同理，如果 β 采取 β_2，α 采取 α_2，则 α 获得最大收益；……所以，如果局中人非要追求最大收益，通常不能得偿所愿；但如果局中人理智一些，考虑每个策略对应的最坏结局，从中选择最有利的策略，则往往能够得到较好的收益。这种选择策略的行为被称作"理智行为"。例如，对局中人 α 来讲，$(\alpha_1,\alpha_2,\alpha_3)$对应的最坏收益是(0，−5，1)，这些最坏收入中的最好收益是 1。同理，局中人 β 也应该按照理智行为进行选择，$(\beta_1,\beta_2,\beta_3,\beta_4)$对应的最坏结果就是表 10.2 中每列的最大元素(4，8，4，1)，其中 β 的最好收益是−1。

表 10.2　局中人 α 的支付表

	β_1	β_2	β_3	β_4
α_1	4	0	1	0
α_2	−5	8	3	−2
α_3	3	5	4	1

这局博弈中，两个局中人最坏情况下的最好结果的绝对值相等，(α_3,β_4)分别是 α 和 β 的最优纯策略，称局势(α_3,β_4)为 $G=\{S_\alpha,S_\beta;\boldsymbol{A}\}$的鞍点。

解毕

定义 10.3　对于博弈 $G=\{S_\alpha,S_\beta;\boldsymbol{A}\}$，如果：

$$\max_i\min_j\{\alpha_{ij}\}=\min_j\max_i\{\alpha_{ij}\}=\alpha_{i^*j^*}=v$$

则称支付元素 $\alpha_{i^*j^*}$ 对应的 α_{i^*} 和 β_{j^*} 分别为局中人 α 和 β 的最优纯策略，称局势$(\alpha_{i^*},\beta_{j^*})$为博弈 G 的鞍点，称 v 为博弈 G 的博弈值。

不难验证鞍点$(\alpha_{i^*},\beta_{j^*})$是博弈 $G=\{S_\alpha,S_\beta;\boldsymbol{A}\}$的纳什均衡，鞍点又称纯策略纳什均衡。当然，并不是所有的两人有限零和博弈都有鞍点，比如齐威王与田忌赛马就没有鞍点。两人有限零和博弈存在鞍点的充要条件是支付矩阵中存在一个元素 $\alpha_{i^*j^*}$，对于一切 $i=1,2,\cdots,m$，$j=1,2,\cdots,n$，总有

$$\alpha_{ij^*} \leqslant \alpha_{i^*j^*} \leqslant \alpha_{i^*j}$$

这个结论说明,若能在支付表**A**中找到一个元素$\alpha_{i^*j^*}$,它既是所在行的最小元素,又是所在列的最大元素,则$(\alpha_{i^*},\beta_{j^*})$就是博弈$G$的鞍点,$\alpha_{i^*}$、$\beta_{j^*}$分别为局中人$\alpha$和$\beta$的最优纯策略。最优纯策略的意义是:当局中人$\alpha$选择了纯策略$\alpha_{i^*}$后,局中人$\beta$为了损失最小(所得最大),只能选择纯策略$\beta_{j^*}$,否则就会失去更多(所得更少);同理,当局中人$\beta$选择了纯策略$\beta_{j^*}$后,局中人$\alpha$为了所得最大(损失最小),只能选择纯策略$\alpha_{i^*}$,否则就会损失更多(所得更少)。这样,两人就在局势$(\alpha_{i^*},\beta_{j^*})$下达到了平衡状态(均衡)。

例如,博弈$G=\{S_\alpha,S_\beta;\mathbf{A}\}$,其中:

$$\mathbf{A}=\begin{pmatrix} 5 & 2 & -3 \\ 6 & 5 & 7 \\ -7 & 4 & 0 \end{pmatrix}$$

由于$\alpha_{22}=5$既是所在行的最小元素又是所在列的最大元素,因此博弈的鞍点即纳什均衡为(α_2,β_2),其中α_2和β_2分别是局中人α和β的最优纯策略。

3. 最优混合策略与纳什均衡

由上面的分析可知,并不是所有的博弈都存在鞍点,很多情况下局中人只能以一定的概率在其策略集中随机选择每个策略,称这种在纯策略空间上的概率分布为混合策略。

设博弈$G=\{S_\alpha,S_\beta;\mathbf{A}\}$,$S_\alpha=\{\alpha_1,\alpha_2,\cdots,\alpha_m\}$,$S_\beta=\{\beta_1,\beta_2,\cdots,\beta_n\}$,令$x_i$、$y_j$分别为局中人$\alpha$和$\beta$在各自的策略集$S_\alpha$、$S_\beta$中选择$\alpha_i$和$\beta_j$的概率,则称

$$x=(x_1,x_2,\cdots,x_m),\quad \sum_{i=1}^{m}x_i=1 \text{ 且 } x_i\geqslant 0$$

$$y=(y_1,y_2,\cdots,y_n),\quad \sum_{j=1}^{n}y_j=1 \text{ 且 } y_j\geqslant 0$$

分别为局中人α和β的一个混合策略;称$E(xy)=\sum_{i=1}^{m}\sum_{j=1}^{n}a_{ij}x_iy_j$为局中人$\alpha$的期望所得,$-E(xy)$为$\beta$的期望所得,而$(x,y)$为博弈的混合局势。又记

$$S_m=\left\{x \mid x=(x_1,x_2,\cdots,x_m),x_i\geqslant 0,i=1,2,\cdots,m,\sum_{i=1}^{m}x_i=1\right\}$$

$$S_n=\left\{y \mid y=(y_1,y_2,\cdots,y_n),y_j\geqslant 0,j=1,2,\cdots,n,\sum_{j=1}^{n}y_j=1\right\}$$

分别为局中人α和β的混合策略集合。

定义 10.4 如果

$$\max_{x\in S_m}\min_{y\in S_n}\{E(xy)\}=\min_{y\in S_n}\max_{x\in S_m}\{E(xy)\}=E(x^*,y^*)=v$$

则称x^*、y^*分别为局中人α和β的最优混合策略,称(x^*,y^*)为G的最优混合局势,称v为博弈方α的期望所得。

最优混合局势(x^*,y^*)构成了混合意义上的纳什均衡,任何一方单独背离这个局势,它的期望所得将不会优于最优混合局势下的所得。

4. 最优混合策略的求解方法

博弈$G=\{S_\alpha,S_\beta;A\}$有混合意义下的解的充要条件是,存在$x^*\in S_m$,$y^*\in S_n$及数v满足下列两个不等式组:

$$\begin{cases} \sum_{i=1}^{m} \alpha_{ij} x_i \geqslant v, & j = 1,2,\cdots,n \\ \sum_{i=1}^{m} x_i = 1 \\ x_i \geqslant 0, & i = 1,2,\cdots,m \end{cases} \tag{10.1}$$

$$\begin{cases} \sum_{j=1}^{n} \alpha_{ij} y_j \leqslant v, & i = 1,2,\cdots,m \\ \sum_{j=1}^{n} y_j = 1 \\ y_j \geqslant 0, & j = 1,2,\cdots,n \end{cases} \tag{10.2}$$

为了求解上述不等式组，可将它们变为线性规划，从而求出博弈 G 的最优混合策略。不妨设 $v>0$（否则令 $\alpha'_{ij}=\alpha_{ij}+d$，则 v 一定可大于零）。令 $x'_i=\frac{x_i}{v}$，则不等式组(10.1)等价于下面的线性规划：

$$\min S = \sum_{i=1}^{m} x'_i$$

$$\text{s.t.} \begin{cases} \sum_{i=1}^{m} \alpha_{ij} x'_i \geqslant 1, & j = 1,2,\cdots,n \\ x'_i \geqslant 0, & i = 1,2,\cdots,m \end{cases} \tag{10.3}$$

同理，令 $y'_j=\frac{y_j}{v}$，不等式组(10.2)等价于下面的线性规划：

$$\max S' = \sum_{j=1}^{n} y'_j$$

$$\text{s.t.} \begin{cases} \sum_{j=1}^{n} \alpha_{ij} y'_j \leqslant 1, & i = 1,2,\cdots,m \\ y'_j \geqslant 0, & j = 1,2,\cdots,n \end{cases} \tag{10.4}$$

下面举例说明最优混合策略的求解方法。

例 10.4　（市场竞争模型）假设某产品市场有两家超级公司相互竞争，超级公司 A 有 3 个广告策略，超级公司 B 也有 3 个广告策略。已知当双方采取不同的广告策略时，A 方所占市场份额增加的百分数如表 10.3 所示。问两家公司应该各自采取什么策略？

表 10.3　A 方所占市场份额增加的百分数

策　略		B		
		B_1	B_2	B_3
A	A_1	3	0	2
	A_2	0	2	0
	A_3	2	−1	4

解：由于该产品市场上只有两家公司，因此公司 A 增加的份额即为公司 B 减少的份额，这是一个两人有限零和博弈。由 $\max_i \min_j\{\alpha_{ij}\}=0$、$\min_j \max_i\{\alpha_{ij}\}=2$ 可知该模型不存在最优纯策略，因此可以把此问题表示成线性规划模型，并用单纯形法求解。先求 B 的最优策略，设 B 的策略为 (y'_1,y'_2,y'_3)，博弈值为 v，令

$$y'_1=\frac{y_1}{v},\quad y'_2=\frac{y_2}{v},\quad y'_3=\frac{y_3}{v}$$

则 B 问题的线性规划模型为

$$\max Z_n=y_1+y_2+y_3$$
$$\text{s.t.}\begin{cases}3y_1+2y_3\leqslant 1\\2y_2\leqslant 1\\2y_1-y_2+4y_3\leqslant 1\\y_1,y_2,y_3\geqslant 0\end{cases}$$

加入松弛变量 y_4、y_5、y_6，用单纯形算法求得最优单纯形表如表 10.4 所示。

表 10.4 用单纯形算法求得的单纯形表

c_j			1	1	1	0	0	0
$\boldsymbol{c_B}$	$\boldsymbol{y_B}$	$\boldsymbol{B^{-1}b}$	y_1	y_2	y_3	y_4	y_5	y_6
1	y_1	1/8	1	0	0	1/2	−1/8	1/4
1	y_2	1/2	0	1	0	0	1/2	0
1	y_3	5/16	0	0	1	−1/4	3/16	3/8
σ			0	0	0	−1/4	−9/16	−1/8

$$Z_0=\frac{1}{v}=y_1+y_2+y_3=\frac{1}{8}+\frac{1}{2}+\frac{5}{16}=\frac{16}{15},\quad v=\frac{16}{15}$$

因此，局中人 B 的最优混合策略：

$$(y_1^*,y_2^*,y_3^*)=\frac{16}{15}\left(\frac{1}{8},\frac{1}{2},\frac{5}{16}\right)=\left(\frac{2}{15},\frac{8}{15},\frac{5}{15}\right)$$

因为局中人 A 的最优混合策略与局中人 B 的最优混合策略互相为对偶变量，所以由表 10.4 可得 $(x_1,x_2,x_3)=\left(\frac{1}{4},\frac{9}{16},\frac{1}{8}\right)$，局中人 A 的最优混合策略为

$$(x_1^*,x_2^*,x_3^*)=v\left(\frac{1}{4},\frac{9}{16},\frac{1}{8}\right)=\left(\frac{4}{15},\frac{9}{15},\frac{2}{15}\right)$$

解毕

例 10.5 试分析齐威王和田忌赛马中双方的最优混合策略。

解：这是一个两人有限零和博弈。根据图 10.2，可得

$$\max_i \min_j \alpha_{ij}=-1,\quad \min_j \max_i \alpha_{ij}=3$$

所以齐威王和田忌都不存在最优纯策略，因此可把此问题表示成线性规划模型，并用单纯形法求解。先求齐威王的最优策略，设齐威王的最优混合策略为 $(x_1,x_2,x_3,x_4,x_5,x_6)$，博弈值为 v，令

$$x'_1=\frac{x_1}{v},\quad x'_2=\frac{x_2}{v},\quad x'_3=\frac{x_3}{v},\quad x'_4=\frac{x_4}{v},\quad x'_5=\frac{x_5}{v},\quad x'_6=\frac{x_6}{v}$$

根据图 10.2 和式(10.3)列出如下线性规划：

$$\min \frac{1}{v}=x'_1+x'_2+x'_3+x'_4+x'_5+x'_6$$

$$\text{s. t.}\begin{cases} 3x'_1+x'_2+x'_3-x'_4+x'_5+x'_6\geqslant 1 \\ x'_1+3x'_2-x'_3+x'_4+x'_5+x'_6\geqslant 1 \\ x'_1+x'_2+3x'_3+x'_4+x'_5-x'_6\geqslant 1 \\ x'_1+x'_2+x'_3+3x'_4-x'_5+x'_6\geqslant 1 \\ -x'_1+x'_2+x'_3+x'_4+3x'_5+x'_6\geqslant 1 \\ x'_1-x'_2+x'_3+x'_4+x'_5+3x'_6\geqslant 1 \\ x'_1,x'_2,x'_3,x'_4,x'_5,x'_6\geqslant 0 \end{cases}$$

用单纯形算法或求解线性规划的其他算法都可以求出上述线性规划问题的最优解和最优值(有多个最优解和同一个最优值 v,下面只列出最优解中的两个例子)：

$$x_1=x_2=x_3=x_4=x_5=x_6=\frac{1}{6},\quad v=1$$

或者

$$x_2=x_3=x_6=\frac{1}{3},\quad x_1=x_4=x_5=0,\quad v=1$$

类似地,设田忌的最优混合策略为$(y_1,y_2,y_3,y_4,y_5,y_6)$,根据图 10.2 和式(10.4)列出线性规划并求解,可得田忌的最优混合策略(对应于齐威王的最优策略)：

$$y_1=y_2=y_3=y_4=y_5=y_6=\frac{1}{6}$$

或者

$$y_2=y_3=y_6=\frac{1}{3},\quad y_1=y_4=y_5=0$$

同时,可得田忌的博弈值为-1。

解毕

§10.2.2　两人或多人有限非零和博弈

例 10.6　(市场进入阻挠博弈)一种市场上存在一个垄断企业,另一个企业希望进入这一市场,垄断者为了保持自己的地位需要对进入者进行阻挠。在这种博弈中,进入者有两种策略可以选择,即“进入”与“不进入”;垄断者也有两种策略,即“容忍”与“反击”。他们的支付函数用以下双变量矩阵表示,如图 10.3 所示。

		龚断者	
		容忍	反击
进入者	进入	1, 1	−1, −1
	不进入	0, 2	0, 2

图 10.3　市场进入阻挠博弈矩阵

显然,这不是一个两人有限零和博弈,不能利用鞍点存在准则进行求解。但根据纳什均衡的定义,可以很容易地判断出,这个博弈有两个纯策略纳什均衡点,即(进入,容忍)与(不进入,反击)。

在很多博弈局势中,局中人可以选择的策略是连续变量,尤其在经济学模型中这种情况最为常见。下面,通过博弈论中的一个例子——古诺模型,来表现这种博弈局势以及其中的纳什均衡求解方法。

例 10.7 (产量决策的古诺模型)古诺模型是博弈论中最经典的例子,最早由古诺(Antoine Augustin Cournot)于 1838 年提出。由于该模型采用了通过分析企业各自的最优反应函数从而形成均衡的思路,与纳什均衡非常相似,因此纳什均衡也称古诺-纳什均衡,它描述的是厂商之间进行数量竞争的形势。以下是最常见的一种较为简化的版本。

生产同质产品的两个企业同时选择各自的产量 $q_i(i=1,2)$,单位成本均为常数 c。市场需求决定价格 $p=a-(q_1+q_2)$。为了求解其中的纳什均衡,需要求得每个局中人对另一个局中人策略的最优反应。对于局中人 1 来说,他的利润为

$$b_1=q_1(a-q_1-q_2-c)$$

对 q_1 求导可得利润最大化的一阶条件:

$$q_1=\frac{a-q_2-c}{2}$$

这一函数决定了局中人 1 面对局中人 2 的每种策略 q_2 时的最优反应,称为局中人 1 的最优反应函数。

类似地,可得到使局中人 2 利润最大化的一阶条件(局中人 2 的最优反应函数):

$$q_2=\frac{a-q_1-c}{2}$$

联立 q_1 和 q_2 两式,求解得到纳什均衡:

$$q_1^*=q_2^*=\frac{a-c}{3},\quad b_1^*=b_2^*=\frac{(a-c)^2}{9}$$

通过简单的计算可知,如果市场上只有一个垄断厂商,则他的产量是$\frac{a-c}{2}$,利润为$\frac{(a-c)^2}{4}$。这里的双人古诺竞争中,总利润为$\frac{2(a-c)^2}{9}$,显然小于垄断利润,因此对这两个厂商来说,存在着帕累托改进的可能。事实上,如果每个厂商都能自我约束、降低产量到$\frac{a-c}{4}$,那么每个人都可以得到更好的结局,平分垄断利润,各自得到$\frac{(a-c)^2}{8}$。但这一结局之所以不是纳什均衡,是因为双方都会有单方面改变策略的动机(任一局中人针对对方$\frac{a-c}{4}$产量的最优反应是$\frac{3(a-c)}{8}$,即增加产量会获利),两厂商都这样想也就出现了纳什均衡的结局。因此,古诺模型和囚徒困境一样,也存在着个体理性和集体理性的矛盾,这也说明囚徒困境表现的理性困境具有广泛的存在性。

这一双人模型可以扩展为 n 人博弈,纳什均衡的求解也是通过最优反应函数进行的。如果市场上存在 n 个厂商,每个厂商的单位成本都是常数 c,市场需求为 $p=a-\sum q_i$,那

么通过同样的推理可知,局中人 i 对其他局中人策略组合的最优反应函数可表示为

$$q_i = \frac{(a - \sum_{j\neq i} q_j)}{2}, \quad i = 1,2,\cdots,n$$

这里,对 n 个最优反应函数联立求解就可以得到纳什均衡。对 $i=1,2,\cdots,n$,有

$$q_i^* = \frac{a-c}{n+1}, \quad b_i^* = \frac{(a-c)^2}{(n+1)^2}, \quad p_i^* = c + \frac{a-c}{n+1}$$

例 10.8　(公共牧场悲剧模型)假设有 n 个人拥有的一个公共牧场,每个人要决定自己放牧羊的数目 q_i,所以羊的总数为 $Q = \sum q_i$ 。设购买和照看 1 只羊的成本为常数 c,每只羊的价值为 $v=f(Q)$,随着羊的增加,草地会越来越拥挤,食物也会更紧张,因此会造成羊的价值下降;此外,羊的供给增加也会造成羊的价值下降,所以有 $f'<0$。

在这种设定下,局中人 i 的利润函数为

$$\pi_i = q_i(f(Q) - c)$$

最优化的一阶条件为

$$f + q_i f' - c = 0$$

由此可以得到局中人 i 的最优反应函数,联立求解可以得到纳什均衡。将所有最优反应函数全加起来可以得到纳什均衡总羊数 Q^*,需要满足的条件为

$$f(Q^*) + \frac{Q^*}{n} f'(Q^*) - c = 0$$

然而,社会最优的放牧水平 Q^{**} 为使总利润 $Q(f(Q)-c)$ 达到最大的羊数,满足

$$f(Q^{**}) + Q^{**} f'(Q^{**}) - c = 0$$

为了便于比较,不妨设总共有 50 个牧羊人;每只羊的成本 $c=20$ 元;每只羊的价值 $f(Q)=100-\frac{Q}{100}$。由

$$f(Q^*) + \frac{Q^*}{n} f'(Q^*) - c = 0$$

即

$$100 - \frac{Q^*}{100} + \frac{Q^*}{50} \times \left(-\frac{1}{100}\right) - 20 = 0$$

得

$$Q^* = 7\,843 \text{ 只}$$

每只羊的利润为

$$100 - \frac{7\,843}{100} - 20 = 1.57 \text{ 元}$$

同理,由

$$f(Q^{**}) + Q^{**} f'(Q^{**}) - c = 0$$

即

$$100 - \frac{Q^{**}}{100} + Q^{**} \times \left(-\frac{1}{100}\right) - 20 = 0$$

得

$$Q^{**} = 4\,000 \text{ 只}$$

每只羊的利润为

$$100-\frac{4\,000}{100}-20=40\text{ 元}$$

显然,纳什均衡放牧总数 Q^* 远远超过社会最优放牧总数 Q^{**},而且每只羊可获得的利润几乎为零。草地过度放牧不仅浪费了资源,农民也没获得好的收益。如果各农户能将羊数限制在$\frac{4\,000}{50}=80$ 只,则他们都能得到更多的利益。但他们面临的问题与囚徒困境的局面一样,很难实现这种理想的结果。

在公共资源利用方面经常会出现这样的悲剧,原因是每个可利用公共资源的人都有加大利用资源的企图,如果自己加大利用而别人不加大利用则自己得利,这种企图最终使所有人都加大利用资源,直至达到纳什均衡水平,而这个水平肯定比实现资源最佳利用的水平要高。公共资源博弈的结果说明,在公共资源利用、公共设施提供方面,政府的组织协调和制约是十分必要的。

§10.3 完全信息动态博弈

§10.3.1 博弈的扩展式表述

在静态博弈中,所有参与人同时行动(或行动虽有先后,但没有人在自己行动之前观测到别人的行动);在动态博弈中,参与人的行动有先后顺序,且后行动者在自己行动之前能观测到先行动者的行动且对各博弈方的策略空间及支付有充分的了解,我们称这种博弈为完全信息动态博弈。动态博弈有不同于静态博弈的特征,习惯于用扩展式来描述和分析动态博弈。博弈的扩展式表述所"扩展"的主要是参与人的策略空间。策略式表述简单地给出了参与人有什么策略可以选择,而扩展式表述要给出每个策略的动态描述:谁在什么时候行动,每次行动时有些什么具体行动可供选择,以及知道些什么。在扩展式表述中,策略对应着参与人的相机行动规则,即什么情况下选择什么行动,而不是简单的、与环境无关的行动选择。

博弈的扩展式表述包括以下要素:

① 参与人集合;

② 行动次序,即参与人参与行动的次序;

③ 收益,即参与人所采取行动的函数;

④ 行动,即轮到次序的参与人的选择;

⑤ 信息集,它表示参与人在每次行动时所知道的信息;

⑥ 每一个发生事件的概率分布。

§10.3.2 多阶段可观察行动博弈与子博弈完美纳什均衡

这里主要介绍完全信息动态博弈中的一种特殊的扩展式博弈,即多阶段可观察行动博弈。这种博弈有着多个“阶段”，通常记阶段为 k，行动的历史通常记为 h^k，从而：

① 在每一个阶段，每一个参与人都知道所有行为情况，包括自然的行为以及过去各阶段所有参与人的行为 h^k；

② 在任一给定的阶段中，每一个参与人最多只能行动一次；

③ 阶段 k 的信息集不会提供有关这一阶段的任何信息。

由于这种博弈存在多个阶段，它与只有一个阶段的完全信息博弈有着本质的区别，因此如果仍用纳什均衡思想分析这种博弈问题就难免存在局限性。泽尔滕(Selten)于 1965 年提出了子博弈完美纳什均衡的思想。子博弈是由一个多阶段可观察行动博弈的第一阶段以外的某阶段开始的后续博弈阶段构成的，有初始信息集和进行博弈所需要的全部信息，能够自成一个博弈的原博弈的一部分。

泽尔滕子博弈完美纳什均衡是指在一个多阶段可观察的博弈中，由各博弈方的策略构成的一个策略组合，这个策略组合满足在整个动态博弈及其所有子博弈中都构成纳什均衡。

§10.3.3　完美信息博弈与逆向归纳法

在多阶段可观察行动博弈中，如果对条件②稍加限制，即在任一给定的阶段中，每一个参与人最多只能行动一次而且只有一个参与人采取行动，就得到完美信息博弈。对于完美信息博弈，它的每一个阶段 k 以及历史 h^k 只有一个参与人具有非常简单的选择集，且选择集里的元素大于 1，同时其他参与人都只有一个单元素集，即“不采取任何行动”的选择集。例如，在经典的斯塔克尔伯格(Stackelberg)竞争模型中只有两个局中人，即两个选择产量的企业，而且每个阶段只有一个企业行动，后行动的企业能够看到先行动企业的行动，因此称这个博弈为两阶段的完美信息博弈。

由于多阶段可观察行动博弈中，引入了子博弈完美纳什均衡的概念，借助这种概念的思想，多阶段可观察行动博弈通常采用逆向归纳法。逆向归纳法的思路是：通过逆向归纳的方法，先制订参与人在面临任何可能情况下的最终行为策略，然后逐步向前推导计算前一步的最优选择。逆向归纳法可以在任何完美信息下的多阶段博弈中应用，这一方法从最终阶段 k 在每一历史情况下的最优选择开始，即在给定历史情况 h^k 条件下，通过最大化参与人在面临历史情况 h^k 条件的收益确定其最优行动，从而向前推算到阶段 $k-1$，并确定这一阶段中采取行动的参与人的最优行为，只要给定阶段 k 中采取行动的参与人在历史情况 h^k 下采取我们之前推导出来的最优行动即可。用这一方法不断地向前推算，直至初始阶段，这样就可以建立一个策略组合。可证明该组合是一个子博弈完美纳什均衡。下面，用逆向归纳法求解斯塔克尔伯格竞争等模型。

例 10.9　(斯塔克尔伯格竞争)斯塔克尔伯格竞争是古诺竞争的一种变形，它引入了行动的先后次序，也是连续扩展型博弈的经典例子。生产同质产品的两个企业选择各自的产量 $q_i(i=1,2)$，单位成本均为常数 c，企业的利润 $b_i=q_1(a-q_1-q_2-c)(i=1,2)$。市场需求决定价格 $p=a-q_1-q_2$。不过，现在假设局中人 1 先行动，局中人 2 观察到 1 的产量再决定自己的选择。为了求得子博弈完美均衡，采用逆推归纳法，在局中人 1 选定任何一个产量后开始的子博弈中唯一的局中人是局中人 2，因此纳什均衡就退化为局中人 2 此时的最优选择，实际上就是古诺竞争中局中人 2 的最优反应函数，即

$$q_2=\frac{1}{2}(a-q_1-c)$$

将这一结果倒推回去，得到局中人 1 需要考虑的最大化问题：

$$\max b_1=q_1\left(a-q_1-\frac{a-q_1-c}{2}-c\right)$$

此时，最优策略显然是 $q_1^*=\frac{1}{2}(a-c)$，由此得到局中人 2 的最优选择 $q_2^*=\frac{1}{4}(a-c)$，这就是子博弈完美均衡，相应的均衡支付为

$$b_1^*=\frac{(a-c)^2}{8},\quad b_2^*=\frac{(a-c)^2}{16}$$

局中人 1 获得了比古诺竞争中更高的利润，这完全是先行动带来的好处，也就是先行优势。

要注意的是，这里古诺竞争结局 $q_1^*=q_2^*=\frac{1}{3}(a-c)$ 仍然是一个纳什均衡，但不是子博弈完美均衡。它有赖于局中人 2 的一种威胁策略："无论我观察到你选择何种产量，我都选择 $\frac{1}{3}(a-c)$"。面对这种威胁策略，局中人 1 的最优反应是古诺策略 $\frac{1}{3}(a-c)$，在策略型博弈中这两种策略互为最优反应，是一个纳什均衡，但它却不是一个子博弈完美均衡。当局中人 1 选择 $\frac{1}{2}(a-c)$ 而不是 $\frac{1}{3}(a-c)$ 时，局中人 2 的最优反应是 $\frac{1}{4}(a-c)$，坚持 $\frac{1}{3}(a-c)$ 对他不利，这就是典型的空洞威胁。从此例可看出，子博弈完美均衡是比纳什均衡更稳定的均衡概念。

值得说明的是，逆向归纳法只适用于完美信息下的博弈，它能稍微扩展到更广泛的多阶段博弈类型。在一个多阶段博弈中，如果所有参与人在最后一个阶段都有一个优势策略，则可以用该优势策略代替其最终阶段的策略，然后考虑前一个阶段应用同样的推导方法，依次递推下去。

例 10.10 (双寡头策略投资模型)企业 1 和企业 2 当前的单位成本都是 2。企业 1 可以装备一种新的技术，从而使其单位成本为 0。装备这一技术需要花费 f。企业 2 可以观察到企业 1 是否投资于这一项新技术。一旦新技术的投资被观察到，这两个企业就会和在古诺竞争中一样同时选择它们的产出水平 q_1 和 q_2。因此，这是一个两阶段不完美信息博弈。

为了定义收益函数，假设需求为 $p(q)=14-q$，并且每一个企业的目标都是使扣除成本之后的净收益最大化，如果企业 1 不投资新技术，则它的收益是 $q_1[12-(q_1+q_2)]$，但若它投资新技术，则它的收益为 $q_1[14-(q_1+q_2)]-f$；企业 2 的收益是 $q_1[12-(q_1+q_2)]$。

为解出子博弈完美均衡，应用逆向归纳法由后往前推算 c。如果企业 1 不投资新技术，则两个企业的单位成本都是 2，从而它们的反应函数都为 $q_i(q_j)=6-\frac{q_j}{2}$，反应函数相交于点 $(4,4)$，每一参与人的收益都是 16。如果企业 1 投资新技术，则它的反应函数变为 $q_1(q_2)=7-\frac{q_2}{2}$，第二阶段的均衡为 $\left(\frac{16}{3},\frac{10}{3}\right)$，企业 1 的总收益是 $\frac{256}{9}-f$，企业 2 的总收益是 $\frac{100}{9}$。如果 $\frac{256}{9}-f>16$，即 $f<\frac{112}{9}$，则企业 1 就会进行技术投资。

例 10.11 (海盗分金)5 个海盗抢得 100 枚金币，他们按抽签的顺序依次提出方案：首

先由 1 号提出分配方案，然后 5 人表决，投票要超过半数同意方案才被通过，否则他将被扔入大海喂鲨鱼，依此类推。假定每个海盗都是绝顶聪明且很理智，那么 1 号海盗应提出怎样的分配方案才能够使自己的收益最大化？

“海盗分金”其实是一个高度简化和抽象的模型，体现了博弈的思想。在“海盗分金”模型中，任何“分配者”想让自己的方案获得通过的关键是事先考虑清楚“挑战者”的分配方案是什么，并用最小的代价获取最大收益，拉拢“挑战者”分配方案中最不得意的人们。

从后向前推，如果 1 至 3 号强盗都喂了鲨鱼，只剩 4 号和 5 号的话，5 号一定投反对票让 4 号喂鲨鱼，以独吞全部金币。所以，4 号唯有支持 3 号才能保命。

3 号知道这一点，就会提出“100,0,0”的分配方案，将全部金币归为已有，因为他知道尽管 4 号一无所获但还是会投赞成票，再加上自己一票，他的方案即可通过。

不过，2 号推知 3 号的方案，就会提出“98,0,1,1”的方案，即放弃 3 号，而给予 4 号和 5 号各一枚金币。由于该方案对于 4 号和 5 号来说比在 3 号分配时更为有利，他们将支持 2 号而不希望 2 号出局而由 3 号来分配。这样，2 号将拿走 98 枚金币。

同样，2 号的方案也会被 1 号所洞悉，1 号将提出(97,0,1,2,0)或(97,0,1,0,2)的方案，即放弃 2 号，而给 3 号一枚金币，同时给 4 号(或 5 号)2 枚金币。由于 1 号的这一方案对于 3 号和 4 号(或 5 号)来说，相比 2 号分配时更优，他们将投 1 号的赞成票，再加上 1 号自己的票，1 号的方案可获通过，并收获 97 枚金币。这无疑是 1 号能够获取最大收益的方案了。

所以，1 号海盗提出的分配方案应是：1 号强盗分给 3 号 1 枚金币，分给 4 号或 5 号强盗 2 枚，自己独得 97 枚。分配方案可写成(97,0,1,2,0)或(97,0,1,0,2)。

1 号海盗看似最容易被丢进海里喂鱼，但是他可以牢牢地把握住先发制人的优势，结果不但没有丢掉性命，还获得了最多的金币；5 号海盗虽然是最安全的，没有死亡的威胁，甚至还能向 1 号海盗发出死亡威胁，貌似可以坐收渔人之利，但是其威胁根本“不可信”(not credible)，最后只能分得残羹冷炙；而 2 号海盗不会有任何收益(除非改变假设条件)。

需要注意：如果投票只要达到半数或半数以上的同意，方案就可以被通过，则 1 号海盗提出的分配方案可能会有变化。现实中的情况要比海盗分金模型复杂千倍，但是应用该模型仍然能够分析多种社会现象。

§10.4　不完全信息静态博弈

§10.4.1　不完全信息静态博弈概念

如果在一个博弈中，某些参与人不知道其他参与人的收益，就说这个博弈是不完全信息博弈。很多我们感兴趣的博弈都在一定程度上存在信息不完全问题，尽管有时候完全知识假设是一个简单而又恰当的近似。

对于一个包括两个企业的行业博弈例子，虽然非常简单，却很能说明不完全信息造成的影响。假定这个行业有一个在位者(参与人 1)和一个潜在的进入者(参与人 2)，此时参与人

1 决定是否建立一个新工厂,而参与人 2 决定是否进入该行业;参与人 2 不知道参与人 1 建厂的成本是 3 还是 1,但参与人 1 自己知道,这个博弈的收益如图 10.4 所示。参与人 2 的收益直接取决于参与人 1 是否建厂,而不是参与人 1 的成本。当且仅当参与人 1 不建厂时,参与人 2 进入才是有利可图的。此外,值得注意的是在这个博弈中,参与人 1 有一个优势策略:成本低,“建厂”;成本高,不“建厂”。

	进入	不进入
建厂	0, −1	2, 0
不建厂	2, 1	3, 0

(a) 参与人1建厂成本高时的收益

	进入	不进入
建厂	3, −1	5, 0
不建厂	2, 1	3, 0

(b) 参与人1建厂成本低时的收益

图 10.4 博弈的收益

令 p_1 代表参与人 2 认为参与人 1 为高成本的先验概率。因为当且仅当参与人 1 为低成本时才会建厂,因此只要 $p_1>\frac{1}{2}$,参与人 2 就会选择不进入。这样,就可以用重复剔除劣策略的方法来求解图 10.4 所示的博弈。

如果将收益改变一下,这个博弈的分析就要稍微复杂些。如图 10.5 所示,在这个新的博弈中,当参与人 1 的建厂成本高时,不建厂仍是参与人 1 的优势策略。但如果参与人 1 的建厂成本低,那么参与人 1 的最优策略就取决于他对参与人 2 是否进入的概率估计,记参与人 2 进入的概率为 y:“建”优于“不建”。

如果:

$$1.5y+3.5(1-y)>2y+3(1-y)$$

即 $y<\frac{1}{2}$,则参与人 1 就必须根据对参与人 2 行动的判断来选择自己的行动,但参与人 2 不能仅从他对参与人 1 收益的了解来推断参与人 1 的行动。

	进入	不进入
建厂	0, −1	2, 0
不建厂	2, 1	3, 0

(a) 参与人1建厂成本高时的收益

	进入	不进入
建厂	1.5, −1	3.5, 0
不建厂	2, 1	3, 0

(b) 参与人1建厂成本低时的收益

图 10.5 博弈的收益

海萨尼(Harsanyi,1967—1968)首先给出了一种模拟和处理这一类不完全信息博弈的方法,即引入一个虚拟参与人——“自然”,“自然”首先选择参与人 1 的类型(这里是他的成本)。在这个转换博弈中,参与人 2 关于参与人 1 成本的不完全信息就变成了关于“自然”行动的不完全信息,从而这个转换博弈可以用标准的技术来分析。

从不完全信息博弈到不完美信息博弈的转换如图 10.6 所示,这个图首先由海萨尼给出。N 代表“自然”,“自然”选择参与人 1 的类型(图 10.6 中括号内的数字代表自然行动的概率)。该图中还包含一个隐含的标准假设,即所有参与人对自然行动的概率分布具有一致的判断(尽管这是一个标准假设,当自然行动代表公共事件诸如天气等时,这一假设比自然行动代表诸如参与人的收益等个人特征来得更为合理）。一旦采用这一假设，就得到一个标准博弈，从而可以使用纳什均衡的概念。海萨尼的贝叶斯均衡（或贝叶斯纳什均衡）正是指不完美信息博弈的纳什均衡。

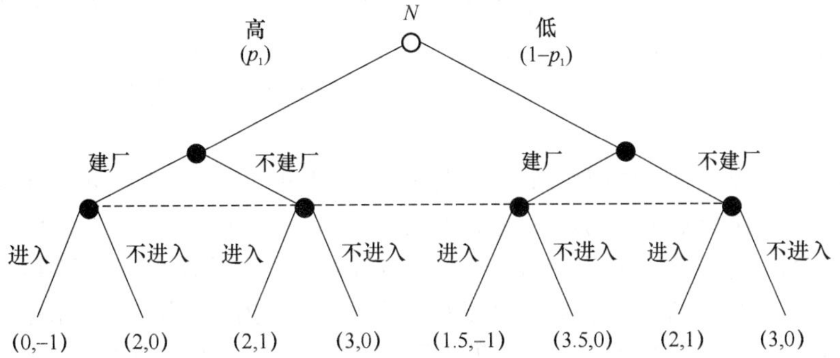

图 10.6　从不完全信息博弈到不完美信息博弈的转换

在图 10.5（或图 10.6）所示的例子中，令 x 代表当参与人 1 低成本时的建厂概率（参与人 1 在高成本时肯定不会建厂），令 y 代表参与人 2 的进入概率。参与人 2 的最优策略是：当参与人 2 选择进入时他的期望所得为

$$y[1\times p_1-x(1-p_1)+(1-x)(1-p_1)]=y[1-2x(1-p_1)]$$

当参与人 2 选择不进入时他的期望所得为 0。所以，当 $[1-2x(1-p_1)]>0$ 时，即 $x<\frac{1}{2(1-p_1)}$ 时，参与人 2 选择进入，即 $y=1$；$x>\frac{1}{2(1-p_1)}$ 时，参与人 2 选择不进入，即 $y=0$。

同理，低成本时参与人 1 的最优反应是：当 $y<\frac{1}{2}$ 时，选择 $x=1$（建厂）；当 $y>\frac{1}{2}$ 时，选择 $x=0$（不建厂）。求解贝叶斯均衡就是找到这样一组 (x,y)，使得 x 是低成本参与人 1 的最优策略；同时，给定参与人 2 关于参与人 1 的判断 p_1 及参与人 1 的策略，y 是参与人 2 的最优策略。例如，对于任何 p_1，策略组合 $(x=0,y=1)$（参与人 1 不建厂，参与人 2 进入）是一个均衡时，策略组合 $(x=1,y=0)$（低成本时参与人 1 建厂，参与人 2 不进入）构成一个均衡。

§10.4.2　不完全信息静态博弈的策略和类型

在上面的例子中，参与人的“类型”——他的私人信息——就是他的成本。通常情况下，一个参与人的类型可能包括与其决策相关的任何私人信息（准确地说，是指不属于所有参与人共同知识的任何信息）。除了参与人的收益函数外，它可能还包括他对其他参与人的收益函数的判断，他对其他参与人对他的收益函数的判断的判断，等等。

在上面的例子中，参与人的收益函数相当于它的类型。下面来讨论一个双方裁军谈判博弈。在这个例子中，参与人的类型包含更多的私人信息，而不仅仅是收益函数。假定参与人 2 的目标函数是共同知识，参与人 1 不知道参与人 2 是否知道他（参与人 1）的目标函数。假定参与人 1 有两种类型——“强硬派”和“软弱派”：“强硬派”宁可达不成协议也不愿做大的让步；“软弱派”则希望能达成一份协议，即使做出较大的让步。假定参与人 1 为“强硬派”

的概率为 P_1。进一步地,假定参与人 2 有两种类型“知情”和“不知情”:“知情”,即知道参与人 1 的类型;“不知情”,即不知道参与人 1 的类型。参与人 2 是知情者的概率是 P_2,且参与人 1 不知道参与人 2 的类型。

很容易构造这一类博弈中更复杂的例子,比如,参与人 1 关于参与人 2 类型的先验判断可以是 p_2 或 p'_2,但参与人 2 不知道是哪一个。不过,如果参与人的类型过于复杂,模型就可能很难处理。在实际运用中,通常假定参与人关于对手的判断完全由他自己的收益函数决定。

海萨尼考虑了更一般的情形。假定参与人的类型$\{\theta_i\}_{i=1}^{l}$取自某一客观概率分布 $p(\theta_1,\theta_2,\cdots,\theta_l)$,这里 θ_i 属于某一空间 Θ_i。为简单起见,假定 Θ_i 中存在有限个元素,且 θ_i 只能被参与人 i 观察到。令 $p(\theta_{-i}|\theta_i)$代表给定 θ_i 是参与人 i 关于其他参与人类型 $\theta_{-i}=(\theta_1,\cdots,\theta_{i-1},\theta_i,\theta_{i+1},\cdots,\theta_l)$的条件概率。假定对于每一个 $\theta_i\in\Theta_i$,边际分布 $p_i(\theta_i)$都是正的。

为了完整地描述贝叶斯博弈,还必须说明每一个参与人 i 的纯策略空间 S_i(对纯策略,$s_i\in S_i$;对混合策略,$\sigma_i\in\sum\limits_i$)和收益函数 $u_i(s_1,s_2,\cdots,s_l,\theta_1,\theta_2,\cdots,\theta_l)$。通常,把博弈的外生因素如策略空间、收益函数、可能类型、先验分布等视为共同知识(即每一个参与人知道,每一个参与人知道其他参与人知道,等等)。换句话说,参与人拥有的任何私人信息都包含在他的类型中。

一般来说,这些策略空间都比较抽象,有些还包括如扩展式博弈中的相机行动策略 S_i。但在这里,为简单起见,假定策略空间 S_i,是参与人 i 的(非相机)行动集。按照惯例,首先讨论纳什均衡的解概念和严格剔除优势均衡。值得指出的是,尽管在静态博弈中严格剔除优势均衡是一个非常强且合理的预测,但在动态博弈中这一均衡概念就显得太弱而缺乏可信度。

由于每个参与人的策略选择只取决于他的类型,可以用 $\sigma_i(\theta_i)$代表类型为 θ_i 的参与人 i 的策略选择(可能是混合策略)。如果参与人 i 知道其他参与人的策略($\{\sigma_j(\cdot)\},j\neq i$ 是其相应类型的函数),参与人 1 就可以用条件概率 $p(\theta_{-i}|\theta_i)$来计算对应于每一个选择的期望效用,从而找出最优反应策略 $\sigma_i(\theta_i)$。奥曼(Au-mann)于 1964 年指出,如果是连续分布,上述策略的描述方法可能存在技术性问题(可测度性)。

§ 10.4.3 贝叶斯均衡

定义 10.5 在一个不完全信息博弈中,如果每一参与人 i 的类型 θ_i 有限,且参与人类型的先验分布为 p,相应纯策略空间为 S_i,则该博弈的一个贝叶斯均衡是其“展开博弈”的一个纳什均衡。在这个“展开博弈”中,每一个参与人 i 的纯策略空间是由从 Θ_i 到 S_i 的映射构成的集合 $S_i^{\Theta_i}$。

给定策略组合 $s(\cdot)$和 $s'_i(\cdot)\in S_i^{\Theta_i}$,令$(s'_i(\cdot),s_{-i}(\cdot))$代表参与人 i 选择 $s'_i(\cdot)$而其他人选择 $s(\cdot)$,且令

$$(s'_i(\theta_i),s_{-i}(\theta_{-i}))=(s_1(\theta_1),\cdots,s_{i-1}(\theta_{i-1}),s'_i(\theta_i),s'_{i+1}(\theta_{i+1}),\cdots,s'_l(\theta_l))$$

代表策略组合在 $\theta=(\theta_i,\theta_{-i})$的值。如果对于每一个参与人 i 均有

$$s(\cdot)\in\underset{s'_i(\cdot)\in S_i^{\Theta_i}}{\arg\max}\sum_{\theta_i}\sum_{\theta_{-i}}p(\theta_i,\theta_{-i})u_i(s'_i(\theta_i),s_{-i}(\theta_{-i}),(\theta_i,\theta_{-i}))$$

那么，策略组合 $s(\cdot)$ 是一个（纯策略）贝叶斯均衡。

贝叶斯均衡的存在性可由纳什均衡的存在性立即得到。和纳什均衡一样，贝叶斯均衡实际上是一个一致性检验，参与人关于其他参与人的判断并不包含在均衡定义中，所涉及的只是每一个参与人对类型分布和其对手的类型相依策略的判断。只有当参与人考虑参与各方的行动构成贝叶斯均衡的可能性以及均衡精炼时，对判断的判断、对判断的判断的判断等才变得重要。

§10.4.4　贝叶斯均衡举例

例 10.12　（不完全信息下的古诺模型）考虑双寡头垄断古诺模型（产量竞争）。假定企业的利润 $u_i=q_i(\theta_i-q_i-q_j)$，这里 θ_i 是线性需求函数的截距与企业 i 的不变单位成本之差 $(i=1,2)$，q_i 是企业 i 选择的产量 $s_i=q_i$。企业 1 的类型 $\theta_1=1$ 是共同知识，即企业 2 完全知道企业 1 的信息，或者说企业 1 只有一种可能类型，但企业 2 拥有关于其单位成本的私人信息。企业 1 认为 $\theta_2=\frac{3}{4}$ 的概率是 $\frac{1}{2}$，$\theta_2=\frac{5}{4}$ 的概率也是 $\frac{1}{2}$，而且企业 1 的判断是共同知识。这样，企业 2 有两种可能的类型，分别称为“低成本型”$\left(\theta_2=\frac{5}{4}\right)$和“高成本型”$\left(\theta_2=\frac{3}{4}\right)$。两个企业同时选择产量。

下面是这个博弈的纯策略均衡。假设企业 1 的产量为 q_1，企业 2 在 $\theta_2=\frac{5}{4}$ 时的产量为 q_2^{L}，在 $\theta_2=\frac{3}{4}$ 时的产量为 q_2^{H}。企业 2 的均衡产量必须满足：

$$q_2(\theta_2)\in\arg\max_{q_2}\{q_2(\theta_1-q_1-q_2)\}\Rightarrow q_2(\theta_2)=\frac{\theta_2-q_1}{2}$$

企业 1 不知道企业 2 是哪种类型，因此它的收益是对企业 2 的类型的期望值：

$$q_1\in\arg\max_{q_1}\left\{\frac{1}{2}q_1(\theta_1-q_1-q_2^{\mathrm{H}})+\frac{1}{2}q_1(\theta_1-q_1-q_2^{\mathrm{L}})\right\}\Rightarrow q_1=\frac{2-q_2^{\mathrm{L}}-q_2^{\mathrm{H}}}{2}$$

将 $\theta_2=\frac{5}{4}$ 和 $\theta_2=\frac{3}{4}$ 代入 $q_2(\theta_2)$，得到贝叶斯均衡解为 $\left(q_1=\frac{1}{3},q_2^{\mathrm{L}}=\frac{11}{24},q_2^{\mathrm{H}}=\frac{5}{24}\right)$。事实上，这也是唯一的均衡解。

§10.5　不完全信息动态博弈

不完全信息动态博弈与不完全信息静态博弈在不完全信息这个根本特征上是一致的，因此动态贝叶斯博弈与静态贝叶斯博弈在许多方面是相似的，都可以通过海萨尼转换成为完全但不完美信息动态博弈，两者的差别是动态贝叶斯博弈转化的不是两阶段同时选择的不完美信息动态博弈，而是更一般的不完美信息动态博弈。

§ 10.5.1 不完全信息动态博弈问题

为了对不完全信息动态博弈及其特征有更深入的了解,先介绍信号博弈模型。

信号博弈的基本特征是博弈方分为信号发出方和信号接收方两类,先行为的信号发出方的行为对后行为的信号接受方来说具有传递信息的作用。信号博弈其实是一类具有信息传递机制的动态贝叶斯博弈的总称。许多博弈或信息经济学问题都可以归结为信号博弈。

信号博弈是具有信息传递作用的一般博弈模型,在这种博弈中有两个参与人,参与人 S 是领头者(也称发送方,他发送一个信号),参与人 R 是追随者(或接收方)。参与人 S 具有 Θ 中类型为 θ 的信息,由于信号博弈也是动态贝叶斯博弈,因此可以转换成完全但不完美信息动态博弈。设有一个博弈方 0,先按一定概率从信号发出方的类型空间中为发出方 S 随机选一个类型,并将该类型告诉发出方;然后发出方 S 在自己的行为空间 A_1 中选择一个行为 a_1(也称发出一个信号);接收方 R 观察到 a_1 后选择自己的行为 $a_2 \in A_2$。

如果用 $T=\{t_1,t_2,\cdots,t_l\}$ 表示发出方的类型空间,用 A_1、A_2 分别表示与接收方的行为空间,博弈开始前接收方关于发出方选择类型的概率分布为 $\{p(t_1),p(t_2),\cdots,p(t_l)\}$,则一个信号博弈可表示为以下几种情况:

① 博弈方 0 以概率 $p(t_i)$ 为信号发出方 S 选择类型 t_i;

② 发出方 S 选择行为 $a_1 \in A_1$;

③ 接收方 R 看到 a_1 后选择行为 $a_2 \in A_2$;

④ 双方得益 u_1 和 u_2 都取决于 t_i、a_1 和 a_2。

值得注意的是,博弈方 0 选择各类型的概率都大于 0,且总和等于 1;接收方虽然不知发出方的类型 t_i,但却知道 $p(t_i)$。

这样信号博弈已经表示为完全但不完美动态博弈的形式,根据信号博弈的特点,其完美贝叶斯均衡的条件描述为以下 3 点。

① 接收方 R 在观察到发出方的信号 a_1 后,必须有关于发出方的类型判断,即发出方选择行为 a_1 时,发出方 S 是类型 t_i 的后验概率:

$$p(t_1 \mid a_1), \quad p(t_i \mid a_1) \geqslant 0, \quad \sum p(t_i \mid a_1) = 1$$

② 对于发出方给出的信号 a_1 和对发出方类型判断的后验概率 $p(t_i|a_i)$,接收方 R 选择的行动 a_2 必须保证接收方收益最大,即

$$\max_{a_2} \sum p(t_i \mid a_1) u_R(t_i, a_1, a_2) = 1$$

③ 给定 R 的策略 a_2 时,S 的选择 a_1 必须使 S 的得益最大,即 a_1 是最大化问题 $\max\limits_{a_1} u_S(t_i, a_1, a_2)$ 的解。

满足上述要求的双方策略和接收方判断构成信号博弈的完美贝叶斯均衡。

§ 10.5.2 不完全信息动态博弈类型和海萨尼转换

静态贝叶斯博弈中处理不完全信息的方法是,将博弈方得益的不同可能理解为博弈方有不同的类型,并引进一个为博弈方选择类型的虚拟博弈方,从而把不完全信息博弈转化成

完全但不完美信息动态博弈，这样的处理方法称为海萨尼转换。实际上，这种处理方法同样适用于动态贝叶斯博弈，并且因为动态贝叶斯博弈本身就是动态博弈，大多数都不存在同时选择的问题，因此通过海萨尼转换转化成的完全但不完美信息动态博弈，与完全但不完美信息动态博弈没有多大差别。

既然通过海萨尼转换可以很容易地将动态贝叶斯博弈转化为完全但不完美信息动态博弈，那么对动态贝叶斯博弈进行分析时就可以主要利用贝叶斯均衡、合并均衡和分开均衡等概念和相应的分析方法。这也意味着本节不需要再作许多理论准备，就可以直接对具体的博弈模型进行分析。

§10.5.3　完美贝叶斯均衡

与静态贝叶斯博弈一样，在动态贝叶斯博弈中子博弈完美均衡概念的思路也不适用。由于将不完全信息处理为在博弈开始时自然根据特定概率选择的一种或然行动，所以动态贝叶斯博弈只有自身一个子博弈，因此子博弈完美均衡起不到改进均衡的效果。不过，借鉴子博弈完美均衡的思想，结合贝叶斯均衡的概念，就形成了完美贝叶斯均衡概念。

在不完全信息动态博弈中，局中人可以在有限信息的条件下，利用前面博弈的结果来修正自己关于其他局中人类型的信念，从而更好地把握博弈局势。局中人的行动选择与他的私有信息有关，选择的是与类型有关的行动，在他之后行动的局中人就可以通过对行动历史的观察推断他的类型，即使不能完全消除不确定性，也可以得到概率分布上的改进。这就是从先验分布到后验分布的贝叶斯推断过程。

子博弈完美均衡精炼的思路是要求均衡策略不仅要在整个博弈上构成纳什均衡，而且要在从任何信息集开始的子博弈上也形成纳什均衡。类似地，完美贝叶斯均衡的思路就是：将每个信息集开始的博弈的剩余部分称为后续博弈，后续博弈之前的行动历史使得局中人可以修正自己对其他局中人类型分布的信念，所以在进行后续博弈时，局中人是依据修正后的后验信念进行策略选择的。后续博弈与相应的后验信息相结合，就构成了后续的贝叶斯博弈。

完美贝叶斯均衡要求在所有的后续贝叶斯博弈上也达成贝叶斯均衡。其基本意义是：均衡不仅要考虑初始的不完全信息使得局中人只能依赖于先验信念开始博弈，而且要考虑到这种先验信念在博弈进行中会随着局中人的行动而发生变化，通过贝叶斯推断过程不断形成新的后验信念，包含了这种信念过程的均衡才是可信的。信念的修正需借助于贝叶斯法则。如果 $p(y)>0$，则后验概率为 $p(x\mid y)=\dfrac{p(y\mid x)p(x)}{p(y)}$；如果 $p(y)=0$，则后验概率任意取值。

总的来说，完美贝叶斯均衡要求：

① 在每个信息集上，局中人必须有一个定义在属于该信息集的所有节点上的概率分布，这就是局中人的信念，信息集包含了局中人类型的信息，这一信念也相当于在该信息集上对其他局中人类型的概率判断；

② 给定该信息集上的信念和其他局中人的后续策略，局中人的后续策略必须是最优的；

③ 局中人根据贝叶斯法则和均衡策略修正后验信念。

设有 n 个局中人,局中人 i 的类型为 $\theta_i \in \Theta_i$,$p(\theta_{-i}|\theta_i)$为局中人1关于其他局中人类型的先验信念(即先验概率)。局中人1的纯策略为 $s_i \in S_i$,a_{-i}^h为信息集 h 上局中人 i 观测到的其他局中人的行动组合,为由 s_{-i}限定的对应行动组合 $p_i(\theta_{-i}|a_{-i}^h)$为观测到 a_{-i}^h时形成的对其他局中人类型的后验信念(后验概率),$u_i(s_i, s_{-i}, \theta_i)$为局中人 i 为类型 θ_i 时得到的支付。在这些符号的基础上,就可以定义完美贝叶斯均衡了。

定义 10.6 完美贝叶斯均衡由一种策略组合 $s^*(\theta)=(s_1^*(\theta_1), s_2^*(\theta_2), \cdots, s_n^*(\theta_n))$与一种后验概率组合 $p=(p_1, p_2, \cdots, p_n)$组成,满足:对于所有的局中人 i,在每个信息集 h,$s_i^*(s_{-i}, \theta_i) \in \max\limits_{s_i} \sum\limits_{\theta_{-i}} p_i(\theta_{-i} \mid a_{-i}^h) u_i(s_i, s_{-i}, \theta_i)$;$p_i(\theta_{-i}|a_{-i}^h)$由先验概率 $p(\theta_{-i}|\theta_i)$所观测的 a_{-i}^h和最优策略 $s_{-i}^*(\theta_{-i})$通过贝叶斯法则形成。

尽管完美贝叶斯均衡与子博弈完美均衡相类似,但逆向归纳法在完美贝叶斯均衡中不适用,这是由于当不知道局中人行动历史时后验信念无法形成,所以只能采用前向法进行推导。

§10.5.4 不完全信息动态博弈举例

首先讨论一类特殊的不完全信息动态博弈模型,称为"声明博弈"。这种博弈模型主要研究在有私人信息、信息不对称的情况下,人们通过口头或书面的声明传递信息的问题。在经济活动中,拥有信息的一方如何将信息传递给缺乏信息的一方,或者反过来缺乏信息的一方如何从拥有信息的一方处获得所需要的信息,以弥补信息不完全的不足,提高经济决策的准确性和效率,也是博弈论和信息经济学研究的重要问题。因为声明也是一种行为,会对接受声明者的行为和各方的利益产生影响,因此声明和对声明的反应确实可以构成一种动态博弈关系。美国联邦储备委员会发表一项关于未来货币政策、通胀率控制的声明,企业界做出相应的反应就是这种动态博弈的一个例子。由于声明者声明内容的真实性通常是接受声明者无法完全确定的,因此接受声明者很难完全清楚声明者的实际利益。所以,声明博弈一般是不完全信息博弈,也就是动态贝叶斯博弈。

发布声明是社会经济活动中常见的行为。小到一个消费者表明自己的消费偏好,大到一个企业表达对有关事件的观点立场,以及国家之间在经济纠纷中的威胁恐吓,都是它们各自发布的声明。声明本身虽然不会对事物的发展方向、相关各方的利益产生直接影响,但往往能够影响接受声明者的行为,通过接受声明者的行为对各方利益产生间接的影响。因此,声明是可能对事物产生影响的。声明在实践中究竟能否产生影响,能够产生多大的影响,怎样的影响,则取决于接受者如何理解这些声明,是否相信这些声明,以及会采取怎样的反应等。

由于声明本身并没有成本,或者说几乎没有成本,因此只要对声明者自己有利,声明者就可以发布任何声明,声明内容的真实性显然是没有保证的,因此接受者不会轻易相信声明者的声明。即使接受者相信声明者的声明,也不一定会采取有利于声明者的行为,因为接受者和声明者的利益可能是不一致的,而这又反过来使得声明者不愿意作诚实的声明。所以,接受者是否应该相信声明者的声明,在什么情况下可以相信,声明究竟能否有效地传递信息，都是值得好好研究的问题。

通常来说，当声明者和接受声明者利益一致或至少没有什么冲突时，声明的内容会使接受者相信。例如，房客声明不喜欢暖气太足，房东肯定会相信，因为少供暖气完全符合房东的利益；工人提出自己有恐高症不适合高空作业，雇主也会相信，因为一旦出事雇主要负很大的责任；顾客喜欢甜或咸的声明，饭店的厨师也会相信，因为顾客对口味的偏好与厨师的利益没有冲突。但许多情况下双方利益是不一致的，这时的口头声明就不容易让对方相信了。例如，通常所有的工人都会声明自己是高素质的，因为高素质的工人更容易被雇用和得到高工资，但雇主并不会轻易相信工人的声明，因为轻信这种声明，盲目雇用工人和付给高工资可能会导致劳动力成本上升和工作效率下降，这与他的利益是不一致的。

下面用几个 2×2 博弈的例子来进一步说明，声明能够被相信、能够有效传递信息的条件。在下面的讨论中，称声明博弈中发表声明的博弈方为“声明方”，接受声明的博弈方为“行为方”，因为前者只是作一个声明，而后者则采取一个实质性的行为。

例 10.13 （2×2 声明博弈）

假设博弈中的声明方有两种可能的类型 θ_1 和 θ_2，行为方有两种可能的行为 a_1 和 a_2，并且已知对于两种不同类型的声明方，行为方采取两种不同行为时双方的得益如图 10.7 所示(注意，声明的类型是真实类型而非声明类型)。得益数组中第一个数字为声明方的得益，第二个数字为行为方的得益。

从双方的得益可以看出：①θ_1 类型的声明方和 θ_2 类型的声明方偏好行为方的不同行为，θ_1 类型偏好 a_1，θ_2 类型偏好 a_2；②行为方在声明方是 θ_1 类型和 θ_2 类型时也分别偏好 a_1 和 a_2。因此，两个博弈方的偏好具有完全的一致性。偏好的一致性非常重要，这使得声明方愿意让行为方了解自己的真实类型，因此声明能充分反映声明方的真实类型，也就是能有效传递信息，而行为方则可以完全相信声明方的声明。在这种情况下，口头声明也是有效的信息传递机制。

但是，如果模型中的得益情况发生某种变化，如变成图 10.8 中的情况，则声明的信息传递功能就会完全消失。

声明方类型 \ 行为方行为	a_1	a_2
θ_1	2, 1	1, 0
θ_2	1, 0	2, 1

图 10.7 能传递信息的 2×2 声明博弈

声明方类型 \ 行为方行为	a_1	a_2
θ_1	2, 1	1, 0
θ_2	1, 0	1, 1

10.8 不能传递信息的 2×2 声明博弈

在图 10.8 的得益情况下，显然两种类型的声明方都希望行为方采用 a_1，而行为方只有在声明方的类型是 θ_1 时才偏好 a_1，所以为了使行为方采取有利于自己的行为，两种类型的声明方必然都会声明自己的类型是 θ_1，即使事实上并不是如此。因此在这种情况下，行为方就不可能相信声明方的声明。换句话说，在不同类型声明方的偏好相同，而行为方在声明方类型不同时偏好不同的博弈的情况下，声明是不可能有效传递信息的。

如果得益如图 10.9 所示的情况，声明的信息传递作用也不会存在。此时，行为方不管声明方是哪种类型，都会选择 a_1 以对自己有利。声明方的类型对行为方来说是无关紧要的,这时候声明的信息传递作用当然也就无从谈起了。

还有一种情况是图10.10所示的得益矩阵情况。在这种情况下,虽然声明方与行为方各自对声明方的不同类型都有对行为方行为的不同偏好,但他们的偏好正好是相反的。这时,声明方发布真实的声明对自己显然是不利的,而且即使他发布了真实的声明,行为方也不敢轻易相信。所以,这时声明的信息传递作用也不可能存在。

声明方类型 \ 行为方行为	a_1	a_2
θ_1	2, 1	1, 0
θ_2	1, 1	2, 0

图10.9 不能传递信息的2×2声明博弈
(行为方对声明方类型无差别)

声明方类型 \ 行为方行为	a_1	a_2
θ_1	2, 0	1, 1
θ_2	1, 1	2, 0

图10.10 不能传递信息的2×2声明博弈
(行为方对声明方类型无差别)

通过对上面几个例子的分析,可以得到在2×2声明博弈中声明能有效传递信息的以下几个必要条件。

① 不同类型的声明方必须偏好行为方的不同行为。如果所有类型的声明方都偏好行为方同样的行为,声明方就不可能作不同的声明,声明就不可能有效传递信息。只有当不同类型的声明方偏好不同的行为方行为时,声明方的声明才可能有信息传递作用。

② 对应声明方的不同类型,行为方必须偏好不同的行为。如果这一点不成立,就意味着声明人的类型对行为方来说是无差异的,这时行为方会完全忽视声明方的声明,因此声明也不可能传递任何信息。

③ 行为方的偏好必须与声明方的偏好具有一致性。如果这一点不成立,那么声明方所作的声明同样也不可能有效传递信息。因为这时候不管声明方作了什么声明,行为方都会怀疑其真实性。

当然,对于声明方类型和行为方的行为并不是只有两种情形,通常声明方和行为方在偏好和利益上并不是只有完全一致、完全相反和无关这3种情况,而是既有某种程度的一致性,也有一定的差异,因此声明会有一定的信息传递作用,信息传递的程度和效率取决于双方偏好和利益一致程度的高低。事实上,声明博弈研究的关键问题就是声明方和行为方偏好、利益的一致程度问题。

例10.14 (离散型声明博弈模型)如果声明博弈中的声明方有有限种(设为I种)可能的类型,行为方有有限种(设为K种)可能的行为,那么这样的声明博弈称为离散型声明博弈。这种博弈模型可以用如下方式描述:

① 自然抽取声明方的类型θ_i,抽取的方法是从类型集合$\Theta=\{\theta_1,\theta_2,\cdots,\theta_I\}$中以概率分布$p(\theta_1),p(\theta_2),\cdots,p(\theta_I)$随机抽取,其中$\sum_{i=1}^{I}p(\theta_i)=1$;

② 声明方了解自己的类型θ_i以后,从Θ中选择θ_j作为自己声明的类型,当然θ_j可以与θ_i相同(真实声明),也可以与θ_i不同(虚假声明);

③ 行为方在听到声明方的声明θ_j后,在可选择的行为集合$A=\{a_1,a_2,\cdots,a_K\}$中选择行为a_k;

④ 声明方的得益为 $u_S(\theta_i, a_k)$，行为方的得益为 $u_R(\theta_i, a_k)$。

不难看出，这种类型的声明博弈与一般不完美信息动态博弈是很相似的，差别只是声明方的行为比较特殊，只是一种对双方得益无直接影响的口头声明，但分析方法与一般的不完美信息动态博弈基本上是相同的，就是进行完美贝叶斯均衡分析。

以图 10.7 所示的 2×2 声明博弈为例，虽然行为方不能完全知道声明方的真实类型，但双方对声明方的不同类型和行为方在不同行为下的双方得益都是清楚的。根据前面的分析知道，由于双方的偏好和利益完全一致，因此两种类型的声明方都愿意声明自己的真实类型，而行为方则会相信声明方的声明。即给定声明方的类型是 θ_j，声明方将声明 $\theta_i=\theta_j$，此时行为方判断声明方的真实类型是 θ_i 的条件概率为 $p(\theta_i|\theta_j=\theta_i)=p(\theta_i|\theta_j)=1$，即相信声明方的真实类型就是 θ_i，并因此采取行为 $a_k=a_i$，双方的上述策略构成的策略组合，以及行为方对声明方类型的判断，构成一个分开均衡的纯策略完美贝叶斯均衡。

图 10.9 和图 10.10 所示的博弈都有合并的完美贝叶斯均衡，也就是不同类型的声明方会作同样的声明。这意味着在这两种情况下声明都是完全没有信息传递作用的。

由于离散型声明博弈模型很难得出一般意义的结论，因此这里对离散型声明博弈不再多作讨论。

知识拓展

与博弈论有关的诺贝尔经济学奖获得者如下。

1994 年，美国加利福尼亚大学伯克利分校的约翰·海萨尼(J. Harsanyi)、美国普林斯顿大学约翰·纳什(J. Nash)和德国波恩大学的赖因哈德·泽尔滕(Reinhard Selten)被授予诺贝尔经济学奖。这 3 位数学家在非合作博弈的均衡分析理论方面做出了开创性的贡献，对博弈论和经济学产生了的重大影响。

1996 年，英国剑桥大学的詹姆斯·莫里斯(James A. Mirrlees)与美国哥伦比亚大学的威廉·维克瑞(William Vickrey)被授予诺贝尔经济学奖。前者在信息经济学理论领域做出了重大贡献，尤其是不对称信息条件下的经济激励理论，后者在信息经济学、激励理论、博弈论等方面都做出了重大贡献。

2001 年，美国加利福尼亚大学伯克利分校的乔治·阿克尔洛夫(George A. Akerlof)、美国斯坦福大学的迈克尔·斯宾塞(A. Michael Spence)和美国哥伦比亚大学的约瑟夫·斯蒂格利茨(Joseph E. Stiglitz)被授予诺贝尔经济学奖。他们的研究为不对称信息市场的一般理论奠定了基石，所提出的理论被迅速应用到了传统的农业市场和现代的金融市场，他们为现代信息经济学的核心部分做出了贡献。

2005 年，美国马里兰大学的托马斯·克罗姆比·谢林(Thomas Crombie Schelling)和耶路撒冷希伯来大学的罗伯特·约翰·奥曼(Robert John Aumann)被授予诺贝尔经济学奖。他们的研究通过博弈论分析促进了对冲突与合作的理解。

2007 年，美国明尼苏达大学的里奥尼德·赫维茨(Leonid Hurwicz)、美国普林斯顿大学的埃里克·马斯金(Eric S. Maskin)以及美国芝加哥大学的罗杰·迈尔森(Roger B.

Myerson)被授予诺贝尔经济学奖。他们的研究为机制设计理论奠定了基础。

2012年,美国经济学家埃尔文·罗斯(Alvin E. Roth)与罗伊德·沙普利(Lloyd S. Shapley)被授予诺贝尔经济学奖。他们创建了"稳定分配"的理论,并进行了"市场设计"的实践。

2014年,法国经济学家梯若尔(Jean Tirole)被授予诺贝尔经济学奖。他在产业组织理论以及串谋问题上,采用了博弈论的思想,让问题得以解决。其在规制理论上也做出了创新。

2016年,美国哈佛大学的奥利弗·哈特(Oliver Hart)和麻省理工学院的本格特·霍斯特罗姆(Bengt Holmstrom)被授予诺贝尔经济学奖。他们因对契约理论的贡献而获奖。

2020年,美国斯坦福大学的保罗·米尔格罗姆(Paul R. Milgrom)和罗伯特·威尔逊(Robert B. Wilson)被授予诺贝尔经济学奖。他们在"对拍卖理论的改进和对新拍卖形式的发明"方面作出了突出贡献。罗伯特·威尔逊素有"博弈论大师"之称,长期致力于研究博弈论及其在商业和经济中的应用;米尔格罗姆被誉为世界上领先的拍卖设计师。

练习题

第1章 绪　　论

1. 查阅资料，了解运筹学的产生和发展历史、运筹学历史上的著名人物及其主要运筹学工作。

2. 查阅资料，了解运筹学在工业、企业、军事等各方面一些比较著名的真实应用案例，整理至少一个案例的简单介绍。

3. 查阅资料，了解具有运筹学研究背景的诺贝尔奖（主要但不仅限于诺贝尔经济学奖）获得者的运筹学研究工作，整理至少一位诺贝尔奖获得者的运筹学研究工作。

4. 查阅资料，大致了解使用运筹学的方法解决实际问题的步骤和流程。

第2章　线性规划问题的基本概念及单纯形算法

1. 写出下列问题的线性规划模型：

(1) 某厂生产 A、B、C 3 种产品。每件产品 A 需要 1 小时技术准备（设计、试验等）、10 小时劳动和 3 千克材料。每件产品 B 需要 2 小时技术准备、4 小时劳动和 2 千克材料。每件产品 C 需要 1 小时技术准备、5 小时劳动和 1 千克材料。可利用的技术准备时间为 100 小时，劳动时间为 700 小时，材料为 400 千克。假设每件产品利润分别 10 元、6 元和 5 元（即使大量购买也不提供折扣），请问 A、B、C 3 种产品各生产多少件才能使利润最大？

(2) 用长度为 500 厘米的条材，截成长度分别为 98 厘米和 78 厘米的两种毛坯，要求共截出长 98 厘米的毛坯 10 000 根、长 78 厘米的毛坯 20 000 根，问怎样截取才能使用料最少？

(3) 某一市政建设工程项目在随后的 4 年中需分别拨款 200 万元、400 万元、800 万和 500 万元，要求拨款在该年年初提供，市政府拟以卖长期公债的方法筹款。预计长期公债在筹款的 4 年中市场利息分别为 9%、8%、8.5% 和 9.5%，并约定公债利息在工程完工后即开始付息，连续付 20 年之后还本。在工程建设的前 3 年，卖公债产生的多余部分投入银行作为当年有期储蓄,以便用于随后的几年(显然第 4 年无有期储蓄),预计银行的有期储蓄利息率分别为 8%、7.5%和 6.5%。求政府最优的卖公债和有期储蓄方案,使该项市政建设工程得以完成,且付息最低。

(4) 某商店制定某商品 7—12 月的进货售货计划,已知商店仓库容量不得超过 500 件,六月底已存货 200 件,以后每月初进货一次,假设各月份某商品买进、售出单位如题 1 表所示,问各月需进货、售货各多少,才能使总收入最多?

题 1 表

月	7	8	9	10	11	12
买进/元	28	24	25	27	23	23
售出/元	29	24	26	28	22	25

2. 用图解法解下列线性规划问题:

(1) $\min z=-x_1+2x_2$

$$\text{s.t.}\begin{cases}x_1-x_2\geqslant -2\\ x_1+2x_2\leqslant 6\\ x_1,x_2\leqslant 0\end{cases}$$

(2) $\max z=-x_1+2x_2$

$$\text{s.t.}\begin{cases}x_1-x_2\geqslant -2\\ x_1+2x_2\leqslant 6\\ x_1,x_2\leqslant 0\end{cases}$$

(3) $\max z=-x_1+2x_2$

$$\text{s.t.}\begin{cases}x_1-x_2\geqslant -2\\ x_1,x_2\geqslant 0\end{cases}$$

(4) $\max z=3x_1+6x_2$

$$\text{s.t.}\begin{cases}x_1-x_2\geqslant -2\\ x_1+2x_2\leqslant 6\\ x_1,x_2\geqslant 0\end{cases}$$

(5) $\max z=3x_1+6x_2$

$$\text{s.t.}\begin{cases}x_1-x_2\leqslant -2\\ x_1+x_2\leqslant -5\\ x_1,x_2\geqslant 0\end{cases}$$

3. 有一个含有两个变量的线性规划问题:

$\max z=x_1$

$$\text{s.t.}\begin{cases}x_1+x_2\leqslant a\\ -x_1+x_2\leqslant -1\\ x_1,x_2\geqslant 0\end{cases}$$

(1) 证明本线性规划当且仅当 $a\geqslant 1$ 时可行;

(2) 应用图解法,对 $a\geqslant 1$ 的一切值,求线性规划以 a 表示的最优值。

4. 将下列线性规划化为极大化的标准形式:

$\min f(x)=2x_1+3x_2+5x_3$

$$\text{s.t.}\begin{cases}x_1+x_2-x_3\geqslant -5\\ -6x_1+7x_2-9x_3=16\\ |19x_1-7x_2+5x_3|\leqslant 13\\ x_1,x_2\geqslant 0,x_3\pm\text{不限}\end{cases}$$

5. 考虑标准线性规划问题：

$$\max z=\boldsymbol{CX}$$

$$\text{s.t.}\begin{cases}\boldsymbol{AX}=\boldsymbol{b}\\ \boldsymbol{X}\geqslant\boldsymbol{0}\end{cases}$$

设 $\boldsymbol{X}^{(1)}$ 和 $\boldsymbol{X}^{(2)}$ 是上述问题的 2 个最优解。求证向量 $\boldsymbol{X}(\lambda)=\lambda\boldsymbol{X}^{(1)}+(1-\lambda)\boldsymbol{X}^{(2)}$ 是最优解,其中 λ 为 0 与 1 之间的任意值。

6. 用单纯形算法考虑以下问题：

(1) 求解下面的线性规划问题

$$\min z=3x_1+x_2+x_3+x_4$$

$$\text{s.t.}\begin{cases}-2x_1+2x_2+x_3=4\\ 3x_1+x_2+x_4=6\\ x_j\geqslant0,\quad j=1,2,3,4\end{cases}$$

$$\min z=-2x_1-8x_2+x_3$$

$$\text{s.t.}\begin{cases}2x_1-9x_2+3x_3\leqslant30\\ x_1+5x_2+x_3\geqslant-20\\ 4x_1-6x_2-2x_3\leqslant15\\ x_j\geqslant0,\quad j=1,2,3\end{cases}$$

$$\max f(x)=2x_1+5x_2+3x_3$$

$$\text{s.t.}\begin{cases}3x_1+2x_2-x_3\leqslant610\\ -x_1+6x_2+3x_3\leqslant125\\ -2x_1+x_2+0.5x_3\leqslant420\\ x_1,x_2,x_3\geqslant0\end{cases}$$

(2) 下面的线性规划的最优解是否唯一,为什么?

$$\max z=x_1+2x_2+x_3+4x_4$$

$$\text{s.t.}\begin{cases}x_1+2x_2+2x_3+2x_4\leqslant20\\ 2x_1+x_2+3x_3+2x_4\leqslant20\\ x_j\geqslant0,\quad j=1,2,3,4\end{cases}$$

(3) 用单纯形算法证明下面的问题无最优解

$$\max z=x_1+2x_2$$

$$\text{s.t.}\begin{cases}-2x_1+x_2+x_3\leqslant2\\ -x_1+x_2-x_3\leqslant1\\ x_1,x_2,x_3\geqslant0\end{cases}$$

(4) 用二阶段单纯形算法分析并求解下面的问题

$$\min z=2x_1+4x_2$$

$$\text{s.t.}\begin{cases}2x_1-3x_2\geqslant2\\ -x_1+x_2\geqslant3\\ x_1,x_2\geqslant0\end{cases}$$

$$\max z=6x_1+3x_2+4x_3$$

$$\text{s.t.}\begin{cases}x_1+x_2+x_3+x_4\leqslant30\\ 3x_1+6x_2+x_3-2x_4\leqslant0\\ x_1,x_2,x_3,x_4\geqslant0\end{cases}$$

$$\min f(x)=4x_1+6x_2$$

$$\text{s.t.}\begin{cases}x_1+2x_2\geqslant80\\ 3x_1+x_2\geqslant75\\ x_1,x_2\geqslant0\end{cases}$$

7. 分别用 MATLAB 和 LINGO 软件求解上述 1、2、4、6 中的线性规划问题。

8. 查阅资料,了解改进的单纯形算法的思想和步骤。

9. 查阅资料,了解单纯形算法不是多项式时间算法的例子和原理。

10. 查阅资料,了解椭球算法和 Kamaka 算法。

第 3 章 线性规划问题的对偶理论及灵敏度分析

1. 写出下列规划的对偶规划:

(1) $\min z=3x_1+6x_2+3x_3$

$$\text{s.t.}\begin{cases}6x_1+12x_2-18x_3\\-x_1+x_2+4x_3\\x_1,x_2,x_3\geqslant 0\end{cases}$$

(2) $\max z=-2x_1-3x_2+4x_3+x_4-x_5$

$$\text{s.t.}\begin{cases}5x_1-2x_2+x_3-3x_4\leqslant 6\\3x_1+x_2-2x_3+2x_5=7\\-x_1+3x_2-4x_3+2x_4+x_5\geqslant 5\\x_1,x_2,x_4\geqslant 0;\quad x_3,x_5\ \text{无限制}\end{cases}$$

(3) $\min z=\sum_{i=1}^{m}\sum_{j=1}^{n}c_{ij}x_{ij}$

$$\text{s.t.}\begin{cases}\sum_{j=1}^{n}x_{ij}=a_i,\quad i=1,2,\cdots,m\\\sum_{i=1}^{m}x_{ij}=b_j,\quad j=1,2,\cdots,n\\x_{ij}\geqslant 0\end{cases}$$

(4) $\min z=\sum_{j=1}^{n}c_jx_j$

$$\text{s.t.}\begin{cases}\sum_{j=1}^{n}a_{ij}x_j\leqslant b_i,\quad i=1,2,\cdots,r\\\sum_{j=1}^{n}a_{ij}x_j=b_i,\quad i=r+1,r+2,\cdots,m\\x_j\geqslant 0,\quad j=1,2,\cdots,s(<n)\end{cases}$$

(5) $\min \boldsymbol{W}=\boldsymbol{C}^{\mathrm{T}}\boldsymbol{X}$

$$\text{s.t.}\begin{cases}\boldsymbol{AX}=\boldsymbol{b}\\\boldsymbol{X}\geqslant\boldsymbol{a}(\geqslant\boldsymbol{0})\end{cases}$$

2. 考虑线性规划:

$\max z=x_1+2x_2+x_3$

$$\text{s.t.}\begin{cases}x_1+x_2-x_3\leqslant 2\\x_1-x_2+x_3=1\\2x_1+x_2+x_3\geqslant 2\\x_1\geqslant 0,x_3\leqslant 0,x_2\ \text{无限制}\end{cases}$$

(1) 写出本规划的对偶规划。

(2) 应用对偶理论,证明原规划的最大值 Z 不能超过 2.5。

3. 写出下列问题的对偶问题,用单纯形算法解对偶问题,并证明原问题无可行解:

$\max f(x)=-4x_1-3x_2$

$$\text{s.t.}\begin{cases}x_1+x_2\leqslant 1\\-x_2\leqslant -1\\-x_1+2x_2\leqslant 1\\x_1,x_2\geqslant 0\end{cases}$$

4. 若下列线性规划的对偶问题的最优解为 $Y^*=(4,1)^{\mathrm{T}}$，试用互补松弛定理求其最优解。

$$\max z=2x_1+x_2+5x_3+6x_4$$

$$\text{s.t.}\begin{cases}2x_1+\qquad x_3+x_4\leqslant 8\\2x_1+2x_2+x_3+2x_4\leqslant 12\\x_1,x_2,x_3,x_4\geqslant 0\end{cases}$$

5. 判断下列说法是否正确；

(1) 任何线性规划问题都存在其对偶问题；

(2) 如果原问题存在可行解，则其对偶问题也一定存在可行解；

(3) 当原问题为无界解时，其对偶问题也为无界解；

(4) 当对偶问题无可行解时，原问题一定具有无界解；

(5) 若原问题有无穷多最优解，则对偶问题也一定具有无穷多最优解。

6. 用对偶单纯形算法求解下列线性规划：

(1) $\min z=4x_1+3x_2+8x_3$

$$\text{s.t.}\begin{cases}x_1+x_3\geqslant 2\\x_2+2x_3\geqslant 5\\x_1,x_2,x_3\geqslant 0\end{cases}$$

(2) $\max z=-2x_1-3x_2-5x_3-6x_4$

$$\text{s.t.}\begin{cases}x_1+2x_2+3x_3+x_4\geqslant 2\\-2x_1+x_2-x_3+3x_4\leqslant -3\\x_j\geqslant 0,\quad j=1,2,3,4\end{cases}$$

7. 一公司生产 A、B、C 3 种产品，消耗劳动力和原材料 2 种资源。为使利润最大，建立起了如下以各种产品产量为决策变量的数学模型：

$$\max z=3x_1+x_2+5x_3$$

$$\text{s.t.}\begin{cases}6x_1+3x_2+5x_3\leqslant 45 & \text{(劳动力)}\\3x_1+4x_2+5x_3\leqslant 30 & \text{(原材料)}\\x_1,x_2,x_3\geqslant 0\end{cases}$$

分别以 x_4 和 x_5 为两种资源约束的松弛变量，利用单纯形算法求解可得其如题 7 表所示的最终单纯形表，试回答下述问题：

题 7 表

c_j		3	1	5	0	0	$\boldsymbol{b}$
$\boldsymbol{c_B}$	$\boldsymbol{x_B}$	x_1	x_2	x_3	x_4	x_5	
3	x_1	1	$-1/3$	0	$1/3$	$-1/3$	5
5	x_3	0	1	1	$-1/5$	$2/5$	3
$\boldsymbol{\sigma_j}$		0	-3	0	0	-1	$z=-30$

(1) 产品 A 的价值系数 c_1 在什么范围内变化，才能确保原最优解不变？

(2) 若 c_1 由 3 变为 2，最优解将发生怎样的变化？

(3) 如果原材料的市场价格为每单位 0.8，问是否买进原材料扩大生产？如果买进原材料，买进多少最合适？

(4) 由于技术上的突破，生产单位 B 种产品对原材料的消耗由 4 个单位降低为 2 个单位，最优解将发生怎样的变化？

(5)若在原问题的基础上增加一个约束条件 $x_1+x_2+3x_3\leqslant 20$，最优解将发生怎样的变化？

(6)若在原问题的基础上增加一个约束条件 $3x_1+x_2+2x_3\leqslant 20$，最优解将发生怎样的变化？

第4章　运输问题

1. 分别用西北角法、最小费用法和运费差额法，求题 1 表所示运输问题的初始可行解，并计算其目标函数。

题 1 表

产　地	销　地					产　量
	B_1	B_2	B_3	B_4	B_5	
A_1	6	9	4	8	5	20
A_2	10	6	12	8	7	30
A_3	6	5	9	20	9	40
A_4	2	13	6	14	3	60
销量	25	15	35	45	30	

2. 题 1 中最小费用法所得的解为初始基可行解，用表上作业法求出最优解。(要求列出每一步的运费矩阵和基可行解矩阵)

3. 某器材调运的产销(不平衡)及运价表如题 3 表所示，求运费最小的调运方案。

题 3 表

发　点	收　点				发量/件
	B_1	B_2	B_3	B_4	
A_1	2	11	3	4	7
A_2	10	3	5	9	5
A_3	7	8	1	2	7
收量/件	2	3	4	6	19 15

4. 若从发点 A_1、A_2 到收点 B_1、B_2、B_3 调运某种物质，假定在 B_1、B_2、B_3 处允许物资缺货，A_1、A_2 处允许对物资存储，运输的单位运费、存储费及缺货费等相关数据如题 4 表所示，问怎样调配能使总的支付费用最少？

题 4 表

运费	B_1	B_2	B_3	供应量	存储费
A_1	4	6	8	200	5
A_2	6	2	4	200	4
需求量	50	100	100		
缺货费	3	8	5		

第5章 整数规划

1. 用分枝界定法求解下列整数规划：

(1) $\max f=21x_1+11x_2$

$$\text{s. t.}\begin{cases}7x_1+4x_2\leqslant 13\\x_1\geqslant 0,x_2\geqslant 0,\text{整数}\end{cases}$$

(2) $\min f=7x_1+3x_2+4x_3$

$$\text{s. t.}\begin{cases}x_1+2x_2+x_3\geqslant 8\\3x_1+x_2+x_3\geqslant 5\\x_j\geqslant 0,\text{整数},j=1,2,3\end{cases}$$

(3) $\max z=4x_1+5x_2+x_3$

$$\text{s. t.}\begin{cases}3x_1+2x_2\leqslant 10\\x_1+4x_2\leqslant 11\\3x_1+3x_2+x_3\leqslant 1\\x_1,x_2,x_3\geqslant 0,\text{整数}\end{cases}$$

(4) $\max z=40x_1+90x_2$

$$\text{s. t.}\begin{cases}9x_1+7x_2\leqslant 56\\7x_1+20x_2\leqslant 70\\x_1,x_2\geqslant 0,\text{整数}\end{cases}$$

2. 解下列指派问题：

(1) 5个电工组成一个维修组，规定每人负责厂区的1/5，每个电工上班到工厂区的5个分区时间如题2(1)表所示，问怎样分派任务，才能使他们的上班需要的时间最少？

题 2(1)表

厂分区	电工				
	a	*b*	*c*	*d*	*e*
A	21	24	30	20	29
B	24	29	27	38	22
C	32	25	17	26	29
D	31	39	38	25	38
E	31	35	21	29	27

(2) 有4个工人去完成4项任务，每人完成各项任务所消耗的时间如题2(2)表所示，问指派哪个人去完成哪项任务可使总消耗时间最少？

题 2(2)表

工人	任务			
	A	*B*	*C*	*D*
甲	15	18	21	24
乙	19	23	22	18
丙	26	17	16	19
丁	19	21	23	17

(3) 某公司希望建造 5 个小型工厂,现在有 6 个地方的地皮可以购置,供建厂用,已知不同地点的建厂费用(单位:万元)由题 2(3)表给出,问应当怎样选厂才能使费用最小?

题 2(3)表

地点	工厂				
	a	*b*	*c*	*d*	*e*
A	18	15	22	25	21
B	9	11	10	15	8
C	12	10	14	16	17
D	9	10	10	21	20
E	14	18	26	26	24
F	14	19	23	20	25

(4) 分配甲、乙、丙、丁 4 个工人去完成 5 项任务。每人完成任务的时间如题 2(4)表所示。由于任务数多于人数,故规定其中有一人可完成 2 项任务,其余 3 人每人完成一项。试确定总花费时间最少的指派方案。

题 2(4)表

工人	任务				
	A	*B*	*C*	*D*	*E*
甲	25	29	31	42	37
乙	39	38	26	20	33
丙	34	27	28	40	32
丁	24	42	36	23	45

第6章 动态规划

1. 设某工厂有 1 000 台机器,生产两种产品 A、B,若投入 y 台机器生产 A 产品,则纯收

入为 $5y$，若投入 y 台机器生产 B 种产品，则纯收入为 $4y$。又知：生产 A 种产品的机器的年折损率为 20%，生产 B 种产品的机器的年折损率为 10%。问在 5 年内如何安排各年度的生产计划，才能使总收入最高？

2. 为保证某一设备的正常运转，需备有 3 种不同的零件 E_1、E_2、E_3。若增加备用零件的数量，可提高设备正常运转的可靠性，但增加了费用后，投资额仅为 8 000 元。已知备用零件数与它的可靠性和费用的关系如题 2 表所示。问在既不超出投资额的限制，又能尽量提高设备运转可靠性的条件下，各种零件的备件数 z 应是多少为好？

题 2 表

备件数	增加的可靠性			设备的费用/千元		
	E_1	E_2	E_3	E_1	E_2	E_3
1	0.3	0.2	0.1	1	3	2
2	0.4	0.5	0.2	2	5	3
3	0.5	0.9	0.7	3	6	4

3. 现有一批资金，总额为 5 万元，拟投资于改造 3 个工厂。先对 3 个工厂拟订了几个不同的技术改造方案，其所需资金和投产后的新增收益如题 3 表所示。问总投资额 5 万元应如何分配使用，才能使 3 个工厂改造后的新增收益最大？

题 3 表

投资/万元	各工厂改造投产后新增年收益值/万元		
	工厂 1	工厂 2	工厂 3
0	0	0	0
1	1.5	—	1.3
2	2.6	2.8	—
3	—	3.9	—
4	—	4.2	—

4. 今设计一种有 4 个主要元件的部件，这 4 个元件是串联的。为提高部件的可靠性，考虑在每个元件上并联同类元件。每一个元件可以由 1、2 或 3 个并联的单位元件组成。元件 $n(n=1,2,3,4)$ 配备 j 个单位元件($j=1,2,3$)后的可靠性 $\boldsymbol{R}_{nj}$ 和成本 $\boldsymbol{C}_{nj}$ 表示如下。假设该部件的总成本允许 15 个单位，试用动态规划的方法确定各元件的配备数目使系统的可靠性最大。

$$\boldsymbol{R}=\begin{pmatrix}0.70 & 0.60 & 0.90 & 0.80\\ 0.75 & 0.80 & 0.92 & 0.85\\ 0.95 & 0.87 & 0.98 & 0.90\end{pmatrix},\quad \boldsymbol{C}=\begin{pmatrix}4 & 2 & 3 & 3\\ 5 & 4 & 6 & 5\\ 7 & 6 & 8 & 7\end{pmatrix}$$

5. 有 4 个工人，要指派他们分别完成 4 项工作，每人做各项工作所消耗的时间如题 5 表所示。

题 5 表

工人	工作			
	A	B	C	D
甲	15	18	21	24
乙	19	23	22	18
丙	26	17	16	19
丁	19	21	23	17

问指派哪个工人去完成哪项工作,可使总的消耗时间为最小?试对此问题用动态规划方法求解。

6. 有一城市的街道如题 6 图所示,有人要从 A 点行驶到 B 点,每条街道旁边的数字表示经过这条街道所需的时间(单位:分)。另外,每次右转弯需要 1 分钟,左转弯需要 2 分钟,请用动态规划的方法找出最省时间的路线。

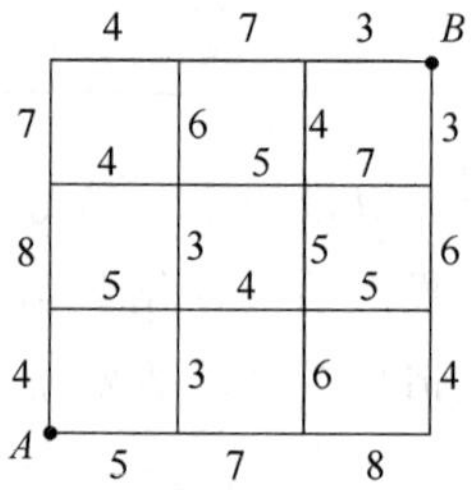

题 6 图

7. 生产计划问题(Production planning problem):工厂生产某种产品,每单位(千件)的成本为 1(千元),每次开工的固定成本为 3(千元),工厂每季度的最大生产能力为 6(千件)。经调查,市场对该产品的需求量在第一、二、三、四季度分别为 2、3、2、4(千件)。如果工厂在第一、二季度将全年的需求都生产出来,自然可以降低成本(少付固定成本费),但是需付第三、四季度才能上市的产品的存储费,每季每千件的存储费为 0.5(千元)。假设年初和年末这种产品均无库存,试制定一个生产计划,即安排每个季度的产量,使一年的总费用(生产成本和存储费)最少。

分析:对于这类生产计划问题,阶段按计划时间自然划分,状态定义为每阶段开始时的储存量 x_k,决策为每个阶段的产量 u_k,每个阶段的需求量(已知量)为 d_k,则状态转移方程为

$$x_{k+1}=x_k+u_k-d_k,\quad x_k\geqslant 0,\quad k=1,2,\cdots,n \tag{e.1}$$

设每阶段开工的固定成本费为 a,生产单位数量产品的成本费为 b,每阶段单位数量产品的储存费为 c,阶段指标为阶段的生产成本和储存费之和,即

$$v_k(x_k,u_k)=cx_k+\begin{cases}a+bu_k, & u_k>0\\ 0\end{cases} \tag{e.2}$$

指标函数 V_{kn} 为 v_k 之和。最优值函数 $f_k(x_k)$ 为从第 k 段的状态 x_k 出发到过程终结的最小费用,满足

$$f_k(x_k)=\min_{u_k\in U_k}[v_k(x_k,u_k)+f_{k+1}(x_{k+1})],\quad k=1,\cdots,n$$

其中,允许决策集合 U_k 由每阶段的最大生产能力决定。

假设过程终结时允许存储量为 x_{n+1}^0,则边际条件是

$$f_{n+1}(x_{n+1}^0)=0 \tag{e.3}$$

(e.1)～(e.3)构成该问题的动态规划模型。试用动态规划的分析方法解出此问题的最优计划。

第7章　非线性规划的概念和原理

1. 试用梯度法求函数：

$$f(\boldsymbol{X})=x_1^2+x_2^2+2x_3^2$$

的极小点，取初值 $\boldsymbol{X}^{(0)}=(2,-2,1)^{\mathrm{T}}$，进行 3 次迭代，验证相邻两步搜索方向的正交性。

2. 试判断下述非线性规划是否为凸规划：

(1) $\max f(\boldsymbol{X})=x_1+2x_2$

$$\text{s. t.}\begin{cases}x_1^2+x_2^2\leqslant 9\\ x_2\geqslant 0\end{cases}$$

(2) $\min f(\boldsymbol{X})=2x_1^2+x_2^2+x_3^2$

$$\text{s. t.}\begin{cases}x_1^2+x_2^2\leqslant 4\\ 5x_1+x_3=10\\ x_j\geqslant 0,\quad j=1,2,3\end{cases}$$

3. 已知非线性规划：

$$\max f(\boldsymbol{X})=x_1$$

$$\text{s. t.}\begin{cases}(1-x_1)^3-x_2\geqslant 0\\ x_1,x_2\geqslant 0\end{cases}$$

的极大值点是(1,0)，试检验它是否满足 K-T 条件。

4. 用 K-T 条件求解问题：

$$\min f(\boldsymbol{X})=(x-4)^2$$

$$\text{s. t. } 1\leqslant x\leqslant 5$$

5. 用 LINGO 和 MATLAB 求解 1～4 题中的非线性规划问题。

第8章　图与网络优化

1. 证明图的奇度点必是偶数个。

2. 用 Dijkstra 算法求解题 2 图中从 v_1 到 v_{10} 的最短路。

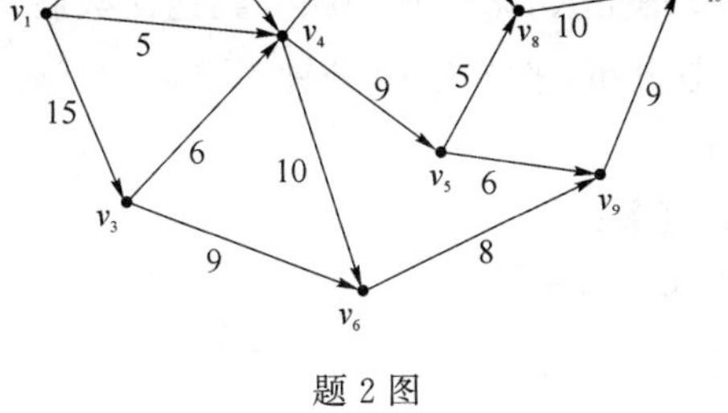

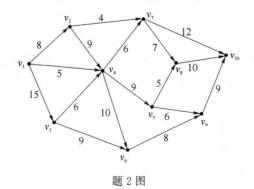

题 2 图

3. 求题3图的最小生成树。

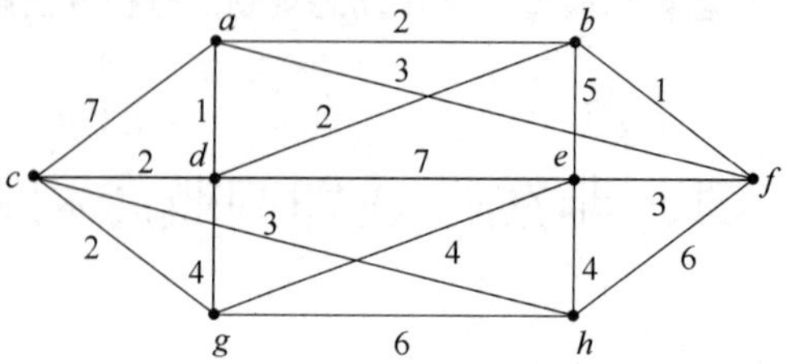

题3图

4. 写出题3图的邻接矩阵和关联矩阵。

5. 求题5图的网络最大流,其中弧旁数字为容量。

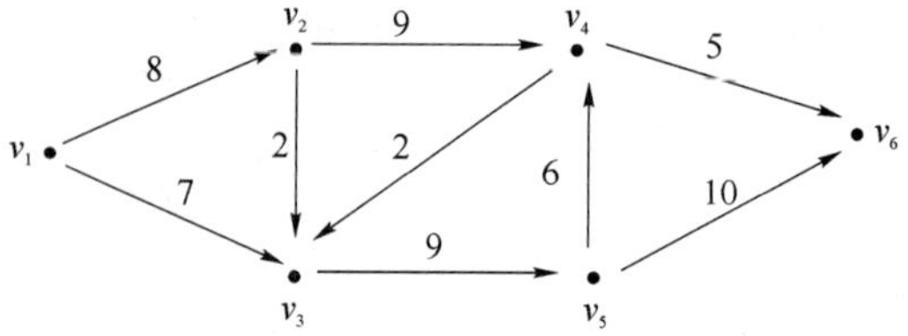

题5图

6. 求题6图所示网络的最小费用最大流。其中,边旁的两个数字分别为容量和单位流量的费用。

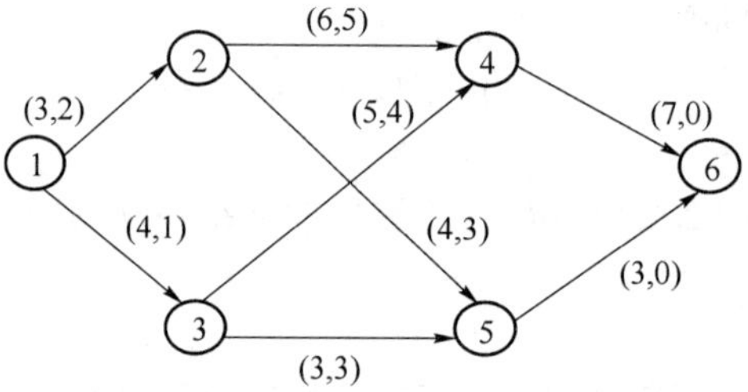

题6图

第9章 排队论

1. 某修理店只有一个修理工人,来修理的顾客到达次数服从普阿松分布,平均每小时来3人,修理时间服从负指数分布,平均需10分钟。求:

(1) 修理店空闲时间概率;

(2) 店内有4个顾客的概率;

(3) 店内至少有一个顾客的概率;

(4) 店内的顾客平均数;

(5) 等待服务的顾客平均数；

(6) 顾客在店内的平均逗留时间；

(7) 平均等待修理(服务)时间；

(8) 必须在店内消耗 15 分钟以上的概率。

如果顾客平均到达率增加到每小时 6 人，仍为普阿松流，服务时间不变，这时增加了一个工人。

(9) 根据 λ/μ 的值说明增加工人的原因；

(10) 求增加工人后店内的空闲概率，店内有 2 人或更多顾客(即工人繁忙)的概率；

(11) 求 L_s，L_q，W_q，W_s。

2. 某电话总机有 3 条($S=3$)中继线，平均呼叫率为 0.8 次/min，如果每次通话平均时间为 1.5 min，试求该系统平稳状态时的概率分布、损失率和占用通道的平均数。

3. 某车间的工具仓库只有一个管理员，平均有 4 人/h 来领工具，到达过程为普阿松流；领工具的时间服从负指数分布，平均为 6 min。由于场地限制，仓库内领工具的人最多不能超过 3 人，求：

(1) 仓库内没有人领工具的概率；

(2) 仓库内领工具的工人的平均数；

(3) 排队等待领工具的工人的平均数；

(4) 工人在系统中平均花费的时间；

(5) 工人平均排队时间。

4. 在 M/M/S 排队系统中，若单位时间全部费用(服务成本与等待费用之和)的平均值：

$$C(S)=C_1S+C_2L_s$$

其中，S 为服务台数，C_1 为每个服务台单位时间的成本，C_2 为每个顾客在系统内逗留单位时间的成本，L_s 表示平均队长，即系统内顾客平均数，它与 S 有关。试证明当 $S=S^*$ 满足

$$L(S^*)-L(S^*+1)\leqslant\frac{C_1}{C_2}\leqslant L(S^*-1)-L(S^*)$$

时，$C(S^*)$的值最小。

5. 一个大型露天矿山，考虑修建一个或两个矿山卸位，求比较经济合理的方案。已知运砂石的车按普阿松流到达，平均 15 辆/小时，卸矿石时间服从负指数分布，又知每辆运矿石卡车的售价为 8 万元，修建一个卸位的投资是 14 万元。

6. 设有两个修理工人，其责任是保证 5 台灵敏的机器能正常运行。每台机器平均损坏率为每小时一次，这两位工人能以相同的平均修复率(4 小时)修理机器，求：

(1) 等待修理的机器平均数；

(2) 机器在系统中的平均逗留时间。

7. 一名修理工负责 5 台机器维修，每台平均 2 小时损坏一次，修理工修复一台机器平均用时 18.75 min，以上时间服从负指数分布。问：

(1) 所有机器正常运转概率；

(2) 等待维修机器的期望；

(3) 假如希望做到一半时间所有机器都在正常运转,则该修理工最多看管多少台?

(4) 假设维修工工资为 8 元/小时,机器不能正常运转时的损失为 40 元/小时,则该维修工看管多少台机器较为经济合理?

8. 机器送到某修理厂是一个泊松过程,到达率为每小时 6 台,每台机器的平均修理时间为 7 min,可认为修理时间服从负指数分布。该厂经理打听到,有一种新的检验设备可使每台机器的修理时间减到 5 min,但每分钟这台设备需要的费用为 10 个单位。如果机器坏了,估计每台机器在 1 min 里造成的损失费为 10 个单位,是否应购置新设备?

9. 某电信局准备在新建成的国际机场装设电话亭,而电信局的目标是每一个人等候电话的概率不超过 0.10;使用电话的平均需求率为每小时 30 人,且为普阿松流,使用电话的平均时间为 5 分钟,且为负指数分布。问:应该置多少个电话亭?

10. 有一个加油站的场地可供 4 辆汽车同时加油,顾客不排队等候,如场地没有空,他们就去别处加油。一个顾客平均要用 4 min 才可将汽车的油箱加满。在一天不同的时间里,汽车的到达率是不同的:在高峰时间里,每分钟来到两辆;中午前后的时间内,则是 2 min 来到一辆。问:在这两种时间内,被拒绝服务的车辆百分比各是多少?(服务时间服从负指数分布,输入流为普阿松流)

第 10 章 博弈论

1. 博弈方 1 和博弈方 2 就如何分配 10 000 元钱进行讨价还价。假设确定了以下规则:双方同时提出要求的数额 s_1 和 s_2,且 $0 \leqslant s_1, s_2 \leqslant 10\,000$。如果 $s_1 + s_2 \leqslant 10\,000$,则两博弈方的要求都能得到满足,即分别得 s_1 和 s_2,但如果 $s_1 + s_2 > 10\,000$,则该笔钱就被没收。问该博弈的纯策略纳什均衡是什么?如果你是其中的一个博弈方,你会选择什么数额,为什么?

2. 若有人拍卖价值 100 元的金币,拍卖规则如下:无底价,竞拍者可无限制地轮流叫价,每次加价幅度为 1 元以上,最后出价最高者获得金币,但出价次高者也要交出自己所报的金额且什么都得不到。这种拍卖规则是苏比克(Subik)设计的。如果你参加了这样的拍卖,你会怎样叫价?这种拍卖问题有什么理论意义和现实意义?

3. 两人参加一次暗标拍卖,他们的估价都是$(0, l)$上的标准分布。两竞拍者的效用函数都是自己的真实估价减去中标价格,再乘一个反映风险态度的参数 α($\alpha > 1$、$\alpha = 1$ 和 $\alpha < 1$,分别表示风险偏好、风险中性和风险厌恶)。

(1) 请分析在线性策略均衡中,竞拍者的出价与他们的风险态度有什么关系?

(2) 如果改为两竞拍者的效用是估价先乘参数 α 再减中标价格(表明竞拍者主要担心的是估价的风险),在线性策略均衡中他们的出价与风险态度有什么关系?

4. 在一个声明博弈中,假设声明方有 3 种可能的类型,而且出现的可能性相等。假设声明方的各种类型和行为方的各种行为组合得到的双方得益矩阵如题 4 图所示,其中每个数组的第一个数字均为声明方得益,第二个数字均为行为方得益。求该博弈的纯策略完美贝叶斯均衡。

		行为方 α_1	α_2	α_3
声明方	θ_1	0, 1	1, 0	0, 0
	θ_2	0, 0	1, 2	0, 0
	θ_3	0, 0	1, 0	2, 1

题 4 图

5. 假设双头垄断企业的产量分别是 Q_1 和 Q_2，其成本函数分别为 $C_1=20Q_1$、$C_2=2Q_2^2$，市场需求的价格为 $P=400-2(Q_1+Q_2)$。

(1) 求出古诺模型下两个企业均衡时的产量 Q_1 和 Q_2。

(2) 假设企业 1 为垄断者，企业 2 为后加入竞争者，求出斯塔克尔伯格模型下两个企业均衡时的产量。

参考文献

[1] 运筹学教材编写组.运筹学(修订版)[M].北京:清华大学出版社,1990.

[2] 胡运权.运筹学基础及应用[M].3版.哈尔滨:哈尔滨工业大学出版社,1998.

[3] 刁在筠,郑汉鼎,刘家壮,等.运筹学[M].2版.北京:高等教育出版社,2001.

[4] 韩伯棠.管理运筹学[M].2版.北京:高等教育出版社,2005.

[5] 黄红选.运筹学:数学规划[M].3版.北京:清华大学出版社,2004.

[6] 张莹.运筹学基础[M].北京:清华大学出版社,1994.

[7] 林齐宁.运筹学[M].北京:北京邮电大学出版社,2002.

[8] 何坚勇.运筹学基础[M].2版.北京:清华大学出版社,2008.

[9] 运筹学教程编写组.运筹学教程[M].北京:国防工业出版社,2011.

[10] 卓新建.图论及其应用[M].北京:北京邮电大学出版社,2018.

[11] 徐光辉,刘彦佩,程侃.运筹学基础手册[M].北京:科学出版社,1999.

[12] 希利尔,利伯曼.运筹学导论[M].10版.北京:清华大学出版社,2013.

[13] 塔哈.运筹学导论[M].9版.刘德刚,朱建明,韩继业,译.北京:中国人民大学出版社,2014.

[14] 张建中,许绍吉.线性规划[M].北京:科学出版社,1990.

[15] PAPADIMITRIOU C H,STEIGLITZ K.组合最优化算法和复杂性[M].刘振宏,蔡茂诚,译.北京:清华大学出版社,1988.

[16] 肖勇波.运筹学原理、工具及应用[M].北京:机械工业出版社,2021.